电子技术

（双语版）

电工学（下册）

Electrical Engineering(II):Electronics

王宇野 汤春明 马惠珠 编著

清华大学出版社
北京

内容简介

本书是《电工学》的下册，主要内容包括基本半导体器件、基本放大电路、集成运算放大器、功率电子电路、数字电路基础、组合逻辑电路、时序数字电路、数/模和模/数转换技术、波形的产生与整形以及可编程逻辑器件和EDA技术概述，共10章。本书主要内容使用中文编写，其中专业术语附有英文对照，书中的例题、习题等内容使用英文编写。本书的姊妹篇《电工技术》内容包括电路的基本概念和电路元件、电路分析基础、正弦交流电路、三相电路、电路的暂态分析、磁路和变压器、电动机和电气控制技术，共8章，宜与本书配套使用。

本书概念描述清晰易懂；内容新颖实用，贴近工程实际。可作为高等院校本科非电类各专业相关课程的教材，特别适合开设双语电工学课程的院校使用；也可作为职业大学、成人教育大学、电视大学和网络教育中同类课程的教材；还可以作为工程技术人员的学习参考资料。

图书在版编目(CIP)数据

电子技术：双语版. 下册，电工学：汉、英 / 王宇野，汤春明，马惠珠编著. --北京：清华大学出版社，2013

中外合作办学双语教学系列教材

ISBN 978-7-302-33046-2

Ⅰ. ①电…　Ⅱ. ①王…②汤…③马…　Ⅲ. ①电子技术－双语教学－高等学校－教材－汉、英 ②电工技术－双语教学－高等学校－教材－汉、英　Ⅳ. ①TN ②TM

中国版本图书馆CIP数据核字(2013)第146309号

责任编辑：石　磊　赵从棉
封面设计：常雪影
责任校对：赵丽敏
责任印制：刘海龙

出版发行：清华大学出版社
网　　址：http://www.tup.com.cn，http://www.wqbook.com
地　　址：北京清华大学学研大厦A座　　邮　编：100084
社 总 机：010-62770175　　邮　购：010-62786544
投稿与读者服务：010-62776969，c-service@tup.tsinghua.edu.cn
质 量 反 馈：010-62772015，zhiliang@tup.tsinghua.edu.cn
印 装 者：北京市清华园胶印厂
经　　销：全国新华书店
开　　本：185mm×230mm　　印　张：19　　字　数：409千字
版　　次：2013年10月第1版　　印　次：2013年10月第1次印刷
印　　数：1～2000
定　　价：38.00元

产品编号：028508-01

PREFACE 丛书序

中外合作办学是我国教育事业的组成部分。自《中外合作办学条例》及其实施办法公布施行以来，在国家"扩大开放、规范办学、依法管理、促进发展"方针的指引下，教育部相继发布了一系列规范性文件，对加强中外合作办学的管理工作发挥了重要作用。中外合作办学逐步走上了规范发展的轨道，并得到了迅猛发展。一些中外合作办学机构、项目在办学实践中，积极引进外国优质教育资源，大胆探索新的办学模式和人才培养模式，积累了不少好的经验。但是，在教材建设等领域也存在着一些急需研究、探讨的课题。双语教学目前在我国高等教育领域已经进行得如火如荼，在中外合作办学中更是得到了广泛开展。在双语教学过程中，主要以采用国外原版教材为主。但是，从教学实践来看，特别是在一些公共基础课和专业基础课中，选用外文原版教材授课存在一定的不足。例如，部分原版教材的教学体系、教学内容与我国的不完全一致，与其他课程教材衔接性差，无法适应我国高等教育的实际需求。另外，在一些课程中既重要又难学的概念、原理全部运用汉语来解释，学生尚不能很好理解；如果用英语来解释，由于受外语水平的限制以及文化差异，会导致部分学生学不懂。因此，开发一批中英文合著，既兼顾国外高等教育教学理念，又结合我国高等教育实际发展需要，适用于双语教学的高等学校教材成为我们进一步提高教学质量和效果的迫切需求。

哈尔滨工程大学自 2003 年招收首届中外合作办学学生至今，已经走到第 8 个年头，中外合作教育项目稳步推进，目前与美、英、法、澳、俄等国家的 14 所高校开展了中外合作办学或者学生校际交流工作。为了落实教育部对中外合作办学中引进国外合作院校优质教育资源的要求，哈尔滨工程大学现已累计选派近百名教师赴国外知名高校学习或研修。这些教师对于固化中外合作办学过程中积累的教改成果和引进的先进教育理念与教学方法、更新教学内容提供了强大的人力保证。

正是在这样的环境下，哈尔滨工程大学与清华大学出版社合作，组织编写了这套"中外合作办学双语教学系列教材"。这套丛书的第一辑包括《大学计算机基础》、《材料力学》、《理论力学》、《高等数学(上)》、《高等数学(下)》、《线性代数》、《概率论与数理统计》、《电工技术》及《电子技术》，共九种。

本套丛书主要由哈尔滨工程大学的教师编写，这些教师有在国外知名院校学习或研修的经历，在多年的学习、教学和研究中，他们不仅熟悉中国高校相关学科、课程的教学体系及内容，对国外相关学科、课程的教学体系及内容亦有比较深入的研究。

本套丛书采用中文与英文混合编写模式，各教材均以国家规定的教学基本要求为依据，充分汲取国外优秀教材的优点，密切结合我国双语教学、中外合作办学的实际需求。各书在原理和理论介绍过程中，尽量由浅入深，以中文为主，其中专业术语采用中英文对照；例题及习题和答案一般采用英文编写，部分教材还在每一章中增加了英文编写的小结和实践阅读材料。这些安排有利于保证学生在掌握课程内容的同时，逐步消除学习过程中语言转换上的障碍，以顺利适应使用英语进行后续专业课程的学习以及学生校际交流的要求。

本套丛书吸收了国外教材中理论分析与实践应用紧密结合的特点，信息量大、图表案例丰富，在保证学生理论学习的同时，注重培养学生的探索精神，有助于引导学生自主学习。教学内容反映了所在学科国际上最新的研究动态和科研成果。在教学内容设计上，有利于教学过程中的师生互动，所给予的提示、资料、方法、手段等渗透了国外先进的教学思想、教学模式和教学方法。

本丛书中的教材在正式出版之前均印制成讲义进行了试用，深受师生的好评。为了保证丛书质量，我们邀请国内相关学科的专家、学者以及国外合作院校的专家、学者进行了审阅和校勘。但是，由于时间仓促和编委们水平所限，教材中可能存在不足甚至错误之处，恳请广大读者批评指正，以便进一步完善。

本套丛书可以作为高等学校教材，也可用于各级教育主管部门举办的相关培训，还可以作为大学生自学之用。

打开一扇窗口，让世界了解中国的高等教育；打开一道大门，让中国的高等教育走向世界。愿这套丛书的出版能够为这一期盼做出贡献！

2010 年 10 月于哈尔滨

FOREWORD 前言

随着经济全球化、文化多样化、人才流动国际化趋势的进一步加剧，高等教育的发展正趋向于教育方式的国际化和人才培养的综合化。电工学作为高等学校本科非电类专业的一门技术基础课程，在本科教育国际化的今天，其教学质量的好坏直接影响着学生对后续课程的学习。针对国内培养的本科生到国外进一步深造的需求，我们推出了这套《电工学》双语教材。本套教材分为上下两册，上册为《电工技术》，下册为《电子技术》。根据教育部高等学校电子信息科学与电气信息类基础课程教学指导分委员会最新发布的“电工学课程教学基本要求”，由多年从事电工学教学且具有留学经历的教师编写。

本册为《电子技术》。编者在参阅了大量国内外同类教材的基础上，结合实际教学经验，对教材内容和章节顺序作了精心安排，注重基本原理，贴近工程实际，写作风格力求通俗易懂。本册内容包括基本半导体器件（包括半导体的基础知识、半导体二极管、半导体三极管等），基本放大电路（包括放大电路的基本结构、共发射极放大电路、共集电极放大电路、多级放大电路等），集成运算放大器（包括集成运放的基本特性、放大电路中的反馈、集成运放的线性运用、集成运放的非线性应用等），功率电子电路（包括低频功率放大电路、直流稳压电源、功率半导体器件及应用等），数字电路基础（包括数制与编码、逻辑代数基础、集成门电路等），组合逻辑电路（包括组合逻辑电路的分析与设计、编码器、译码器、加法器等），时序数字电路（包括触发器、时序数字电路的分析、寄存器、计数器等），数/模和模/数转换技术（包括数/模转换技术、模/数转换技术），波形的产生与整形（包括正弦波振荡电路、555 定时器及其功能、多谐振荡器、单稳态触发器），可编程逻辑器件和 EDA 技术概述（包括可编程逻辑器件、常用 EDA 工具等），共 10 章。根据技术发展的最新需要，我们增设了一些选修内容（在目录中标注了“*”），力求在满足基本教学要求的基础上，拓宽学生的知识面。

本书采用中英双语。在原理和理论介绍过程中，以中文为主，其中涉及的专业术语则有英文对照，所有的例题及习题均使用英文。在每一章的最后一节增加了 Practical Perspective，主要介绍与该章基本理论有关的一些实际应用电路和产品。该节内容全部采用英文，可作为启发式教学的讨论内容，也可作为学生课后英文阅读资料，以引发学生的学习兴趣。在每章的结尾有一个英文的 Summary，总结该章内容。每章后面的习题，精选了一些实际应用电路，在学习过程中可以通过配套的实验环节培养和提高学生的动手能力和实际分析能力。另外，词汇表中汇总了全书中出现的所有专业词汇的中英文对照及在书中第一次出现时所处的章节号，以方便学生迅速查找。

本书可作为高等院校非电类各专业相关课程的教材，特别适合开设双语电工学课程的院校使用；也可作为职业大学、成人教育大学、电视大学和网络教育中同类课程的教材；还可以作为工程技术人员的学习参考资料。本教材可供32～64学时教学使用。

本书由哈尔滨工程大学信息与通信工程学院的王宇野副教授负责统稿、定稿。马惠珠教授编写了本书的第1～3章，汤春明教授编写了第4～6章，王宇野副教授编写了第7～10章。在三位教师的共同努力下，历时两年多终于完成了全书的编写工作。尽管全书每一章中的内容和组织都经过多次讨论、修改后才定稿，并经过一学期的试用，但由于编者水平有限，难免存在一些缺点和错误，殷切希望广大读者批评指正。

衷心感谢清华大学出版社的石磊主任和哈尔滨工程大学国际合作学院的刘平院长、于险波副院长为本书的出版所做的工作。

编　者

2013年5月

CONTENTS 目录

第1章

基本半导体器件

引言

本章主要介绍导电能力介于导体和绝缘体之间的半导体材料以及二极管、三极管等半导体器件。它们是组成电子电路的核心部件，其基本结构、工作原理、特性及参数等都是学习电子技术和分析电子电路的基础。

1.1 半导体的基础知识

1.1.1 半导体的导电特性

按导电性能的不同，物质可分为导体、绝缘体和半导体(semiconductor)。半导体的导电能力介于导体和绝缘体之间。目前用来制造电子器件的半导体材料主要是硅、锗、硒、大多数金属氧化物和硫化物等。

很多半导体的导电能力在不同条件下有很大差别，会随温度、光照或掺入某些杂质而发生显著变化。例如，有些半导体(如钴、锰、镍等的氧化物)对温度的反应特别灵敏，它们的导电能力随着环境温度的升高而增强，利用这种特性，可以做成热敏电阻。又如，有些半导体(如镉、铅等的硫化物与硒化物)受到光照时，导电能力增强，无光照时，像绝缘体那样不导电，利用这种特性，可以做成光敏电阻。更重要的是，在纯净的半导体中掺入微量的某种杂质后，其导电能力可以增加几十万甚至几百万倍，利用这种特性可以做成各种不同用途的半导体器件，如二极管(diode)、晶体管(transistor)、场效应管(field-effect transistor，FET)等。

用得最多的半导体材料是硅和锗，去除无用杂质提纯后制成单晶体，所有原子便按一定间隔整齐排列成有规律的空间点阵(称为晶格)。完全纯净的、具有晶体结构的半导体称为本征半导体(intrinsic semiconductor)。

硅和锗都是四价元素，其简化原子结构模型如图 1-1 所示。在本征硅和锗的单晶中，由于原子间相距很近，价电子不仅受到自身原子核的约束，还要受到相邻原子核的吸引，使得每个价电子为相邻原子所共有，从而形成共价键。这样四个价电子与相邻的四个原子中的价电子分别组成四对共价键，依靠共价键使晶体中的原子紧密地结合在一起。图 1-2 是单晶硅或锗的共价键结构平面示意图。共价键中的电子，称为价电子。在绝对零度(－273℃)时，所有价电子都被原子核的吸引力束缚在共价键内，不能在晶体中自由移动。此时晶体中没有自由电子，所以半导体不能导电。

+4

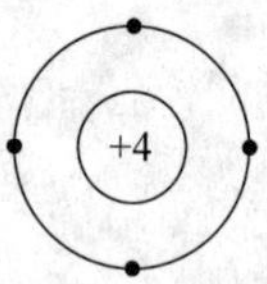

图 1-1 硅和锗简化原子结构模型

当价电子获得一定能量(温度升高或受到光照)后，获得能量较大的一部分价电子，能够挣脱原子核的束缚，脱离共价键，成为自由电子(带负电)。同时在共价键内留下了与自由电子数目相同的空位，称为空穴(带正电)。这一现象称为本征激发，如图 1-3 所示。

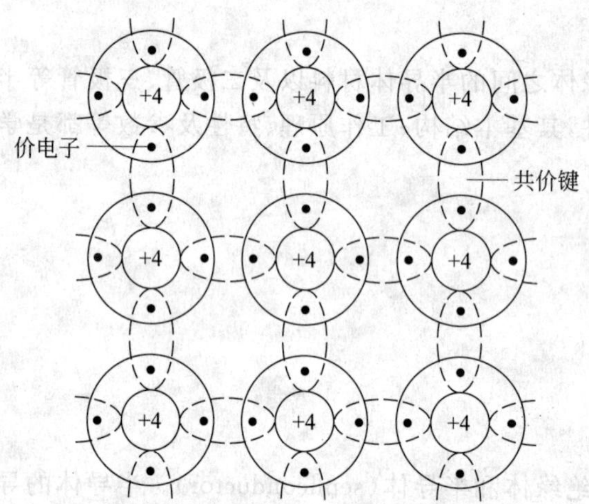

图 1-2 本征半导体共价键晶体结构示意图

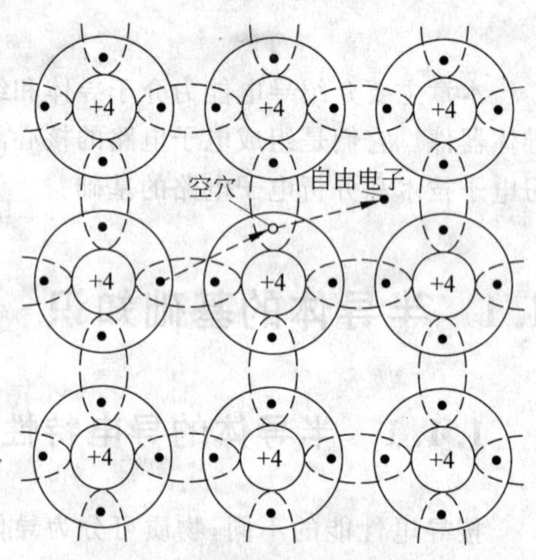

图 1-3 本征激发产生电子和空穴

自由电子(free electron)和空穴(hole，empty state)这两种运载电荷的粒子，统称为载流子(carriers)。自由电子和空穴的数量相等，整个半导体呈现电中性。

如果在纯净的半导体中掺入少量的某种元素，即成为杂质半导体(doped semiconductor)。

下面以硼元素为例，介绍半导体中掺入三价元素的情况。当半导体中掺入三价的硼元素时，硼原子会取代晶体中的少量硅原子，占据晶格上的某些位置。硼原子的 3 个价电子分别与其邻近的 3 个硅原子中的 3 个价电子组成完整的共价键，而与其相邻的另 1 个硅原子的共价键中则缺少 1 个电子，出现了 1 个空穴。这个空穴被附近硅原子中的价电子填充后，使 3 价的硼原子获得了 1 个电子而变成负离子。在本征半导体中每掺入 1 个硼原子就可以提供 1 个空穴。掺入的三价元素越多,空穴的数量也越多。这时空穴是多数载流子(majority carriers);同时也存在少量的自由电子,是少数载流子(minority carriers)。因此,掺入硼或铝、镓等三价元素的半导体,称为空穴型半导体,简称 P 型半导体(P-type semiconductor)。

掺入磷或砷、锑等五价元素的半导体称为电子型半导体,简称 N 型半导体(N-type semiconductor)。N 型半导体中,自由电子是多数载流子,空穴是少数载流子。

应该注意的是,无论是 N 型半导体还是 P 型半导体,虽然它们都有一种载流子占多数,但是整个晶体都是电中性的,对外不显电性。

1.1.2 PN 结

如果采用工艺措施,使一块杂质半导体中 P 型和 N 型半导体有机地结合在一起,则在二者交界面附近形成 PN 结(PN junction)。

因为 P 区一侧空穴多,N 区一侧自由电子多,所以在它们的交界面处存在空穴和自由电子的浓度差。于是 P 区中的空穴会向 N 区扩散,并在 N 区与自由电子复合而消失。而 N 区中的自由电子也会向 P 区扩散,并在 P 区与空穴复合而消失。这样在 P 区和 N 区分别留下了带负电的杂质离子和带正电的杂质离子。这些离子是不能移动的,因而形成了一个由 N 区指向 P 区的电场,称为内电场。随着扩散的进行,空间电荷区加宽,内电场增强,由于内电场的作用是阻碍多数载流子扩散,促使少数载流子漂移,所以,当扩散运动与漂移运动达到动态平衡时,将形成稳定的空间电荷区,称为 PN 结。上述过程如图 1-4(a)、(b)所示。

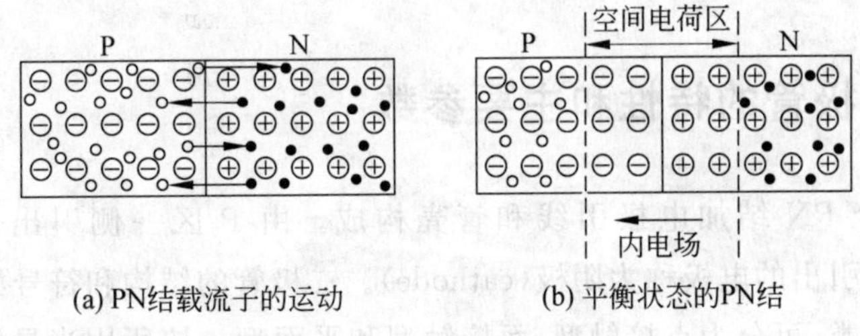

(a) PN结载流子的运动　　(b) 平衡状态的PN结

图 1-4　PN 结的形成

PN 结具有单向导电的特性。在图 1-5 中,PN 结两侧外加正向电压(P 区接外电源正极,N 区接外电源负极)。这种接法,称 PN 结正向偏置(forward bias)。此时外加电压在 PN 结中产生的外电场和内电场方向相反。在它的推动下,N 区的电子要向左边扩散,并与原来空间电荷区的正离子中和,P 区的空穴也要向右边扩散,并与原来空间电荷区的负离子中和,使空间电荷区变窄。结果使内电场减弱,破坏了 PN 结原有的动态平衡。于是扩散运动超过了漂移运动,扩散又继续进行。与此同时,电源不断向 P 区补充正电荷,向 N 区补充负电荷,结果在电路中形成了较大的正向电流,PN 结处于导通状态,导电方向从 P 区到 N 区。PN 结导通时呈现的电阻称为正向电阻,其阻值很小,一般是几欧到几百欧。

在图 1-6 中,PN 结两侧外加反向电压,称为 PN 结反向偏置(backward bias)。此时外电场和内电场方向相同,使 PN 结内电场加强。它使 P 区的多数载流子和 N 区的多数载流子分别向左、右两侧运动,离开 PN 结附近,使空间电荷区变宽,PN 结的电阻增大,打破了 PN 结原来的平衡。于是,多数载流子的扩散运动很难进行,仅有少数载流子的漂移(drift)运动。由于在常温下,少数载流子的数量不多,故反向电流很小。当反向电流可以忽略时,就可认为 PN 结基本上不导电,处于截止状态。PN 结截止时呈现的电阻称为反向电阻,其阻值很大,一般为几千欧到十几兆欧。

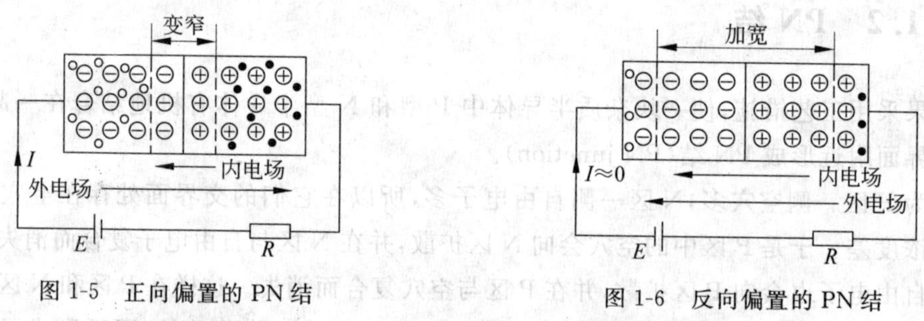

图 1-5 正向偏置的 PN 结

图 1-6 反向偏置的 PN 结

综上所述,PN 结加正向电压时导通,加反向电压时截止,即 PN 结具有单向导电性。

1.2 半导体二极管

1.2.1 二极管的特性和主要参数

二极管由一个 PN 结加电极引线和管壳构成。由 P 区一侧引出的电极称为阳极(anode),N 区一侧引出的电极称为阴极(cathode)。二极管的结构和符号如图 1-7 所示。二极管按内部结构分类,可分为点接触型、面接触型和平面型。按所用半导体材料,可分为硅二极管(silicon diode)和锗二极管(germanium diode)。二极管应用范围很广,可用于整流、检波、元件保护以及在脉冲与数字电路中作为开关元件。

1. 伏安特性

二极管由 PN 结构成,因此也具有单向导电性,其伏安特性曲线如图 1-8 所示。二极管的伏安特性是指加到二极管两端的电压与流过二极管的电流的关系,包括正向特性和反向特性两部分。

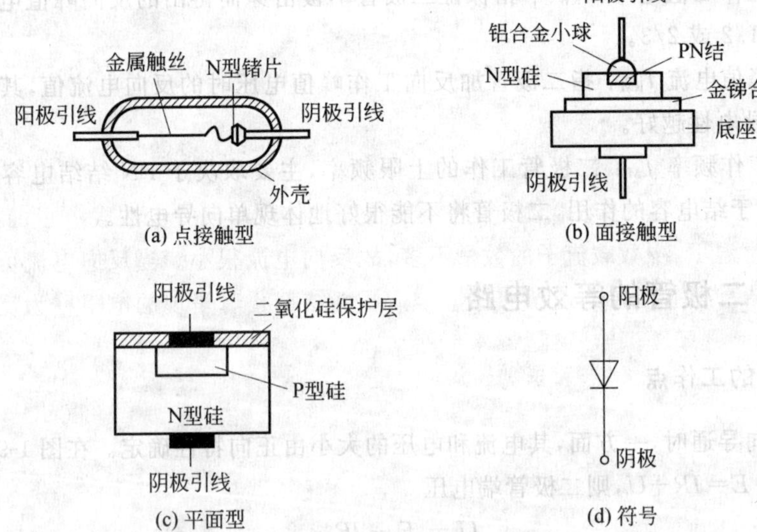

图 1-7 二极管的结构和符号

1）正向特性

当二极管外加正向电压较小时，外电场不足以克服内电场对多数载流子扩散的阻力，PN 结仍处于截止状态。这时正向电流很小，曲线中这一段称为死区，此时的电压值称为死区电压。当正向电压大于死区电压后，正向电流随着正向电压的增加而明显增大，此时的电压称为导通电压。二极管正向导通后，电流上升较快，但管压降变化很小。通常硅二极管的导通电压为 0.5V，正向管压降为 0.6～0.8V。锗二极管的导通电压约为 0.1V，正向管压降为 0.2～0.3V。

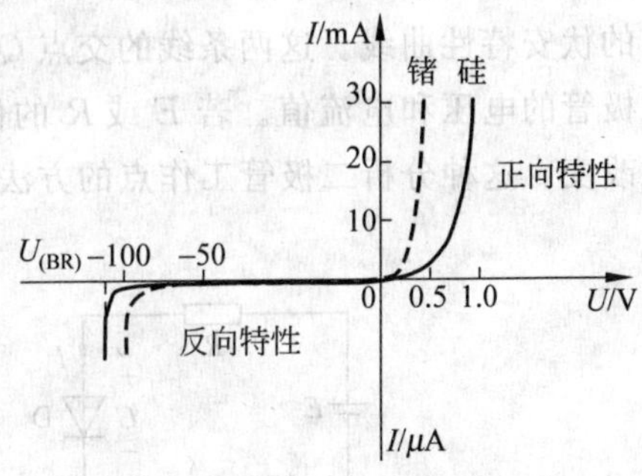

图 1-8 半导体二极管的伏安特性曲线

2）反向特性

当二极管外加反向电压时，PN 结处于截止状态。随着反向电压的增加，反向电流基本不变，而且数值很小。当反向电压增加到一定数值时，反向电流急剧增加，称为反向击穿，此时的电压称为反向击穿电压 $U_{(BR)}$。二极管被反向击穿后，PN 结会损坏，一般不能恢复原来的性能，使用中应避免。

2. 主要参数

(1) 最大整流电流 I_{OM}：指二极管长期使用时，允许通过的最大正向平均电流。当电流超过这个允许值时，二极管会因过热而烧坏。

(2) 反向击穿电压 $U_{(BR)}$：指二极管反向击穿时的电压值。

(3) 反向工作峰值电压 U_{RWM}：指保证二极管不被击穿而得出的反向峰值电压，约为反向击穿电压的 1/2 或 2/3。

(4) 反向峰值电流 I_{RM}：指二极管加反向工作峰值电压时的反向电流值，其值越小，则二极管的单向导电性越好。

(5) 最高工作频率 f_M：二极管工作的上限频率，主要取决于 PN 结结电容值的大小。超过此值时，由于结电容的作用，二极管将不能很好地体现单向导电性。

1.2.2 二极管的等效电路

1. 二极管的工作点

二极管正向导通时，一方面，其电流和电压的大小由正向特性确定。在图 1-9(a)的电路中，电压关系为 $E=IR+U$，则二极管端电压

$$U = E - IR \tag{1-1}$$

由于 E 和 R 为常量，故上式描述的 U-I 关系是一条不通过原点的直线。当 I 为 0 时，$U=E$，表示为图 1-9(b)横轴上的 M 点；当 U 为 0 时，$I=\dfrac{E}{R}$，表示为图 1-9(b)纵轴上的 N 点。连接 M、N 点就得到了这条描述 U-I 关系的直线。另一方面，其电流和电压又要符合它本身的伏安特性曲线。这两条线的交点 Q 就是二极管的工作点，与 Q 点对应的 U_Q 和 I_Q 就是二极管的电压和电流值。若 E 或 R 的值改变，则 M 点或 N 点的位置改变，交点 Q 的位置也改变。这种分析二极管工作点的方法称为图解法(graphical methods)。

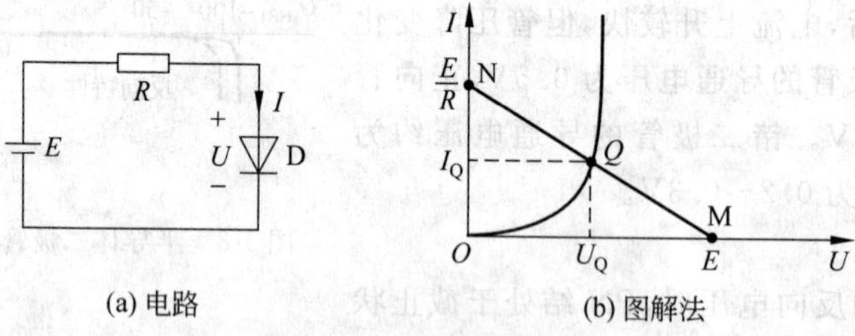

(a) 电路　　(b) 图解法

图 1-9　二极管电路分析

U_Q 和 I_Q 的比值称为二极管的静态电阻，即

$$R = \frac{U_Q}{I_Q} \tag{1-2}$$

2. 二极管的等效电路

在分析含有二极管的电路时，由于二极管的伏安特性具有非线性的特点，因此采用上述

图解法来确定工作点比较麻烦。在很多应用场合(例如整流电路、开关电路),可以采用折线来近似二极管的伏安特性曲线,并据此建立相应的等效电路模型。常用的电路模型有两种。

(1) 理想二极管模型。如图 1-10(a)所示,认为导通时的正向压降为零,截止时反向电流为零的二极管,称为理想二极管模型(ideal-diode model),用符号 D_i 表示。

(2) 电压源模型。如图 1-10(b)所示,认为二极管导通时的正向压降为一个恒定值 U_{ON},因此可以用一个电压源 U_{ON} 和理想二极管 D_i 串联作为二极管的等效电路模型。U_{ON} 的数值通常为:硅管 0.7V;锗管 0.3V。

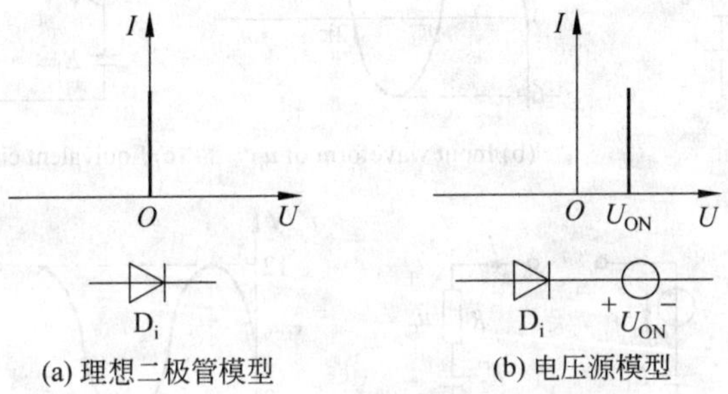

(a) 理想二极管模型 (b) 电压源模型

图 1-10 二极管的等效电路模型

Example 1.1 In Fig. 1-11(a), $E=3\text{V}$, $R=2\text{k}\Omega$, the characteristic of the diode is shown in Fig. 1-11(b). Find the diode voltage U and current I at the operating point.

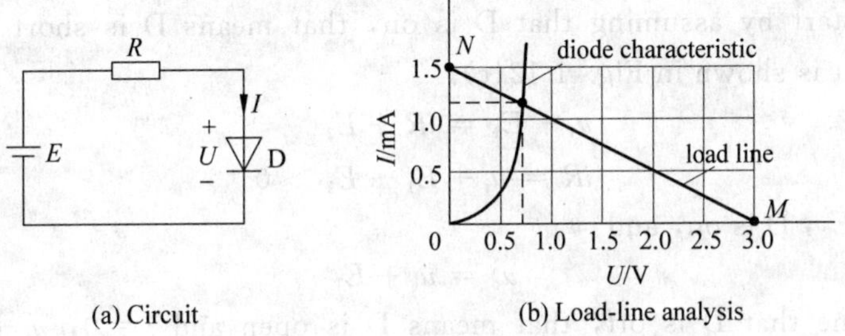

(a) Circuit (b) Load-line analysis

Fig. 1-11 Example 1.1

Solution

First, applying Kirchhoff's voltage law, we can write

$$E = IR + U$$

Then, Substituting $U=0$ and the values given for E and R into this equation yields $I=1.5\text{mA}$. These values are plotted as point N in the figure.

Next, Substituting $I=0$ and $E=3\text{V}$ results in $U=3\text{V}$. These values are plotted as point M in the figure.

Finally, Connecting points M and N, construct the load line results in an operating point of $U\approx 0.7$V and $I\approx 1.15$mA, as shown in the figure.

Example 1.2 Analyze the circuit shown in Fig. 1-12(a) using the ideal-diode model with the input $E_1=6$V, $E_2=2$V and $u_i=6\sin\omega t$V shown in Fig. 1-12(b). Draw the waveform of the output voltage u_o.

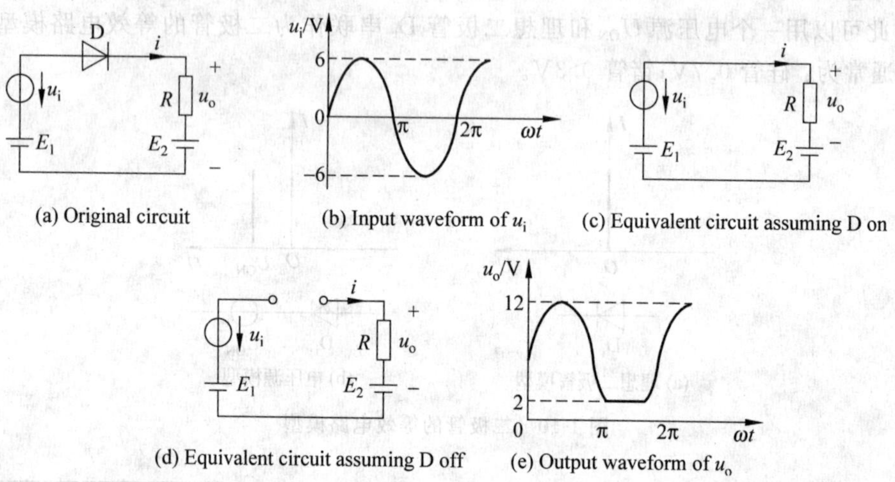

(a) Original circuit (b) Input waveform of u_i (c) Equivalent circuit assuming D on

(d) Equivalent circuit assuming D off (e) Output waveform of u_o

Fig. 1-12 Example 1.2

Solution

First, we start by assuming that D is on, that means D is short and $i>0$. The equivalent circuit is shown in Fig. 1-12(c).

$$u_i + E_1 = iR + E_2$$
$$iR = u_i + E_1 - E_2 > 0$$

When $u_i+E_1>E_2$, D is on, and

$$u_o = u_i + E_1$$

Then, we assume that D is off, that means D is open and $i=0$, $u_i+E_1\leqslant E_2$. The equivalent circuit is shown in Fig. 1-12 (d), and

$$u_o = E_2$$

The output waveform is shown in Fig. 1-12(e).

1.2.3 特殊二极管

1. 稳压二极管

稳压二极管(Zener diode),又称为齐纳二极管,是一种特殊的面接触型半导体硅二极管，是利用 PN 结反向击穿后具有稳压特性制作的二极管。它在电路中除了可以构成限幅电路之外，主要用于与适当数值的电阻配合起稳定电压的作用。将这种类型的二极管称为稳压管，以区别用在整流、检波和其他单向导电场合的二极管。

稳压二极管的电路符号及伏安特性曲线如图 1-13 所示。由图可见，它的伏安特性与普通二极管的区别仅在于反向击穿后，反向特性曲线更加陡峭，即电流在很大范围内变化时（$I_{Zmin} < I < I_{Zmax}$），其两端电压几乎不变。这表明，稳压二极管反向击穿后，正是利用这段特性，通过调整自身电流来实现稳压的。

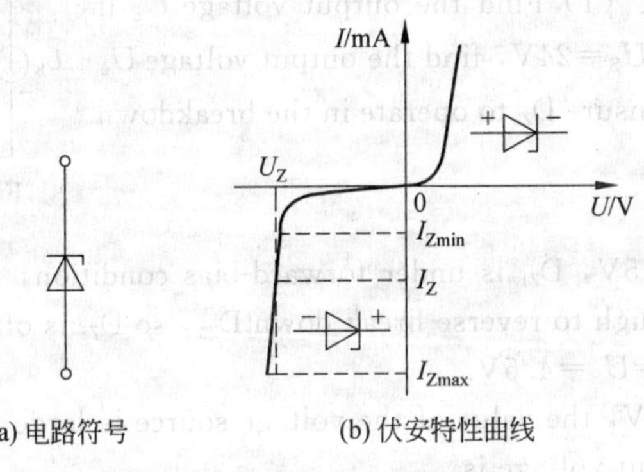

(a) 电路符号　　(b) 伏安特性曲线

图 1-13　稳压二极管及其特性曲线

稳压管与一般二极管不同，当反向电流在允许范围内时，它的反向击穿是可逆的，即，当去掉反向电压之后，稳压管可以恢复正常。但是需要注意的是，稳压管反向击穿后，电流急剧增大，管耗相应增大，如果反向电流超过允许范围，稳压管会因发生热击穿而损坏。因此必须对击穿后的电流加以限制，以保证稳压二极管的安全。

稳压二极管的主要参数：

1）稳定电压 U_Z

稳定电压是指稳压管反向击穿后，在规定电流值时管子两端的电压值。由于制作工艺的原因，即使同型号的稳压管，U_Z 值也存在一定的分散性。使用前可通过测量确定其准确值。

2）稳定电流 I_Z 及最大稳定电流 I_{Zmax}

I_Z 是稳压管正常工作时的参考电流。工作电流小于此值时，稳压效果差；大于此值时，稳压效果好。I_{Zmax} 是指稳压管允许通过的最大反向电流，工作电流超过此值，会烧坏稳压管。

3）耗散功率 P_{ZM}

耗散功率指稳压管不发生热击穿的最大功率损耗。

$$P_{ZM} = U_Z I_{Zmax} \tag{1-3}$$

4）动态电阻 r_Z

r_Z 是稳压管在反向击穿状态下，两端电压变化量与其电流变化量的比值。反映在特性曲线上，是工作点处切线斜率的倒数。r_Z 随工作电流增大而减小。稳压管的反向伏安特性曲线越陡峭，r_Z 越小，稳压性能越好。r_Z 的数值一般为几欧姆到几十欧姆。

Example 1.3 Two Zener-diode D_{Z1} and D_{Z2} are connected in the circuit shown in Fig. 1-14. Characters of D_{Z1} and D_{Z2} are $U_Z=6.2\text{V}$, $I_Z=10\text{mA}$, $I_{Z\max}=33\text{mA}$ and $U_D=0.6\text{V}$. (1) Find the output voltage U_o if $U_S=4.5\text{V}$. (2) When $U_S=24\text{V}$, find the output voltage U_o and the range of R to ensure D_{Z2} to operate in the breakdown region.

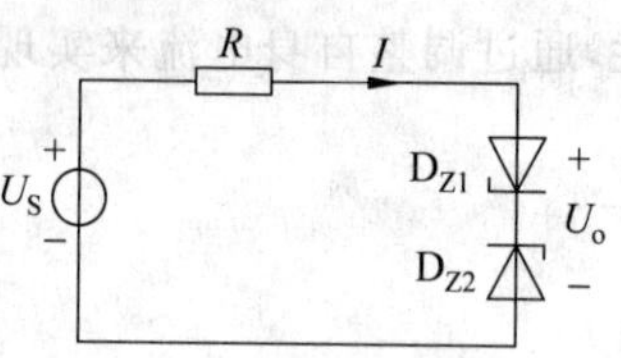

Fig. 1-14 Example 1.3

Solution

(1) When $U_S=4.5\text{V}$, D_{Z1} is under forward-bias condition, the value of the voltage source is not large enough to reverse break down D_{Z2}, so D_{Z2} is off, the current $I=0$, and the output voltage $U_o=U_S=4.5\text{V}$.

(2) When $U_S=24\text{V}$, the value of the voltage source is large enough to reverse break down D_{Z2}, so the output voltage is

$$U_o=U_D+U_{Z2}=6.8\text{V}$$

the current I is

$$I=\frac{U_S-U_o}{R}=\frac{24-6.8}{R}=\frac{17.2}{R}$$

When D_{Z2} work in the reverse-breakdown region, current I should be

$$I_Z\leqslant I\leqslant I_{Z\max}$$

so

$$10\leqslant\frac{17.2}{R}\leqslant 33$$

Results in the resistant value of R are

$$0.52\text{k}\Omega\leqslant R\leqslant 1.72\text{k}\Omega$$

2. 光电二极管

光电二极管(photodiode)是一种将光能转换为电能的半导体器件，又称为光敏二极管，其结构与普通二极管相似，只是管壳上留有一个能入射光线的窗口。它工作于反向偏置状态，反向电流随光照强度增加而增大。图 1-15 示出了光电二极管的电路符号及应用电路。

3. 发光二极管

发光二极管(light-emitting diode，LED)是一种将电能转换为光能的半导体器件。它工

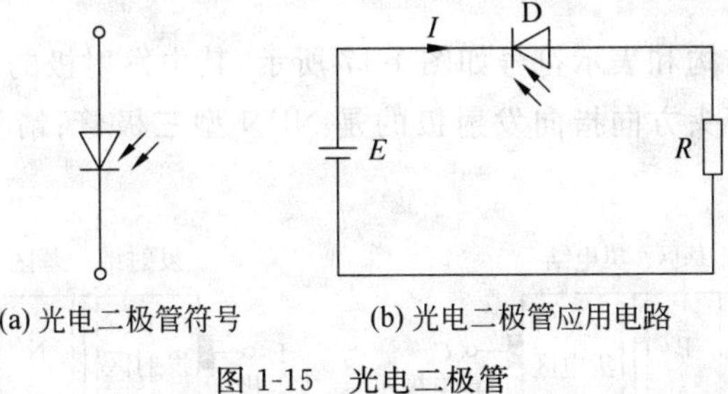

(a) 光电二极管符号　　(b) 光电二极管应用电路

图 1-15　光电二极管

作于正向偏置状态,其电路符号及应用电路如图 1-16 所示。当正向电流通过发光二极管时,会发出可见光和不可见光。不同材料的发光二极管可发出不同颜色的可见光。正向工作电压一般不超过 2V,正向电流为 10mA 左右。

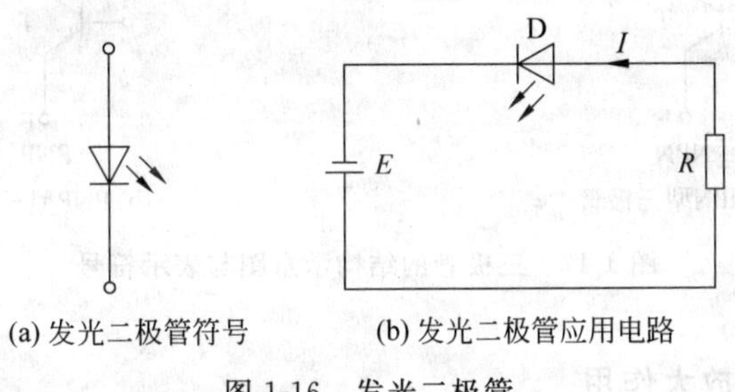

(a) 发光二极管符号　　(b) 发光二极管应用电路

图 1-16　发光二极管

1.3　半导体三极管

半导体三极管又称为三极管或晶体管,是最重要的一种半导体器件。它的放大作用和开关作用促使电子技术飞速发展。

1.3.1　三极管的结构及其放大作用

1. 三极管的结构

三极管由两个 PN 结、三个导电区和三个电极组成,又称为双极型晶体管(bipolar junction transistor,BJT)。它的内部有三层半导体,分别为基区、发射区和集电区。发射区和基区之间的 PN 结称为发射结,集电区和基区之间的 PN 结称为集电结。由发射区、基区和集电区引出的电极分别称为发射极 E(emitter)、基极 B(base)和集电极 C(collector)。三极管按三层半导体不同的排列形式分为 NPN 型三极管(NPN transistor)和 PNP 型三极管

(PNP transistor)两类。

这两类三极管的结构和表示符号如图 1-17 所示，其中发射极的箭头表示发射结加正向电压时的电流方向。箭头方向指向发射极的是 NPN 型三极管；箭头方向背离发射极的是 PNP 型三极管。

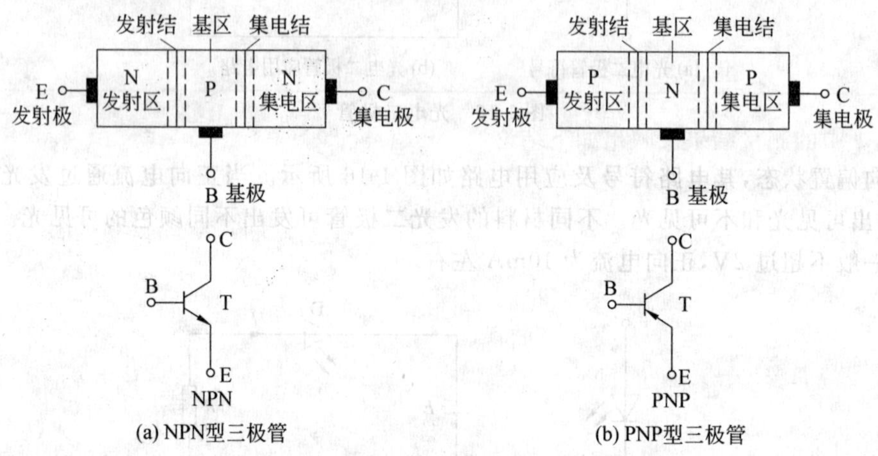

图 1-17 三极管的结构示意图与表示符号

2. 三极管的电流放大作用

图 1-18 所示实验说明了三极管的电流分配及放大作用。直流电源 E_B,E_C 为三极管的两个 PN 结提供偏置电压，由于 $E_C>E_B$，使 C,B,E 极的电位 $V_C>V_B>V_E$，从而使集电结反向偏置，发射结正向偏置。改变可变电阻 R_B，则基极电流 I_B、集电极电流 I_C 和发射极电流 I_E 都发生变化，相关测量数据列于表 1-1 中。

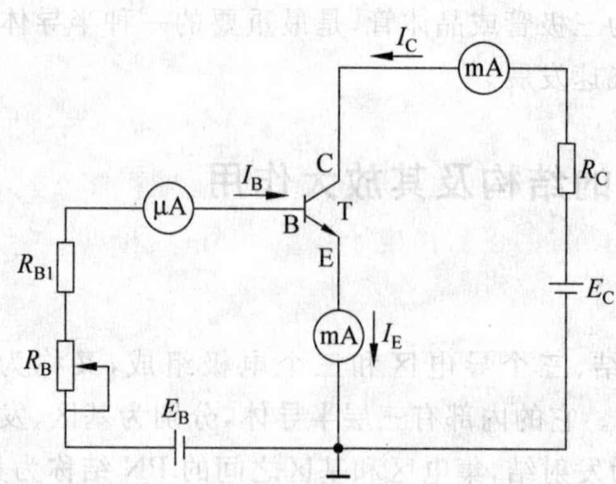

图 1-18 三极管电流放大实验

表 1-1 三极管各极电流数据测量记录

I_B/mA	0	0.02	0.04	0.06	0.08	0.10
I_C/mA	<0.001	0.70	1.50	2.30	3.10	3.95
I_E/mA	<0.001	0.72	1.54	2.36	3.18	4.05
I_C/I_B		35	37.5	38.3	38.7	39.5
$\Delta I_C/\Delta I_B$			40	40	40	42.5

表 1-1 中的测量结果反映出如下结论：

(1) 每一列数据的关系满足：$I_E=I_C+I_B$，符合基尔霍夫电流定律。

(2) 从第二列至第四列的数据可以看出，集电极电流 I_C、发射极电流 I_E 远大于基极电流 I_B，这就是三极管电流的放大作用。第四行数据 I_C/I_B 也反映出这一关系。第五行数据 $\Delta I_C/\Delta I_B$ 也反映出电流的放大作用，即基极电流的少量变化 ΔI_B 可以引起集电极电流的较大变化 ΔI_C。而且这一行数据中，$\Delta I_C/\Delta I_B$ 比值在很小的范围内变化，可以看作基本保持一致，体现了基极电流对集电极电流具有小变量对大变量的控制作用。

(3) 当基极开路时，即 $I_B=0$ 时，$I_C<0.001\text{mA}=1\mu\text{A}$。

3. 放大状态下三极管中载流子的传输过程

三极管的电流放大作用是由其内部结构的特殊性及其内部载流子的运动规律决定的。在三极管的制造工艺中，三层半导体材料的几何尺寸、掺杂程度都有很大的差异。夹在中间的基区比两侧的发射区和集电区要薄得多，而且杂质浓度很低，载流子很少。发射区的半导体材料中杂质的浓度比集电区的多一些，载流子的浓度也大一些。当三极管处在发射结正偏、集电结反偏的放大状态下，NPN 型三极管内部载流子的运动情况可用图 1-19 说明。我们按传输顺序分以下几个过程进行描述。

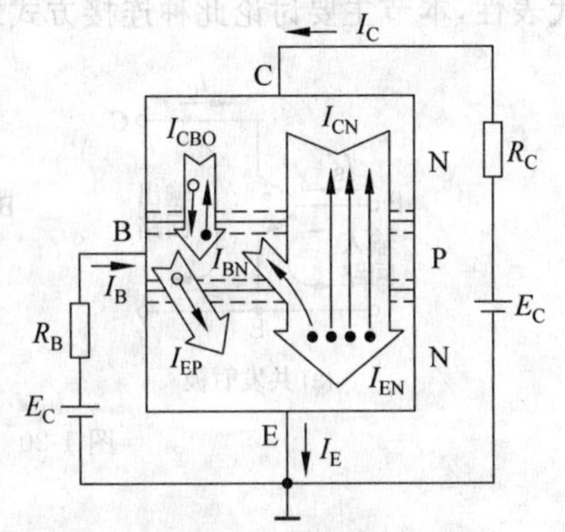

图 1-19 NPN 型三极管内载流子的运动和各极电流情况

1) 发射区向基区注入电子

由于发射结正向偏置，因而结两侧多数载流子(自由电子)的扩散占优势，这时发射区自由电子源源不断地越过发射结注入到基区，形成电子注入电流 I_{EN}。与此同时，基区空穴也向发射区注入，形成空穴注入电流 I_{EP}。因为发射区相对基区的掺杂浓度大，基区空穴浓度远低于发射区的自由电子浓度，所以满足 $I_{EP}\ll I_{EN}$，可忽略不计。因此，发射极电流 $I_E\approx I_{EN}$，其方向与电子注入方向相反。

2) 电子在基区中边扩散边复合

从发射区扩散到基区的自由电子起初都聚集在发射结附近，靠近集电结的自由电子很少,形成了电子的浓度差。在该浓度差作用下,注入基区的电子将继续向集电结扩散。在扩散过程中,自由电子不断与基区中的空穴相遇而复合。但由于基区很薄而且空穴浓度又低,所以被复合的自由电子数极少,而绝大部分自由电子都能扩散到集电结边沿。基区中与自由电子复合的空穴由基极电源提供,形成基区复合电流 I_{BN},它是基极电流 I_B 的主要部分。

3) 扩散到集电结的电子被集电区收集

由于集电结反向偏置,在结内形成了较强的电场,因而使扩散到集电结边沿的电子在该电场作用下漂移到集电区,形成集电区的收集电流 I_{CN}。该电流是构成集电极电流 I_C 的主要部分。另外,集电区和基区的少数载流子在集电结反向电压作用下,向对方漂移形成集电结反向饱和电流 I_{CBO}。这个电流值很小,流过集电极和基极支路,构成 I_C,I_B 的另外一小部分。

1.3.2 三极管的特性曲线及主要参数

三极管的特性曲线是描述三极管各极电流与极间电压关系的曲线,它对于了解三极管的特性非常重要。三极管有三个电极,通常用其中两个分别做输入、输出端,第三个做公共端,这样可以构成输入和输出两个回路。因为有两个回路,所以三极管的特性曲线包括输入和输出两组。这两组曲线既可以在三极管特性图示仪的屏幕上直接显示出来,也可以用图 1-19 所示实验电路记录实验数据逐点绘出。实际应用中,三种基本的连接方法示于图 1-20,分别称为共发射极、共集电极和共基极的连接方法。其中,共发射极连接方法更具代表性,本节主要讨论此种连接方式之下的输入特性(基极特性)和输出特性(集电极特性)。

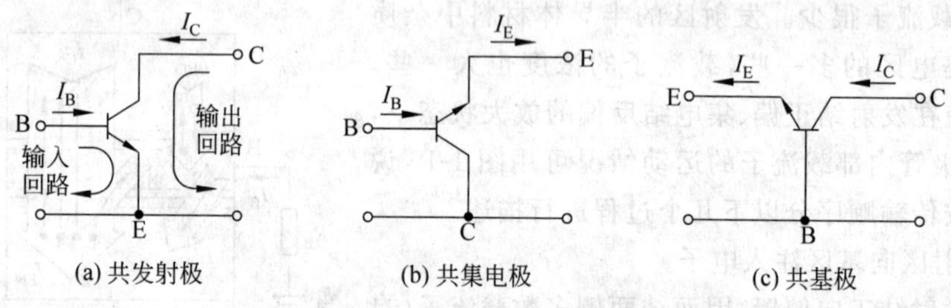

图 1-20 三极管的三种基本连接方法

1. 输入特性

共发射极连接方法中,输入特性是指三极管集电极与发射极之间的电压 U_{CE} 为一定值时,基极电流 I_B 同基极与发射极之间的电压 U_{BE} 的关系,即

$$I_B = f(U_{BE})\big|_{U_{CE}=\text{常数}} \tag{1-4}$$

如图 1-21 所示。

实际上,对应于不同的 U_{CE} 值,可以做出不同的输入特性曲线,但由于 $U_{CE} \geqslant 1$ 时对输入

特性曲线的形状几乎没有影响，因此图中只绘出了一条曲线。从图中可以看出，与二极管的伏安特性一样，三极管的输入特性也存在一段死区，只有发射结的外加电压大于死区电压时，三极管才会有基极电流 I_B。硅管的死区电压约为 0.5V，锗管的死区电压约为 0.2V。正常工作时，NPN 型硅管的发射结电压 $U_{BE}=0.6\sim0.7V$，PNP 型锗管的发射结电压 $U_{BE}=-0.3\sim-0.2V$。

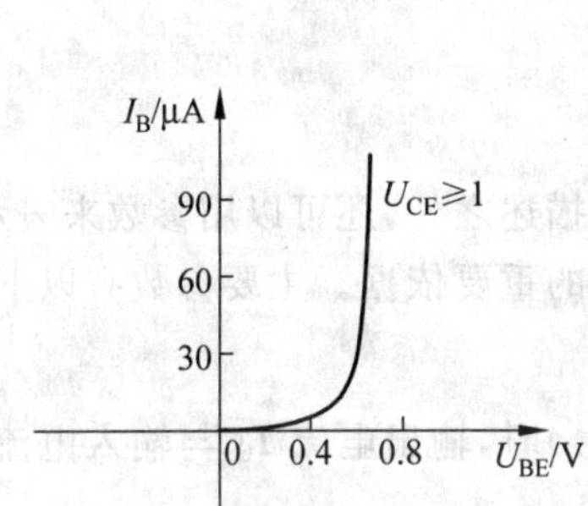

图 1-21 3DG6 三极管共发射极输入特性曲线

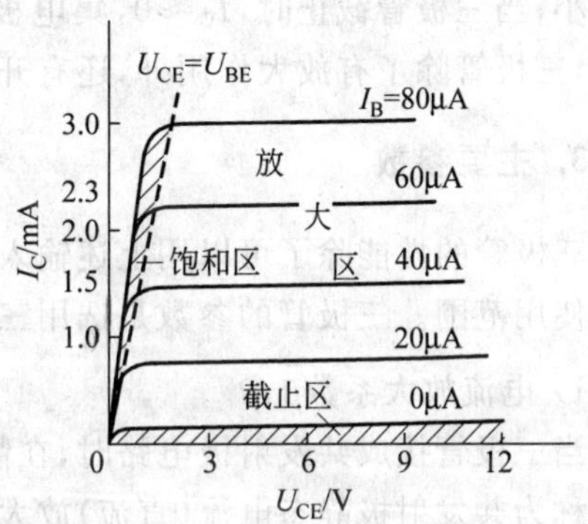

图 1-22 3DG6 三极管共发射极输出特性曲线

2. 输出特性

共发射极连接方法中，输出特性是指基极电流 I_B 为一定值时，三极管集电极电流 I_C 同集电极与发射极之间的电压 U_{CE}之间的关系，即

$$I_C=f(U_{CE})\big|_{I_B=\text{常数}} \tag{1-5}$$

在不同的 I_B 值之下，得到一组输出特性曲线，如图 1-22 所示。图中同时示出了对应于三极管三种不同工作状态的三个工作区。

1) 放大区

输出特性曲线中接近水平的部分是放大区(active region)。在放大区 $I_C=\bar{\beta}I_B$($\bar{\beta}$称为电流放大系数)。因为 I_C 与 I_B 成正比关系，因此放大区也称为线性区。对应于输出特性曲线的放大区，三极管工作于放大状态，此时发射结处于正向偏置，集电结处于反向偏置，即对 NPN 型三极管而言，应使 $U_{BE}>0.5V$，$U_{BC}<0$，$U_{CE}>U_{BE}$。

2) 饱和区

在 $U_{CE}<1V$ 的范围内所对应的输出特性曲线近乎直线上升的区域，称为饱和区(saturation region)。工程上定义 $U_{CE}=U_{BE}$时为临界饱和状态，$U_{CE}<U_{BE}$则称为饱和状态。饱和状态时的 U_{CE}值称为饱和压降，用 U_{CES}表示，小功率硅管约为 0.3V，锗管约为 0.1V。在饱和区，I_B 的变化对 I_C 的影响较小，两者不成正比，放大区的$\bar{\beta}$不能适用于饱和区。三极管工作于饱和区时，集电结与发射结均处于正向偏置。此时，$U_{CE}\approx0V$，$I_C\approx\dfrac{E_C}{R_C}$。

3）截止区

输出特性曲线中对应于 $I_B=0$ 曲线以下的区域称为截止区(cut-off region)。$I_B=0$ 时，$I_C=I_{CEO}$。对 NPN 型硅管，$U_{BE}<0.5V$ 时截止；对 NPN 型锗管，$U_{BE}<0.1V$ 时截止。要使三极管可靠截止，发射结与集电结均应反向偏置。

由上可知，当三极管饱和时，$U_{CE}\approx 0$，集电极与发射极之间如同一个开关接通，其间电阻很小；当三极管截止时，$I_C\approx 0$，集电极与发射极之间如同一个开关断开，其间阻值很大。可见，三极管除了有放大作用外，还有开关作用。

3. 主要参数

三极管的性能除了可以用上述输入、输出特性曲线描述之外，还可以用参数来表示其性能和使用范围。三极管的参数是选用三极管、设计电路的重要依据。主要参数有以下几个。

1）电流放大系数$\bar{\beta}$，β

当三极管接成共发射极电路时，在静态(无输入信号)时，输出电流 I_C 与输入电流 I_B 的比值称为共发射极静态电流(直流)放大系数，即

$$\bar{\beta}=\frac{I_C}{I_B} \tag{1-6}$$

当三极管工作在动态(有输入信号)时，基极电流的变化量 ΔI_B 引起集电极电流的变化为 ΔI_C。ΔI_C 与 ΔI_B 的比值称为动态电流(交流)放大系数，即

$$\beta=\frac{\Delta I_C}{\Delta I_B} \tag{1-7}$$

可见，$\bar{\beta}$和 β 的含义不同，但输出特性曲线近于平行等距，并且在 I_{CEO} 较小的情况下，两者数值较为接近，因此在估算时，常用$\bar{\beta}\approx\beta$这一近似关系。

三极管的输出特性曲线是非线性的，只有在其中近于水平部分，即 I_C 随 I_B 成正比变化时，才可以认为 β 值是基本恒定的。常用的三极管的 β 值在 20～100 之间。应该注意的是，由于制造工艺的分散性，即使同一型号的三极管，β 值也有很大差别。

2）集-基极反向截止电流 I_{CBO}

I_{CBO}是当发射极开路时，由于集电结处于反向偏置，集电区和基区的少数载流子的漂移运动所形成的电流；也就是发射极开路($I_E=0$)时，集电极的电流值。I_{CBO}的大小是三极管质量优劣的标志之一，I_{CBO}值越小越好。I_{CBO}受温度影响较大，硅管在温度稳定性方面胜于锗管。通常在室温下，小功率硅管的 I_{CBO} 在 $1\mu A$ 以下，小功率锗管的 I_{CBO} 约为几微安到几十微安。

3）集-射极反向截止电流 I_{CEO}

I_{CEO}是指在基极开路($I_B=0$)、集电结处于反向偏置、发射结处于正向偏置时的集电极电流。由于它好像是从集电极直接穿透三极管而到达发射极的，所以又称为穿透电流。I_{CEO}的大小约为 I_{CBO}的 β 倍。I_{CEO}受温度影响更严重，对三极管的工作影响更大。

4）集电极最大允许电流 I_{CM}

当集电极电流超过一定值时，三极管的 β 值就要下降，I_{CM} 表示当 β 值下降到正常值的 2/3 时的集电极电流。在使用三极管时，I_C 超过 I_{CM} 并不一定会使三极管损坏，但会引起 β 值的下降。

5）集电极最大允许耗散功率 P_{CM}

由于集电极电流在流经集电结时将产生热量，使结温升高，从而会引起三极管参数变化。当三极管因受热而引起的参数变化不超过允许值时，集电极所消耗的最大功率称为集电极最大允许耗散功率 P_{CM}。P_{CM} 与 I_C，U_{CE} 的关系是

$$P_{CM} = I_C U_{CE} \tag{1-8}$$

P_{CM} 主要受温度的限制。一般而言，锗管允许结温度为 70～90℃，硅管约为 150℃。根据三极管的 P_{CM} 值，可在其输出特性曲线上作出 P_{CM} 曲线。

6）集-射极反向击穿电压 $U_{(BR)CEO}$

基极开路时加在集电极和发射极之间的最大允许电压称为集-射极反向击穿电压。当三极管的集-射极电压大于 $U_{(BR)CEO}$ 时，I_{CEO} 会突然大幅度上升，三极管被击穿。应该特别注意的是，三极管手册中给出的 $U_{(BR)CEO}$ 一般是常温 25℃时的值。如果三极管在高温下，其实际反向击穿电压要比标称的 $U_{(BR)CEO}$ 值小。

根据 I_{CM}，P_{CM} 和 $U_{(BR)CEO}$ 可以确定三极管的安全工作区，如图 1-23 所示。

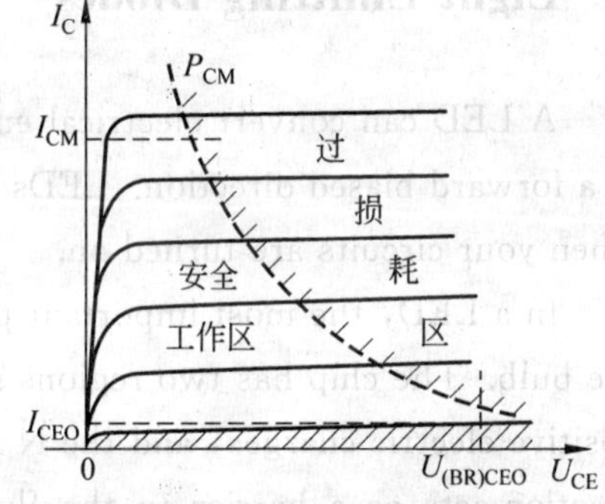

图 1-23 三极管的安全工作区

Example 1.4 The characteristics of transistor 3DG6 are shown in Fig. 1-24. (1) Determine the value of $\bar{\beta}$ at point Q_1. (2) Determine the value of β according to points Q_1 and Q_2.

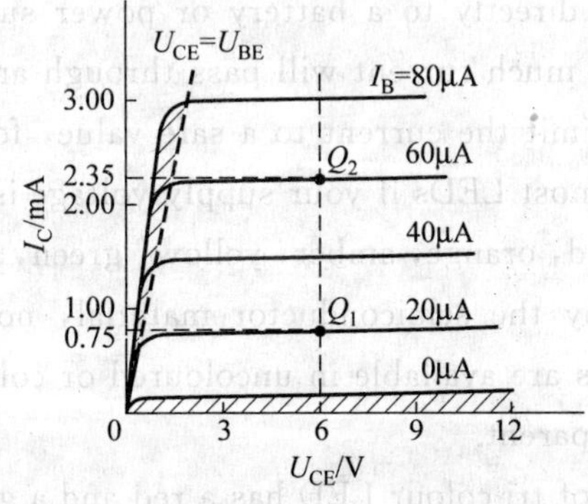

Fig. 1-24 Example 1.4

Solution

(1) At point Q_1, $U_{CE}=6\text{V}$, $I_B=20\mu\text{A}=0.02\text{mA}$, $I_C=0.75\text{mA}$, so

$$\bar{\beta}=\frac{I_C}{I_B}=\frac{0.75}{0.02}=37.5$$

(2) According to points Q_1 and Q_2, $U_{CE}=6V$

$$\beta=\frac{\Delta I_C}{\Delta I_B}=\frac{2.35-0.75}{0.06-0.02}=\frac{1.6}{0.04}=40$$

1.4 Practical Perspective

Light Emitting Diodes

A LED can convert electrical energy into light energy. It emits lights when operated in a forward biased direction. LEDs are frequently used in electronic appliances to tell you when your circuits are turned on.

In a LED, the most important part is the semi-conductor chip located in the center of the bulb. The chip has two regions separated by a junction. The P region is dominated by positive electric charges, and the N region is dominated by negative electric charges. The junction acts as a barrier to the flow of electrons and holes between the P and the N regions. Only when sufficient voltage is applied to the semi-conductor chip, can the current flow and the electrons cross the junction into the P region.

Different LED chip technologies emit light in specific regions of the visible light spectrum and produce different intensity levels.

Never connect an LED directly to a battery or power supply! It will be destroyed almost instantly because too much current will pass through and burn it out. LEDs must have a resistor in series to limit the current to a safe value, for quick testing purposes a 1kΩ resistor is suitable for most LEDs if your supply voltage is 12V or less.

LEDs are available in red, orange, amber, yellow, green, blue and white. The colour of an LED is determined by the semiconductor material, not by the colouring of the package. LEDs of all colours are available in uncoloured or coloured packages which may be diffused (milky) or transparent.

The most popular type of tri-colour LED has a red and a green LED combined in one package. They are called tri-colour because mixed red and green light appears to be yellow and this is produced when both the red and green LEDs are on.

LEDs offer enormous benefits over traditional incandescent lamps including: energy savings, maintenance costs reduction and increased visibility in daylight and adverse weather conditions.

Summary

1. Silicon forms a crystal in which each atom develops covalent bonds with its four nearest neighbors. At normal temperatures, a small fraction of the bonds are broken, producing holes and free electrons that can carry current. The hole and free-electron concentrations are equal in pure silicon. As temperature increase, the carrier concentrations and the conductivity increase.
2. Diodes are two-terminal devices that conduct current easily only in one direction, but not in the other.
3. Circuits containing a nonlinear device such as a diode can be analyzed using a graphical technique called a load-line analysis. The load-line equation is obtained by applying KVL or KCL. The equation plots as a straight line that can be drawn by locating two points.
4. The ideal-diode model is a short circuit for forward currents and an open circuit for reverse voltages.
5. A BJT can operate in the active, saturation, or cutoff regions, depending on whether a forward or reverse bias is applied to its junctions. For operation in the active region, the base-emitter junction is forward biased and the base-collector junction is reverse biased. As amplifiers, BJTs operate in the active region. As switches, they often operate in saturation and cutoff.

Problems

1.1 Find out the operating point for the circuit shown in Fig. P1-1(a) with the diode characteristic shown in Fig. P1-1(b) and $E=2\text{V}$, $R=1\text{k}\Omega$.

1.2 Determine the diode states for the circuits shown in Fig. P1-2. Assume ideal diodes.

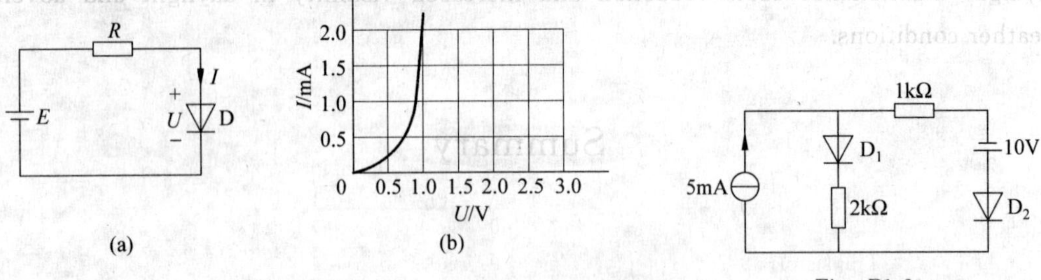

Fig. P1-1　　Fig. P1-2

1.3 Analyze the circuit shown in Fig. P1-3 using the ideal-diode model if $E_1=5\text{V}$, $E_2=3\text{V}$ and $u_i=10\sin\omega t\,\text{V}$. Draw the waveform of the output voltage u_o.

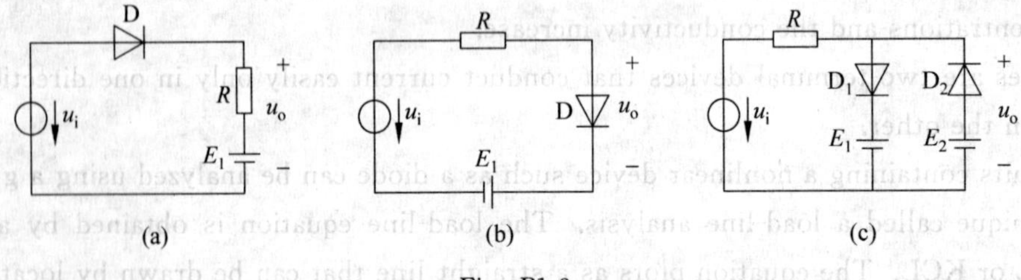

Fig. P1-3

1.4 There are two Zener diodes D_{Z1} and D_{Z2} with same value of $U_D=0.5\text{V}$ and different values of $U_{Z1}=5.5\text{V}$, $U_{Z2}=8.5\text{V}$. How does these two Zener diodes connect to provide constant voltages of 0.5V, 3V, 6V, 9V and 14V respectively (include current-limit resistor)?

1.5 The characteristics of a transistor are shown in Fig. P1-4 (1) Determine the value of β if $U_{CE}=9\text{V}$ and $I_B=40\mu\text{A}$. (2) Determine the value of β when I_B increase from $40\mu\text{A}$ to $80\mu\text{A}$.

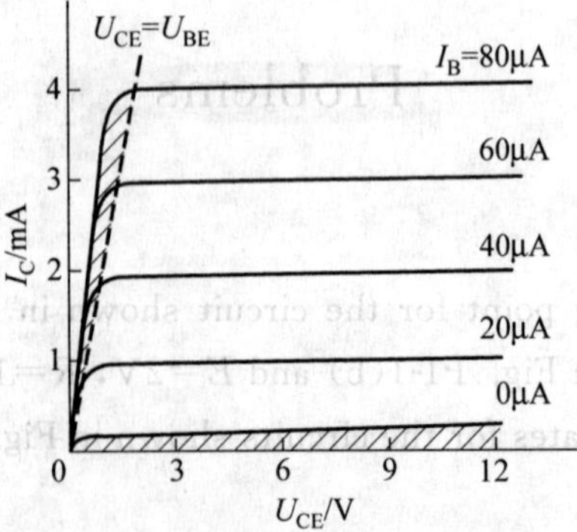

Fig. P1-4

1.6 Measured voltage U_{BE} and U_{CE} of 3 silicon transistor are shown in Table P1-1. Determine the operation status of each (active status, saturation status or cut-off status).

Table P1-1

	U_{BE}/V	U_{CE}/V
Transistor A	0	9
Transistor B	0.7	0.5
Transistor C	0.7	4

第2章

基本放大电路

引言

半导体器件二极管、三极管等可以组成不同功能的模块电路，放大电路是其中最重要的一种。从表面上看，放大电路(amplifier)是增大了信号的幅度，其实质是进行了能量转换，即用小的信号功率去控制电源的直流功率，把它转换成负载所需要的大的信号功率。

随着电子技术的发展，虽然集成电路的应用已经占据了主导地位，但对于初学者来说，掌握分立元件构成的放大电路的基本组成原则、工作原理、性能指标以及基本分析方法是十分必要的。

2.1 放大电路的基本概念与分析方法

2.1.1 放大电路的基本结构

图 2-1(a)所示基本放大电路又称为单管放大电路，是构成复杂放大电路的基本单元。图中采用的是共射极接法的基本放大电路，输入端接交流信号源(通常可以用 u_S 与 R_S 组成的电压源表示)，输入电压为 u_i；输出端接负载 R_L(实际的各种扬声器、电动机等负载在这里都用等效电阻 R_L 表示)，输出电压为 u_o。

在基本放大电路中，通常把公共端接“地”，设其电位为零，作为电路中其他各点电位的参考点。有时为了简化电路图，习惯上不画电源 E_C 的符号，而只在连接其正极的一端标出它对“地”的电压值 U_{CC}和极性，如果忽略电源的内阻，则 $E_C=U_{CC}$，如图 2-1(b)所示。电路中各元件及其作用如下。

1. 三极管 T

三极管是放大电路的放大元件，利用其电流放大作用，在集电极支路得到放大了的电流，这一电流受输入信号的控制。

2. 电源 E_C

电源除了为输出信号提供能量之外，还要保证三极管相应的发射结和集电结处于适当的偏置状态。基极电源 E_B 和集电极电源 E_C 可以分别提供，也可以如图 2-1(a)所示由 E_C 统一提供。集电极电源要保证集电结处于反向偏置，使三极管起到放大作用。基极电源要使发射结处于正向偏置，使放大电路获得适当的工作点。

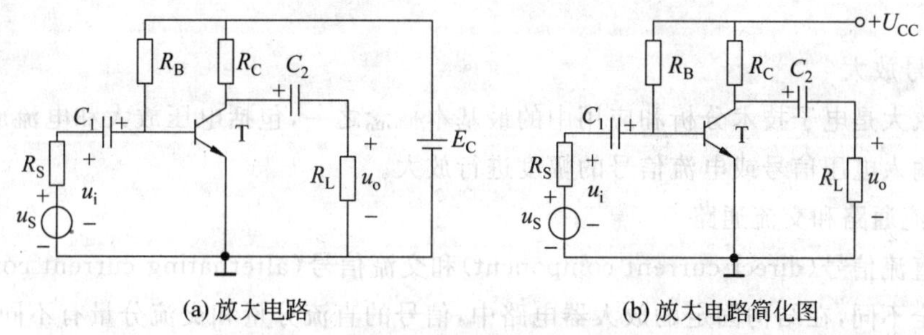

图 2-1 单管放大电路

3. 集电极电阻 R_C

集电极电阻主要的作用是将集电极电流的变化转化为电压的变化，以实现电压放大。R_C 阻值一般为几千欧到几十千欧。

4. 基极电阻 R_B

基极电阻和基极电源共同作用使发射结处于正向偏置，保证适当大小的基极电流 I_B，使放大电路工作在适当的工作点。R_B 阻值一般为几十千欧到几百千欧。

5. 耦合电容 C_1，C_2

耦合电容(coupled capacitor)C_1，C_2 分别称为输入电容和输出电容，它们起到两方面的作用。一方面是隔直流，C_1 用来隔断放大电路与信号源之间的直流通路，C_2 用来隔断放大电路与负载之间的直流通路，这样信号源、放大电路和负载三者之间无直流联系，互不影响。另一方面的作用是交流耦合，即保证交流信号畅通无阻地经过放大电路，沟通信号源、放大电路和负载三者之间的交流通路。

通常要求耦合电容上的交流压降小到可以忽略不计,即对交流信号的频率,其容抗近似为零,对交流信号可视作短路。C_1 和 C_2 为电解电容,电容值要取得较大,一般为几微法到几十微法,连接时要注意电解电容的极性。

概括地说,在组成晶体管放大电路时应遵循以下原则。

(1) 要有直流通路,即保证发射结处于正向偏置,集电结处于反向偏置,使晶体管工作在放大区,以实现电流控制作用。

(2) 要有交流通路,即待放大的输入信号能加到发射结上,以控制三极管的电流,而且放大了的信号能从电路中取出。

2.1.2 放大电路的基本概念

1) 信号放大

信号放大是电子技术分析和应用中的最基本概念之一,包括电压放大和电流放大,即按比例地对输入电压信号或电流信号的幅度进行放大。

2) 直流通路和交流通路

由于直流信号(direct current component)和交流信号(alternating current component)的性质完全不同,在结构固定的放大器电路中,信号的直流分量和交流分量有不同的通过路径。放大电路对直流信号和交流信号起到的作用也不相同。

放大电路的直流通路(direct current path)是指直流信号所通过的路径,交流通路(alternating current path)是指交流信号所通过的路径。电路中的电感、电容和电源是确定直流通路和交流通路的关键元件。在半导体器件电路中,使用的是直流电源,电源电压固定不变,电源中的电流只能单方向流动,所以在直流通路中,直流电源是一个支路;在交流通路中,直流电源中因为不会出现交流压降,所以看作短路状态。

Example 2.1 Find the DC signal path and AC signal path for the circuit shown in Fig. 2-2(a).

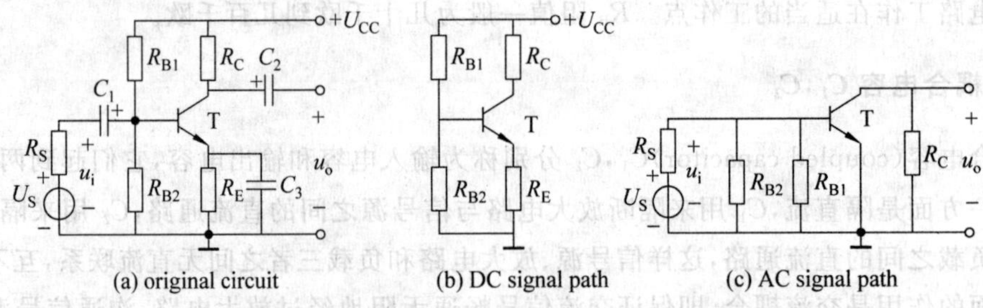

Fig. 2-2 Example 2.1

Solution

According to the principles given above, the DC signal path and AC signal path are shown in Fig. 2-2(b) and (c).

3）电路的静态工作点

静态工作点(quiescent point, Q-point)是指没有输入信号时，电路中的半导体器件各电极上的电压和电极支路中的电流。静态工作点表示了电路的基本工作状态，线性非时变电路在工作时，三极管的三个电极上的电压和支路中的电流在静态工作点附近变化。通常在变量的下标中用 Q 表示静态工作点对应变量的静态值，如后面分析中会出现的 I_{BQ}、U_{BEQ} 等。

4）输入电阻与输出电阻

放大电路总是和其他电路相连接，电路之间产生的相互影响由放大电路的输入电阻和输出电阻来体现。

输入电阻是指电路的输入电压与输入电流的比值，在输入电压一定的条件下，输入电阻越小，进入电路的输入电流越大；反之，输入电阻越大，进入电路的输入电流越小。

输出电阻是指在放大电路的信号源短路但保留其内阻和负载开路的条件下，在输出端加入激励电源，输出端电压与输出端电流的比值。输出电阻反映了电路驱动负载的能力。输出电阻越小，负载电阻变化对电路输出电压的影响越小。

5）信号放大倍数

电压放大倍数指电路的输出电压与输入电压的比值；电流放大倍数指电路的输出电流与输入电流的比值。

放大电路中的电压和电流符号如表 2-1 所示。

表 2-1　放大电路中的电压和电流符号

名　　称	静态	动　　态		
	直流量	交流量瞬时值	交流量有效值	总瞬时值
基极电流	I_{BQ}	i_b	I_b	$i_B = I_{BQ} + i_b$
集电极电流	I_{CQ}	i_c	I_c	$i_C = I_{CQ} + i_c$
发射极电流	I_{EQ}	i_e	I_e	$i_E = I_{EQ} + i_e$
集-射极电压	U_{CEQ}	u_{ce}	U_{ce}	$u_{CE} = U_{CEQ} + u_{ce}$
基-射极电压	U_{BEQ}	u_{be}	U_{be}	$u_{BE} = U_{BEQ} + u_{be}$

2.1.3　静态分析

本节主要讨论放大电路静态分析的基本方法。前面已经提到静态工作点的概念，实际上,对放大电路可分为静态和动态两种情况来分析。静态是指放大电路中没有输入信号时的工作状态,动态则是指有输入信号时的工作状态。静态分析是要确定放大电路的静态值(直流值)I_{BQ},I_{CQ},U_{BEQ}和U_{CEQ},放大电路的质量与其静态值有很大关系。

1. 解析法进行静态分析

图 2-3(a)和(b)分别给出了一个基本放大电路及其直流通路。

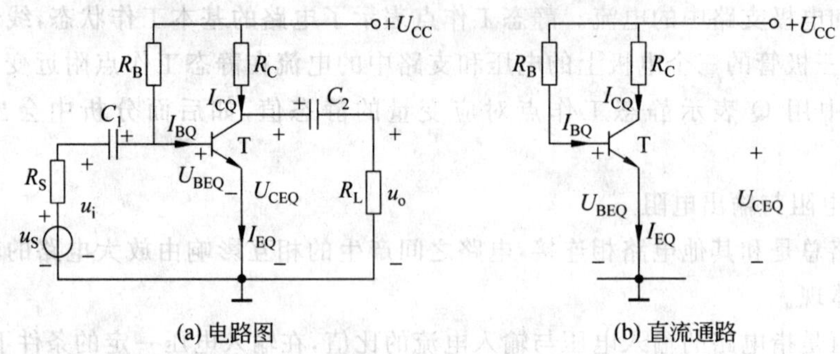

图 2-3 放大电路的静态分析

电路静态时的基极电流

$$I_{BQ}=\frac{U_{CC}-U_{BEQ}}{R_B}\approx\frac{U_{CC}}{R_B} \tag{2-1}$$

由于U_{BEQ}(硅管约为 0.6V,锗管约为 0.2V)远远小于U_{CC},故可忽略不计。三极管共发射极静态电流放大系数、动态电流放大系数与集电极电流、基极电流的关系为

$$I_{CQ}=\bar{\beta}I_{BQ}+I_{CEO}\approx\bar{\beta}I_{BQ}\approx\beta I_{BQ} \tag{2-2}$$

则静态时的集-射极电压为

$$U_{CEQ}=U_{CC}-R_C I_{CQ} \tag{2-3}$$

2. 图解法进行静态分析

图解法就是利用三极管的输入-输出特性曲线,通过作图的方法来分析放大电路的工作情况,它既可以分析放大电路的静态工作情况,也可以分析动态工作情况。这种方法对初学者形象直观,但在使用时要注意分清静态和动态工作情况,直流和交流通路,电压和电流的直流和交流分量。

1) 已知I_{BQ}值,在输入特性曲线中确定Q点和U_{BEQ}值

若已知 $I_{BQ}=40\mu A$,则可以在图 2-4(a)所示的三极管的输入特性曲线上找到对应于$I_{BQ}=40\mu A$ 的点,此点即放大电路的静态工作点Q,由它确定$U_{BEQ}=0.65V$。

2) 在输出特性曲线中确定I_{BQ}与直流负载线的交点Q

在图 2-3(b)的直流通路中,三极管与集电极负载R_C 串联后接于电源U_{CC},式(2-3)反映

它们之间的关系，也可以写为

$$I_{CQ}=-\frac{1}{R_C}U_{CEQ}+\frac{U_{CC}}{R_C} \tag{2-4}$$

这是一个直线方程，其斜率为 $\tan\alpha=-\frac{1}{R_C}$，在图 2-4(b)中作出这一直线 MN，若 $U_{CC}=12V$，$R_C=3.3k\Omega$，在横轴上的截距 ON 为 $U_{CC}=12V$，在纵轴上的截距 OM 为 $\frac{U_{CC}}{R_C}=\frac{12}{3.3\times10^3}A=3.64mA$。由于这条直线在直流通路中完全由集电极负载电阻 R_C 确定，因此称为直流负载线。根据前面已求出的 I_{BQ} 值，找到直流负载线与 $I_{BQ}=40\mu A$ 这条输出特性曲线的交点，即静态工作点 Q。在直流负载线上，各点对应的 I_{CQ} 与 U_{CEQ} 都满足方程 $U_{CEQ}=U_{CC}-R_C I_{CQ}$。

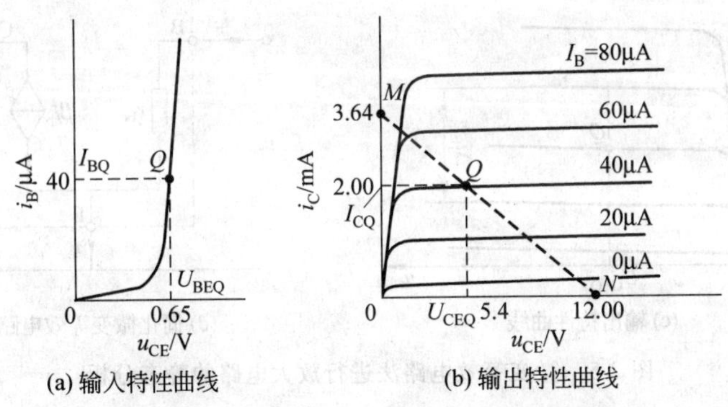

图 2-4 图解法进行放大电路的静态分析

3) 确定三极管静态工作状态

由图中可知 $I_{CQ}=2mA$，$U_{CEQ}\approx5.4V$，这样静态工作点的 I_{BQ}，I_{CQ} 和 U_{CEQ} 值就可以确定三极管静态时的工作状态。

2.1.4 动态分析

1. 微变等效电路法进行动态分析

当放大电路有信号输入时，电路中各处的电压、电流处于变动的工作状态，简称动态。动态分析就是分析输入信号变化时，电路中各种变化量的变动情况和相互关系。动态分析的主要工具是微变等效电路。放大电路的微变等效电路，是指在小信号条件下把放大电路中的非线性元件——三极管线性化，等效为一个线性元件，然后应用分析线性电路的方法进行分析。线性化的条件，是指非线性元件在小信号(微变量)情况下工作，因为这种情况下，三极管等非线性元件才能在工作点附近的小范围内用直线段近似地代替相应的特性曲线，因此，微变等效电路分析法又称为小信号等效电路分析法。等效的概念是指从求得的线性电路的输入端和输出端看进去，其伏安特性与三极管的输入特性及输出特性基本一致。

当三极管组成共发射极接法的放大电路时，其输入端口和输出端口如图 2-5(a)所示。

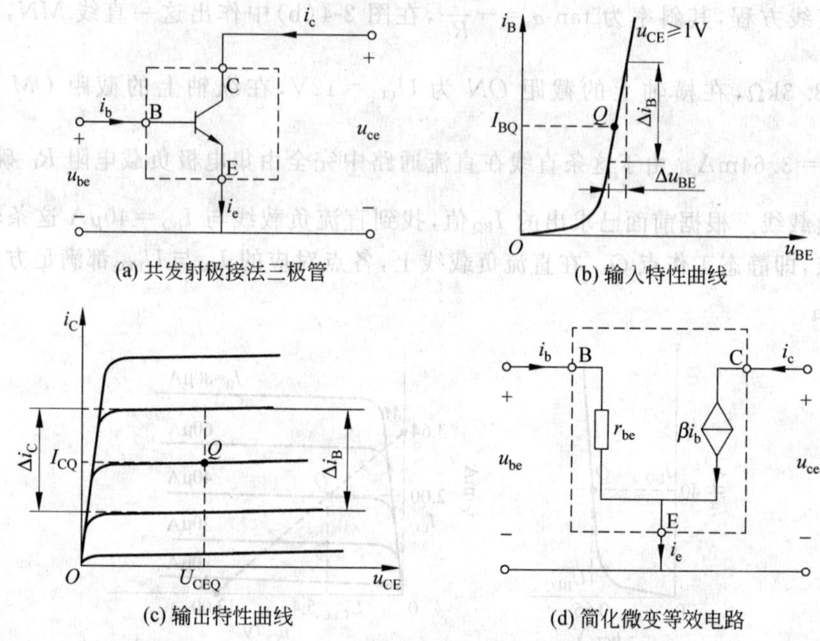

图 2-5 微变等效电路法进行放大电路的静态分析

三极管的输入端口的电压与电流之间的关系由图 2-5(b)中的三极管输入特性曲线来确定。图中的输入特性曲线是非线性曲线，当输入为小信号时，静态工作点 Q 附近的变化很小，因此可用直线段来代替 Q 点附近的曲线段。当 u_{CE} 为一定值时，Δu_{BE} 与 Δi_B 之比称为三极管的输入电阻 r_{be}，它反映了输入电压与输入电流之间的关系，即

$$r_{be} = \left.\frac{\Delta u_{BE}}{\Delta i_B}\right|_{u_{CE}\text{一定}} = \left.\frac{u_{be}}{i_b}\right|_{u_{CE}\text{一定}} \tag{2-5}$$

式中，小信号变化量 Δu_{BE} 和 Δi_B 可用其对应的交流分量 u_{be} 和 i_b 来代替。r_{be} 的大小等于输入特性曲线上 Q 点切线斜率的倒数，随着 Q 点位置的不同，r_{be} 值也不同，r_{be} 是动态电阻(dynamic resistance)。

在实际分析放大电路时，小功率三极管的输入电阻可以按下式进行估算，即

$$r_{be} = 300(\Omega) + (1+\beta)\frac{26(\text{mV})}{I_{EQ}(\text{mA})} \tag{2-6}$$

式中，I_{EQ} 为发射极静态电流值，r_{be} 大小除与 I_{EQ} 有关外，还与三极管的 β 值有关。r_{be} 的数值通常为几百欧到几千欧。

三极管的输出端口的电压与电流之间的关系由图 2-5(c)中的三极管输出特性曲线来确

定。图中的输出特性曲线是一族近似平行于横坐标且相互间隔相等的直线，这表明集电极电流 i_C 基本上只受基极电流 i_B 的控制而可以忽略 u_{CE} 的影响，即 Δi_C 仅受 Δi_B 的控制而与 Δu_{CE} 无关。因此当 u_{CE} 一定时，Δi_C 与 Δi_B 之比等于常数，即

$$\beta = \left.\frac{\Delta i_C}{\Delta i_B}\right|_{u_{CE}\text{一定}} = \left.\frac{i_c}{i_b}\right|_{u_{CE}\text{一定}} \tag{2-7}$$

则

$$i_c = \beta i_b \tag{2-8}$$

由此可见，输出端电路可以用图 2-5(d)中的等效受控电流源 βi_b 来代替。应该注意的是，等效电流源电流 βi_b 的方向要与基极电流 i_b 方向一致，即对于 NPN 管，此二电流方向同时指向发射极，而对于 PNP 管，此二电流方向同时背离发射极。

由于以上分析中，忽略了 u_{CE} 对 i_C 和 u_{BE} 的微弱影响，因此称图 2-5(d)所示的等效电路为三极管简化的微变等效电路。要特别注意的是，微变等效电路法只适用于分析和计算放大电路的动态性能指标，不能用来分析放大电路的静态工作情况。

2. 图解法进行动态分析

动态分析的主要工具是微变等效电路。但在分析放大电路的输出幅度和波形的失真情况时，用图解法比较直观。

本节以一种基本输入信号——正弦信号(sinusoidal signal)为例分析图 2-6(a)所示的放大电路的动态工作情况。

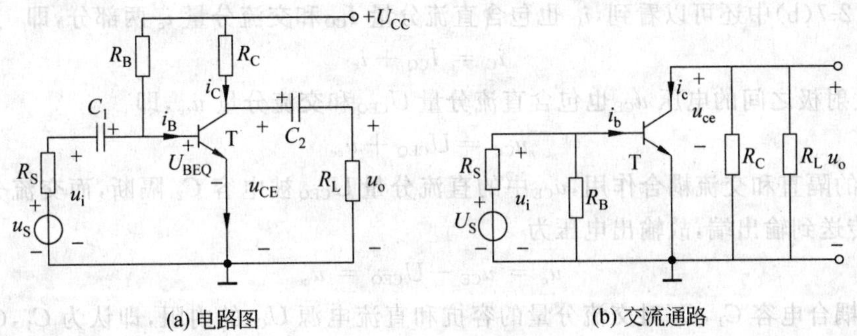

(a) 电路图　　(b) 交流通路

图 2-6 放大电路图

当图 2-6(a)的电路中输入正弦信号 u_i 时，由于 C_1 的耦合作用，使三极管基极-发射极之间的电压 u_{BE} 在原来静态值的基础上加上 u_i，如图 2-7(a)所示。u_i 的加入使 u_{BE} 发生变化，导致基极电流 i_B 变化。当 u_i 达到最大值时，i_B 也达到最大值 i_B'；当 u_i 变到负的最大值时，i_B 也变到最小值 i_B''。在 u_i 作用下，u_{BE} 与 i_B 在输入特性曲线 $Q_1 \sim Q_2$ 之间变化，因此可画出 i_B 波形如图 2-7(a)所示。可见 i_B 也是在原来静态值 I_{BQ} 的基础上叠加变化的 i_b。于是有

$$u_{BE} = U_{BEQ} + u_i \tag{2-9}$$

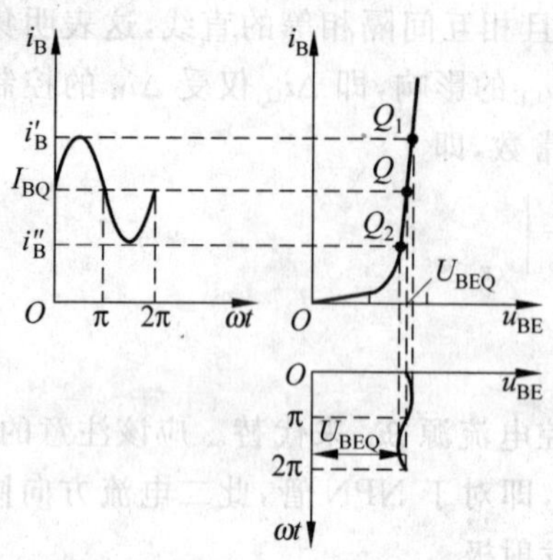

(a) 输入特性曲线及输入信号图解

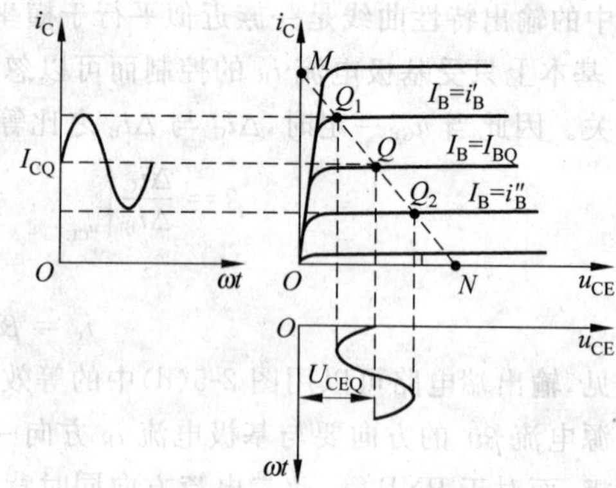

(b) 输出特性曲线及输出信号图解

图 2-7 图解法进行放大电路的动态分析

$$i_B = I_{BQ} + i_b \tag{2-10}$$

上两式表明,u_{BE},i_B 可人为地视为由直流分量 U_{BEQ},I_{BQ} 和交流分量 u_{be}(即 u_i),i_b 组成。其中,直流分量就是由直流电源 $+U_{CC}$ 建立起来的静态工作点,而交流分量则是由输入信号 u_i 引起的。当 u_i 按正弦变化时,i_b 也按正弦变化。对于输出电路,由于放大器的负载线是不变的,故当 i_B 变动时,负载线与输出特性曲线的交点也会随之而变。当 i_B 在 i'_B 与 i''_B 的范围内变化时,相应的工作点也会在 Q_1 与 Q_2 之间变化,因此直线段 Q_1Q_2 是工作点移动的轨迹,称为"动态工作范围"。相应的 i_C 和 u_{CE} 的变化规律如图 2-7(b)所示。

在图 2-7(b)中还可以看到,i_C 也包含直流分量 I_{CQ} 和交流分量 i_c 两部分,即

$$i_C = I_{CQ} + i_c \tag{2-11}$$

集电极-发射极之间的电压 u_{CE} 也包含直流分量 U_{CEQ} 和交流分量 u_{ce},即

$$u_{CE} = U_{CEQ} + u_{ce} \tag{2-12}$$

由于电容的隔直和交流耦合作用,u_{CE} 中的直流分量 U_{CEQ} 被电容 C_2 隔断,而交流分量 u_{ce} 则可经 C_2 传送到输出端,故输出电压为

$$u_o = u_{CE} - U_{CEQ} = u_{ce} \tag{2-13}$$

如果忽略耦合电容 C_1,C_2 对交流分量的容抗和直流电源 U_{CC} 的内阻,即认为 C_1,C_2 和直流电源对交流信号不产生压降,可视为短路,从图 2-6(b)所示的交流通路中可以看出,三极管集电极-发射极之间电压的交流分量为

$$u_{ce} = -R_C i_c \tag{2-14}$$

综上所述,可以总结以下几点:

(1) 无信号输入时,三极管的电流、电压都是直流量。当放大电路交流信号输入后,i_B,i_C 和 u_{CE} 都在原来静态值的基础上叠加了一个交流量。虽然 i_B,i_C 和 u_{CE} 的瞬时值是变化的,但它们的方向始终不变。

(2) 输出电压 u_o 为与 u_i 同频率的正弦波,且输出电压 u_o 的幅度比输入电压 u_i 大得多。

(3) 电流 i_b,i_c 与输入电压 u_i 同相,而输出电压 u_o 与输入电压反相,即共发射极放大电路具有倒相的作用。

(4) 静态工作点的选择必须合适。如果静态工作点选得过高,如图 2-7 所示的 Q_1 点,则输入信号较大时,在 u_i 的正半周,三极管很快进入饱和区(saturation region),输出波形会产生饱和失真(saturation distortion);如果静态工作点选得过低,如图 2-7 所示的 Q_2 点,则在输入信号的负半周,i_B 波形出现失真,三极管进入截止区(cut-off region),此时输出波形会产生截止失真(cut-off distortion)。为了得到最大不失真输出,静态工作点应该选择在适当的位置,而且输入信号 u_i 的大小也要合适。当输入信号幅度不大时,为了降低直流电源的能量消耗及降低噪声,在保证不产生截止失真和保证一定的电压放大倍数的前提下,可以把 Q 点选择得低一点。

2.2 三极管基本放大电路分析

微变等效电路法用于分析放大电路的动态性能非常方便,常用于估算电路的电压放大倍数、输入电阻和输出电阻。分析的步骤为:首先画出放大电路的交流通路;其次用三极管微变等效电路代替交流通路中的三极管,并在等效的电路图中标明电流和电压参考方向;然后应用线性电路的理论进行分析计算。

2.2.1 共发射极放大电路

图 2-8(a)所示的共发射极放大电路(common-emitter amplifier)是应用最广泛的一种放大电路,因三极管的发射极作为输入、输出回路的公共端而命名。信号源提供的信号 u_i 经电容 C_1 加到三极管 T 的基极与发射极之间,放大后的信号 u_o 从三极管的集电极(经电容 C_2)与发射极之间输出。

1. 静态电路分析

根据图 2-8(b)所示的共发射极放大电路的直流通路,计算电路的静态工作点。从图中可知

$$U_{CC} = I_{BQ}R_B + U_{BEQ} \tag{2-15}$$

则直流通路的各静态工作点为

$$I_{BQ} = \frac{U_{CC} - U_{BEQ}}{R_B} \approx \frac{U_{CC}}{R_B} \tag{2-16}$$

$$I_{CQ} = \bar{\beta}I_{BQ} + I_{CEO} \approx \bar{\beta}I_{BQ} \approx BI_{BQ} \tag{2-17}$$

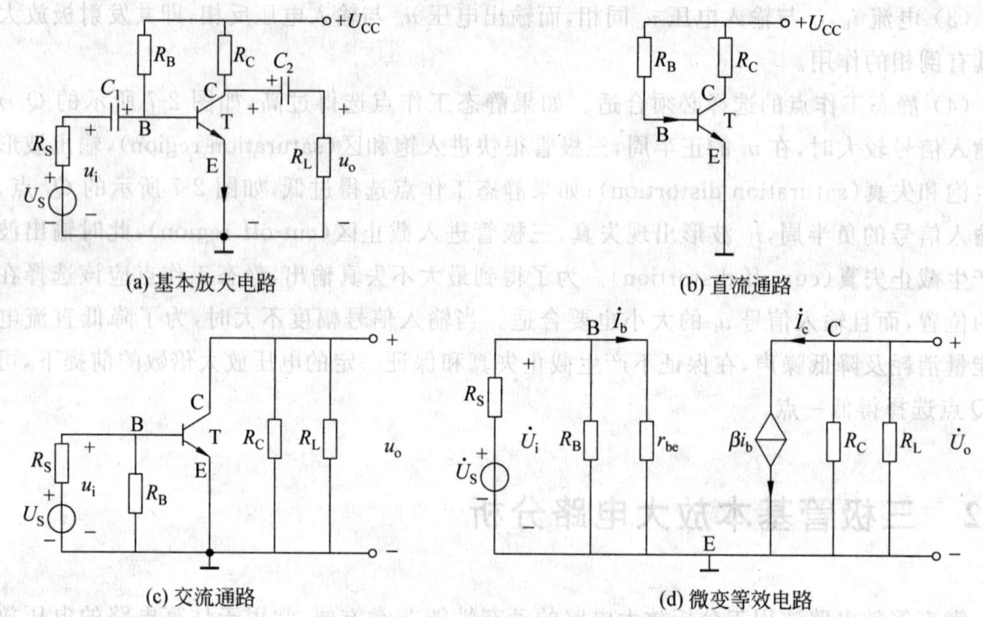

图 2-8 基本放大电路的微变等效电路

$$U_{CEQ} = U_{CC} - R_C I_{CQ} \tag{2-18}$$

2. 动态电路分析

1）电压放大倍数的计算

放大电路若加入正弦信号 u_i，那么交流通路以及微变等效电路中的电压和电流都是正弦量，因此可以用向量表示。若设信号源内阻 $R_S=0$，则由图 2-8(d)可得

$$\text{输入电压} \quad \dot{U}_i = \dot{U}_S = r_{be}\dot{I}_b \tag{2-19}$$

$$\text{输出电压} \quad \dot{U}_o = -\dot{I}_c R'_L = -\beta \dot{I}_b R'_L \tag{2-20}$$

式中，$R'_L = R_C /\!/ R_L = \dfrac{R_C R_L}{R_C + R_L}$。

放大电路的电压放大倍数(voltage gain)

$$\dot{A}_u = \frac{\dot{U}_o}{\dot{U}_i} = -\frac{\beta R'_L}{r_{be}} \tag{2-21}$$

若放大电路不带负载 R_L，则

$$\dot{A}_u = \frac{\dot{U}_o}{\dot{U}_i} = -\frac{\beta R_C}{r_{be}} \tag{2-22}$$

式(2-21)和式(2-22)中的负号表示输出电压$\dot{U}_o$与输入电压$\dot{U}_i$ 反相。比较上述两式，由于

$R_C > R'_L$，可知带负载电阻 R_L 后，放大电路的电压放大倍数减小，而且负载电阻 R_L 越小，电压放大倍数也越小。

若考虑信号源内阻 $R_S \neq 0$，则电压放大倍数

$$\dot{A}_{u_S} = \frac{\dot{U}_o}{\dot{U}_S} = \frac{\dot{U}_i}{\dot{U}_S} \cdot \frac{\dot{U}_o}{\dot{U}_i} = \frac{r_i}{R_S + r_i} \cdot \dot{A}_u = \frac{r_i}{R_S + r_i} \cdot \left(-\frac{\beta R'_L}{r_{be}}\right) \tag{2-23}$$

式中

$$r_i = R_B \,/\!/\, r_{be} = \frac{R_B r_{be}}{R_B + r_{be}}$$

通常 $R_B \gg r_{be}$，则

$$r_i = R_B \,/\!/\, r_{be} \approx r_{be} \tag{2-24}$$

因此有

$$\dot{A}_{u_S} = -\frac{\beta R'_L}{R_S + r_{be}} \tag{2-25}$$

可知考虑信号源内阻时，电压放大倍数将下降，信号源内阻 R_S 越大，$\dot{A}_{u_S}$ 越小。

由式(2-21)还可知，$\dot{A}_u$ 除了与 R'_L 有关外，还与 β 和 r_{be} 有关。根据式(2-6)，在保持静态值 I_{EQ} 一定的条件下，β 值大的三极管的 r_{be} 值也大。因此，提高 β 值并不能成正比地提高 $\dot{A}_u$ 值。当 β 值很大时，$\dot{A}_u$ 的变化不大。但对于多级放大电路(2.3 节将介绍)，希望 β 值大些，可以提高前级的 $\dot{A}_u$。当 β 值一定时，提高 I_{EQ} 值，可以减小 r_{be}，从而提高 $\dot{A}_u$ 值，这是提高 $\dot{A}_u$ 的一种常用有效办法。

综上所述，提高放大电路电压放大倍数的方法主要是选择较大 β 值的三极管，适当增加静态工作点 I_{EQ} 值，并使负载电阻 R_L 尽量大些。

2) 放大电路输入电阻的计算

放大电路总是和其他电路相连接的，这样电路之间必然是相互影响的，这种相互影响通过放大电路的输入电阻(input resistance) r_i 和输出电阻(output resistance) r_o 体现，如图 2-9(a)所示。

当放大电路的输入端接在信号源上时，它将从信号源索取电流。对信号源而言，放大电路相当于它的负载，这个负载可以用一个电阻来代替。这个从放大电路输入端看进去的交流等效电阻就称为放大电路的输入电阻，用 r_i 表示。

输入电阻 r_i 等于输入电压 $\dot{U}_i$ 和输入电流 $\dot{I}_i$ 之比，即

$$r_i = \frac{\dot{U}_i}{\dot{I}_i} \tag{2-26}$$

其中，

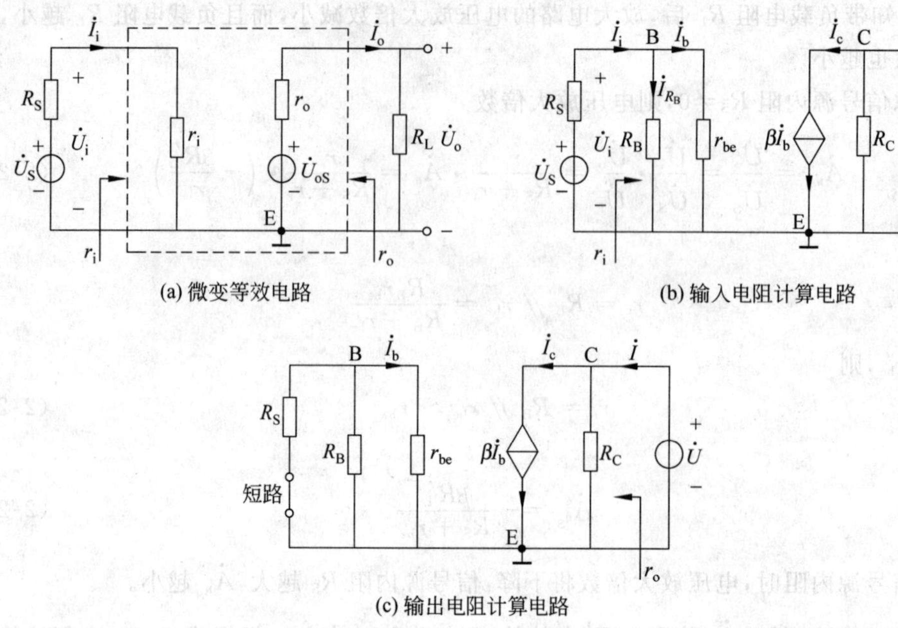

(a) 微变等效电路

(b) 输入电阻计算电路

(c) 输出电阻计算电路

图 2-9 微变等效电路

$$\dot{I}_i = \dot{I}_b + \dot{I}_{R_B} = \frac{\dot{U}_i}{R_B \,/\!/\, r_{be}}$$

所以

$$r_i = R_B \,/\!/\, r_{be} \tag{2-27}$$

因为 $R_B \gg r_{be}$，故 $r_i \approx r_{be}$(见图 2-9(b))。通常 r_{be} 为 1kΩ 左右，因此，共发射接法的放大电路的输入电阻 r_i 比较小，较小的输入电阻使放大电路从信号源索取较大的电流。若此放大电路连接在多级放大电路中，前级接另一个放大电路，本级较小的 r_i 相当于前级的负载电阻较小，将导致前级放大电路的 $\dot{A}_u$ 下降，因此总是希望放大电路的输入电阻较大。

从图 2-9(a)还可以看出，由于信号源存在内阻 R_S，从而导致实际加到放大电路的输入电压 $\dot{U}_i$ 减小，则输出电压 $\dot{U}_o$ 也将减小。

3) 放大电路输出电阻的计算

放大电路对于其负载而言，相当于信号源。这个信号源，既可以用戴维南定理等效成受控电压源与其电阻串联形式表示，也可以用诺顿定理等效成一个受控电流源与电阻并联形式表示。这个等效电阻称为放大电路的输出电阻，用 r_o 表示。

输出电阻 r_o 应在放大电路的信号源短路($\dot{U}_S = 0$)但保持其内阻 R_S 和负载开路($R_L = \infty$)的条件下求得，见图 2-9(c)。r_o 的大小等于在输出端所加电压 $\dot{U}$ 与产生的电流 $\dot{I}$ 的比

值，即

$$r_o = \frac{\dot{U}}{\dot{I}}\bigg|_{\dot{U}_S=0, R_L=\infty} \tag{2-28}$$

在图 2-9(c)中，由于信号源短路，因此$\dot{I}_b=0$，$\dot{I}_c=\beta\dot{I}_b=0$，受控电流源开路，则从输出端看进去的输出电阻 $r_o=R_C$。R_C 为集电极电阻，通常为几千欧，因此共发射极接法的放大电路的输出电阻 r_o 比较大。应该注意的是，输出电阻是对负载电阻而言的，因此在计算输出电阻时，不要把负载电阻和后一级的输入电阻考虑在内。

在图 2-9(c)中，从输出端看，对负载而言，放大电路相当于一个信号源，其内阻就是放大电路的输出电阻。图 2-9(a)中的信号源$\dot{U}_{oS}$为放大电路空载时的输出电压。如果 r_o 较大，则带上负载 R_L 后，输出电压$\dot{U}_o$就较小。输出电压为

$$\dot{U}_o = \frac{R_L}{r_o + R_L}\dot{U}_{oS} \tag{2-29}$$

由上式可知，r_o 越大，则放大电路的输出电压受负载变化的影响大；反之，r_o 越小，则放大电路的输出电压受负载变化的影响小。因此，输出电阻是用来衡量放大电路带负载能力的参数，所以总是希望放大电路的输出电阻 r_o 小一些。

Example 2.2 Consider the common-emitter amplifier shown in Fig. 2-10 with $\beta=50$. Calculate (1) the value of $\dot{A}_u$ if $R_S=0$, $R_L=\infty$; (2) the value of $\dot{A}_u$ if $R_S=0$, $R_L=5.5\text{k}\Omega$; (3) the value of $\dot{A}_{u_S}$ if $R_S=1\text{k}\Omega$, $R_L=5.5\text{k}\Omega$.

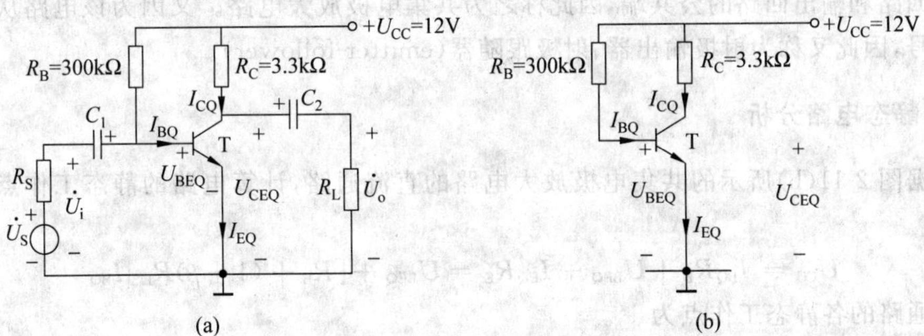

Fig. 2-10 Example 2.2

Solution

(1) if $R_S=0$,

$$I_{BQ} = \frac{U_{CC} - U_{BEQ}}{R_B} \approx \frac{U_{CC}}{R_B} = \frac{12}{300 \times 10^3}\text{A} = 40\mu\text{A}$$

$$I_{CQ} \approx I_{EQ} \approx \beta I_{BQ} = 50 \times 40 \times 10^{-6}\text{A} = 2\text{mA}$$

See Fig. 2-8 (d), use Equation (2-6)

$$r_{be}=300+(1+50)\times\frac{26}{2}=963\Omega\approx 0.96\text{k}\Omega$$

When $R_L=\infty$

$$\dot{A}_u=\frac{\dot{U}_o}{\dot{U}_i}=-\frac{\beta R_L'}{r_{be}}=-\frac{\beta(R_C /\!/ R_L)}{r_{be}}=-\frac{\beta R_C}{r_{be}}=-\frac{50\times 3.3}{0.96}\approx -172$$

(2) if $R_S=0$, $R_L=5.5\text{k}\Omega$

$$R_L'=R_C /\!/ R_L=\frac{5.5\times 3.3}{5.5+3.3}\approx 2\text{k}\Omega$$

$$\dot{A}_u=\frac{\dot{U}_o}{\dot{U}_i}=-\frac{\beta R_L'}{r_{be}}=-\frac{\beta(R_C /\!/ R_L)}{r_{be}}=-\frac{50\times 2}{0.96}=-104$$

(3) if $R_S=1\text{k}\Omega$, $R_L=5.5\text{k}\Omega$

$$r_{be}=0.96\text{k}\Omega,\quad R_B=300\text{k}\Omega,\quad R_B\gg r_{be}$$

$$\dot{A}_{us}=-\frac{\beta R_L'}{R_S+r_{be}}=-\frac{50\times 2}{1+0.96}=-51$$

2.2.2 共集电极放大电路

在图 2-11(a)所示的电路中,电源 U_{CC} 对交流信号相当于短路(见图 2-11(c)),则集电极是输入回路和输出回路的公共端,因此称之为共集电极放大电路。又因为该电路从发射极输出信号,因此又称为射极输出器、射极跟随器(emitter-follower)。

1. 静态电路分析

根据图 2-11(b)所示的共集电极放大电路的直流通路,计算电路的静态工作点。从图中可知

$$U_{CC}=I_{BQ}R_B+U_{BEQ}+I_{EQ}R_E=U_{BEQ}+[R_B+(1+\beta)R_E]I_{BQ} \tag{2-30}$$

则直流通路的各静态工作点为

$$I_{BQ}=\frac{U_{CC}-U_{BEQ}}{R_B+(1+\beta)R_E}\approx\frac{U_{CC}}{R_B+(1+\beta)R_E} \tag{2-31}$$

$$I_{EQ}=(1+\beta)I_{BQ} \tag{2-32}$$

$$U_{CEQ}=U_{CC}-I_{EQ}R_E \tag{2-33}$$

2. 动态电路分析

根据图 2-11(c)、(d)和(e)所示的共集电极放大电路的交流通路、微变等效电路,进行电

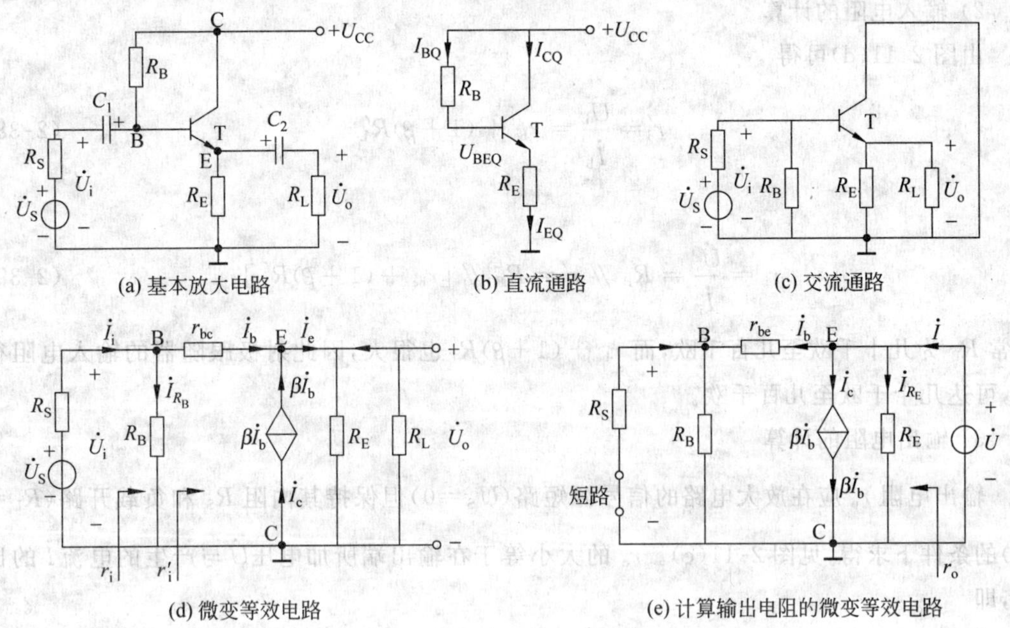

图 2-11 共集电极电路

路的动态分析。

1) 电压放大倍数的计算

由图 2-11(d)可得

$$\text{输入电压}\quad \dot{U}_i = \dot{I}_b r_{be} + \dot{I}_e R_L' = [r_{be} + (1+\beta)R_L']\dot{I}_b \tag{2-34}$$

$$\text{输出电压}\quad \dot{U}_o = \dot{I}_e R_L' = (1+\beta)\dot{I}_b R_L' \tag{2-35}$$

式中，$R_L' = R_E /\!/ R_L = \dfrac{R_E R_L}{R_E + R_L}$。

电压放大倍数

$$\dot{A}_u = \frac{\dot{U}_o}{\dot{U}_i} = \frac{(1+\beta)R_L'\dot{I}_b}{[r_{be} + (1+\beta)R_L']\dot{I}_b} = \frac{(1+\beta)R_L'}{r_{be} + (1+\beta)R_L'} \tag{2-36}$$

由于 $r_{be} \ll (1+\beta)R_L'$，有

$$\dot{A}_u = \frac{\dot{U}_o}{\dot{U}_i} \approx 1 \tag{2-37}$$

$\dot{A}_u$ 近似等于 1 但略小于 1，即$\dot{U}_o \approx \dot{U}_i$，表明输出电压$\dot{U}_o$与输入电压$\dot{U}_i$同相，具有跟随作用，因此共集电极放大电路又称为射极跟随器。射极跟随器虽然没有电压放大作用，但由于 $\dot{I}_e = (1+\beta)\dot{I}_b$ 而具有一定的电流放大和功率放大作用。

2）输入电阻的计算

由图 2-11(d)可得

$$r_i'=\frac{\dot{U}_i}{\dot{I}_b}=r_{be}+(1+\beta)R_L' \tag{2-38}$$

则

$$r_i=\frac{\dot{U}_i}{\dot{I}_i}=R_B\ /\!/\ r_i'=R_B\ /\!/\ [r_{be}+(1+\beta)R_L'] \tag{2-39}$$

通常 R_B 为几十千欧至几百千欧，而 $r_{be}+(1+\beta)R_L'$ 也很大，因此射极跟随器的输入电阻很高，可达几十千欧至几百千欧。

3）输出电阻的计算

输出电阻 r_o 应在放大电路的信号源短路($\dot{U}_S=0$)但保持其内阻 R_S 和负载开路($R_L=\infty$)的条件下求得，见图 2-11(e)。r_o 的大小等于在输出端所加电压$\dot{U}$与产生的电流$\dot{I}$ 的比值，即

$$r_o=\left.\frac{\dot{U}}{\dot{I}}\right|_{\dot{U}_S=0,R_L=\infty} \tag{2-40}$$

在图 2-11(e)中，由于信号源短路，因此这时电流$\dot{I}_b$ 是由$\dot{U}$作用而产生的，即

$$\dot{I}_b=\frac{\dot{U}}{r_{be}+R_S'} \tag{2-41}$$

式中，$R_S'=R_S/\!/R_B$。因为$\dot{I}_b$的方向是由射极到基极，所以受控电流源$\dot{I}_c=\beta\dot{I}_b$的方向与原来相反，由射极指向集电极。

电流 $$\dot{I}_{R_E}=\frac{\dot{U}}{R_E} \tag{2-42}$$

$$\dot{I}=\dot{I}_{R_E}+\dot{I}_b+\beta\dot{I}_b=\frac{\dot{U}}{R_E}+\frac{(1+\beta)\dot{U}}{R_S'+r_{be}}=\left(\frac{1}{R_E}+\frac{1+\beta}{R_S'+r_{be}}\right)\dot{U} \tag{2-43}$$

输出电阻 $$r_o=\frac{\dot{U}}{\dot{I}}=\frac{1}{\dfrac{1}{R_E}+\dfrac{1}{\dfrac{R_S'+r_{be}}{1+\beta}}}=R_E\ /\!/\ \frac{R_S'+r_{be}}{1+\beta} \tag{2-44}$$

由上式可知，射极跟随器的输出电阻是两个电阻并联，一个是 R_E，另一个是$\frac{R_S'+r_{be}}{1+\beta}$。一般情况下，$R_E\gg\frac{R_S'+r_{be}}{1+\beta}$，则 $r_o\approx\frac{R_S'+r_{be}}{1+\beta}$。若信号源内阻 $R_S=0$，则

$$r_o = \frac{r_{be}}{1+\beta} \tag{2-45}$$

可见射极跟随器输出电阻很小，为几十欧到几百欧。说明射极跟随器带负载能力强，即具有恒压输出特性。

综上所述，共集电极放大电路的主要特点是放大倍数接近1，但略小于1；输出电压跟随输入信号变化而变化；输入电阻高而输出电阻低。

3. 应用

(1) 常用在多级放大电路的输入级。由于射极跟随器的输入电阻高，对信号源所取得电流小并能获得较大的输入电压。如测量仪器的放大电路要求有高的输入电阻，以减小测量仪器接入时对被测电路的影响。

(2) 用在多级放大电路的输出级。由于射极跟随器的输出电阻低，接入负载或负载加大时，输出电压的下降比较小，因而输出电压比较稳定，带负载能力强。

(3) 用在多级放大电路的两级共发射极电路之间，起到阻抗变换的作用。由于射极跟随器对前级放大电路而言，它的高输入电阻可以提高前级的电压放大倍数；对后级放大电路而言，它的低输出电阻可以与低输入电阻的后级共发射极电路配合，保证后级能得到较大的输入信号，从而隔离了前后两极共发射极电路的相互影响，因此这一级射极输出器常称为缓冲级或中间隔离级。

2.3 多级放大电路

三极管单级电压放大电路的电压放大倍数一般只有几十至一百，而在实际应用中往往要把一个微弱信号放大几千倍，这是单级电压放大电路所不能完成的。为了解决这个问题，可以把几个放大电路连接起来，组成多级放大电路(multistage amplifier)，以达到所需要的放大倍数。图2-12为多级电压放大电路的方框图，其中前面几级的主要作用是电压放大，称为前置级。由前置级将微弱的输入电压放大到足够大的幅度，然后推动功率放大级(末前级及末级)工作，以满足负载所要求的功率。

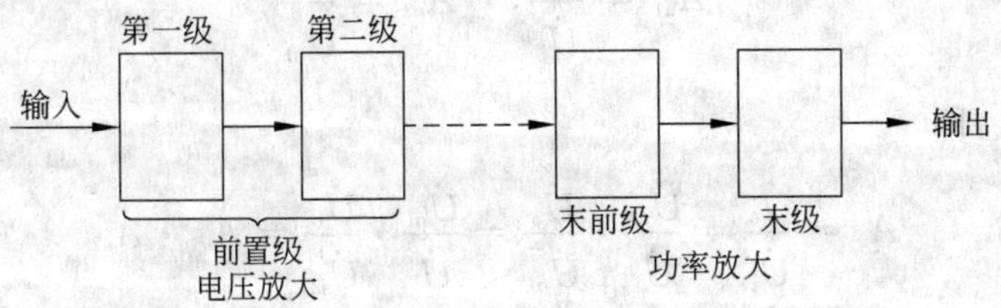

图2-12 多级电压放大电路框图

多级电压放大电路引出了级间连接的问题，每两个单级放大电路之间的连接方式称为耦合，实现耦合的电路称为耦合电路(coupled circuit)，其任务是将前级信号传送到后级。

在多级交流电压放大电路中，大多采用阻容耦合方式(resistance-capacitance coupled mode)；在功率放大电路和直流(或信号缓慢变化)放大电路中大都采用直接耦合方式(direct-coupled)。

1. 阻容耦合电压放大电路

图 2-13 为两级阻容耦合电压放大电路，两极之间通过耦合电容 C_2 及下一级的输入电阻 r_{i2} 连接，故称为阻容耦合。由于 C_2 有隔直作用，它可使前、后级的直流工作状态相互不产生影响，因而阻容耦合多级放大电路中每一级的静态工作点可以单独考虑。耦合电容 C_2 数值很大(几微法到几十微法)，容抗很小，可以减小耦合电路上的信号损耗。

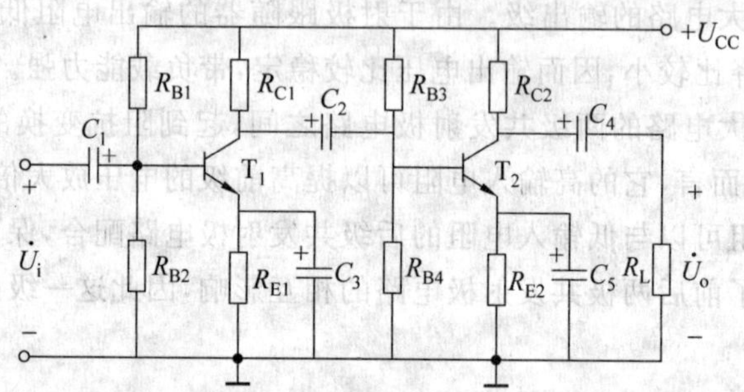

图 2-13　两级阻容耦合电压放大电路

由于各级间静态工作点互不影响，所以阻容耦合放大电路的静态值计算可以在每一级单独进行。其电压放大倍数

$$\dot{A}_u = \frac{\dot{U}_o}{\dot{U}_i} \tag{2-46}$$

由图 2-13 可知，第一级放大电路的输出电压$\dot{U}_{o1}$和第二级的输入电压$\dot{U}_{i2}$相同，即$\dot{U}_{o1}=\dot{U}_{i2}$。每一级电路的电压放大倍数为

$$\dot{A}_{u1} = \frac{\dot{U}_{o1}}{\dot{U}_i}, \quad \dot{A}_{u2} = \frac{\dot{U}_o}{\dot{U}_{o1}} \tag{2-47}$$

两者的乘积为$\dot{A}_u$，即

$$\dot{A}_u = \frac{\dot{U}_o}{\dot{U}_i} = \frac{\dot{U}_{o1}}{\dot{U}_i}\cdot\frac{\dot{U}_o}{\dot{U}_{o1}} = \frac{\dot{U}_{o1}}{\dot{U}_i}\cdot\frac{\dot{U}_o}{\dot{U}_{i2}} = \dot{A}_{u1}\cdot\dot{A}_{u2} \tag{2-48}$$

可见，放大电路的电压放大倍数等于每级放大电路电压放大倍数的乘积。可以证明，n 级电压放大电路的电压放大倍数

$$\dot{A}_u = \dot{A}_{u1} \cdot \dot{A}_{u2} \cdot \dot{A}_{u3} \cdot \cdots \cdot \dot{A}_{un} \tag{2-49}$$

阻容耦合放大电路的输入电阻、输出电阻可由其微变等效电路求出。

2. 阻容耦合电压放大电路的应用

在实际应用中,需要放大的交流信号往往不是单一频率的正弦波,频率范围通常在几十赫[兹]至上万赫[兹]之间。这就要求放大电路对各种频率的信号有相同的放大作用。但是在阻容耦合放大电路中,由于存在级间的耦合电容、发射极旁路电容(bypass capacitor)以及三极管的结电容等,它们的容抗与频率有关,故当信号频率不同时,放大电路输出电压的幅值和相位也将与信号频率有关。

放大电路的电压放大倍数与频率的关系称为幅频特性,输出电压和输入电压的相位差与频率的关系称为相频特性,两者统称为频率特性。图 2-14 示出了阻容耦合放大电路中单级电压放大电路的幅频特性,从中可以看出,在阻容耦合放大电路的某一段频率范围内,电压放大倍数与频率无关,随着频率增高或降低,电压放大倍数都要减小。这是因为:频率比较低时,主要受级间耦合电容、旁路电容、输出电容的影响;频率过高时,主要受结电容的影响。当放大倍数下降到最大值的$\frac{1}{\sqrt{2}}$时(即 $0.707A_u$),所对应的两个频率分别称为下限频率 f_L 和上限频率 f_H。这两个频率之间的频率范围称为放大电路的通频带。

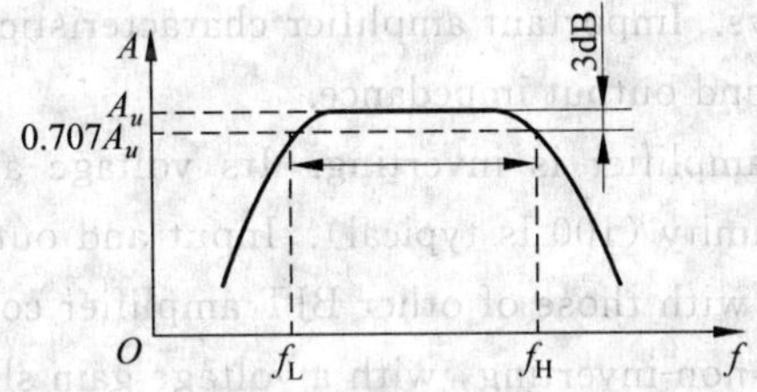

图 2-14 阻容耦合电压放大电路的幅频特性

由上面可知,阻容耦合方式不适合放大频率过高或缓慢变化的信号,特别是不能放大直流信号。此外,这种耦合方式不易在集成电路中使用,因为集成电路中制造大容量的电容很困难。

2.4 Practical Perspective

Transistors are used in many kinds of circuits. The ways in which they are used can be divided into two simple classes: amplifiers and switches.

When used as amplifiers, the transistors Base biasing voltage is applied so that transistors always operate within the "active" region, which means the linear part of the output characteristics curves are used. However, bipolar transistors can also be made to operate as an "ON/OFF" type switch by biasing its Base differently to that of an amplifier. In such applications, transistors operate in the areas of known as the saturation region and the cut-off region. Transistor switches are used for controlling high power devices, and can also be used in digital electronics and logic gate circuits.

If the circuit uses the bipolar transistor as a switch, then the biasing of the transistor, either NPN or PNP is arranged to operate at the sides of the output characteristics curves we have seen previously. This means that we can ignore the operating *Q*-point biasing and voltage divider circuitry required for amplification, and use the transistor as a switch by driving it back and forth between "fully-OFF" (cut-off region) and "fully-ON" (saturation region).

Summary

1. A BJT amplifier circuit can be analyzed by drawing the small-signal equivalent circuit and applying circuit laws. Important amplifier characteristics are voltage gain, current gain, input impedance and output impedance.
2, The common-emitter amplifier is inverting. Its voltage and current gains are both potentially larger than unity (100 is typical). Input and output impedance magnitudes are moderate compared with those of other BJT amplifier configurations.
3. The emitter follower is non-inverting, with a voltage gain slightly less than unity. The current gain is potentially larger than unity. In general, the output impedance of the emitter follower is much lower, and the input impedance is higher than the corresponding impedances of other single-stage BJT amplifiers.

Problems

2.1 Consider the circuit shown in Fig. P2-1. Verify if the circuit can amplify AC signal or not.

2.2 Consider the circuit shown in Fig. P2-2. Verify if the circuit can amplify AC signal or not.

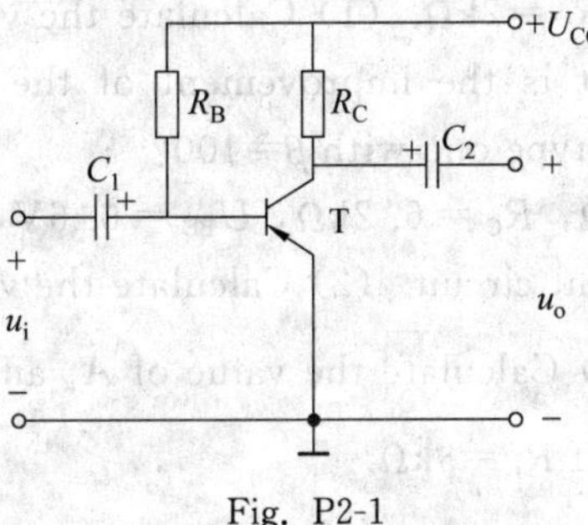

Fig. P2-1

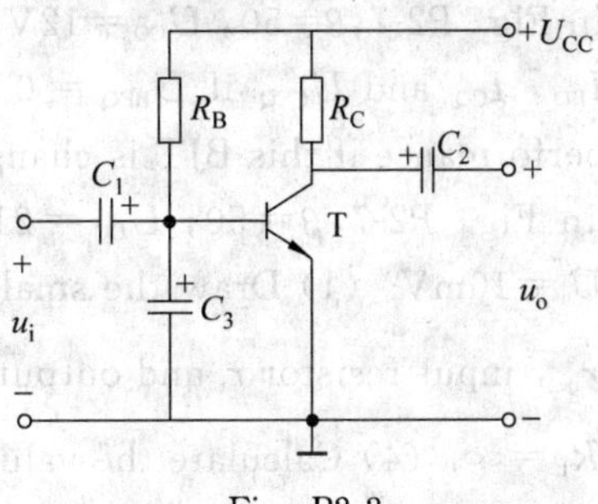

Fig. P2-2

2.3 Consider the circuit shown in Fig. P2-3. Verify if the circuit can amplify AC signal or not.

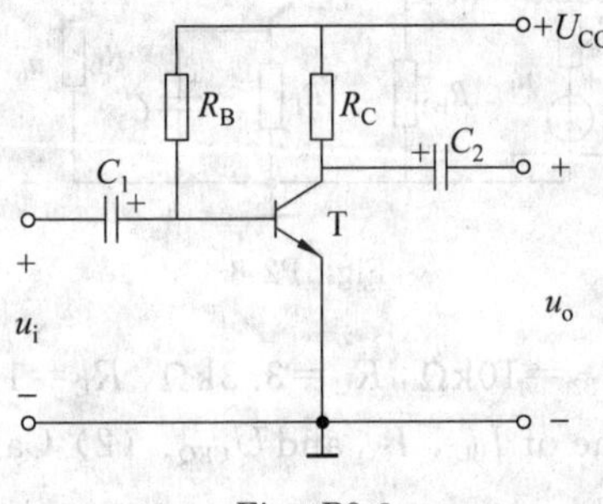

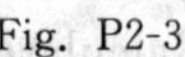
Fig. P2-3

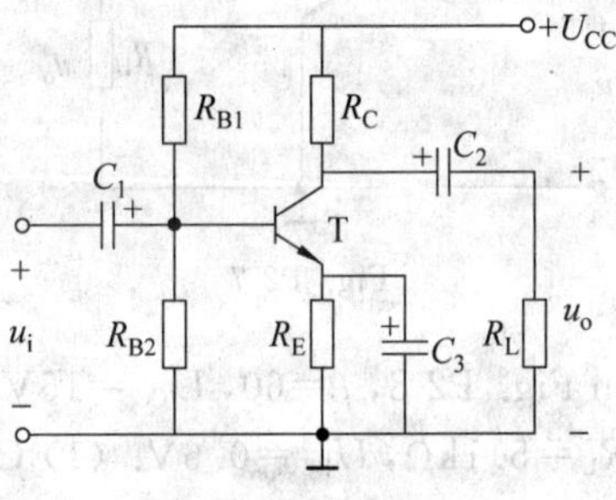

Fig. P2-4

2.4 Consider the circuit shown in Fig. P2-4. Verify if the circuit can amplify AC signal or not.

2.5 Consider the circuit shown in Fig. P2-5. Verify if the circuit can amplify AC signal or not.

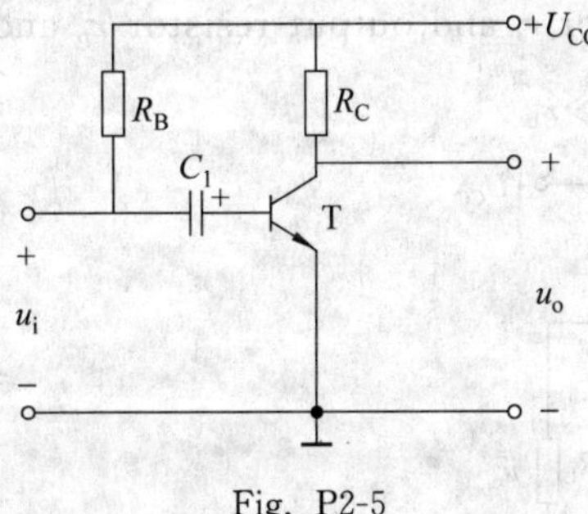

Fig. P2-5

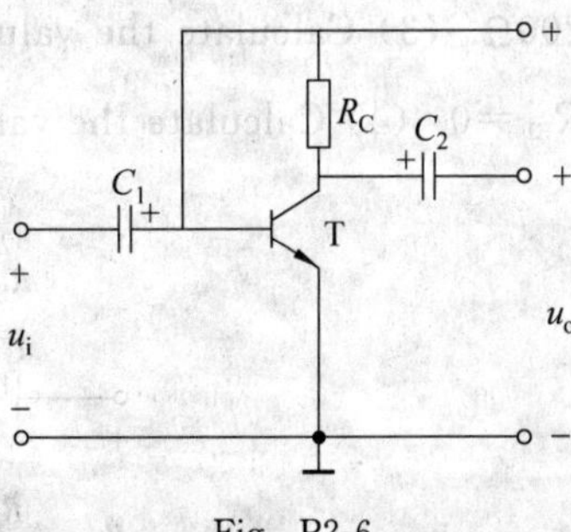

Fig. P2-6

2.6 Consider the circuit shown in Fig. P2-6. Verify if the circuit can amplify AC signal or not.

2.7 In Fig. P2-7, $\beta=50$, $U_{CC}=12V$, $R_B=190k\Omega$, $R_C=2k\Omega$. (1) Calculate the value of I_{BQ}, I_{CQ} and U_{CEQ} if $U_{BEQ}=0.6V$; (2) What is the improvement of the circuit performance if this BJT is changed to a similar type one with $\beta=100$?

2.8 In Fig. P2-7, $\beta=50$, $U_{CC}=21V$, $R_B=510k\Omega$, $R_C=6.2k\Omega$, $U_{BE}=0.6V$, input $U_i=10mV$. (1) Draw the small-signal equivalent circuit. (2) Calculate the value of r_{be}, input resistor r_i and output resistor r_o. (3) Calculate the value of $\dot{A}_u$ and $\dot{U}_o$ if $R_L=\infty$. (4) Calculate the value of $\dot{A}_u$ and $\dot{U}_o$ if $R_L=3k\Omega$.

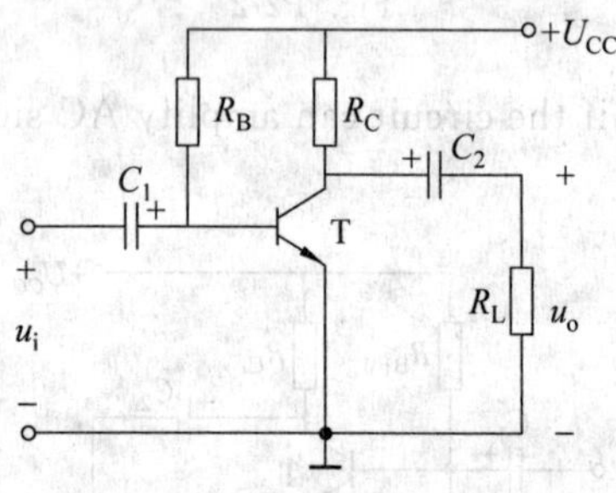

Fig. P2-7

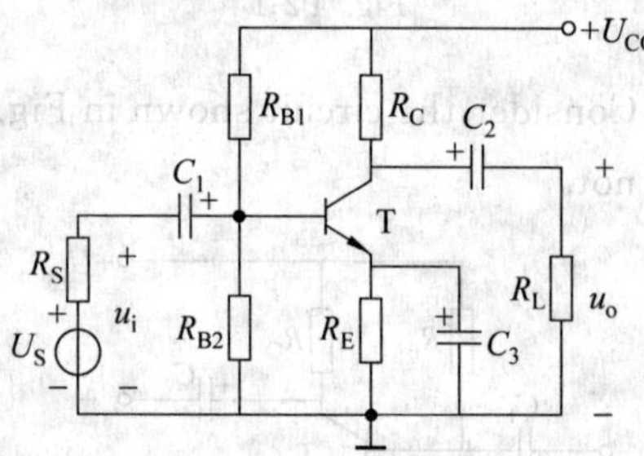

Fig. P2-8

2.9 In Fig. P2-8, $\beta=60$, $U_{CC}=15V$, $R_{B1}=33k\Omega$, $R_{B2}=10k\Omega$, $R_C=3.3k\Omega$, $R_E=1.5k\Omega$, $R_L=5.1k\Omega$, $U_{BE}=0.6V$. (1) Calculate the value of I_{BQ}, I_{CQ} and U_{CEQ}. (2) Calculate the value of input resistor r_i and output resistor r_o. (3) Calculate the value of $\dot{A}_u$ if $R_S=0$. (4) Calculate the value of $\dot{A}_{u_S}$ if $R_S=1k\Omega$.

2.10 In Fig. P2-9, $\beta=80$, $U_{CC}=20V$, $R_{B1}=150k\Omega$, $R_{B2}=47k\Omega$, $R_C=3.3k\Omega$, $R_{E2}=1.3k\Omega$, $R_L=1.5k\Omega$, (1) Draw the small-signal equivalent circuit with $R_{E1}=200\Omega$. (2) Calculate the value of input resistor r_i and output resistor r_o and $\dot{A}_u$ if $R_{E1}=200\Omega$. (3) Calculate the value of input resistor r_i and output resistor r_o and $\dot{A}_u$ if $R_{E1}=0$. (4) Calculate the value of $\dot{A}_u$ if $\beta R_{E1}\gg r_{be}$.

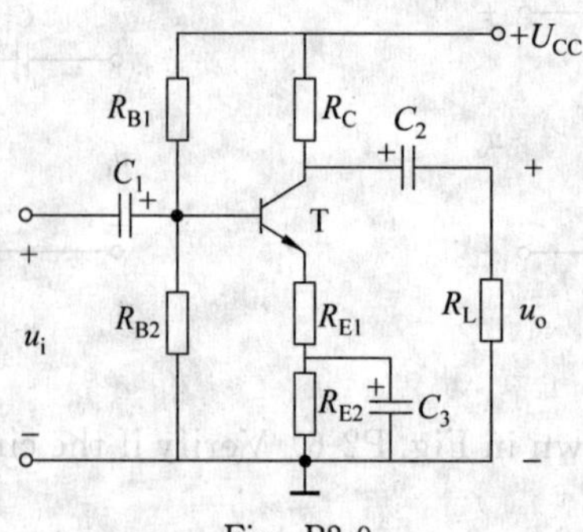

Fig. P2-9

第3章

集成运算放大器

引言

运算放大器(operational amplifier,op-amp)是一种多级放大电路,因初期用于模拟计算机的多种数学运算而得名。相对于早期分立元件组成的运算放大器,集成运算放大器(简称集成运放,integrated operational amplifier)具有体积小、功耗低、可靠性和稳定性高的优势。目前集成运放的应用已远远超出数学运算的范围,广泛应用于信号的处理和测量、信号的产生和转换以及自控等许多方面。本章主要介绍集成运放的组成、基本特性、反馈方式及其线性、非线性应用。

*3.1 集成运放的组成

集成运算放大器种类和型号多样,电路设计各具特色,但从电路的组成结构看,一般是由输入级、中间放大级、输出级和偏置电路四部分组成,如图 3-1 所示。

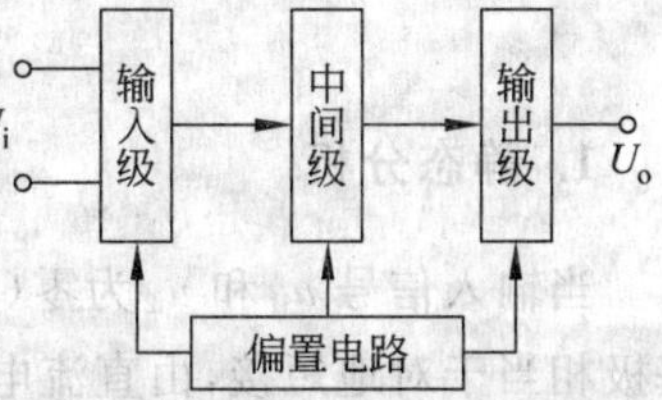

图 3-1 集成运算放大器组成框图

通常要求输入级的输入阻抗高、静态电流小、差模放大倍数高,抑制零点漂移(zero drift)和干扰信号能力强。输入级一般采用差分放大电路,有同相和反相两个输入端。

中间级主要承担电压放大任务,要求能提供尽可能大的电压放大倍数。一般由共射放大电路构成,并采用恒流源做有源集电极负载以提高电压放大倍数。

输出级与负载相接，要求带负载能力强(即尽可能小的输出电阻)和一定的输出电压及电流。通常采用互补对称电路。

偏置电路用于为集成运放各级放大电路提供稳定适当的偏置电流，决定各级的静态工作点。一般采用各种恒流源电路构成。

*3.1.1 集成运放的输入级电路——差分放大电路

集成运放的输入级采用差分放大电路(differential amplifier)，能较好地抑制零点漂移。图3-2是基本的差分放大电路原理图。图中晶体管 T_1 和 T_2 特性相同，组成对称电路。T_3，D_Z 和 R_1，R_2 组成恒流源，其中 R_1 和稳压管 D_Z 使 T_3 基极电位固定。当因某种因素(例如温度变化)使 i_{C3} 增加(或减小)时，R_2 两端的电压也增加(或减小)，但因 B_3 点电压 U_Z 固定，所以 T_3 基射极间电压将减小(或增加)，i_{B3} 也随之减小(或增加)，因此抑制 i_{C3} 的增加(或减少)，使其值基本不变，故具有恒流源的作用。输入信号从 T_1 和 T_2 的基极加入，输出信号在 T_1 和 T_2 的集电极之间取出，电路具有两个输入端和两个输出端，称为双端输入-双端输出。

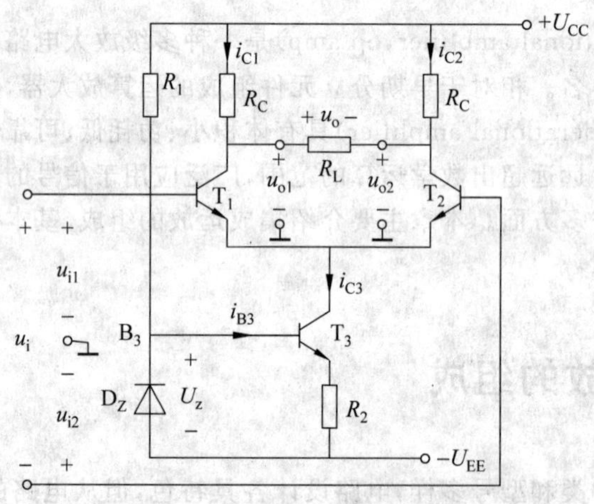

图3-2 基本差分放大电路

1. 静态分析

当输入信号 u_{i1} 和 u_{i2} 为零(即静态)时，T_1 和 T_2 的基极对地电位为零，此时 T_1 和 T_2 的基极相当于对地短接，由直流电源 $-U_{EE}$ 提供基极电流。由于电路两边对称，在 U_{CC} 和 $-U_{EE}$ 作用下，T_1 和 T_2 的静态集电极电流

$$I_{C1}=I_{C2}\approx\frac{1}{2}I_{C3}\approx\frac{1}{2}I_{E3}=\frac{1}{2}\frac{U_Z-U_{BE3}}{R_2} \tag{3-1}$$

静态集电极对地电压

$$U_{C1} = U_{C2} = U_{CC} - R_C I_{C1} \tag{3-2}$$

故静态时输出电压 $u_o = U_{C1} - U_{C2} = 0$。

此时，晶体管 T_1 和 T_2 由于温度等因素引起的漂移也相同，即漂移电流、电压的关系为 $i'_{B1} = i'_{B2}$，$i'_{C1} = i'_{C2}$，$U'_{C1} = U'_{C2}$，所以由漂移引起的输出电压 $u'_o = U'_{C1} - U'_{C2} = 0$。可见电路采用对称结构和双端输出后，可保证输入为零时输出也为零，并且能很好地抑制零点漂移。

2. 动态分析

(1) 差模信号(different-mode signal)输入。当两个输入端对地分别加入输入信号 u_{i1} 和 u_{i2} 时，若 u_{i1} 与 u_{i2} 大小相等，极性相反，即 $u_{i1} = -u_{i2}$，则称为差模信号。由于晶体管 T_3 的恒流作用(i_{C3} 恒定)和 T_1，T_2 特性的对称，使得在差模信号作用下，T_1 和 T_2 的集电极电流变化量大小相等而方向相反，集电极对地电压变化量 u_{o1} 和 u_{o2} 亦大小相等、极性相反，从而在晶体管 T_1 和 T_2 的集电极之间引出输出电压 u_o 的负载电阻 R_L 的中点电位不变，电位变化量为零，故对差模信号而言，R_L 的中点相当于接地；此外，因 T_3 等组成恒流源，i_{C3} 恒定不变，T_3 集电极电流的变化量为零，故 T_3 支路相当于短路。因此可得图 3-2 基本差分放大电路差模输入时的交流通路和微变等效电路如图 3-3 所示。在差模信号输入时，$u_{i1} = -u_{i2}$，故 $u_i = u_{i1} - u_{i2} = 2u_{i1}$，即 $u_{i1} = \frac{1}{2}u_i$，$u_{i2} = -\frac{1}{2}u_i$。由图 3-3(b)的输入回路可写出

$$i_{b1} = -i_{b2}, \quad u_i = r_{be1} i_{b1} - r_{be2} i_{b2} \tag{3-3}$$

因 $r_{be1} = r_{be2} = r_{be}$，$\beta_1 = \beta_2 = \beta$，故

$$u_i = 2r_{be1} i_{b1} = 2u_{be1}, \quad u_{be1} = u_{i1} \tag{3-4}$$

在输出回路中

$$\begin{cases} \beta_1 i_{b1} = -\beta_2 i_{b2} \\ u_o = -\beta_1 i_{b1} \times \left(R_C \mathbin{/\!/} \frac{R_L}{2}\right) + \beta_2 i_{b2} \times \left(R_C \mathbin{/\!/} \frac{R_L}{2}\right) = -2\beta i_{b1} \times \left(R_C \mathbin{/\!/} \frac{R_L}{2}\right) = 2u_{o1} \end{cases}$$

故可得差模电压放大倍数

$$A_{od} = \frac{u_o}{u_i} = \frac{2u_{o1}}{2u_{i1}} = \frac{u_{o1}}{u_{i1}} = A_{u1} = -\beta \frac{R_C \mathbin{/\!/} \frac{R_L}{2}}{r_{be}} \tag{3-5}$$

式中，$r_{be} = r_{be1} = r_{be2}$。

与单管放大电路的电压放大倍数相同，式中负号表示在图示参考方向下输出电压与输入电压极性相反。

(2) 共模信号(common-mode signal)输入。在差分放大电路中，两个输入端输入大小相等、极性相同的信号(即 $u_{i1} = u_{i2}$)称为共模信号。通常亦可以把零点漂移用输入端施加共模信号来模拟。差分放大电路在共模信号作用下的输出电压与输入共模电压之比称为共模电压放大倍数，用 A_{oc} 表示。

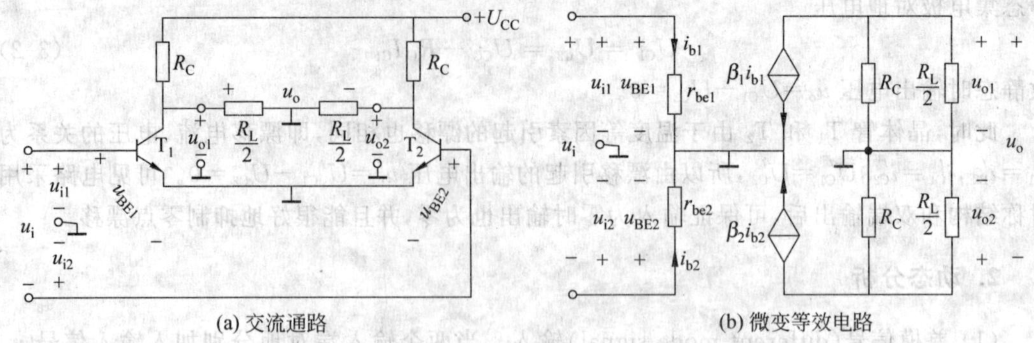

图 3-3　差模输入电路的交流通路和微变等效电路

在理想情况下,电路完全对称,共模信号作用时,由于恒流源的作用,每管集电极电流和集电极电压均不变化,因此,$u_o=0$,即 $A_{oc}=0$。

实际上由于电路不可能完全对称,每管的零点漂移依然存在,因此共模放大倍数并不为零。

在集成运放中,由于各个晶体管用相同的工艺制作在同一基片上,差分对管的特性基本一致,温度漂移很小。此外,为了提高输入电阻,降低噪声,输入级晶体管的静态电流通常取得很小。

*3.1.2　集成运放的输出级电路——互补对称电路

集成运放的输出级通常采用互补对称电路。第 2 章中已经介绍过,射极输出器的输出电阻很小,带负载能力较强,因此,通常把 NPN 晶体管组成的射极输出器(加正电源)和 PNP 晶体管组成的射极输出器(加负电源)组合起来,构成互补对称电路,如图 3-4 所示。

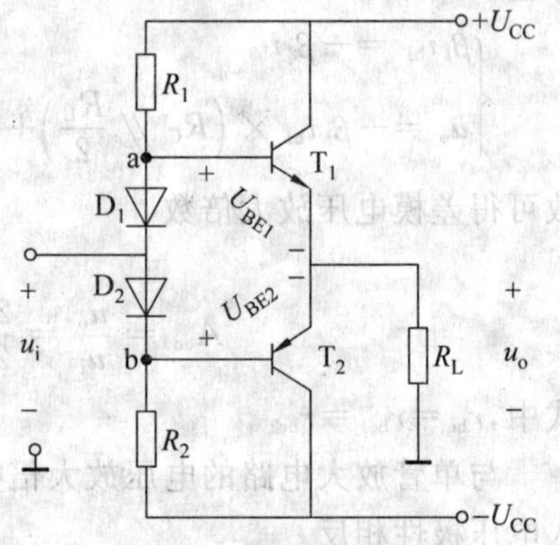

图 3-4　互补对称电路

在互补对称电路中,T_1 和 T_2 的特性相同,D_1,D_2 和 R_1,R_2 组成偏置电路(D_1 和 D_2 特性相同,$R_1=R_2$),在 D_1,D_2 上的电压 U_{ab} 作为 T_1 和 T_2 的发射结偏置电压,即 $U_{ab}=U_{BE1}+(-U_{BE2})$。通常 U_{BE} 仅略大于死区电压,T_1,T_2 的静态基极电流较小。在输入信号 $u_i=0$(即静态)时,两管的发射极对地电位 $U_E=0$,故负载上无电压。在输入信号 $u_i\neq 0$(即动态)时,当 u_i 为正半周时 T_1 导通,T_2 截止,电流由 $+U_{CC}\to T_1\to R_L$ 形成回路,使输出电压 u_o 为正;当 u_i 为负半周时 T_2 导通,T_1 截止,电流由 $-U_{CC}\to R_L\to T_2$ 形成回路,使 u_o 为负。可见,在 u_i 正、负极性变化时,T_1、T_2 轮流导通,使负载上合成一个与 u_i 相应的波形,且两管的工作情况完全对称，所以称这种电路为互补对称电路。

互补对称电路结构对称，采用正、负对称电源，静态时无直流电压输出，故负载可直接接到发射极，实现了直接耦合，在集成电路中得到了广泛的应用。

3.2 集成运放的基本特性

3.2.1 集成运放的电路符号

集成运放的电路符号如图 3-5 所示，包括两个输入端 u_- 和 u_+、开环差模电压增益以及输出端 u_o。

当由 u_- 端输入信号时，输出信号与输入信号反相，因此 u_- 端称为反相输入端，用标记"－"的端子表示；当由 u_+ 端输入信号时，输出信号与输入信号同相，因此 u_+ 端称为同相输入端，用标记"＋"的端子表示。集成运放符号中的∞表示理想运放开环差模电压增益 $A_{od} \to \infty$。

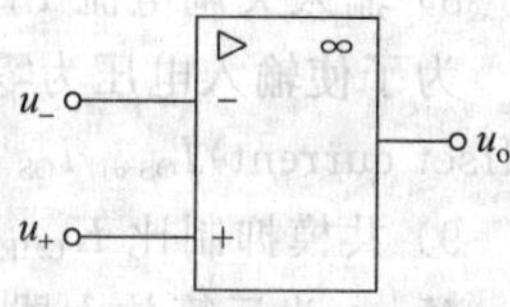

图 3-5 集成运放符号

3.2.2 集成运放的主要技术指标

集成运算放大器的性能是由其参数来表征的，为了合理选择和正确使用集成运放，必须了解这些参数的意义。

1）开环差模电压增益 A_{od}

A_{od} 是集成运放输出和输入之间没有外接反馈元件（即无反馈，此状态称为开环）时，输出端开路，在 u_- 和 u_+ 之间加一个低频小信号电压所测得的电压放大倍数。实际运放的 A_{od} 可达 $10^4 \sim 10^7$ 以上。与之相对应的共模电压放大倍数 A_{oc} 前面已经提到，是指共模信号作用下输出电压与输入共模电压之比。

2）最大差模输入电压 U_{idm}

U_{idm} 是集成运放反相和同相输入端之间所承受的最大电压值。超过这个电压值，运放的差动输入级三极管的发射结（或场效应管栅源极间的 PN 结）有可能被反向击穿或性能变差。

3）最大输出电压 U_{op-p}

在一定电源电压下，集成运放的最大不失真输出电压的峰峰值即为 U_{op-p}。

4）差模输入电阻 r_{id}

r_{id} 为运放两输入端之间的电阻值。它反映运放输入端向差模输入信号源取用电流的大小。r_{id} 越大越好。

5) 输出电阻 r_o

r_o 为运放输出级的输出电阻,反映运放的带载能力。运放输出级是由射极输出器构成的,输出电阻很小。

6) 最大输出电流 I_{om}

在最大输出电压下,运放能输出的最大电流即为 I_{om}。

7) 输出失调电压 U_{OS}

运放输入级为差动电路,由于晶体管参数、电阻值不可能完全对称,因此在输入电压为零时输出电压并不为零,这种现象称为失调。一般来说,通过在输入端加适当的补偿电压或电流可以克服失调。使集成运放输出电压为零而在输入端所加的补偿电压称为失调电压(offset voltage)U_{OS},一般为 1～10mV。

8) 输入失调电流 I_{OS}

为了使输入电压为零时输出电压为零,而在输入端所加的补偿电流称为输入失调电流(offset current)I_{OS}。I_{OS} 一般为微安数量级。

9) 共模抑制比 K_{CMRR}(common-mode rejection ratio, CMRR)

K_{CMRR} 为运算放大器开环差模电压增益 A_{od} 与共模电压增益 A_{oc} 的比值。它越大越好,反映运放抑制共模信号(零点漂移)的能力。

集成运放的技术参数很多,上面介绍了其中的一部分。在实际应用中需要根据具体性能指标要求选择合适的运放型号。

3.2.3 集成运放的电压传输特性与电路模型

1. 集成运放的电压传输特性

集成运放的电压传输特性是指集成运放工作在开环状态时输出电压与输入电压的关系曲线,分为线性区和饱和区,如图 3-6 所示。

当 $u_{id}=u_- - u_+$ 处于零值附近很小范围内时,运放的输出电压 u_o 与输入电压 u_{id} 之间呈线性关系 $u_o=-u_{id}A_{od}$,运放工作在线性工作区。通常 A_{od} 值很大,而输出电压 u_o 是有限值,因此 $u_{id}=u_- - u_+$ 极小,反映在图中就是传输特性曲线的线性区非常窄。

当 $|u_{id}|$ 稍大时,输出电压 u_o 趋于一个定值(正向饱和值 U_o^+ 或负向饱和值 U_o^-,二者相互对称),此时运放工作在饱和状态(饱和区)。

2. 集成运放的电路模型

集成运放对输入信号源来说,相当于一个等效电阻,此电阻即为集成运放的输入电阻 r_i;对输出端负载来说,集成运放可视为一个电压源。从图 3-6 的传输特性可知,集成运放工作在线性区时,其输出电压与输入电压成比例,即输出电压受输入电压控制,此时可用受控电压源的模型等效,如图 3-7 所示。

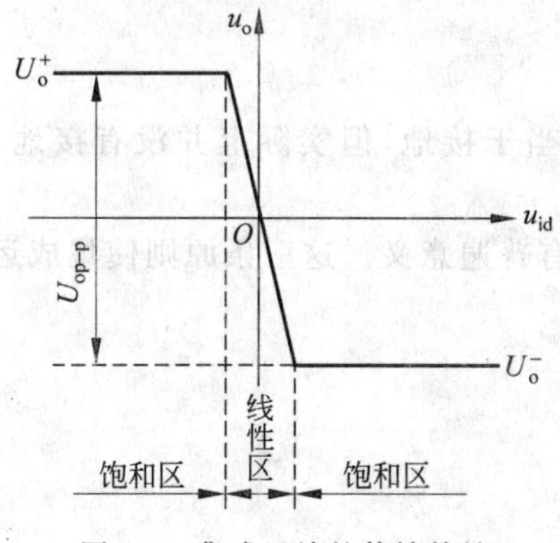

图 3-6 集成运放的传输特性

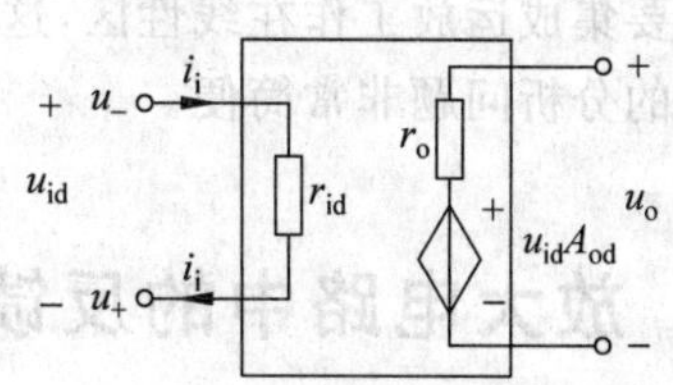

图 3-7 集成运放的电路模型

3.2.4 集成运放的理想特性

1. 集成运放的理想特性

常用的集成运放具有很高的开环电压增益和共模抑制比、很大的输入电阻、很小的输出电阻。因此，在实际应用中可以将集成运放理想化，即

(1) 开环电压增益 $A_{od}\to\infty$；

(2) 输入电阻 $r_{id}\to\infty$；

(3) 输出电阻 $r_o\to 0$；

(4) 共模抑制比 $K_{CMRR}\to\infty$。

因此可以将集成运放简化成图 3-8 所示的理想运放电路模型。

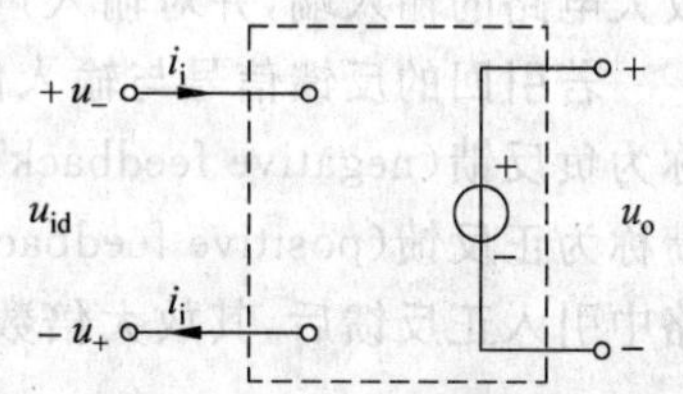

图 3-8 理想运放的电路模型

2. 三条重要原则

集成运放经过理想化处理后，在线性工作区内可应用以下三条重要原则进行运算放大电路的分析。

(1) 同相输入端和反相输入端的电位相等，即 $u_+=u_-$

由 $u_o=-A_{od}u_{id}=-A_{od}(u_- - u_+)$ 得到 $u_+ - u_- = \frac{u_o}{A_{od}}$，又由于 $A_{od}\to\infty$，u_o 为有限值，所以有 $u_+\approx u_-$。同相和反相两个输入端的电位接近，相当于短路，但实际上不是短路，这种两输入端的虚假短路称为“虚短”。

(2) 流过同相输入端和反相输入端的电流等于零，即 $i_i\approx 0$

由于 $r_{id}\to\infty$，因而流入理想运放输入端的电流等于零，相当于运放的两输入端不取用电流，即 $i_i\approx 0$。同相输入端和反相输入端之间相当于断路，但实际上不是断路，称为“虚断”。

以上两条原则看来是相互矛盾的，其实不然。“虚短”是对运放开环电压增益无限大而言，而“虚断”是对运放的输入电阻无限大而言的。

(3) 当同相输入端接地时，则 $u_{-}=0$

同相输入端接地时，反相输入端电压为零，相当于接地，但实际上并没有接地，称为“虚地”。

只要集成运放工作在线性区，这三条原则就具有普遍意义。这三条原则使集成运算放大电路的分析问题非常简便。

3.3 放大电路中的反馈

反馈在科学技术领域中的应用很广泛。在电子线路中经常采用某种形式的负反馈以改善电路的性能。

3.3.1 反馈的基本概念

反馈就是将放大电路输出端信号(电压或电流)的一部分或全部通过一定的电路回送到放大电路的输入端，并对输入量(电压或电流)产生影响，这个过程称为反馈(feedback)。

若引回的反馈信号与输入信号相比较，使净输入信号减小，因而输出信号也减小的反馈称为负反馈(negative feedback)；若反馈信号使净输入信号增大，因而输出信号也增大的反馈称为正反馈(positive feedback)。可见电路中引入负反馈后，其放大倍数要降低；反之，电路中引入正反馈后，其放大倍数会升高。

图 3-9(a)是不包含反馈的电路，$\dot{X}_i$ 直接加到输入端，是开环电路；图 3-9(b)包含反馈电路，是闭环电路。

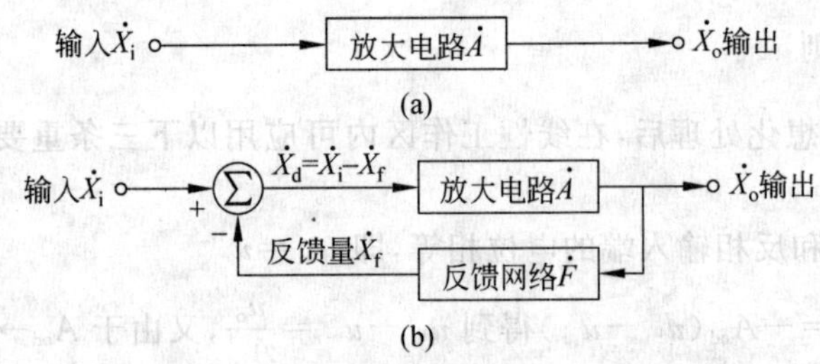

图 3-9 反馈放大电路框图

3.3.2 反馈的判断

瞬时极性法是判别电路中负反馈与正反馈的基本方法。设接“地”参考点的电位为零，如电路中某点在某瞬时的电位高于零电位，则该点电位的瞬时极性为正（用⊕表示）；反之为负（用⊖表示）。

图 3-10(a)所示的电路（同相比例运算电路）中，R_f 为反馈电阻，跨接在输出端与输入端之间。设某一瞬时输入电压 u_i 为正，则同相输入端电位的瞬时值极性为⊕，输出端电位的瞬时值极性也为⊕，输出电压 u_o 经 R_f 和 R_1 分压后，在 R_1 上得到反馈电压 u_{R_1}（根据图中的参考方向应是正值），它减小净输入电压（差值电压）u_{id}，$u_{id}=u_+-u_-=u_i-u_{R_1}$，故为负反馈。或者说，输出端电位的瞬时值极性为正，通过反馈提高了反相输入端的电位，从而减小了净输入电压。

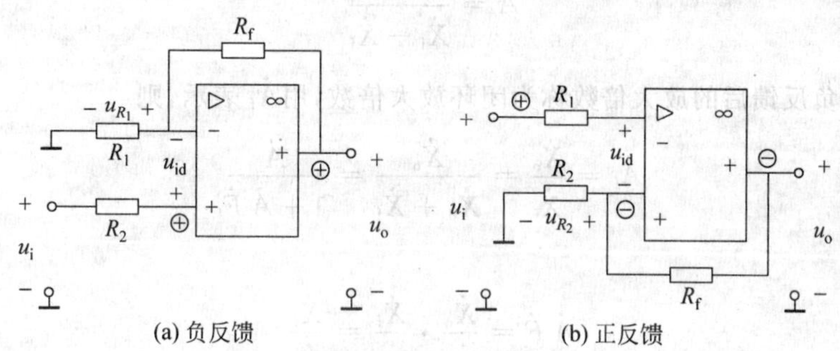

图 3-10 反馈的判别

对于理想运算放大，由于 $A_{od}\to\infty$，即使在两个输入端之间加一微小电压（即使只有微伏级），也可能会使输出电压达到正的或负的饱和电压值，因此必须引入负反馈，使 $u_+-u_-\approx 0$，才能使运算放大器工作在线性区。

图 3-10(b)所示的电路（滞回比较器基本电路）中，设 u_i 为正时，反相输入端电位的瞬时极性为⊕，输出端电位的瞬时极性为⊖。u_o 经 R_f 和 R_2 分压后在 R_2 上得出反馈电压 u_{R_2}（在图中应为负值）。显然 u_{R_2} 使净输入电压 $u_{id}=u_--u_+$ 增大了，故为正反馈。或者说，输出端电位的瞬时值极性为负，通过反馈降低了同相输入端的电位，从而增大了净输入电压。该电路工作在运算放大器的饱和区。

3.3.3 负反馈对放大电路性能的影响

1. 降低放大倍数

图 3-9(b)所示的框图可用来表示各种负反馈电路。图中的 $\dot{A}$ 表示不带负反馈的基本放大电路（单级或多级）的放大倍数，也称为开环放大倍数，即

$$\dot{A}=\frac{\dot{X}_o}{\dot{X}_d} \tag{3-6}$$

$\dot{F}$表示反馈电路的反馈系数或反馈电路的传递函数，即反馈信号与输出信号之比

$$\dot{F}=\frac{\dot{X}_f}{\dot{X}_o} \tag{3-7}$$

引入负反馈后的净输入信号为

$$\dot{X}_d=\dot{X}_i-\dot{X}_f \tag{3-8}$$

则

$$\dot{A}=\frac{\dot{X}_o}{\dot{X}_i-\dot{X}_f} \tag{3-9}$$

放大电路引入负反馈后的放大倍数称为闭环放大倍数，用$\dot{A}_f$表示，则

$$\dot{A}_f=\frac{\dot{X}_o}{\dot{X}_i}=\frac{\dot{X}_o}{\dot{X}_d+\dot{X}_f}=\frac{\dot{A}}{1+\dot{A}\dot{F}} \tag{3-10}$$

由于

$$\dot{A}\dot{F}=\frac{\dot{X}_o}{\dot{X}_d}\cdot\frac{\dot{X}_f}{\dot{X}_o}=\frac{\dot{X}_f}{\dot{X}_d} \tag{3-11}$$

由负反馈电路已知，$\dot{X}_f$ 和$\dot{X}_d$ 同为电压或电流且同相位，因此$\dot{A}\dot{F}$是正实数。则可知 $A_f<A$，即引入负反馈后，由于削弱了净输入信号，使输出信号比未引入负反馈时要小，降低了放大倍数。$1+\dot{A}\dot{F}$称为反馈深度，其值愈大，负反馈愈强，$\dot{A}_f$ 也愈小。射极输出器的输出信号全部反馈到输入回路，它的反馈系数

$$\dot{F}=\frac{\dot{X}_f}{\dot{X}_o}=\frac{\dot{U}_f}{\dot{U}_o}=\frac{\dot{I}_eR'_L}{\dot{I}_eR'}=1 \tag{3-12}$$

反馈很深，无电压放大作用，但获得了 r_i 增加、r_o 减小、通频带展宽等优良特性。

2. 提高放大倍数的稳定性

在深度负反馈，即$|1+\dot{A}\dot{F}|\gg1$ 条件下，由式(3-10)可得

$$\dot{A}_f\approx\frac{1}{\dot{F}} \tag{3-13}$$

此式说明，在深度负反馈条件下，闭环放大倍数仅与反馈电路的参数有关，基本不受外界因素变化的影响，放大电路工作很稳定。

在不是深度负反馈的条件下，当外界条件变化，如温度变化、元件参数改变及电源电压波动时，放大倍数的相对变化量也比未引入负反馈时的放大倍数相对变化量小得多。若只考虑放大倍数的大小并注意到$\dot{A}\dot{F}$为正实数，则式(3-10)可写成

$$A_{\mathrm{f}}=\frac{A}{1+AF} \tag{3-14}$$

用式(3-14)对 A 求导

$$\frac{\mathrm{d}A_{\mathrm{f}}}{\mathrm{d}A}=\frac{(1+AF)-AF}{(1+AF)^{2}}=\frac{A_{\mathrm{f}}}{A}\cdot\frac{1}{1+AF} \tag{3-15}$$

整理得

$$\frac{\mathrm{d}A_{\mathrm{f}}}{A_{\mathrm{f}}}=\frac{1}{1+AF}\cdot\frac{\mathrm{d}A}{A} \tag{3-16}$$

式(3-16)说明，引入负反馈后的放大倍数从 A 下降到 A_{f}，减小为原来的 $\frac{1}{1+AF}$，但是放大倍数的相对变化量只是未引入负反馈时的相对变化量的 $\frac{1}{1+AF}$，即稳定性提高了 $1+AF$ 倍。

3. 减小非线性失真

在放大电路中，由于晶体管是非线性元件，所以当静态工作点选择不当或输入信号过大时，将引起输出波形的失真。采用负反馈，把输出失真信号送到输入回路，使净输入信号产生某种程度的失真，它经过放大后会使输出信号的失真程度得到改善。

4. 展宽通频带

通频带是放大电路的技术指标之一，通常要求放大电路有较宽的通频带。引入负反馈是展宽通频带的有效措施之一。图 3-11 所示的集成运放电路的幅频特性曲线中，中频段放大倍数基本为常数。在无负反馈时，低频和高频段信号随着频率的变化开环电压放大倍数下降较快。当集成运放引入外部负反馈后，负反馈强度随输出信号幅度变化，输出信号幅度大时负反馈强，输出信号幅度小时负反馈弱，因此输出信号中低频和高频段信号幅频特性趋于平坦，展宽了通频带。

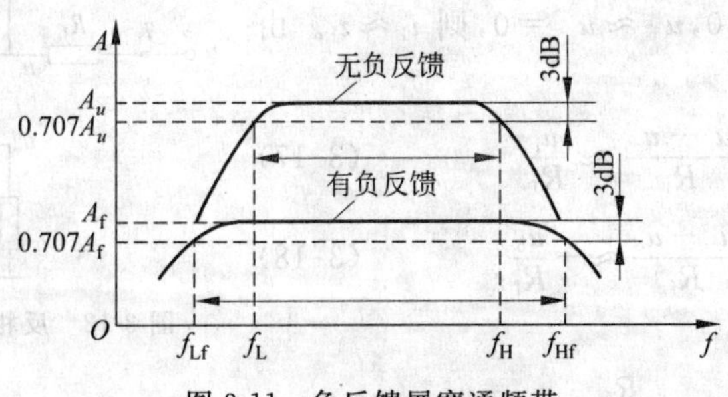

图 3-11 负反馈展宽通频带

5. 负反馈对输入电阻和输出电阻的影响

放大电路引入负反馈后,输入电阻和输出电阻都要发生变化。输入电阻的改变只取决于输入回路是串联负反馈还是并联负反馈,而与是电压负反馈还是电流负反馈无关。对于串联负反馈,反馈电压总是削弱净输入信号,使输入电流比无负反馈时要小,可以使放大电路的输入电阻增大。对于并联负反馈,由于它的分流作用使电路的输入电流比无负反馈时要大,因此并联负反馈可以使放大电路的输入电阻降低。输出电阻的改变只取决于是电压负反馈还是电流负反馈而与输入回路是串联负反馈还是并联负反馈无关。对于电压负反馈,由于具有使输出电压稳定的作用,相当于恒压源输出,而恒压源内阻很低,所以电压负反馈可以使放大电路的输出电阻降低。对于电流负反馈,由于具有使输出电流稳定的作用,相当于恒流源输出,而恒流源内阻很高,所以电流负反馈电路的输出电阻较高。可以根据对输入和输出电阻的实际需要引入不同类型的负反馈。

3.4 集成运放的线性应用

3.4.1 比例运算电路

1. 反相比例运算

输入信号从运算放大器的反相输入端引入,这种输入方式称为反相输入。输入信号经输入端电阻 R_1 送到反相输入端;同相输入端通过电阻 R_2 接“地”,R_2 称为平衡电阻,起到的作用是保证同相端和反相端的外接电阻相等,即保证输入信号为零时,输出电压也为零,其大小应为 $R_2=R_1 /\!/ R_f$。反馈电阻 R_f 跨接在输出端和反相输入端之间。根据运算放大器工作在线性区的两条原则可知,$i_i\approx 0$,$u_+\approx u_-=0$,则 $i_1\approx i_f$。由图 3-12 可列出

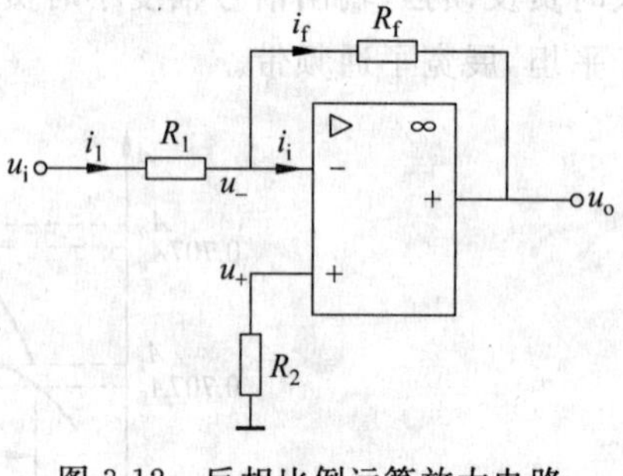

$$i_1=\frac{u_i-u_-}{R_1}\approx\frac{u_i}{R_1} \tag{3-17}$$

$$i_f=\frac{u_--u_o}{R_f}\approx-\frac{u_o}{R_f} \tag{3-18}$$

图 3-12 反相比例运算放大电路

由此得出

$$u_o=-\frac{R_f}{R_1}u_i \tag{3-19}$$

输出电压与输入电压呈比例关系,实现了比例运算。闭环电压放大倍数为

$$A_{uf}=\frac{u_o}{u_i}=-\frac{R_f}{R_1} \tag{3-20}$$

当 $R_1=R_f$ 时，有 $u_o=-u_i$，这时的电路称为反相器。

Example 3.1 Solve for the voltage gain $A_{uf}=\frac{u_o}{u_i}$ in the circuits of Fig. 3-13.

Solution

According to the summing-point-constraint conditions:

$$u_-=0$$

Then we apply Kirchhoff's law to write

$$R_2i_2=R_4i_4$$

$$i_1=i_2,\quad u_i=R_1i_1=R_1i_2$$

$$i_3=i_2+i_4$$

$$u_o=-R_3i_3-R_2i_2=-R_3(i_2+i_4)-R_2i_2$$

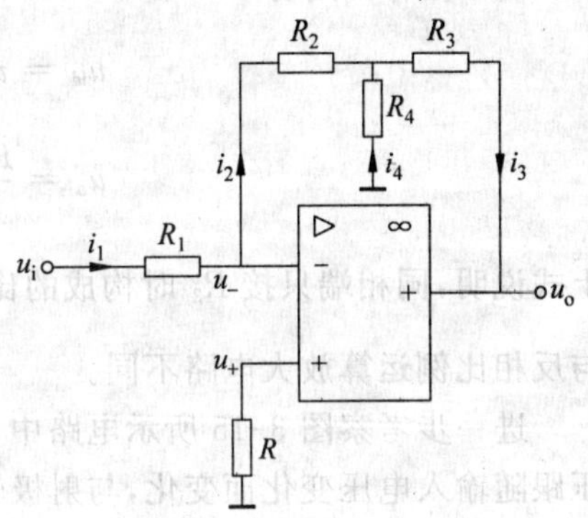

Fig. 3-13 Example 3.1

Next, the output voltage is

$$u_o=-\left(R_3+\frac{R_2R_3}{R_4}+R_2\right)i_2$$

$$=-\frac{R_2R_3+R_2R_4+R_3R_4}{R_4}i_2$$

Finally, the voltage gain of the circuit is

$$A_{uf}=\frac{u_o}{u_i}=-\frac{R_2R_3+R_2R_4+R_3R_4}{R_1R_4}$$

2. 同相比例运算

输入信号从运算放大器的同相输入端引入，这种输入方式称为同相输入。如图 3-14 所示，输入信号经电阻 R_2、R_3 分压加到同相输入端。反馈电阻 R_f 跨接在输出端和反相输入端之间，反馈电压

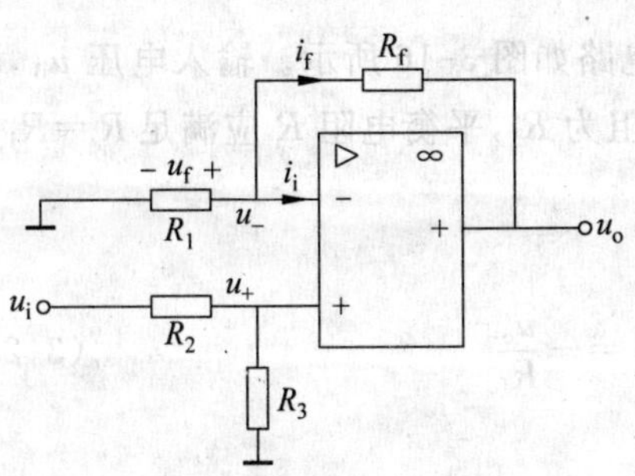

图 3-14 同相比例运算放大电路

$$u_f=u_-=\frac{R_1}{R_1+R_f}u_o \tag{3-21}$$

又因为

$$u_{id}=u_--u_+=\frac{R_1}{R_1+R_f}u_o-\frac{R_3}{R_2+R_3}u_i \tag{3-22}$$

根据运算放大器工作在线性区的虚短原则可知 $u_-\approx u_+$，有

$$\frac{R_1}{R_1+R_f}u_o=\frac{R_3}{R_2+R_3}u_i \tag{3-23}$$

则

$$u_o=\frac{R_3}{R_2+R_3}\cdot\frac{R_1+R_f}{R_1}u_i \tag{3-24}$$

输出电压与输入电压成同相比例运算关系。

若 $R_3=\infty$，则有

$$u_{id}=u_- - u_+=\frac{R_1}{R_1+R_f}u_o-u_i \tag{3-25}$$

$$u_o=\frac{R_1+R_f}{R_1}u_i=\left(1+\frac{R_f}{R_1}\right)u_i \tag{3-26}$$

上式说明，同相端只接 R_2 时构成的比例运算放大电路的比例系数 $\frac{R_1+R_f}{R_1}$ 总大于 1，这一点与反相比例运算放大电路不同。

进一步考察图 3-15 所示电路中 $R_1\to\infty$ 时连接 R_f 或将其短路时，有 $u_o=u_i$，即输出电压跟随输入电压变化而变化，与射极输出器相似，称为电压跟随器。

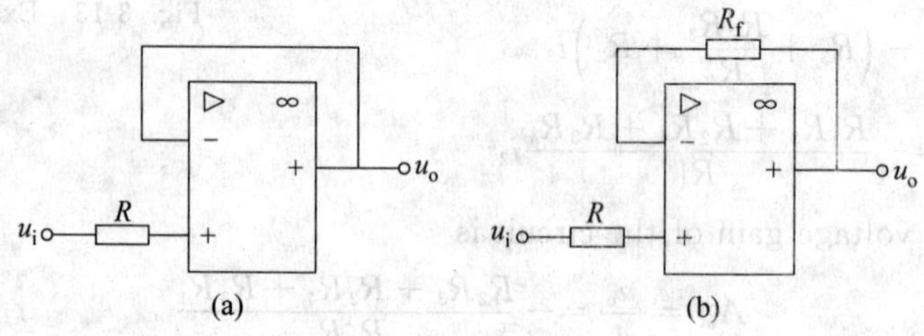

图 3-15 同相比例运算放大电路的其他形式

3.4.2 加、减法运算电路

1. 加法运算电路

加法运算电路可以由反相输入运放电路来构成，电路如图 3-16 所示。输入电压 u_{i1}，u_{i2} 经电阻 R_1，R_2 加到运算放大器反相输入端，负反馈电阻为 R_f，平衡电阻 R 应满足 $R=R_1 /\!/ R_2 /\!/ R_f$。

因同相端通过电阻接地，故

$$i_1=\frac{u_{i1}}{R_1},\quad i_2=\frac{u_{i2}}{R_2},\quad i_f=-\frac{u_o}{R_f} \tag{3-27}$$

根据虚断原则，得到

$$i_f=i_1+i_2 \tag{3-28}$$

则

$$u_o = -R_f i_f = -\left(\frac{R_f}{R_1}u_{i1} + \frac{R_f}{R_2}u_{i2}\right) \quad (3\text{-}29)$$

式(3-29)说明，此电路实现了信号 u_{i1} 和 u_{i2} 的比例相加。若 $R_1=R_2=R_f$，则

$$u_o = -(u_{i1}+u_{i2}) \quad (3\text{-}30)$$

这就实现了两个信号的相加。

若要实现多个信号相加，可在反相端扩展多个外接电阻并加入相应的信号。若要消去负号，可在加法运算电路输出端接入反相器来实现。

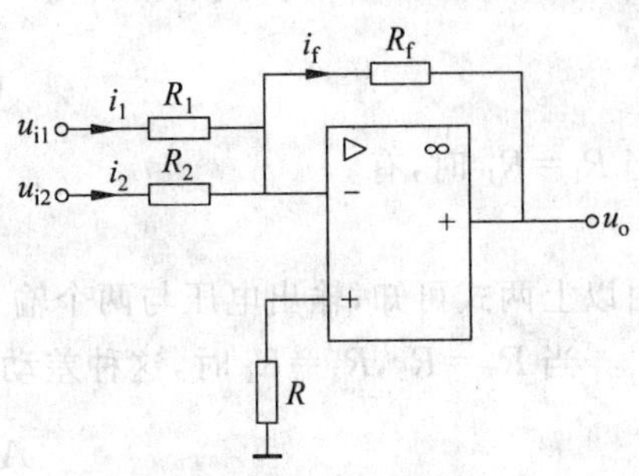

图 3-16 反相加法运算电路

Example 3.2 Calculate the output voltage for the circuit of Fig. 3-17. with $R_1=60\text{k}\Omega$, $R_2=30\text{k}\Omega$, $R_3=20\text{k}\Omega$, $R_f=200\text{k}\Omega$, $u_{i1}=0.2\text{V}$, $u_{i2}=-0.8\text{V}$, $u_{i3}=0.2\text{V}$.

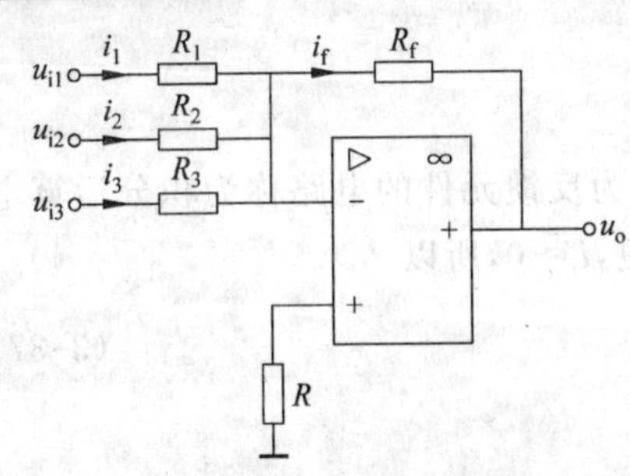

Fig. 3-17 Example 3.2

Solution

The output voltage is

$$u_o = -\left(\frac{R_f}{R_1}u_{i1} + \frac{R_f}{R_2}u_{i2} + \frac{R_f}{R_3}u_{i3}\right)$$

Substitute for

$$u_o = -\left(\frac{200}{60}\times 0.2 + \frac{200}{30}\times(-0.8) + \frac{200}{20}\times 0.2\right)$$

$$= 2.67\text{V}$$

2. 减法运算电路

当输入信号分别从运算放大器的两个输入端引入时，称为差动输入方式，如图 3-18 所示。两个输入端外接电阻应满足 $R_1 /\!/ R_f = R_2 /\!/ R_3$。

同相输入端电压

$$u_+ = \frac{R_3}{R_2+R_3}u_{i2} \quad (3\text{-}31)$$

反相输入端电压

$$u_- = u_{i1} - \frac{R_1}{R_1+R_f}(u_{i1}-u_o) \quad (3\text{-}32)$$

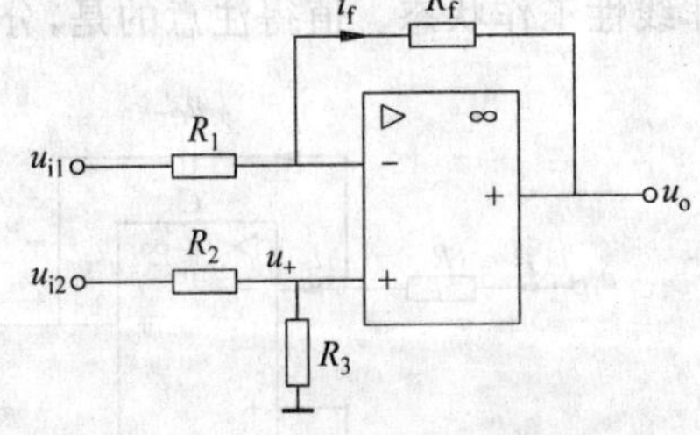

图 3-18 差分减法运算电路

由于 $u_+ \approx u_-$，则从以上两式得到

$$u_o = \left(1+\frac{R_f}{R_1}\right)\cdot\frac{R_3}{R_2+R_3}u_{i2} - \frac{R_f}{R_1}u_{i1} \quad (3\text{-}33)$$

当 $R_1=R_2, R_3=R_f$ 时，式(3-33)为

$$u_o = \frac{R_f}{R_1}(u_{i2} - u_{i1}) \tag{3-34}$$

当 $R_f=R_1$ 时，有

$$u_o = u_{i2} - u_{i1} \tag{3-35}$$

由以上两式可知，输出电压与两个输入电压之差成正比，可做减法运算。

当 $R_1=R_2, R_3=R_f$ 时，这种差动输入运算放大器的电压增益为

$$A_{uf} = \frac{u_o}{u_{i2} - u_{i1}} = \frac{R_f}{R_1} \tag{3-36}$$

由于电路存在共模电压，为保证运算精度，应当选用高共模抑制比的运算放大器。

3.4.3 积分、微分运算电路

1. 积分运算电路

将反相比例运算电路中的电阻 R_f 用电容 C 代替作为反馈元件的电路称为积分运算电路(integrator circuit)，如图 3-19 所示。由于输入端虚短，$i_i \approx 0$，所以

$$i = i_f = \frac{u_i}{R} \tag{3-37}$$

又由于反相输入端虚地，$u_- \approx 0$，所以

$$u_o = -u_C = -\frac{1}{C}\int i_f \, dt = -\frac{1}{R_1 C}\int u_i \, dt \tag{3-38}$$

上式表明 u_o 与 u_i 的积分成比例，式中的负号表示两者反相。RC 称为积分时间常数。当 u_i 为如图 3-20 所示的阶跃电压(step voltage)时，则输出波形如图中 u_o 所示。所以

$$u_o = -\frac{u_i}{R_1 C} t \tag{3-39}$$

在一定范围内，输出电压与时间呈线性关系，随着 u_o 负向增加到负饱和值 U_o^-，放大器进入非线性工作状态。值得注意的是，分立元件构成的积分电路的输出电压 u_o 随着电容元件的

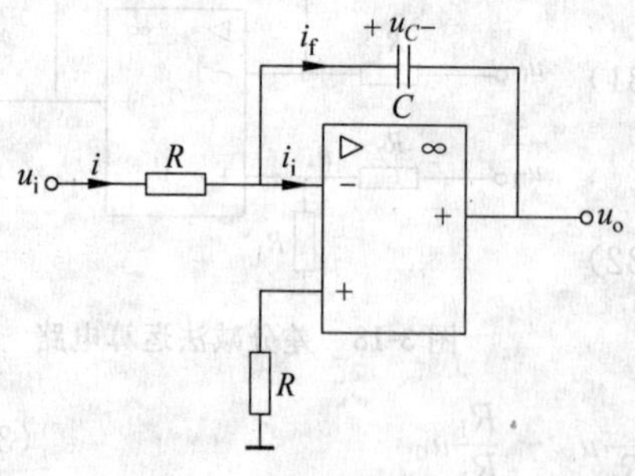

图 3-19 积分运算电路

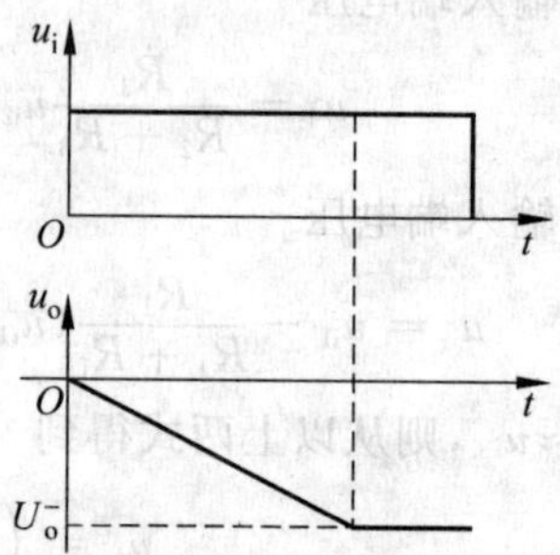

图 3-20 积分运算电路输入-输出波形

充电而按指数规律增长，其线性度较差；而采用集成运放组成的积分电路，由于充电电流基本上是恒定的，故 u_o 是时间 t 的一次函数，提高了线性程度。

2. 微分运算电路

微分运算是积分运算的逆运算，只需将反相输入端的电阻和反馈电容调换位置，即成为如图 3-21 所示的微分电路(differentiator circuit)。由图 3-21 可以列出

$$i = C\frac{\mathrm{d}u_C}{\mathrm{d}t} = C\frac{\mathrm{d}u_i}{\mathrm{d}t} \tag{3-40}$$

$$u_o = -R_f i_f = -R_f i \tag{3-41}$$

故

$$u_o = -R_f C\frac{\mathrm{d}u_i}{\mathrm{d}t} \tag{3-42}$$

即输出电压与输入电压对时间的一次微分成正比，微分运算电路输入-输出波形如图 3-22 所示。

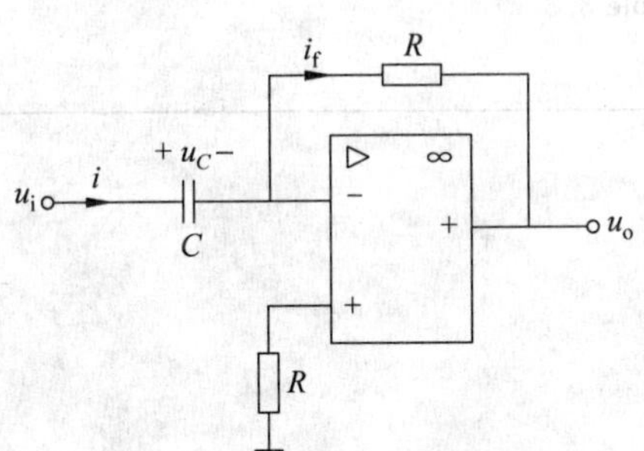

图 3-21 微分运算电路

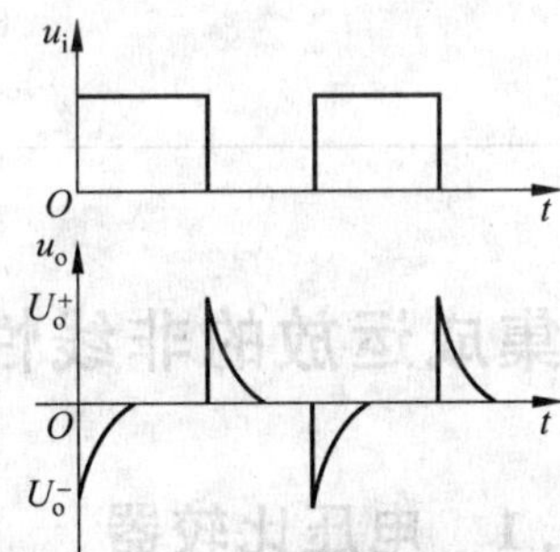

图 3-22 微分运算电路输入-输出波形

Example 3.3 Suppose that we need an amplifier with input resistance of 500kΩ or greater and a voltage gain of −10. The feedback resistors are to be implemented in integrated form with values of 10kΩ or less to conserve chip area. Choose an appropriate circuit configuration and specify the resistance values.

Solution

Because a negative gain is required, we first consider using the inverting amplifier of Fig. 3-23(a). To attain the desired input resistance, we would need $R_1 = 500\text{k}\Omega$, and then to achieve the desired gain, we would need $R_2 = 10R_1 = 5\text{M}\Omega$. These resistances greatly exceed the maximum value allowed.

A better approach uses two op amps, with the first one configured as a voltage follower and the second as an inverter with a gain of −10. This is illustrated in Fig. 3-23(b) where the input impedance is very high. The gain of the circuit is

$$A_{\mathrm{uf}}=-\frac{R_2}{R_1}$$

To achieve the desired gain, we need $R_2=10R_1$. Good value choices are $R_2=10\mathrm{k}\Omega$ and $R_1=1\mathrm{k}\Omega$. These values are within the maximum limit specified. Smaller resistances are employed that consume less chip area, but result in higher power dissipation.

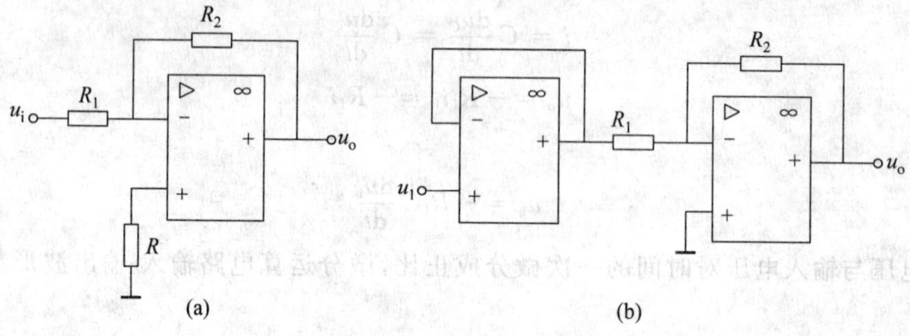

Fig. 3-23 Example 3.3

3.5 集成运放的非线性应用

3.5.1 电压比较器

电压比较器(voltage comparator)的作用是用来比较输入电压和参考电压,图 3-24(a)是其中一种。U_R 是参考电压,加在反相输入端,输入电压 u_i 加在同相输入端。运算放大器工作于开环状态,由于开环电压放大倍数很高,即使输入端有一个非常微小的差值信号,也会使输出电压饱和。因此,用作比较器时,运算放大器工作在饱和区,即非线性区。当 $u_i<U_R$ 时,$u_o=U_o^-$;当 $u_i>U_R$ 时,$u_o=U_o^+$。图 3-24(b)是电压比较器的传输特性。

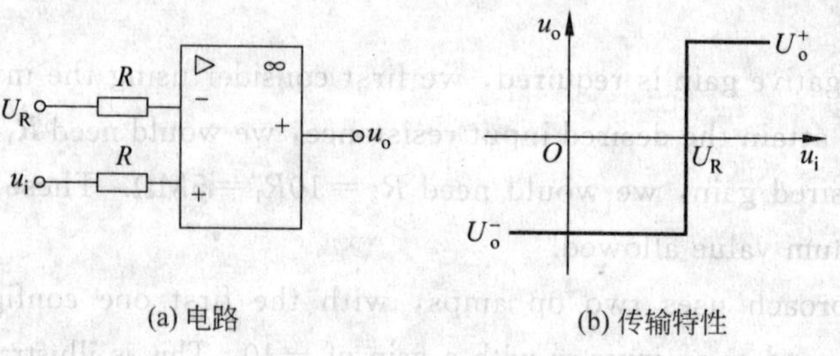

图 3-24 电压比较器

可见，在比较器的输入端进行模拟信号大小的比较，在输出端则以高电平或低电平来反映比较结果。

当输入电压和零电平比较，即 $U_R=0$ 时，此电路称为过零比较器，其电路和传输特性如图 3-25 所示。

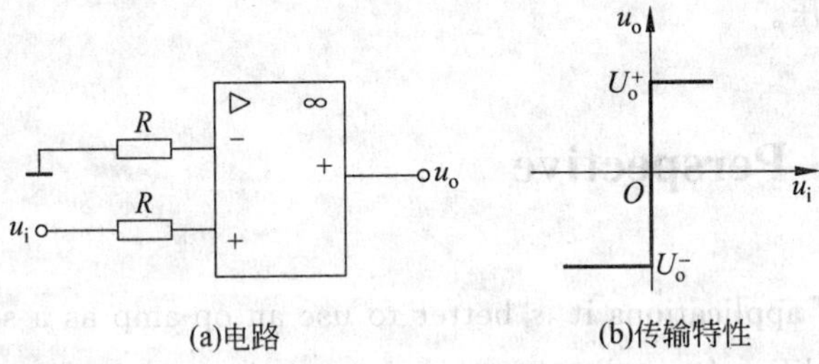

(a)电路 (b)传输特性

图 3-25 过零比较器

3.5.2 矩形波发生器

矩形波电压常用于数字电路中作为信号源。图 3-26(a)所示的矩形波发生器(rectangular wave generator)电路中，运算放大器构成滞回比较器，D_{Z1}，D_{Z2} 是稳压二极管，使输出电压的幅度限制在 $+U_Z$ 或 $-U_Z$，R_1 和 R_2 构成正反馈电路。

同相端的电压为比较电压 U_R，

$$U_R=\pm\frac{R_2}{R_1+R_2}U_Z \tag{3-43}$$

其中，$U_H=\frac{R_2}{R_1+R_2}U_Z$，为门限高电平，$U_L=-\frac{R_2}{R_1+R_2}U_Z$，为门限低电平，$R_f$ 和 C 构成负反馈电路，电容上的电压 u_C 加在反相输入端与 U_R 进行比较，R_o 为限流电阻。

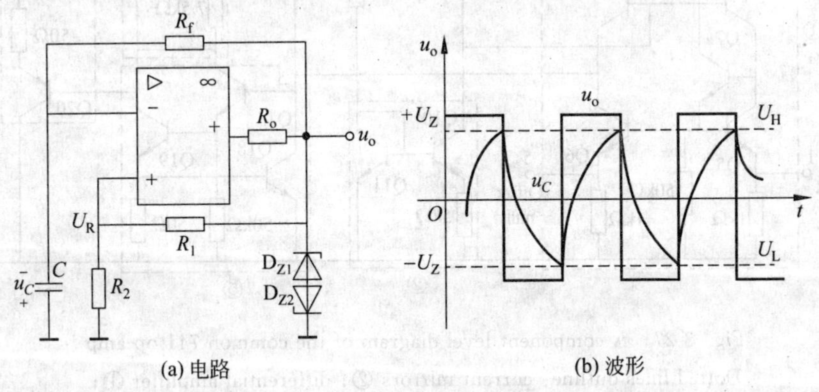

(a) 电路 (b) 波形

图 3-26 矩形波发生器

设 $u_o=U_Z$，则 $U_R=U_H$，即同相端为门限高电平，此时 $u_C<U_R$，输出电压 U_Z 通过 R_f 对电容 C 充电，u_C 按指数规律上升。当 u_C 增长到门限高电平 U_H 时，u_o 则由 $+U_Z$ 下跳到 $-U_Z$，同相端的参考电压 U_R 也由 U_H 值变为 U_L 值。接着电容 C 开始通过 R_f 放电，之后再反相充电。当充电使 u_C 等于负值即值 U_L 时，u_o 则由 $-U_Z$ 变为 $+U_Z$。如此周期地变化，在输出端得到了矩形波电压。

3.6 Practical Perspective

In most practical applications it is better to use an op-amp as a source of gain rather than to build an amplifier from discrete transistors. A good understanding of transistor fundamentals is nevertheless essential. Because op-amps are built from transistors, a detailed understanding of op-amp behavior, particularly input and output characteristics, must be based on an understanding of transistors. We will learn internal circuitry of 741 type op-amp which works well as a general purpose device. A component level diagram of the common 741 op-amp is shown in Fig. 3-27. Though designs vary between products and manufacturers, all op-amps have basically the same internal structure consisting of three stages:

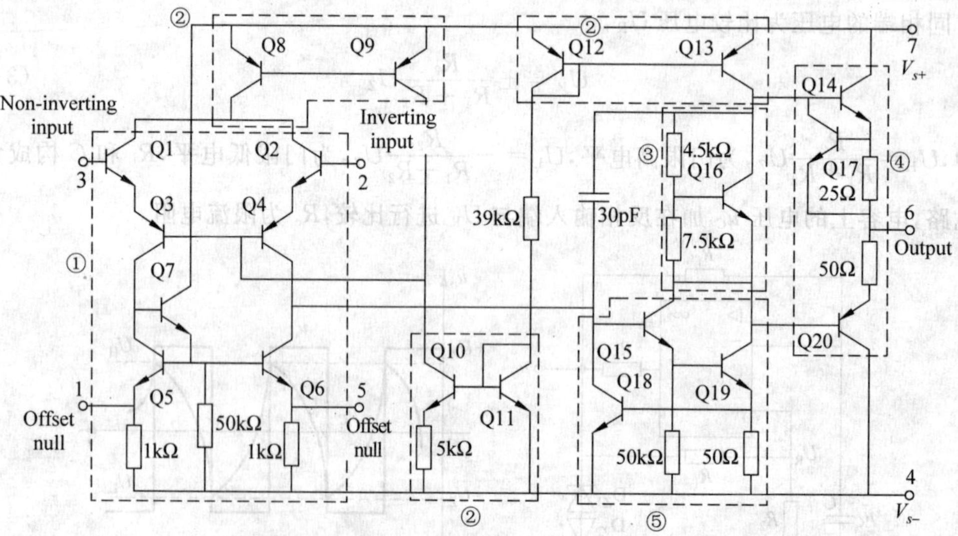

Fig. 3-27 A component level diagram of the common 741 op-amp

Dotted lines outline: current mirrors ②; differential amplifier ①; class A gain stage ⑤; voltage level shifter ③; output stage ④

Differential amplifier—provides low noise amplification, high input impedance, usually a differential output.

Voltage amplifier—provides high voltage gain, a single-pole frequency roll-off, usually single-ended output.

Output amplifier—provides high current driving capability, low output impedance, current limiting and short circuit protection circuitry.

Constant-current stabilization system

The input stage DC conditions are stabilized by a high-gain negative feedback system whose main parts are the two current mirrors on the left of the figure. The main purpose of this negative feedback system—to supply the differential input stage with a stable constant current—is realized as follows.

The current through the 39kΩ resistor acts as a current reference for the other bias currents used in the chip. The voltage across the resistor is equal to the voltage across the supply rails minus two transistor diode drops (i. e., from Q11 and Q12), and so the current has value. The Widlar current mirror built by Q10, Q11, and the 5kΩ resistor produces a minute fraction of I_{ref} at the Q10 collector. This small constant current through Q10's collector supplies the base currents for Q3 and Q4 as well as the Q9 collector current. The Q8/Q9 current mirror tries to make Q9's collector current the same as the Q3 and Q4 collector currents. Thus Q3 and Q4's combined base currents (which are of the same order as the overall chip's input currents) will be a small fraction of the already small Q10 current.

With this in mind, if the input stage current increases for any reason, the Q8/Q9 current mirror will draw current away from the bases of Q3 and Q4, thus reducing the input stage current, and vice versa. The feedback loop also isolates the rest of the circuit from common-mode signals by making the base voltage of Q3/Q4 follow tightly 2V below the higher of the two input voltages.

Differential amplifier

The blue outlined section is a differential amplifier. Q1 and Q2 are input emitter followers and together with the common base pair Q3 and Q4 form the differential input stage. In addition, Q3 and Q4 also act as level shifters and provide voltage gain to drive the class A amplifier. They also help to increase the reverse V_{be} rating on the input transistors (the emitter-base junctions of the NPN transistors Q1 and Q2 break down around 7V but the PNP transistors Q3 and Q4 have breakdown voltages around 50V).

The differential amplifier formed by Q1-Q4 drives a current mirror active load formed by transistors Q5-Q7 (actually, Q6 is the very active load). Q7 increases the accuracy of the current mirror by decreasing the amount of signal current required from Q3 to drive the bases of Q5 and Q6. This configuration provides differential to single ended conversion as follows: the signal current of Q3 is the input to the current mirror while the output of the mirror (the collector of Q6) is connected to the collector of Q4. Here, the signal currents of Q3 and Q4 are added together. For differential input signals, the signal currents of Q3 and Q4 are equal and opposite. Thus, the sum is twice the individual signal currents. This completes the differential to single ended conversion.

The open circuit signal voltage appearing at this point is given by the product of the summed signal currents and the paralleled collector resistances of Q4 and Q6. Since the collectors of Q4 and Q6 appear as high resistances to the signal current, the open circuit voltage gain of this stage is very high.

It should be noted that the base current at the inputs is not zero and the effective (differential) input impedance of a 741 is about 2MΩ. The "offset null" pins may be used to place external resistors in parallel with the two 1kΩ resistors (typically in the form of the two ends of a potentiometer) to adjust the balancing of the Q5/Q6 current mirror and thus indirectly control the output of the op-amp when zero signal is applied between the inputs.

Summary

1. An ideal op amp has infinite differential gain, zero common-mode gain, infinite input impedance, zero output impedance, and infinite bandwidth.
2. Real op amps have finite input impedance, nonzero output impedance, finite open loop dc gain, and finite bandwidth.
3. The summing-point constraint applies when ideal op amps are used in circuits with negative feedback. It states that the output voltage assumes the value required to drive the differential op-amp input voltage and input current to zero.
4. In the analysis of ideal op-amp circuits, first we verify that negative feedback is present. We then assume that the summing-point constraint is satisfied. Finally, we apply standard circuit analysis principles, such as Kirchhoff's laws and Ohm's law to solve the quantities of interest.

5. The output voltage range and the output current range of an op amp are limited. The output waveform is clipped if it reaches(and tends to exceed)either of these limits.

Problems

3.1 Find the voltage gain $A_{uf}=\frac{u_o}{u_i}$ and input impedance of the circuits shown in Fig. P3-1 with the switch open and with the switch closed.

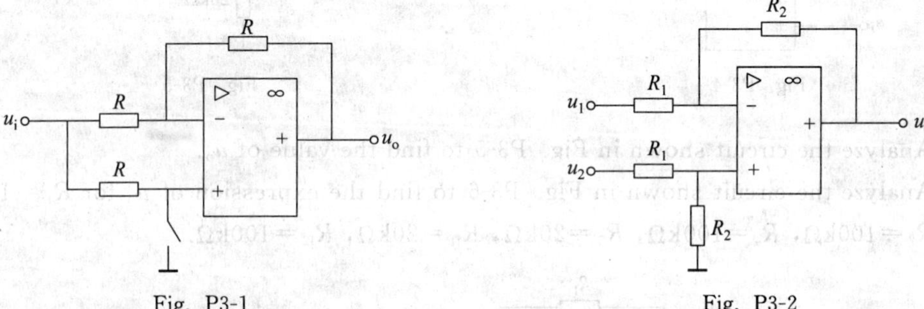

Fig. P3-1 Fig. P3-2

3.2 Find an expression for the output voltage in terms of the resistances and input voltages for the differential amplifier shown in Fig. P3-2.

3.3 Find an expression for the output voltage of the circuit shown in Fig. P3-3 with $R_1=R_3=R_4=10\text{k}\Omega$, $R_2=R_5=20\text{k}\Omega$.

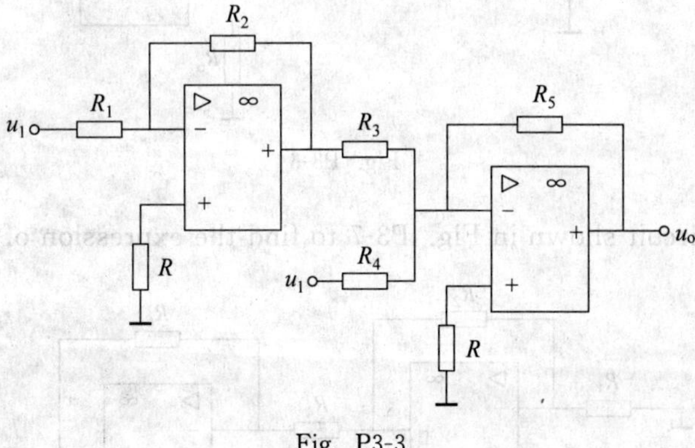

Fig. P3-3

3.4 (1) Derive an expression for the voltage gain $A_{uf}=\frac{u_o}{u_i}$ of the circuit shown in Fig. P3-4.

(2) Evaluate the expression for $R_1 = 1\text{k}\Omega$ and $R_2 = 10\text{k}\Omega$.

(3) Find the input impedance of this circuit.

3.5 Design an amplifier for which the output voltage is $u_o(t) = 5u_{i1}(t) - 2u_{i2}(t)$. Assume that ideal op amps and resistances of any nominal value are available.

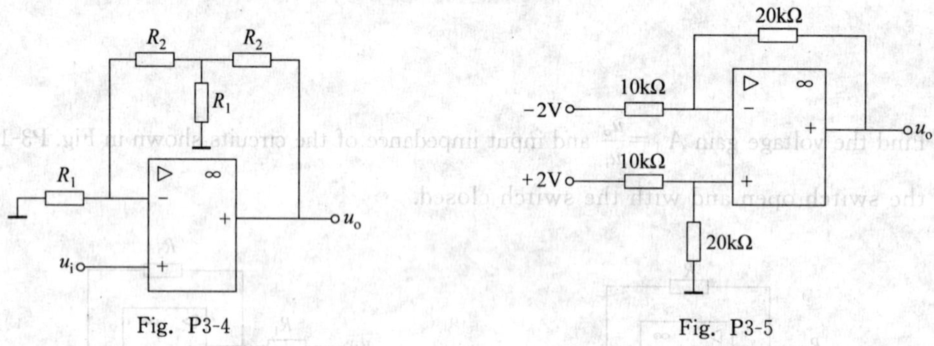

Fig. P3-4　　Fig. P3-5

3.6 Analyze the circuit shown in Fig. P3-5 to find the value of u_o.

3.7 Analyze the circuit shown in Fig. P3-6 to find the expression of u_o for $R_1 = 10\text{k}\Omega$, $R_2 = 100\text{k}\Omega$, $R_4 = 100\text{k}\Omega$, $R_5 = 20\text{k}\Omega$, $R_{f1} = 20\text{k}\Omega$, $R_{f2} = 100\text{k}\Omega$.

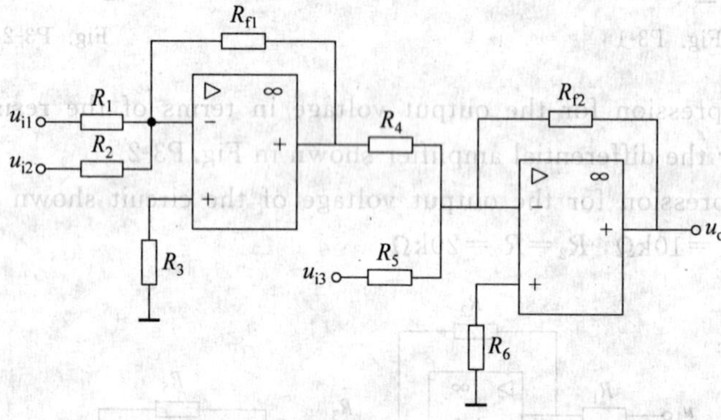

Fig. P3-6

3.8 Analyze the circuit shown in Fig. P3-7 to find the expression of u_o.

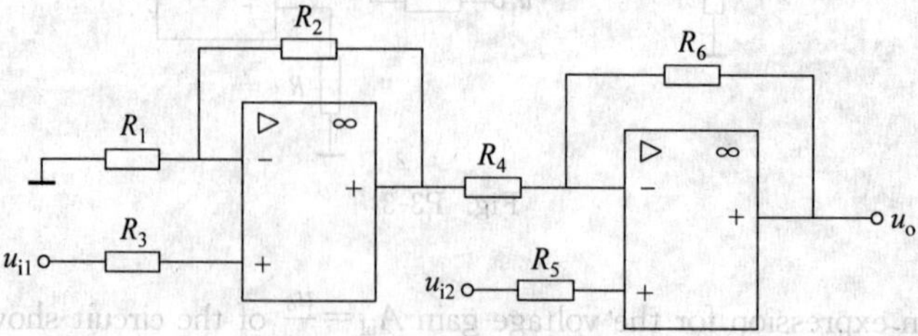

Fig. P3-7

3.9 Find the expression of u_o shown in Fig. P3-8 with $R_1=10\text{k}\Omega$, $R_3=20\text{k}\Omega$, $R_{f1}=100\text{k}\Omega$, $R_{f2}=20\text{k}\Omega$, $u_i=2\text{V}$.

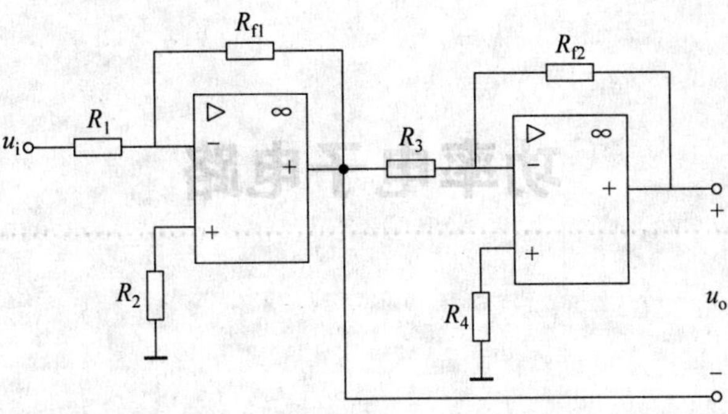

Fig. P3-8

3.10 Find the expression of u_o shown in Fig. P3-9.

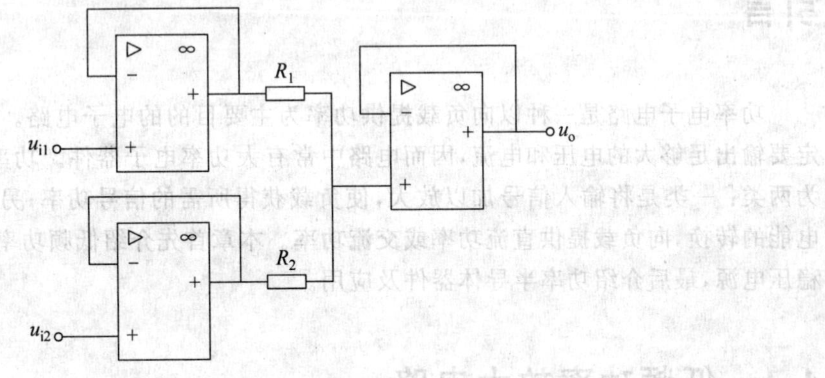

Fig. P3-9

第4章 功率电子电路

引言

功率电子电路是一种以向负载提供功率为主要目的的电子电路。既然是功率输出，必定要输出足够大的电压和电流，因而电路中常有大功率电子器件。功率电子电路一般可分为两类：一类是将输入信号加以放大，使负载获得所需的信号功率；另一类是进行交、直流电能的转换，向负载提供直流功率或交流功率。本章首先介绍低频功率放大器，再分析直流稳压电源，最后介绍功率半导体器件及应用。

4.1 低频功率放大电路

4.1.1 功率放大电路的基本要求及类型

在电子系统中，模拟信号被放大后，往往要去推动一个实际的负载，如使扬声器发声、继电器动作、仪表指针偏转等。推动一个实际负载需要的功率很大，能输出较大功率的放大器称为功率放大器。由于功率放大电路(power amplification circuit)的信号是经过放大电路放大之后的大信号，所以该类电路应该满足以下几个要求。

(1) 输出功率 P_o 要尽可能大，使负载获得所需功率。功率放大器的最大输出功率一般决定晶体管的极限参数和电源电压。这些极限参数包括集电极最大允许功率 P_{CM}、集电极最大允许电流 I_{CM}、集电极与发射极之间的反向击穿 $U_{(BR)CEO}$ 等。为了避免严重的非线性失真，输出电压和电流的幅度也不应进入饱和区和截止区。因此功放电路是在充分利用晶体管的安全工作区的前提下工作的，是大信号工作状态。但当电源电压和晶体管确定以后，对于一个实际负载，输出功率的大小取决于负载的大小。如图 4-1 所示，当负载 R_C 值变大时，静态工作点在 Q' 点，I_{CM} 值变小，从而 P_o 值变小；当负载 R_C 值变小时，静态工作点在 Q'' 点，U_{OM} 值变小，从而 P_o 值变小；只有当 R_C 为最佳电阻时，静态工作点在 Q 点，输出电压和电流摆动范围最大，输出功率最大。

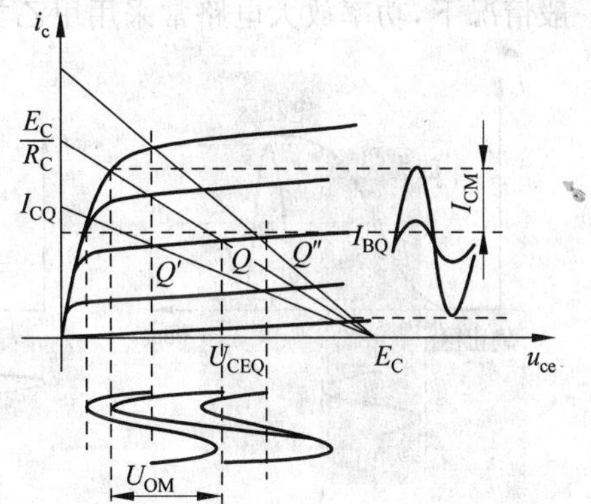

图 4-1 动态变化范围与输出功率的关系

(2) 非线性失真要尽可能小。因为工作在大信号状态，不可避免地会产生非线性失真，通常采用负反馈等措施来尽量减少波形失真。

(3) 效率要高。功率放大电路是一个能量转换电路，它将直流电源功率 P_E 转换成信号功率 P_o 输送给负载。由于在转换过程中，晶体管耗散功率和电路损耗功率要消耗 P_E 的部分功率，因此如何提高效率 η 也是很重要的一个问题。这里，$\eta = P_o/P_E \times 100\%$。

(4) 要注意功放管的散热(heat dissipation)和保护问题。功率放大器所消耗的功率大部分消耗在功放管的集电结上，使集电结的管壳温度升高。为使管子输出足够大的功率，必须考虑管子的散热问题而给其加散热片或进行风冷(air cooling)和水冷(water cooling)。另外，由于半导体器件在大信号条件下运用，所以电路中应考虑器件的过热、过流、过压、散热等一系列问题，并要有适当的保护措施。

为了同时满足上述要求，功率放大电路的结构就要与电压放大电路有所区别。按照晶体管工作区域的不同，把它分成以下几类。

(1) 甲类(class A)工作状态。如果把射随器(emitter follower)作为功率放大器，为了在不失真(distortion)的条件下得到最大的功率输出，应把静态工作点设置在负载线(load line)的中点，如图 4-2(a)所示。此时晶体管在输入信号的整个周期内都导通，输出信号在正负半周均无失真，这种工作状态称为甲类工作状态。从图中可以看出，甲类工作状态的晶体管静态集电极电流较大，波形好，但管耗(transistor dissipation)大，效率也低。

(2) 乙类(class B)工作状态。如果降低静态工作点使静态时 $I_c=0$，如图 4-2(b)所示，此时晶体管只在输入信号的半个周期内导通，这种工作状态称为乙类工作状态。从图中可以看出，乙类工作状态的晶体管静态集电极电流为零，因此管耗小，但波形失真严重。为了同时满足波形失真小、效率高的要求，可采用互补对称电路(complementary symmetry circuit)，从而得到一个周期完整的交流输出信号。实际上由于晶体管发射结存在死区电压(dead-band voltage)，且静态 $U_{BE}=0$，在输入信号 u_i 较小时，无法产生基极电流和集电极电流，输出仍为零，因此在输出波形过零点附近会出现失真，称为交越失真(crossover distortion)。

(3) 甲乙(class AB)类工作状态。为了消除交越失真，可以将静态工作点提高一些，在

$u_i=0$ 时仍有很小的 I_c，如图 4-2(c)所示，此时晶体管的工作状态称为甲乙类工作状态。在一般情况下，功率放大电路常采用甲乙类工作状态。

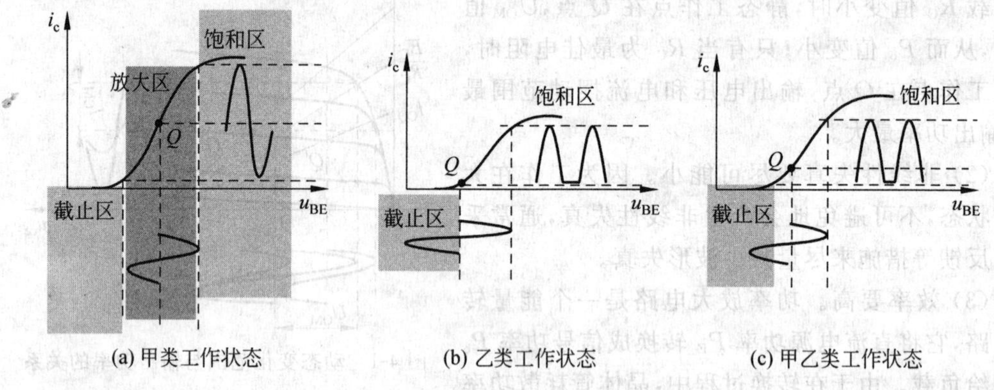

图 4-2 晶体管的几种工作状态

由于功率放大电路中的晶体管工作在大信号状态（state of stronger signal）下，因此分析电压放大电路所用的微变等效法不再适用，通常采用估算法（estimation method）或图解法（graphic method）。

4.1.2 基本功率放大电路

功率放大电路的形式有多种，互补对称电路（complementary symmetry circuit）是集成功率放大电路输出级电路的基本形式。当它通过容量较大的电容与负载耦合时，由于省去了变压器而被称为无输出变压器（output transformerless）电路，简称 OTL 电路。若设法使互补对称电路直接与负载相连，输出电容也省去，就成为无输出电容（output capacitorless）电路，简称 OCL 电路。

1. OCL 电路

图 4-3 所示为 OCL 电路原理图，T_1 是 NPN 型晶体管，与 R_L 构成射随器；T_2 是 PNP 型晶体管，也与 R_L 构成射随器；$u_{BE1}=u_{BE2}$。由于该电路的输出电阻很小，且 T_1，T_2 特性完全相同，所以静态时 $u_o=0$。当输入信号 u_i 为正半周时，T_1 导通，T_2 截止，u_o 也为正半周；当 u_i 为负半周时，T_2 导通，T_1 截止，u_o 也为负半周，但是 u_o 波形存在交越失真。由于 T_1，T_2 导通时都属于射随器，如果忽略交越失真，且 T_1，T_2 均处于放大状态，可以认为 $u_o \approx u_i$。电路中 T_1，T_2 为功率晶体管，它们的集电极最大允许耗散功率 P_{CM} 的大小应根据 OCL 电路输出功率的大小来选择。下面简单分析一下 OCL 电路的输出功率和效率。

设输入信号足够大，T_1，T_2 极限运用，即输入信号达最大值时 T_1 或 T_2 开始饱和，饱和压降为 U_{CES}，则输出电压 u_o 的最大值 $U_{OM}=U_{CC}-U_{CES}$，此时电路有最大的输出功率。在不

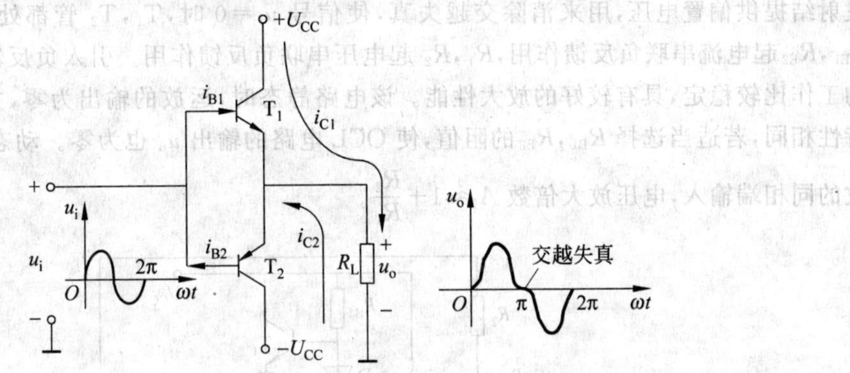

图 4-3 OCL 电路原理图

考虑波形失真时，输出电压 u_o 的有效值为 $U_{OM}/\sqrt{2}$，两管最大输出功率为

$$P_{OM} = \frac{(U_{OM}/\sqrt{2})^2}{R_L} = \frac{1}{2}\frac{(U_{CC}-U_{CES})^2}{R_L} \tag{4-1}$$

由于流过直流电源 $+U_{CC}$ 的电流 i_{C1} 为半波电流，其最大值 $I_{CM}=U_{OM}/R_L=(U_{CC}-U_{CES})/R_L$，即

$$i_{C1} = \begin{cases} I_{CM}\sin\omega t, & 0 \leqslant \omega t \leqslant \pi \\ 0, & \pi \leqslant \omega t \leqslant 2\pi \end{cases} \tag{4-2}$$

因此，直流电源 $+U_{CC}$ 提供的平均功率

$$P_{S+} = \frac{1}{2\pi}\int_0^{\pi} U_{CC} I_{CM}\sin\omega t\,\mathrm{d}\omega t = \frac{1}{\pi}U_{CC}I_{CM} \tag{4-3}$$

而直流电源 $-U_{CC}$ 提供的平均功率 $P_{S-}=P_{S+}$，故两个电源提供的总平均功率

$$P_S = P_{S+} + P_{S-} = \frac{2}{\pi}U_{CC}I_{CM} = \frac{2}{\pi}U_{CC}\,\frac{U_{CC}-U_{CES}}{R_L} \tag{4-4}$$

所以电路的最大效率

$$\eta_m = \frac{P_{OM}}{P_S}\times 100\% = \frac{\pi}{4}\,\frac{U_{CC}-U_{CES}}{U_{CC}}\times 100\% \tag{4-5}$$

若忽略 T_1，T_2 的饱和压降 U_{CES}，电路理想的最大输出功率 P_{omax} 和效率 η_{max} 分别为

$$P_{omax} = \frac{1}{2}\frac{U_{CC}^2}{R_L} \tag{4-6}$$

$$\eta_{max} = \frac{\pi}{4}\times 100\% = 78.5\% \tag{4-7}$$

由于 T_1，T_2 的饱和压降 U_{CES} 不可能等于零，所以电路的实际效率总是低于 78.5%。OCL 电路线路简单，效率高，但为了使输出波形正、负半周对称，要求两个互补管 T_1、T_2 的特性一致。

图 4-4 是一个由集成运放和 OCL 电路组成的功率放大电路，其中 D_1，D_2 为 T_1，T_2 的

发射结提供偏置电压，用来消除交越失真，使信号 $u_i=0$ 时，T_1，T_2 管都处于微导电状态；R_{E1}，R_{E2} 起电流串联负反馈作用，R_1，R_2 起电压串联负反馈作用。引入负反馈能使放大电路的工作比较稳定，具有较好的放大性能。该电路静态时，运放的输出为零，并且由于 T_1，T_2 特性相同，若适当选择 R_{B1}，R_{B2} 的阻值，使 OCL 电路的输出 u_o 也为零。动态时 u_i 从集成运放的同相端输入，电压放大倍数 $A_f \approx 1+\dfrac{R_2}{R_1}$。

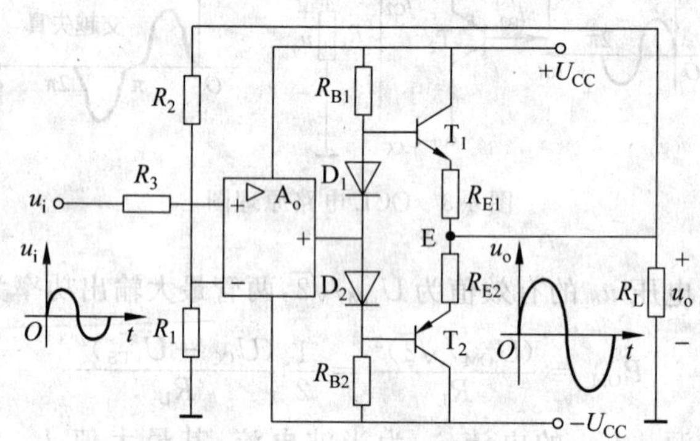

图 4-4 OCL 功率放大电路

2. OTL 电路

图 4-5 是无输出变压器(output transformerless)互补对称放大电路的原理图，T_1 和 T_2 是两个不同类型的晶体管，两管特性基本相同。如果互补对称式电路采用的是单电源供电，则由于两互补管发射极静态电位不为零而不能与负载相连，因此 OTL 电路在输出端接入了电容。

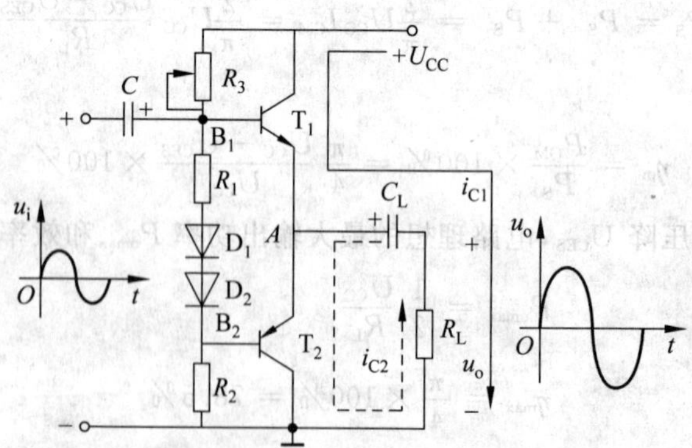

图 4-5 OTL 互补对称电路

在静态时，调节 R_3，使 A 点的电位为 $1/2U_{CC}$，输出耦合电容 C_L 上的电压即为 A 点和"地"之间的电位差，也等于 $1/2U_{CC}$；并获得合适的直流电压 $U_{B_1B_2}$，即 R_1 和 D_1，D_2 串联电路上的电压,使 T_1,T_2 两管工作于甲乙类状态。当输入交流信号 u_i 时,在它的正半周,T_1 导通,T_2 截止,电流 i_{C1} 的通路如图中实线所示;在 u_i 的负半周,T_1 截止,T_2 导通,电容 C_L 放电,电流 i_{C2} 的通路如虚线所示。由此可见,在输入信号 u_i 的一个周期内,电流 i_{C1} 和 i_{C2} 以正反方向交替流过负载电阻 R_L,在 R_L 上合成而得出一个交流输出信号 u_o。

为了使输出波形对称,在 C_L 放电过程中,其上电压不能下降过多,因此 C_L 的容量必须足够大。此外,由于二极管的动态电阻很小,R_1 的阻值也不大,所以 T_1 和 T_2 的基极交流电位基本上相等,否则会造成输出波形正、负半周不对称的现象。在理想情况下,即忽略 T_1、T_2 管的饱和压降 U_{CES} 的情况下,输出电压 u_o 的最大值为 $U_{CC}/2$,因此最大输出功率

$$P_{omax}=\frac{\left(\frac{U_{CC}/2}{\sqrt{2}}\right)^2}{R_L}=\frac{1}{8}\frac{U_{CC}^2}{R_L} \tag{4-8}$$

由于静态电流很小,功率损耗也很小,该电路的效率在理论上可达

$$\eta_{max}=\frac{P_{omax}}{P_S}\times 100\%=\frac{\pi}{4}\times 100\%=78.5\% \tag{4-9}$$

图 4-6 是一个由集成运放和 OTL 电路组成的功率放大器。图中用两个电阻 R 的分压使集成运放输入端的静态电位为 $1/2U_{CC}$,R_3 用以增加输入电阻,C_1,C_2 为隔直电容,其他元件的作用与图 4-4 的 OCL 电路一样。

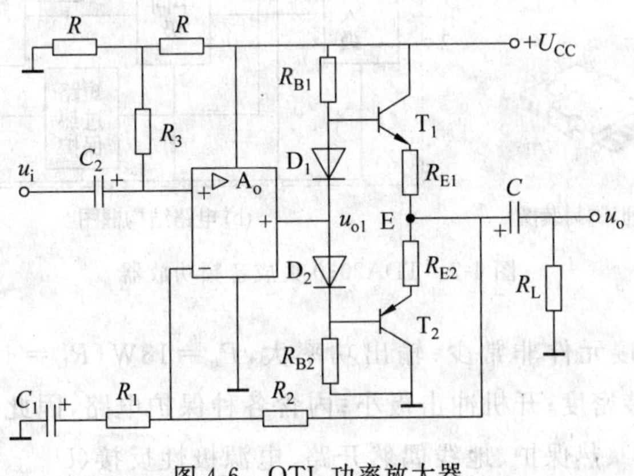

图 4-6 OTL 功率放大器

4.1.3 集成功率放大器举例

随着电子技术的日新月异,各种类型、可输出不同功率的集成功率放大器芯片涌向了电子市场。使用集成功率放大器,只需外接一定的电阻、电容及负载,加上电源就可以向负载提供一定的功率。目前生产出的集成功放芯片具有体积小、重量轻、成本低、外接元件少、调试简单、使用方便,且性能优越的特点,而且它们还有温度稳定性好、功耗低、电源利用率高、

失真小等优点，并且在集成功放中还设有许多保护措施，如过流保护、过压保护以及启动、消噪电路等，使它们的可靠性大大提高。

1. TDA2030 集成音频功放

TDA2030 是德律风根(Telefunken)生产的音频功放电路，采用 V 形 5 脚单列直插式塑料封装结构，如图 4-7(a)所示。按引脚的形状可分为 H 形和 V 形。该集成电路广泛应用于汽车立体声收录音机、中功率音响设备，具有体积小、输出功率大、失真小等特点，并具有内部保护电路。意大利 SGS 公司、美国 RCA 公司、日本 HITACHI 公司、NEC 公司等均有同类产品生产，虽然其内部电路略有差异，但引脚位置及功能均相同，可以互换。TDA2030 内部电路的结构框图如图 4-7(b)所示，包含由恒流源差分放大电路构成的输入级、中间电压放大级、复合互补对称式 OCL 电路构成的输出级、启动和偏置电路以及短路、过热保护电路等。

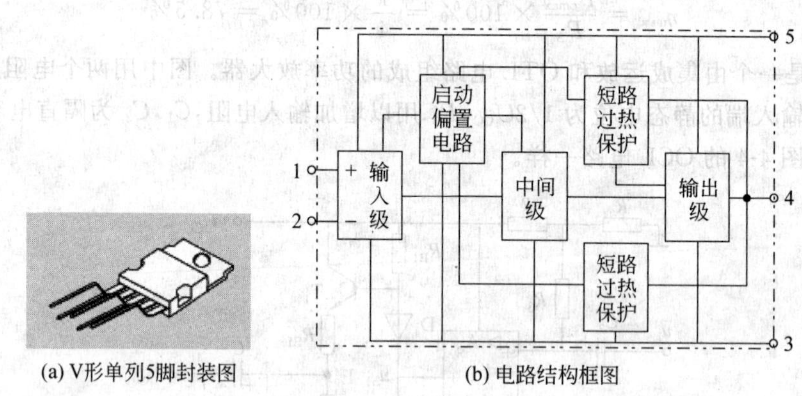

(a) V形单列5脚封装图　　(b) 电路结构框图

图 4-7 TDA2030 集成音频功放器

该电路特点是外接元件非常少；输出功率大，$P_o = 18\text{W}(R_L = 4\Omega)$；采用超小型封装(TO-220)，可提高组装密度；开机冲击极小；内含各种保护电路，因此工作安全可靠。主要保护电路有：短路保护、热保护、地线偶然开路、电源极性反接($U_{smax} = 12\text{V}$)以及负载泄放电压反冲等。TDA2030 的极限参数如表 4-1 所示。

表 4-1 TDA2030 极限参数

参 数 名 称	极限值	参 数 名 称	极限值
电源电压(U_S)/V	±18	耗散功率(P_{tot})(U_{di})/W	20
输入电压(U_{in})/V	U_S	工作结温(T_j)/℃	−40～+150
差分输入电压(U_{di})/V	±15	存储结温(T_{stg})/℃	−40～+150
峰值输出电流(I_o)/A	3.5		

图 4-8 是 TDA2030 作为 OCL 接法的典型应用电路。图中 R_2、C_2 和 R_3 构成电压串联负反馈，改变 R_2 或 R_3 可以改变电路的电压增益；电容 C_3、C_4 用作电源滤波；D_1、D_2 用作输出保护；D_3、D_4 用以防止正、负电源接反时损坏 TDA2030；R_4 和 C_5 用以补偿高频时喇叭的电感，使其在高频时有较好的特性。TDA2030 也可接成 OTL 电路，这时只要把 1 脚电压偏置成 $U_{CC}/2$，3 脚接地，输出端加接输出电容即可，其余元件不变。

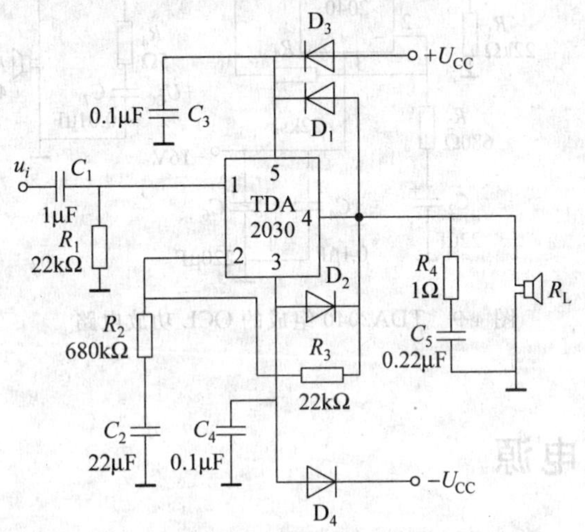

图 4-8　TDA2030 接成 OCL 电路

2. TDA2040 集成低频功放

TDA2040 集成低频功放，内部有独特的短路保护系统，可以自动限制功耗，从而保证输出级三极管始终处于安全区域；还设置了过热关机等保护措施，具有较高的可靠性，在许多整机中作甲乙类音频功率放大用。TDA2040 也采用单列 5 脚封装。电路工作电压范围为±2.5～±20V，可与 TDA2006、TDA2030 直接替代使用。国内同类产品有 XG2006 等。

TDA2040 既可以采用双电源供电构成 OCL 电路，也可以采用单电源供电构成 OTL 电路。图 4-9 是采用双电源供电的功放。该电路在±16V 电源电压、R_L 为 4Ω 的情况下，输出功率大于 15W，谐波失真小于 0.5%。图中输入信号 u_i 经耦合电容 C_1 送入集成功放的同相输入端，阻抗为 4Ω 的负载（扬声器）接在输出端④脚与地之间。R_2 和 R_3 构成负反馈，使电路的闭环增益为 30dB；C_2 为反相输入端隔直电容；C_3～C_6 为电源滤波电容，用以防止电源引线太长造成放大器低频自激；R_4、C_7 为阻抗校正网络，用以抵抗负载中的感抗分量，改善放大器的高频特性，从而改善音质。

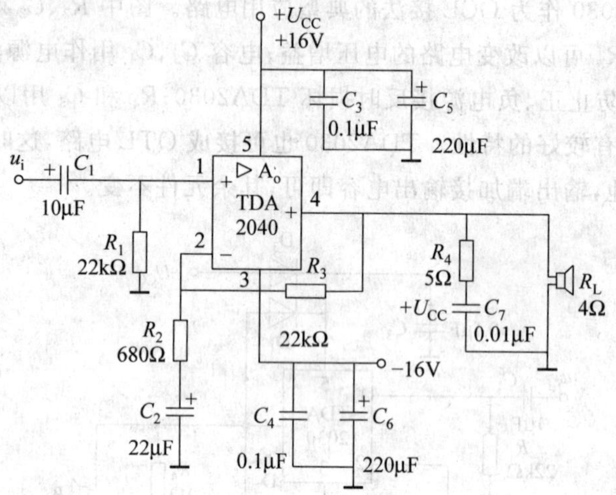

图 4-9　TDA2040 组成的 OCL 功放电路

4.2　直流稳压电源

所有的电子系统都要求供给固定不变的电压或电流，但是，工业用电源提供的都是交流电压和交流电流，它们的值是时间的正弦函数。直流电源除各种各样的干电池以外，一般是通过交流电变换而来(AC/DC)。现代电源一般使用电子稳压器(electronic regulator)，它是一种晶体管，或者可以做成独立的集成电路，它不仅可以进一步降低滤波器上负载电压的波动，而且能够补偿负载电流的变化。电源的基本组成如图 4-10 所示。

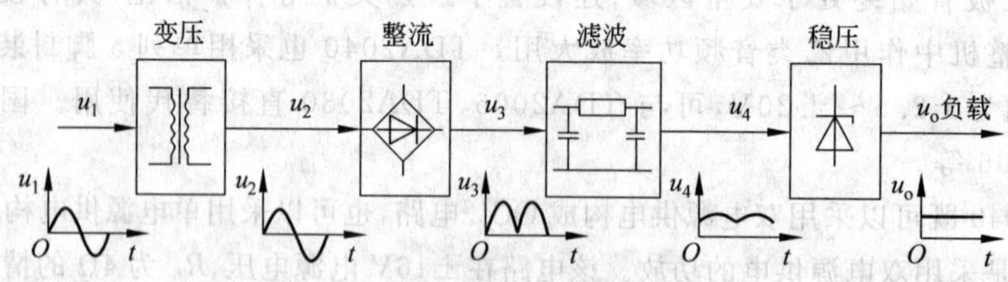

图 4-10　直流稳压电源的系统框图

下面分别对整流、滤波和稳压电路加以分析。

4.2.1　单向桥式整流电路

利用具有单向导电性能的整流元件如二极管等，将交流电转换成单向脉动直流电的电路称为整流电路(rectifier circuits)。整流电路按输入电源相数可分为单相整流电路和三相整流电路，按输出波形又可分为半波(half wave)整流电路和全波(full wave)整流电路。目前广泛使用的是单相桥式整流电路。常用的几种整流器如图 4-11 所示。“桥(bridge)”这个术语来自 19 世纪 Samuel Christie 发明的一种测量电路，后被 Charles Wheatstone 进一步发展。

图 4-11　常用的几种整流器外观

图 4-12 所示为单相桥式整流电路(single-phase bridge rectifier circuit)。图中的电源变压器(transformer) T_r 将交流电网电压 u_i 变换为整流电路所要求的交流电压 u_2，设 $u_2=\sqrt{2}U_2\sin\omega t$；四个整流二极管(rectifier diode) $D_1 \sim D_4$ 组成电桥的形式，故为桥式整流电路(diode-bridge full-wave rectifier)，R_L 是负载电阻。

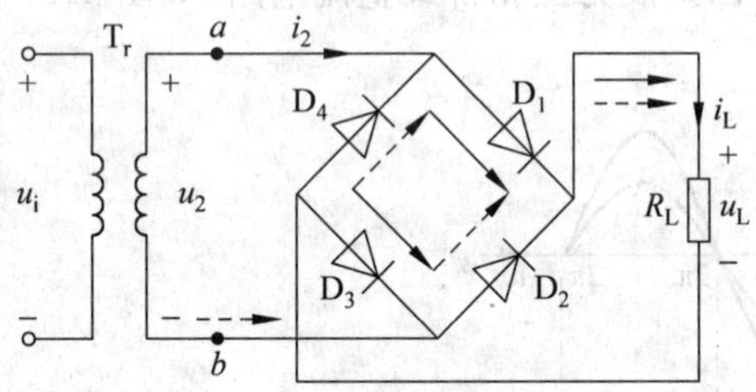

图 4-12　单相桥式整流

由图 4-12 可知，当 u_2 在正半周时，a 点电位高于 b 点电位，二极管 D_1、D_3 处于正向偏置(forward bias)而导通，D_2、D_4 处于反向偏置(reverse bias)而截止，电流由 a 点经 $D_1 \to R_L \to D_3 \to b$ 点形成回路，如图中实线箭头所示。当 u_2 在负半周时，b 点电位高于 a 点，二极管 D_2、D_4 因正向偏置而导通，D_1、D_3 处于反向偏置而截止，电流由 b 点经 $D_2 \to R_L \to D_4 \to a$ 点形成回路，如图中虚线箭头所示。由此可见，尽管 u_2 的方向是交变的，但流过 R_L 的电流方向却始终不变。桥式整流二极管电路根据变压器电压的极性切换电流路径，从而使负载电流总是保持一个方向，R_L 上得到的电压 u_L 是大小变化而方向不变的脉动电压(ripple voltage)。在二极管为理想元件的条件下，u_L 的幅值就等于 u_2 的幅值，即 $U_{Lm}=\sqrt{2}U_2$。整流电路各元件上的电压和电流波形如图 4-13 所示。负载电阻 R_L 上所得单向脉动电压的平均值，即直流分量为

$$U_L = \frac{1}{\pi}\int_0^{\pi}\sqrt{2}U_2\sin\omega t\,d\omega t = \frac{2\sqrt{2}}{\pi}U_2 = 0.9U_2 \tag{4-10}$$

流过负载电阻 R_L 的电流 i_L 的平均值为

$$I_L = \frac{U_L}{R_L} = 0.9\frac{U_2}{R_L} \tag{4-11}$$

流过每个二极管的电流平均值为负载电流平均值的一半，即

$$I_D = \frac{1}{2}I_L = 0.45\frac{U_2}{R_L} \tag{4-12}$$

每个整流二极管所承受的反向峰值电压(reverse peak voltage)为

$$U_{DRM} = \sqrt{2}U_2 \tag{4-13}$$

利用式(4-12)和式(4-13)，可选择整流二极管。从图 4-13 还可以看出，通过变压器次级的电流 i_2 仍为正弦波，其有效值

$$I_2 = \frac{U_2}{R_L} = \frac{U_L}{0.9R_L} = 1.11I_L \tag{4-14}$$

电源变压器的容量，即视在功率为

$$S = U_2I_2 \tag{4-15}$$

利用式(4-14)和式(4-15)可选择变压器。考虑到二极管的正向压降和变压器绕组中电阻的影响，在实际电路中应适当增加变压器输出电压 U_2 和容量。

单相桥式整流电路可以扩展为三相桥式整流电路，如图 4-14 所示。

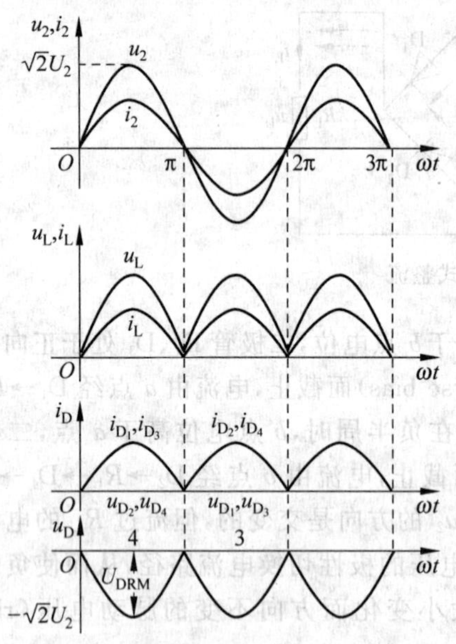

图 4-13 单相桥式整流电路的波形图

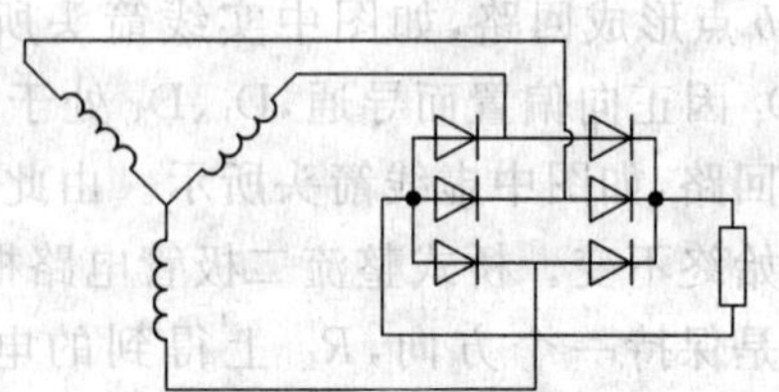

图 4-14 三相桥式整流电路

Example 4.1 A power-supply circuit is needed to deliver 1A and 18V (average) to a load. The ac source has a frequency of 50Hz. Assume that the circuit of Figure 4-12 is to be used. Try to find: (1) the effective values of voltage and current of the secondary coil of the transformer, and the capacity of the transformer; (2) the average value of current flowing through rectifier diodes, the maximum of reverse peak voltage which is applied across each diode and choose an appropriate type of the diode.

Solution

(1) The effective values of voltage and current of the secondary coil of the transformer are:

$$U_2 = \frac{U_L}{0.9} = 1.11U_L = 1.11 \times 18 = 20\text{V}$$

$$I_2 = 1.11I_L = 1.11 \times 1 = 1.11\text{A}$$

The capacity of the transformer is:

$$P_{S_2} = U_2 I_2 = 20 \times 1.11 = 22.2\text{V} \cdot \text{A}$$

(2) The average value of current flowing through rectifier diodes is:

$$I_D = \frac{1}{2}I_L = 0.5\text{A}$$

The maximum of reverse peak voltage which is applied across each diode is:

$$U_{DRM} = \sqrt{2}U_2 = \sqrt{2} \times 20 \approx 28\text{V}$$

Therefore, this type of diode can be chosen: maximal rectifier current is greater than 0.5A, U_{DRM} is greater than 28V. Such as 2CZ11A, whose maximal rectifier current is 1A, U_{DRM} is 100V.

4.2.2 滤波电路

整流电路可以将交流电转换为直流电,但脉动较大,在某些应用中如电镀(electroplating)、蓄电池充电(battery charging)等可直接使用脉动直流电源。但许多电子设备需要平稳的直流电源。这种电源中的整流电路后面还需加滤波电路将交流成分滤除,以得到比较平滑的输出电压。滤波电路的原理是利用储能元件电容两端的电压(或通过电感中的电流)不能突变的特性,滤掉整流电路输出电压中的交流成分,保留其直流成分,达到平滑输出电压波形的目的。滤波电路的结构特点一般是电容与负载 R_L 并联,或电感与负载 R_L 串联。

1. 电容滤波

在桥式整流电路的基础上,输出端并联一个电解电容(electrolytic capacitor)C 就构成了电容滤波电路(capacitance filter),如图 4-15(a)所示。

假设电路接通时恰恰在 u_2 由负到正过零的时刻,假设二极管是理想二极管,这时二极管开始导通,电源 u_2 在向负载 R_L 供电的同时又对电容 C 充电。如果忽略二极管正向压降,电容电压 u_C 紧随输入电压 u_2 按正弦规律上升至 u_2 的最大值。然后 u_2 继续按正弦规律下降,且 $u_2 < u_C$,使二极管 D 截止,而电容 C 则对负载电阻 R_L 按指数规律放电。u_C 降至 $u_2 > u_C$ 时,二极管又导通,电容 C 再次充电……这样循环下去,u_2 周期性变化,电容 C 周而复始地进行充电和放电,使输出电压脉动减小,如图 4-15(b)所示。电容 C 放电的快慢取决于时间常数($\tau = R_L C$)的大小,时间常数越大,电容 C 放电越慢,输出电压 u_o 就越平坦,平均值也越高。

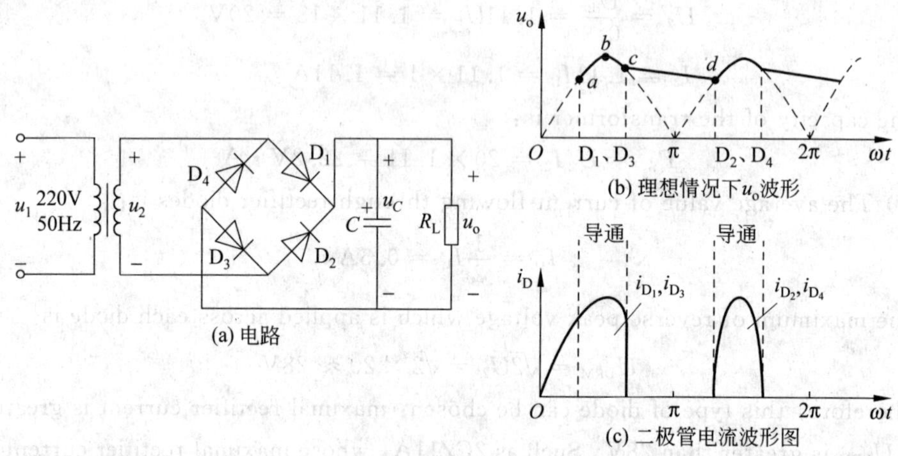

图 4-15 单相桥式整流电容滤波电路及工作波形

可见,电容滤波是通过电容的储能作用(充放电过程),即在 u_2 升高时,把部分能量储存起来(充电),在 u_2 降低时,又把储存的能量释放出来(放电),从而在负载 R_L 上得到一个比较平滑的、近似锯齿形的输出电压 u_o,使其脉动程度大为降低,并且平均值提高。在这过程中流过二极管 D 的电流波形如图 4-15(c)所示。

为了获得较平滑的输出电压,一般要求 $R_L \geqslant (10 \sim 15)\frac{1}{\omega C}$,即

$$\tau = R_L C \geqslant (3 \sim 5)\frac{T}{2} \tag{4-16}$$

式中 T 为交流电压的周期。滤波电容 C 一般选择体积小、容量大的电解电容器(electrolytic capacitor)。应注意,普通电解电容器有正、负极性,使用时正极必须接高电位端,如果接反会造成电解电容器的损坏。而滤波电容值满足式(4-16)时,输出电压平均值近似为

$$U_o \approx 1.2U_2 \tag{4-17}$$

加入滤波电容以后,二极管导通时间缩短,且在短时间内承受较大的冲击电流为 $i_c + i_o$,为了保证二极管的安全,选管时应放宽裕量。

Example 4.2 Try to design a circuit, which is composed of a single-phase bridge rectification and a capacitor filter. This circuit is needed to deliver 48V (average) voltage to a load. Given the ac source has a frequency of 50Hz. And the load R_L is 100Ω. Assume that the circuit of Figure 4-15(a) is to be used. Try to choose appropriate diodes and filter capacitor.

Solution

The average value of current flowing through rectifier diodes is

$$I_D = \frac{1}{2}I_o = \frac{1}{2}\cdot\frac{U_o}{R_L} = \frac{1}{2}\times\frac{48}{100} = 0.24\text{A} = 240\text{mA}$$

The effective value of the secondary coil of the transformer is

$$U_2 = \frac{U_o}{1.2} = \frac{48}{1.2} = 40\text{V}$$

The maximum of reverse peak voltage which is applied across each diode is

$$U_{RM} = \sqrt{2}U_2 = 1.41\times 40 = 56.4\text{V}$$

Therefore, the diode 2CZ11B can be chosen, when the maximal rectifier current is 1A, U_{DRM} is 200V.

Select

$$\tau = R_L C = 5\times\frac{T}{2} = 5\times\frac{0.02}{2} = 0.05\text{s}$$

then

$$C = \frac{\tau}{R_L} = \frac{0.05}{100} = 500\times 10^{-6}\text{F} = 500\mu\text{F}$$

电容滤波适用于负载电流 I_o 较小且变化不大的场合。原因是当 $I_o=0$(即负载 R_L 开路)时,电容充电至$\sqrt{2}U_2$ 不再放电,故有 $U_o=\sqrt{2}U_2$,随着 I_o 的增大(或负载 R_L 的减小),C 的放电时间常数 τ 减小,放电加速,U_o 将明显减小。

2. 电感滤波

当负载电流较大时,电容滤波已不适合,这时可选用电感滤波(inductance filter),如图 4-16 所示(图中的桥式整流部分采用了简化画法)。

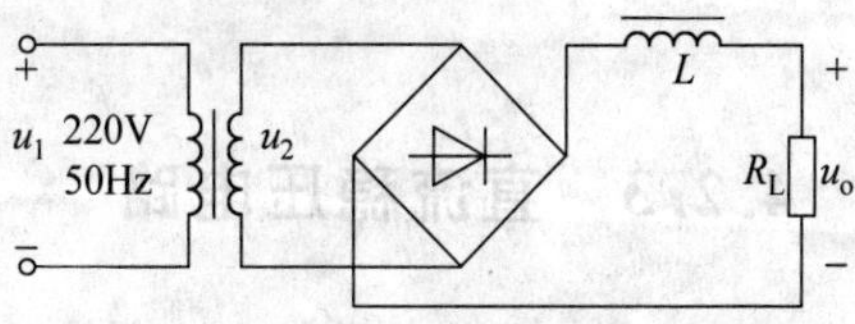

图 4-16 单相桥式整流电感滤波电路

电感与电容一样具有储能作用。当 u_2 升高导致流过电感 L 的电流增大时,L 中产生的自感电动势能阻止电流的增大,并且将一部分电能转化成磁场能储存起来;当 u_2 降低导致流过 L 的电流减小时,L 中的自感电动势又能阻止电流的减小,同时释放出存储的能量以补偿电流的减小。这样,经电感滤波后,输出电流和电压的波形也可以变得平滑,脉动减小。显然,L 越大,滤波效果越好。

由于 L 上的直流压降很小,可以忽略,故电感滤波电路的输出电压平均值与桥式整流电路相同,即

$$U_o \approx 0.9U_2 \tag{4-18}$$

电感滤波电路的主要优点是带负载能力强,特别适宜于大电流的场合,但电感元件体积大,比较笨重,成本也高,元件本身的电阻还会引起直流电压损失和功率损耗,且存在电磁干扰。

3. 复合滤波

为了进一步提高滤波效果,使输出电压脉动更小,可以采用复式滤波的方法。图 4-17 为几种常用的复式滤波电路结构及其输出特性。

由图可见,RC-π 型滤波在 I_o 增加时,其输出特性较电容滤波为差;LC-π 型滤波的输出特性与电容滤波类似;LC 滤波的输出特性较电感滤波更佳。实际电路中以电容滤波的应用最为广泛,它适用于负载电流较小且变化不大的场合;在电容滤波、RC-π 型滤波和 LC-π 型滤波中,电容容量的选择均应满足 $R_LC \geqslant (3 \sim 5)T/2$;虽然电感滤波和 LC 滤波的输出特性较好,带负载能力强,适用于大电流或负载变化大的场合,但因电感滤波器体积大,十分笨重,故通常只用于工频大功率整流或高频电源中。

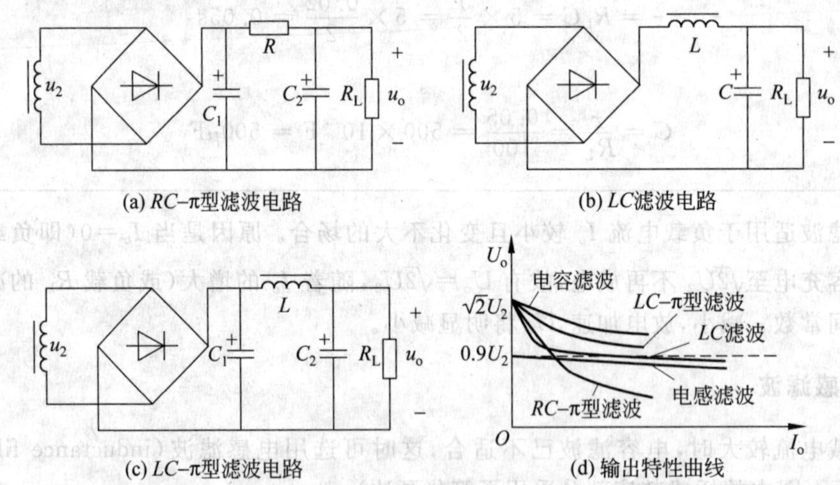

图 4-17 几种常用的复式滤波电路及其输出特性

4.2.3 直流稳压电路

整流滤波电路将交流电变换成了比较平滑的直流电,但输出电压 U_o 仍会受到下列因

素的影响：①电网电压通常允许有±10%的波动，这将造成U_o按相同的比例变化；②输出电流(即负载电流)I_o通常是作为其他电子电路的供电电流，可能会经常变动，U_o将随I_o的变化(或负载阻值R_L的变化)而变化。稳压电路的作用就是消除上述两项变动因素对输出电压的影响，获得稳定性好的直流电压。

小功率设备的常用稳压电路可分为以下几类：稳压管稳压电路(stable voltage regulator)，线性稳压电路(linear regulator)和开关型稳压电路(switching regulator)。其中稳压管稳压电路最简单，但是带负载能力差，一般只提供基准电压，不作为电源使用；开关型稳压电路效率较高，随着自关断电力电子器件和电力集成电路的迅速发展，开关电源已得到越来越广泛的应用。

1. 稳压管稳压电路

最简单的直流稳压电源是利用稳压管组成的。如图4-18采用桥式整流和电容滤波，得到直流电压u_i，再经过限流电阻R和稳压管D_Z，使负载得到一个比较稳定的直流电压u_o。电压的稳定过程如下：当电源电压升高时，即$u_2\uparrow\rightarrow u_i\uparrow\rightarrow u_o\uparrow\rightarrow I_Z\uparrow\rightarrow u_R\uparrow\rightarrow$保持负载电压$u_o$近似不变；当电源电压降低时，稳压过程相反。当负载增加时，$I_o\uparrow\rightarrow u_R\uparrow\rightarrow u_o\downarrow\rightarrow I_Z\downarrow\rightarrow u_R\downarrow\rightarrow$保持负载电压$u_o$近似不变；当负载电流减小时，稳压过程相反。

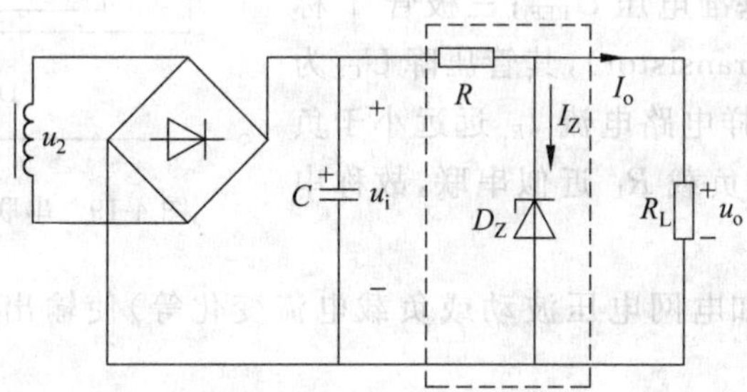

图4-18 稳压管稳压电路

选择稳压管时，一般取

$$\begin{cases} U_Z = U_o \\ I_{ZM} = (1.5 \sim 5) I_{OM} \\ U_i = (2 \sim 3) U_o \end{cases} \tag{4-19}$$

稳压二极管稳压电路的稳压性能与稳压二极管击穿特性(breakdown characteristics)的动态电阻(dynamic resistance)有关，与稳压电阻R的阻值大小有关。稳压二极管的动态电阻越小，稳压电阻R越大，稳压性能越好。稳压电阻R的作用是将稳压二极管电流的变化转换为电压的变化，从而起到调节作用，同时R也是限流电阻。R的数值越大，就需要较大的输入电压u_i值，损耗就要加大。

稳压电阻的阻值计算如下：①当输入电压最小、负载电流最大时，流过稳压二极管的电流最小。此时 I_Z 不应小于 I_{Zmin}，由此可计算出稳压电阻的最大值，实际选用的稳压电阻应小于最大值，即 $R_{max}=\dfrac{u_{Imin}-u_Z}{I_{Zmin}+I_{Lmax}}$。②当输入电压最大、负载电流最小时，流过稳压二极管的电流最大。此时 I_Z 不应超过 I_{Zmax}，由此可计算出稳压电阻的最小值，即 $R_{min}=\dfrac{u_{Imax}-u_Z}{I_{Zmax}+I_{Lmin}}$，所以 $R_{min}<R<R_{max}$。稳压二极管在使用时一定要串入限流电阻，不能使它的功耗超过规定值，否则会造成损坏！

2. 串联型稳压电路(series voltage regulator)

由稳压管稳压电路演变而来的串联型稳压电路曾经是稳压电源领域中使用最多的一种，虽然目前这种电路已基本上为集成稳压电源所取代，但它的电路原理仍然是集成稳压电源内部电路的基础。图 4-19 是串联型稳压电路原理图，其中，u_i 是经整流滤波后的不稳定输入电压，U_o 为稳定输出电压。电阻 R_1，R_2，R_3 构成取样电路，采集输出电压的变化量；限流电阻 R 和稳压管 D_Z 构成基准电压电路，为比较放大电路 A 提供一个稳定性较高的直流基准电压 U_{REF}；三极管 T 称为调整管(adjustment transistor)，其管压降 U_{CE} 为 u_i 与 U_o 之差。由于取样电路电流 I_{R_1} 远远小于负载电流 I_o，调整管 T 与负载 R_L 近似串联，故称串联型稳压电路。

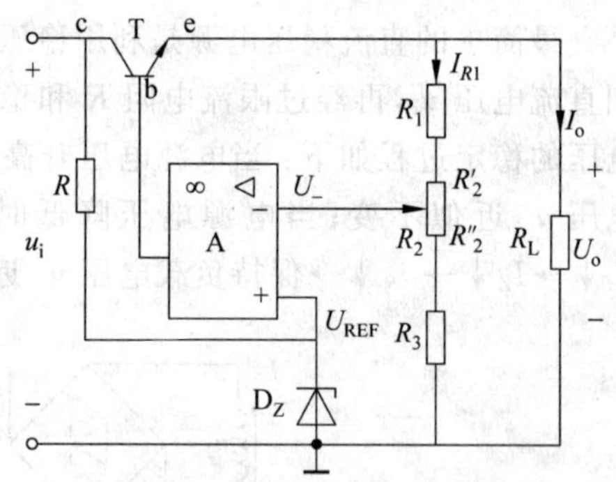

图 4-19 串联型稳压电路原理图

当由于某种原因(如电网电压波动或负载电流变化等)使输出电压 U_o 增大时，取样电压

$$U_-=\frac{R_2''+R_3}{R_1+R_2+R_3}U_o \tag{4-20}$$

也随之增大，加在 A 同相端的 U_{REF} 与加在反相端的 U-相比较，两者的差值被放大后送至调整管 T 的基极，使基极电位 U_b 降低，由于电路为射极输出形式，故 U_o 也随 U_b 的降低而降低，即 U_o 得到了稳定。此时 u_i-U_o 增大的部分全部由调整管 T 承担，这是通过基极电位 U_b 降低，基极电流 I_b 和集电极电流 I_c 随之减小，导致 U_{ce} 增大而自动实现的。整个过程可概括为 $U_o\uparrow\rightarrow U_-\uparrow\rightarrow U_b\downarrow\rightarrow U_o\downarrow$；当 U_o 减小时，同理有 $U_o\downarrow\rightarrow U_-\downarrow\rightarrow U_b\uparrow\rightarrow U_o\uparrow$。

由上述分析可知，串联型稳压电路的稳压过程实质上是通过负反馈实现的，且为电压串联负反馈。调整管 T 在稳压过程中起到了关键作用，其管压降 U_{ce} 可随 I_c 的变化而自动调整，这正是调整管名称的由来。由图 4-19 可得，

$$U_b=A_{ud}(U_{REF}-U_-)\approx U_o \tag{4-21}$$

即

$$U_o = U_{REF}\frac{A_{ud}}{1+A_{ud}F} \tag{4-22}$$

式中 A_{ud}为比较放大电路的电压增益，$F=\dfrac{R_2''+R_3}{R_1+R_2+R_3}$为反馈系数。在深度负反馈条件下，$A_{ud}F \gg 1$，所以

$$U_o \approx \frac{1}{F}U_{REF} = \left(1+\frac{R_1+R_2'}{R_3+R_2''}\right)U_{REF} \tag{4-23}$$

Example 4.3 The schematic for a series voltage regulator is shown in Fig. 4-19. Given the stable voltage of the stabilivolt D_Z is $U_Z=6V$. And $R_1=2k\Omega$, $R_2=1k\Omega$, $R_3=1k\Omega$ are also given. Find: (1) The regulation range of the output voltage U_o. (2) If u_i is 30V, the value of load R_L can be changed from 100 to 300Ω, in what condition can the adjustment transistor gain a maximal power dissipation? And what is the maximal value?

Solution

(1) When the sliding tip of R_2 is located uppermost, the value of U_o is minimal,

$$U_{omin} = \frac{R_1+R_2+R_3}{R_2+R_3}U_Z = 12V$$

When the sliding tip of R_2 is located downmost, the value of U_o is maximal, that is

$$U_{omax} = \frac{R_1+R_2+R_3}{R_3}U_Z = 24V$$

Therefore, the regulation range of the output voltage U_o is 12～24V.

(2) The power dissipation of the adjustment transistor can be represented as

$$P_C = U_{ce}I_c \approx (U_i-U_o)(I_{R_1}+I_o)$$

Here, $I_{R_1}=\dfrac{U_o}{R_1+R_2+R_3}$, $I_o=\dfrac{U_o}{R_{Lmin}}$.

When $\dfrac{dP_C}{dU_o}=0$, i.e. $\dfrac{d(U_i-U_o)\left(\dfrac{U_o}{R_1+R_2+R_3}+\dfrac{U_o}{R_{Lmin}}\right)}{dU_o}=0$, P_C can gain a maximal value. Let $u_i=30V$ and $R_{Lmin}=100\Omega$, then U_o equals to 15V.

When U_o equals to 15V, the adjustment transistor can gain a maximal power, where the value is

$$P_{CM} = (30-15)\times\left(\frac{15}{4000}+\frac{15}{100}\right)\approx 2.31W$$

3. 集成稳压电路

如果将调整管、比较放大电路、基准电源、取样电路及连接导线等制作在一片硅片上，就

构成了集成稳压电路。集成稳压器的种类很多，作为小功率的直流稳压电源，应用最为普遍的是三端式串联型集成稳压器，它具有体积小、性能稳定、价格低廉、使用方便的特点。三端式是指稳压器仅有输入端1、输出端2和公共端3三个接线端子，如图4-20所示。常见的有W78××和W79××系列稳压器。W78××系列输出正电压有5V，6V，8V，9V，10V，12V，15V，18V，24V等多种，若要获得负输出电压选W79××系列即可。例如W7805输出+5V电压，W7905则输出−5V电压。这类三端稳压器在加装散热器的情况下，输出电流可达1.5～2.2A，最高输入电压为35V，最小输入、输出电压差为2～3V，输出电压变化率为0.1%～0.2%。以W7800和W7900为例进一步说明。

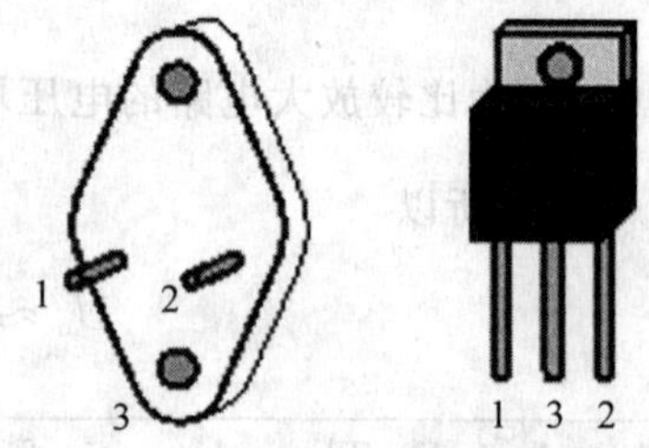

图4-20 三端集成稳压器外形图

W7800的基本应用电路如图4-21所示。W7800的输出电压U_o为某一固定值，等于输出端(2端)与公共端(3端)之间的电位差，即$U_o=U_{23}$。为使三端稳压器能正常工作，U_i与U_o之差应大于3～5V，且$U_i \leqslant 35$V。C_1和C_2用于防止自激振荡，减小高频噪声和改善负载的瞬态响应。当输出电压U_o较高且C_2容量较大时，输入端和输出端之间应跨接保护二极管V_D，因为输入端一旦短路，C_2端电压将反向作用于调整管，易造成调整管的损坏。而加V_D之后，当输入端发生短路时，C_2上的电压可通过V_D放电。此外，还必须注意防止稳压器的公共接地端开路。因为当接地端断开时，输出电压接近于不稳定的输入电压，即$U_o=U_i$，可能使负载过压受损。由于W7800的输出电流有限(只有1.5A，0.5A，0.1A三种)，若所需负载电流I_L超过稳压器的最大输出电流I_{omax}，可采用外接功率管的方法来扩大输出电流，如图4-22所示。外接功率管V为NPN型硅管，若其发射结压降为U_{BE}，电流放大系数为β，则负载电流最大可达$I_{Lmax}=(1+\beta)(I_{omax}-I_R)$。二极管$V_D$的作用是为抵消$U_{BE}$对$U_o$的影响，维持输出电压的稳定。因为当$U_{BE}=U_D$时，$U_o=I_R R=U_{23}$。以上输出电压$U_o$均为正值。

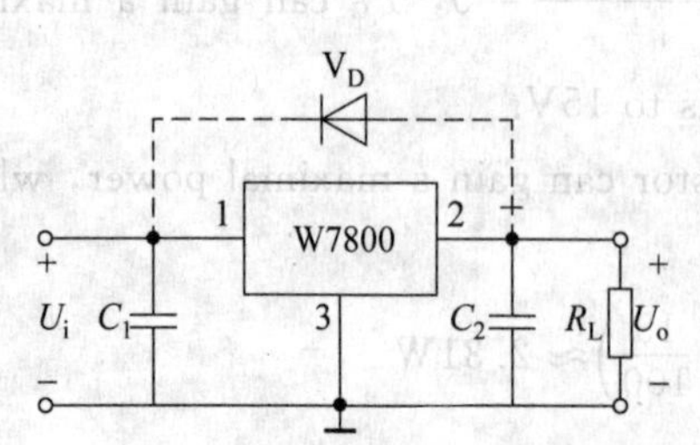

图4-21 W7800的基本应用电路

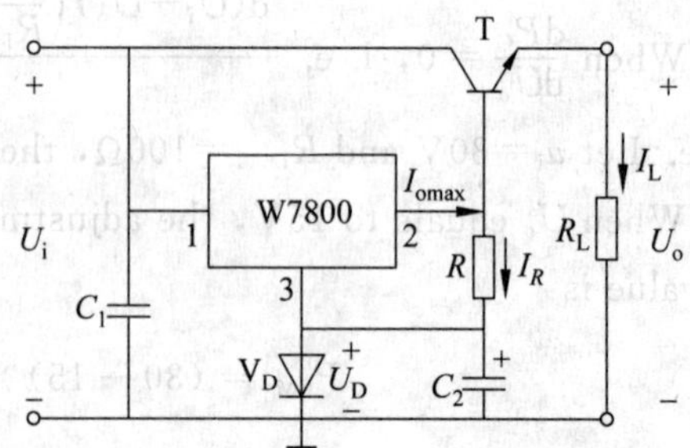

图4-22 外接功率管的W7800的应用电路

许多电子设备均需正、负双电源供电，此时可将W78××和W79××系列配合使用，如图4-23所示。W79××系列属于负压输出，即输出端对公共端呈负电压，它的电路结构和工作原理与W78××系列类似。W79××的输出电压有−5V，−6V，−9V，−12V，−15V，−18V和−24V等七种，输出电流有1.5A，0.5A和0.1A等三种。图4-23中由于负载与电源公共地未接通，因此需增加二极管V_D，V'_D起保护作用。需要特别注意的是，当采用TO-3封装的78××系列时，其金属外壳为地端，而同样封装的7900系列，其金属外壳为负压输入端。因此，由两者构成多路稳压电源时，若将78××系列的外壳接印制板的公共地，79××系列的外壳及散热器就必须与印制板的公共地绝缘，否则将造成电源短路。

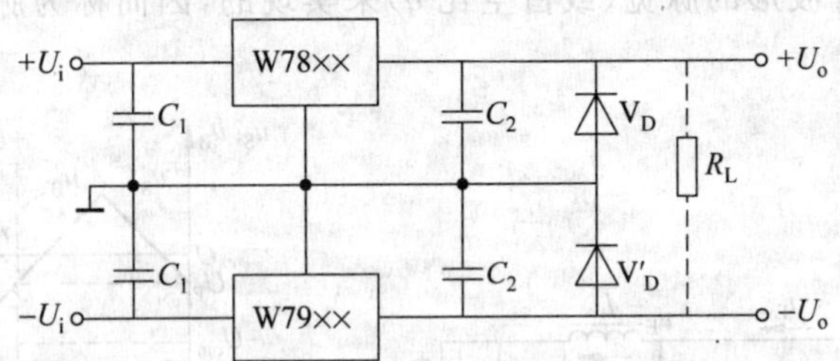

图4-23 W78××和W79××系列配合使用的双电源供电电路

4. 开关型直流稳压电路

前面介绍的稳压电源，都属于线性稳压电路，电路中的调整管工作在放大区。开关型稳压电路(switching mode regulating circuit)如图4-24所示，它的调整管工作在开关状态，一般以10～100kHz的调制频率快速地工作于饱和区和截止区。当管子截止时，尽管电压较高，而电流为零；当管子饱和时，尽管电流较大，而管压降很小。通常只要考虑管子的高频开关损耗。因此，管子功耗小，其效率很高(80%～90%以上)。电路由开关调整管(T)、续流滤波环节D和L-C_2、控制环节(A，R_1-R_2，U_{REF})三个部分组成。续流滤波环节的作用是将调整管输出的开关脉冲电压波形加以平滑，变成平稳的直流输出电压。由于这个电压是不稳定的，因而必须通过输出取样，反馈控制调整管的饱和与截止时间，使输出电压自动进行调节。设比较放大器输出电压$U_F<0$。在三角波信号电压$u_S>U_F$期间，比较器输出负电位，$u_B=-U_{om}$。反之，在$u_S<U_F$期间，$u_B=+U_{om}$，由此可得u_B为矩形脉冲。当U_F变动时，u_B波形的脉宽t_{on}和占空比$q(q=t_{on}/T)$随着改变。

当$u_B=+U_{om}$时，调整管T饱和导通，$i_L=i_E$，并在L中储能。T的发射极电位为$u_E=U_I-U_{CES}\approx U_I$，而当$u_B=-U_{om}$时，调整管T截止，$i_E=0$。此时，电感$L$释放储能，其反电势使二极管D导通，$i_L=i_D$，所以负载上继续有电流通过，续流二极管D的名称由此而得。此时，T的发射极电位$u_E=-U_D\approx 0$。若忽略L中的直流电阻，则输出直流电压U_O即为u_E的平均分量。

$$U_O=\frac{1}{T}\int_0^{t_1}u_E\,dt+\frac{1}{T}\int_{t_1}^{T}u_E\,dt=\frac{1}{T}(-U_D)(t_{off})+\frac{1}{T}(U_I-U_{CES})t_{on}$$

$$\approx U_I\cdot\frac{t_{on}}{T}=U_Iq \tag{4-24}$$

由式(4-24)可见，当 U_I 一定时，U_O 与占空比 q 成正比，改变 q 即可改变输出电压 U_O。当滤波器的参数 L 和 C 不是足够大时，输出电压将出现一定的纹波，其基波频率与三角波的频率相同。稳压过程如下：当输出直流电压 U_O 下降时，取样电压 FU_O 随着减小，所以 $|U_F|$ 减小。由图 4-25(a)可见，此时调整管 T 的导通时间 t_{on} 增加，所以 U_B 波形的占空比 q 增大，这使 U_O 增大，由此可弥补 U_O 的减小。而当 U_O 因某种原因增大时，反馈控制的结果将使 u_B 波形的占空比 q 减小，从而使 U_O 下降，以弥补 U_O 的增大。可见这种开关电源的稳压过程是通过改变 u_B 波形的脉宽(或占空比 q)来实现的，因而称为脉宽调制(PWM)型开关电源。

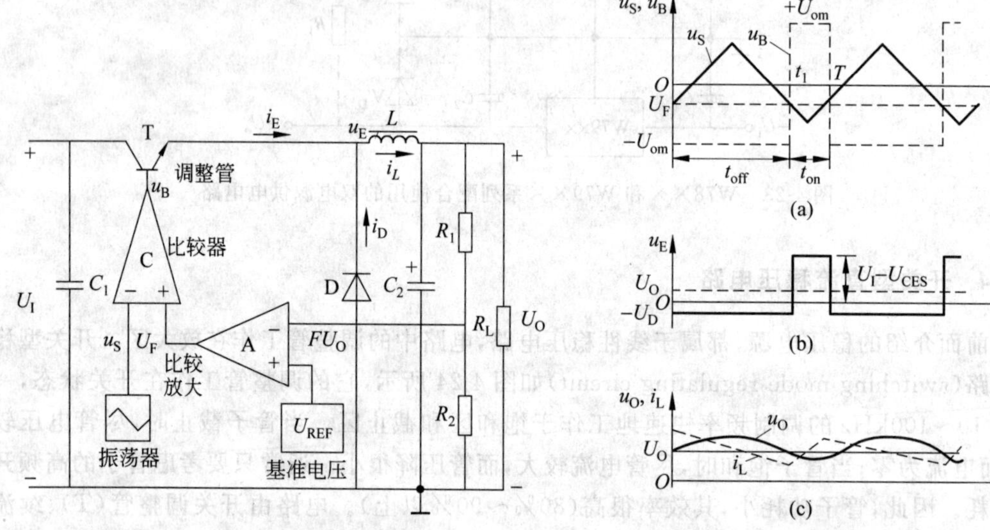

图 4-24　开关型稳压电路　　　　图 4-25　图 4-24 电路的工作波形

开关电源目前已成为电力电子学科的一个重要分支，其发展趋势是进一步提高开关频率以减小体积和重量，同时克服开关电源工作频率对交流电网和供电负载造成的射频干扰(RFI)及电磁干扰(EMI)。众多的专家学者正在为此而努力。

*4.3 功率半导体器件及应用

功率半导体器件种类很多，包括功率二极管、各种类型的晶闸管、各种类型的功率晶体管等。

4.3.1 半控型器件——晶闸管

晶闸管(thyristor)是晶体闸流管的简称，又可称作可控硅整流器，以前被简称为可控硅

(silicon controlled rectifier,SCR)。晶闸管是在晶体管基础上发展起来的一种大功率半导体器件。它的出现使半导体器件由弱电领域扩展到强电领域。晶闸管也像半导体二极管那样具有单向导电性,但它的导通时间是可控的,具有硅整流器件的特性,能在高电压、大电流条件下工作,且其工作过程可以控制,被广泛应用于可控整流、交流调压、无触点电子开关、逆变及变频等电子电路中。晶闸管的主要特点是只能控制其导通,不能控制其关断,所以也称作半控型器件。它的主要缺点是过载能力和抗干扰能力较差,控制电路比较复杂。晶闸管是电力电子器件,工作时发热量大,必须安装散热器。晶闸管的派生器件有快速晶闸管、双向晶闸管、逆导晶闸管和光控晶闸管等,在电路中用文字符号“V”、“VT”表示(旧标准中用字母“SCR”表示)。

晶闸管的符号、外形和内部结构如图 4-26 所示。它有三个极:阳极 A,阴极 K 和门极 G。它是 PNPN 四层半导体结构,具有三个 PN 结:J_1,J_2 和 J_3。这三个 PN 结可以看成是一个 PNP 型晶体管 T_1 和一个 NPN 型晶体管 T_2 的相互连接,如图 4-27 所示为晶闸管的等效模型。

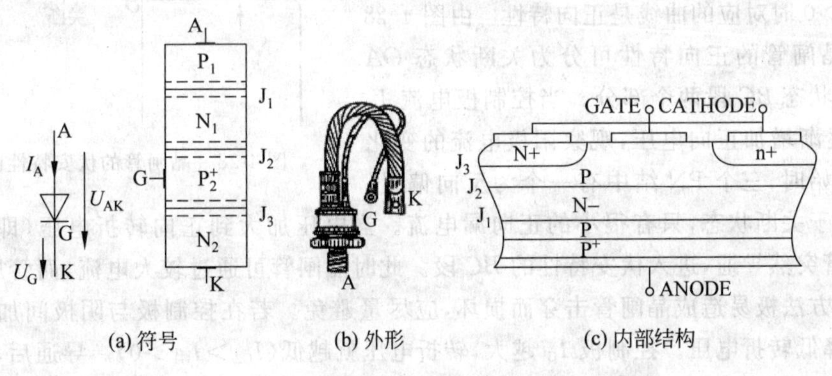

(a) 符号　(b) 外形　(c) 内部结构

图 4-26　晶闸管

从图 4-26 和图 4-27 可以看出:当 $U_{AK}<0$ 时,由于晶闸管内部 PN 结 J_1,J_3 均处于反向偏置,无论控制极是否加电压,晶闸管都不导通,晶闸管呈反向阻断状态;当 $U_{AK}>0$、$U_{GK}\leqslant 0$ 时,PN 结 J_2 处于反向偏置,故晶闸管不能导通,晶闸管处于正向阻断状态;当 $U_{AK}>0$、$U_{GK}>0$ 且为适当数值时,就产生相应的门极电流 I_G,经 T_2 放大后形成集电极电流 $I_{C2}=\beta_2 I_{B2}$,由于 $I_{C2}=I_{B1}$,经 T_1 放大后得 $I_{C1}=\beta_1\beta_2 I_{B2}$(在这里要求 $\beta_1\beta_2>1$),而 I_{C1} 又流入 T_2 管的基极再放大,经过这种正反馈,使 T_1,T_2 迅速饱和导通,即晶闸管全导通。晶闸管一旦导通后,即使去掉 U_{GK},依然能依靠内部正反馈维持导通,因而在实际应用中,U_{GK} 常为触发脉冲。晶闸管导通后阳极与阴极间的正向压降很小,导通电流的大小由外电路决

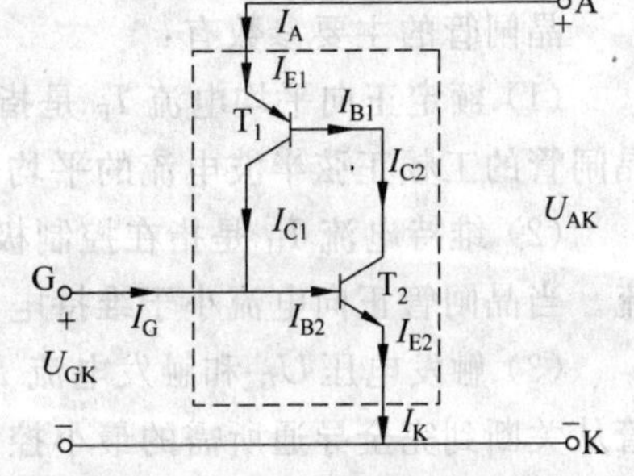

图 4-27　晶闸管的等效模型

定。必须指出,晶闸管内部的正反馈必须由一定的阳极电流 I_A 来维持,一旦外电路使 I_A 降低到小于某一数值 I_H 时,正反馈就不能维持,晶闸管恢复到正向阻断状态。I_H 称为晶闸管的维持电流。

综上所述,要使晶闸管从阻断状态变为导通状态,必须在晶闸管阳极与阴极之间加一定大小的正向电压,门极与阴极之间加一定大小的正向触发电压。晶闸管一旦导通后门极就失去了控制作用,这时只要阳极电流大于晶闸管的维持电流 I_H,晶闸管就能维持导通。要使已导通的晶闸管关断,只要使阳极电流 I_A 小于维持电流 I_H,晶闸管就能自行关断,这可以通过增大负载电阻、降低阳极电压至接近于零或施加反向电压来实现。

图 4-28 是晶闸管的伏安特性,它是指阳极电流和阳极与阴极间电压 u_{AK} 的关系,即

$$i_A = f(u_{AK}) \tag{4-25}$$

从图中可以看出,它分为正向特性和反向特性。

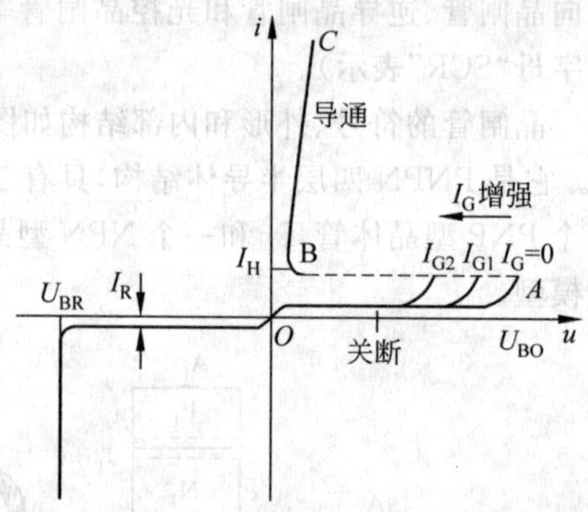

图 4-28 晶闸管的伏安特性曲线

当 $u>0$ 时对应的曲线是正向特性。由图 4-28 可看出,晶闸管的正向特性可分为关断状态 OA 段和导通状态 BC 段两个部分。当控制极电流 $I_G=0$ 时,逐渐增加正向电压,观察阳极电流的变化情况。开始时,三个 PN 结中有一个为反向偏置,晶闸管处于关断状态,只有很小的正向漏电流。当电压加大到正向转折电压(即 $u=U_{BO}$)时,晶闸管突然导通,进入伏安特性的 BC 段。此时晶闸管可通过较大电流,而管压降很小,这种导通方法极易造成晶闸管击穿而损坏,应尽量避免。若在控制极与阴极间加上触发电压,则会降低转折电压。控制极 I_G 越大,转折电压就越低($I_{G2}>I_{G1}>0$)。导通后,若电流降低到小于维持电流 I_H 时,晶闸管将由导通变为关断。

当 $u<0$ 时,对应的曲线称为反向特性。当晶闸管加反向电压时,三个 PN 结中有两个是反向偏置,只有很小的反向漏电流 I_R。反向电压增加到一定数值后,反向电流急剧增加,使晶闸管反向击穿,将这一电压值称为反向转折电压 U_{BR}。晶闸管的反向特性与二极管相似,此时,晶闸管状态与控制极上是否加触发电压无关。

晶闸管的主要参数有:

(1) 额定正向平均电流 I_F 是指在环境温度小于 40℃和标准散热条件下,允许连续通过晶闸管的工频正弦半波电流的平均值。

(2) 维持电流 I_H 是指在控制极开路和规定环境温度下,维持晶闸管导通的最小阳极电流。当晶闸管正向电流小于维持电流 I_H 时,会自行关断。

(3) 触发电压 U_G 和触发电流 I_G 是指在室温时,晶闸管上加直流电压的条件下,使晶闸管从关断到完全导通所需的最小控制极直流电压和电流。一般 U_G 为 1~5V,I_G 为几十至几百 mA。

(4) 正向转折电压 U_{BO} 是指在额定结温和控制极开路条件下，晶闸管从关断转为导通的正弦波半波正向电压峰值。

(5) 正向重复峰值电压 U_{DRM} 是指控制极开路的条件下，允许重复作用在晶闸管上的最大正向电压。一般 U_{DRM} 与正向转折电压 U_{BO} 之间的关系为 $U_{DRM}=80\%U_{BO}$。

(6) 反向重复峰值电压 U_{RRM} 是指控制极开路的条件下，允许重复作用在晶闸管上的最大反向电压。一般 U_{RRM} 与反向转折电压 U_{BR} 之间的关系为 $U_{RRM}=80\%U_{BR}$。

除以上几个主要参数外，晶闸管还有一些其他参数，如：正向平均电压 U_F、控制极反向电压 U_{GRM} 和浪涌电流 I_{FSM} 等。

晶闸管工作时门极所需的触发脉冲要用专门的触发电路来提供。触发电路可以由分立元件组成(如单结晶体管触发电路、晶体管触发电路等)，但目前广泛采用集成化触发器和数字式触发器。关于触发器电路的内容，读者可以查阅有关文献。

4.3.2 全控型器件——绝缘门极双极晶体管

既能控制其导通又能控制其关断的功率半导体器件称为全控型器件。常见的全控型器件有大功率型双极晶体管(great transistor，GTR)、功率金属氧化物场效管(power metal oxide semiconductor field effect transistor，P-MOSFET)、绝缘栅极双极晶体管(insulated gate bipolar transistor，IGBT)等。

GTR 有与一般双极型晶体管相似的结构、工作原理和特性。它们都是 3 层半导体、2 个 PN 结的三端器件，有 PNP 和 NPN 这两种类型，但 GTR 多采用 NPN 型。它与晶闸管不同，具有线性放大特性，但在电力电子应用中却工作在开关状态，从而减小功耗。GTR 可通过基极控制其开通和关断，是典型的自关断器件。GTR 虽然具有全控功能，且其工作频率也比较高，但是由于它们为电流控制器件，在大功率应用时，需要较大的驱动电流，因此其驱动电路较为复杂，效率较低。

P-MOSFET 是一种单极型电压控制半导体器件，但它的结构和小功率 MOS 管有些不同，小功率 MOS 管的源极、门极和漏极都置于同一表面，是横向导电结构；而 P-MOSFET 由于功率较大，通常将漏极布置在与源极、门极相反的另一表面，是垂直导电结构。P-MOSFET 也是依靠门源电压 U_{GS} 的高低来控制漏极电流 I_D 的大小，其特性曲线和小功率 MOS 管类似，但电压、电流的允许值要高得多。它具有驱动功率小、开关速度快等优点，但存在着通态压降较大、管子功率损耗大等缺点。

IGBT 是一种 MOSFET 与 GTR 的复合器件，其输入极为 MOSFET，输出极为 PNP 晶体管。由一个 15V 高阻抗电压源即可便利地控制电流流通器件从而可达到用较低的控制功率来控制高电流。它主要应用于交流电机、变频器、开关电源、照明电路、牵引传动等领域。图 4-29 是参数为 3300V/1200A 的 IGBT 管的外形图。IGBT 集 GTR 和 MOSFET 的优点于一身，既具有通态电压低、耐高压、承受电流大、功率损耗低的特点，又具有输出阻抗高、速度快、热稳定性好的特点。因此，IGBT 具有广阔的工程应用前景。

图 4-29 IGBT(3300V/1200A)管外形图

IGBT 也是三端器件：栅极(gate)G、集电极 C 和发射极 E。图 4-30(a)是 IGBT 内部结构断面示意图，它是由 N 沟道 VDMOSFET 与 GTR 组合而成的 N 沟道 IGBT(N-IGBT)。IGBT 比 VDMOSFET 多一层 P^+ 注入区，形成了一个大面积的 P^+N 结 J1，使 IGBT 导通时由 P^+ 注入区向 N 基区发射少子，从而对漂移区电导率进行调制，使得 IGBT 具有很强的通流能力。图(b)的简化等效电路表明，IGBT 是 GTR 与 MOSFET 组成的达林顿结构，一个由 MOSFET 驱动的厚基区 PNP 晶体管。R_N 为晶体管基区内的调制电阻。

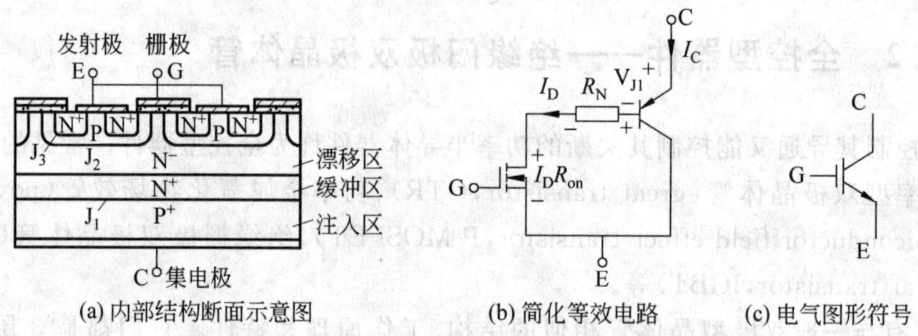

(a) 内部结构断面示意图 (b) 简化等效电路 (c) 电气图形符号

图 4-30 IGBT 的结构、简化等效电路和电气图形符号

IGBT 的驱动原理与电力 MOSFET 基本相同，场控器件的通断由栅射极电压 U_{GE} 决定。当 U_{GE} 大于开启电压 $U_{GE(th)}$ 时，MOSFET 内形成沟道，为晶体管提供基极电流，IGBT 导通。电导调制效应使电阻 R_N 减小，使通态压降减小。当栅射极间施加反压或不加信号时，MOSFET 内的沟道消失，晶体管的基极电流被切断，IGBT 关断。

图 4-31 给出了 IGBT 的转移特性和输出特性。I_C 与 U_{GE} 间的关系，与 MOSFET 转移特性类似。开启电压 $U_{GE(th)}$ 是指 IGBT 能实现电导调制而导通的最低栅射电压。$U_{GE(th)}$ 随温度升高而略有下降，在 +25℃ 时，$U_{GE(th)}$ 的值一般为 2～6V。输出特性表示了以 U_{GE} 为参考变量时，I_C 与 U_{CE} 间的关系。在图 4-31(b)中分为三个区域：正向阻断区、有源区和饱和区。当 $U_{CE}<0$ 时，IGBT 为反向阻断工作状态，一般只流过微小的反向漏电流。

IGBT 器件目前是制造各种变频调速(frequency control)装置的主要电力电子器件，其主要原因是因为 IGBT 器件具有很高的开关频率、在保证器件工作时不发生擎住效应的情况下，其 du/dt、di/dt 允许达到数千伏(安)/微秒数量级，而且具有驱动保护电路简单易用和较高的工作电压，以及较大工作电流等优点。但是 IGBT 工作时的导通饱和压降达到 3～4V，因此功率损耗较大、器件温升较高这些缺点也是不容忽视的，限制了它的应用。此

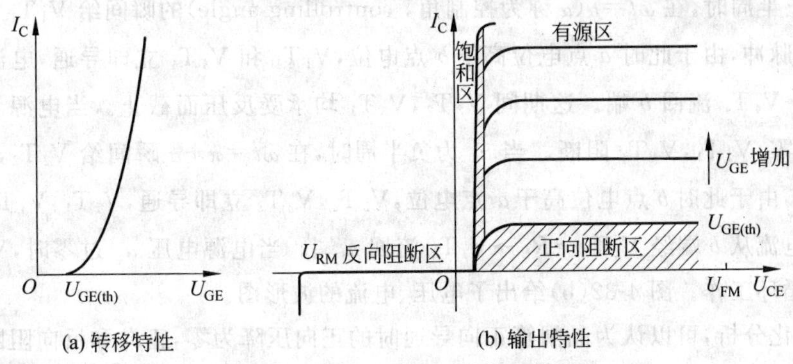

(a) 转移特性　　(b) 输出特性

图 4-31 IGBT 的转移特性和输出特性

外，由于器件制造工艺的原因，目前器件的最高工作电压只能达到 4kV 左右，工作电流最大达 2000A，常见的 IGBT 器件的工作电压为 2～3kV、电流为数百安培，因此 IGBT 的使用也受到了一定的限制。

4.3.3 可控整流电路

可控整流电路的功能就是将交流电能变换成电压大小可调的直流电能。可控整流电路的主电路结构形式很多，有单相半波、单相桥式、三相半波、三相桥式等。这里仅介绍单相桥式可控整流电路。

图 4-32(a)是单相桥式全控整流电路带电阻负载时的原理图。图中，V_1T_1，V_2T_2，V_3T_3，V_4T_4 均为晶闸管，所以称为全控式电路；如果 V_1T_1，V_2T_2 采用晶闸管，而另外两只换成功率二极管，则构成半控式整流电路。

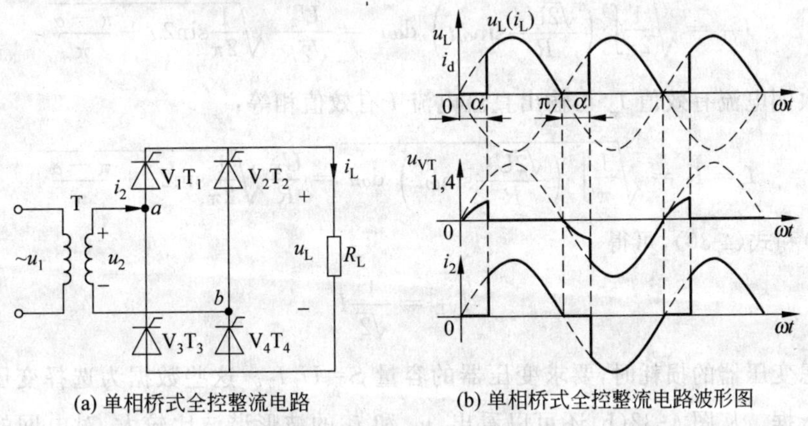

(a) 单相桥式全控整流电路　　(b) 单相桥式全控整流电路波形图

图 4-32 单相桥式全控整流电路及波形

在 u_2 正半周时，在 $\omega t=\alpha$(α 称为控制角，controlling angle)的瞬间给 V_1T_1 和 V_4T_4 的栅极加触发脉冲，由于此时 a 点电位高于 b 点电位，V_1T_1 和 V_4T_4 立即导通，电流从 a 端经 $V_1T_1 \to R_L \to V_4T_4$ 流回 b 端。这期间 V_2T_2，V_3T_3 均承受反压而截止。当电源 u_2 过零时，电流也降到零，V_1T_1，V_4T_4 阻断。当 u_2 为负半周时，在 $\omega t=\pi+\alpha$ 瞬间给 V_2T_2，V_3T_3 栅极加触发脉冲，由于此时 b 点电位高于 a 点电位，V_2T_2，V_3T_3 立即导通，V_1T_1，V_4T_4 因承受反压而截止，电流从 b 端经 $V_2T_2 \to R_L \to V_3T_3$ 流回 a 端。当电源电压 u_2 过零时，V_2T_2，V_3T_3 阻断，此后循环工作。图 4-32(b)给出了电压、电流的波形图。

为了简化分析，可以认为晶闸管正向导通时的正向压降为零，正向和反向阻断时漏电流为零，于是从图 4-32(b)的波形图可以得到负载电压 u_L 的平均值

$$U_L=\frac{1}{\pi}\int_{\alpha}^{\pi}\sqrt{2}U_2\sin\omega t\,\mathrm{d}\omega t=\frac{2\sqrt{2}U_2}{\pi}\frac{1+\cos\alpha}{2}=0.9U_2\frac{1+\cos\alpha}{2} \tag{4-26}$$

负载电流 i_L 的平均值

$$I_L=\frac{U_L}{R}=\frac{2\sqrt{2}U_2}{\pi R}\frac{1+\cos\alpha}{2}=0.9\frac{U_2}{R}\frac{1+\cos\alpha}{2} \tag{4-27}$$

从以上分析可知，u_L 的平均值与控制角 α 有关，即与晶闸管的导通角 θ(guide circuit angle)($\theta=\pi-\alpha$)有关。当 $\alpha=0$ 时，导通角 $\theta=\pi$，晶闸管处于全导通状态，$U_L=0.9U_2$，与不可控式桥式整流相同；当 $\alpha=\pi$ 时，$\theta=0$，$U_L=0$。因此 U_L 的可调范围为 $0\sim0.9U_2$。

流过晶闸管的电流平均值只有输出直流平均值的一半，即

$$I_{dVT}=\frac{1}{2}I_L=0.45\frac{U_2}{R}\frac{1+\cos\alpha}{2} \tag{4-28}$$

流过晶闸管的电流有效值为

$$I_{VT}=\sqrt{\frac{1}{2\pi}\int_{\alpha}^{\pi}\left(\frac{\sqrt{2}U_2}{R}\sin\omega t\right)^2\mathrm{d}\omega t}=\frac{U_2}{\sqrt{2}R}\sqrt{\frac{1}{2\pi}\sin2\alpha+\frac{\pi-\alpha}{\pi}} \tag{4-29}$$

变压器二次侧电流有效值 I_2 与输出直流电流 I 有效值相等：

$$I=I_2=\sqrt{\frac{1}{\pi}\int_{\alpha}^{\pi}\left(\frac{\sqrt{2}U_2}{R}\sin\omega t\right)^2\mathrm{d}\omega t}=\frac{U_2}{R}\sqrt{\frac{1}{2\pi}\sin2\alpha+\frac{\pi-\alpha}{\pi}} \tag{4-30}$$

由式(4-29)和式(4-30)，可得

$$I_{VT}=\frac{1}{\sqrt{2}}I \tag{4-31}$$

不考虑变压器的损耗时，要求变压器的容量 $S=U_2I_2$。这些数据为选择变压器和晶闸管提供了依据。从图 4-32(b)还可以看出，u_L 和 i_2 的波形谐波比较大，对电网的干扰也比较大。

4.4 Practical Perspective

Common Polyphase Rectifier Circuits

Three-Phase Half-Wave Star Rectifier Circuit

The three-phase star rectifier circuit, often referred to as the three-phase half-wave rectifier, is illustrated in Fig. 4-33(a). The associated voltage waveforms are shown in Fig. 4-33(b). Because the circuit is economical, it finds limited use where dc output voltage requirements are relatively low and current requirements are too high for practical single-phase systems. The circuit is worth studying mainly because it is a building block of more complicated systems.

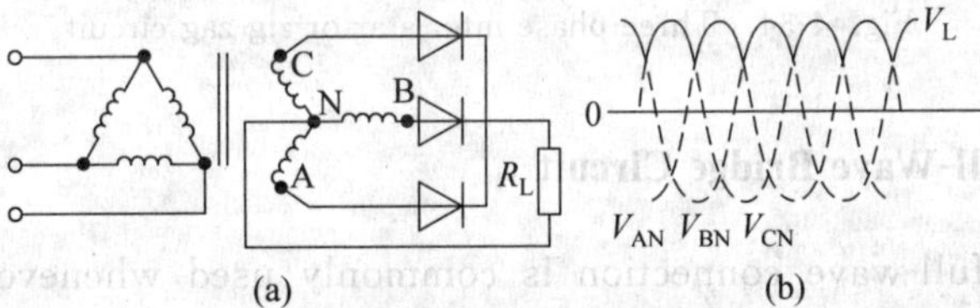

Fig. 4-33 Circuit (a) and waveform (b) for the three-phase star or half-wave rectifier circuit

The dc output voltage is approximately equal to the phase voltage. However, the diodes must block approximately the line-to-line voltage, which is $\sqrt{3}$ times the phase voltage. In addition, the transformer design and utilization are somewhat complicated in order to avoid transformer core saturation caused by the component of current flow in each secondary winding.

Three-Phase Inter-Star Rectifier Circuit

The three-phase inter-star or zig-zag rectifier circuit shown in Fig. 4-34 overcomes some of the transformer limitations of the three-phase half-wave star circuit. The primary and secondary windings each consist of two coils, with pairs of coils forming a phase, located on different branches of the transformer core. The windings on the same core branch are connected in such a way that the instantaneous magnetomotive force is zero. Although this connection eliminates the effects of core saturation and reduces the primary rating to the minimum of 1.05, it does so at the expense of economy, since it does not utilize the voltage of each winding to yield the highest possible output voltage. The two secondary windings in the series give a voltage of $\sqrt{3}V_{S1}$ instead of $2V_{S1}$。This results from the addition of two senior voltages that are 600 apart. Consequently, the secondary volt ampere rating increases to 1.71 from the 1.48 value.

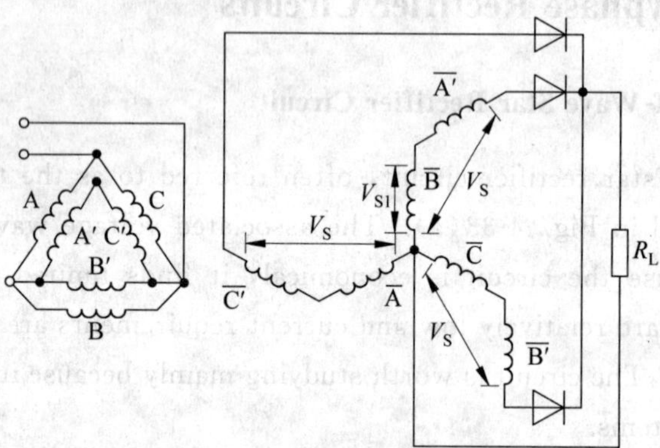

Fig. 4-34 Three-phase inter-star or zig-zag circuit

Three-Phase Full-Wave Bridge Circuit

A three-phase full-wave connection is commonly used whenever high dc power is required, as it exhibits a number of excellent attributes. It has a low ripple factor, low diode PIV, and the highest possible transformer utilization factor for a three-phase system. Because of the full-wave rectification associated with each secondary winding, it is permissible to use any combination of wye or delta primary and secondary windings or three-phase transformers in place of one three-phase transformer. A schematic of a popular circuit is shown in Fig. 4-35(a). The voltage waveforms are shown in Fig. 4-35(b).

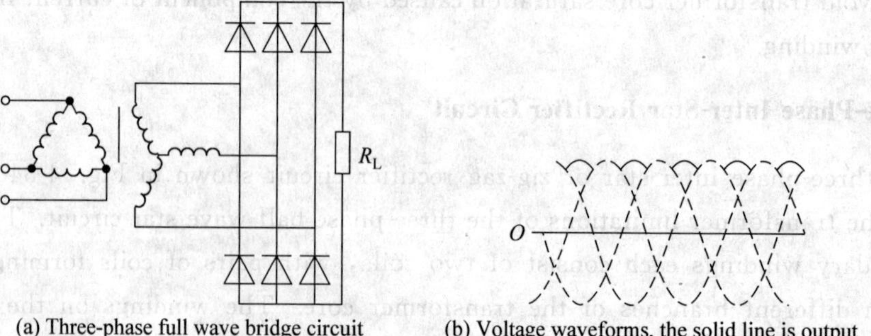

(a) Three-phase full wave bridge circuit　　(b) Voltage waveforms, the solid line is output

Fig. 4-35 Three-phase full bridge circuit and associated waveforms

Each conduction path through the transformer and load passes through two rectifiers in series; a total of six rectifier elements are required. Commutation in the circuit takes place every 60°, or six times per cycle. Such action is referred to as a six pulse rectifier which reduces the ripple to 4.2% and increases the fundamental frequency of ripple to six times the input frequency. No additional filtering is required in many applications. Thus, with this circuit the low ripple factor of a six-phase system is achieved while still obtaining the high utilization factor of a three-phase system. The dc output voltage is approximately equal to the peak line voltage or 2.4 times the rms phase voltage; each diode must block only the output voltage. Three-phase bridge connections are popular and are recommended wherever both dc voltage and current requirements are high.

The circuit characteristics are obtained by substituting $m=6$ in the general equations.

Three-Phase Double-Wye Rectifier with Inter-phase Transformer

The three-phase double-wye rectifier circuit is frequently used instead of a bridge circuit because each rectifier diode contributes only 1/6 instead of 1/3 of the load current. However, the peak inverse voltage for this circuit is higher than the three-phase star system due to the inter-phase reactor.

The circuit in Fig. 4-36 consists essentially of two three-phase star circuits with their neural points interconnected through an inter-phase transformer or reactor (also called a balance coil). The polarities of the corresponding secondary windings in the two parallel systems are reversed with respect to each other, so that the rectifier output voltage of one three-phase unit is at a minimum when the rectifier output voltage of the other unit is at a maximum, as shown in Fig. 4-36 (b). The action of the balance coil is to cause the actual voltage at the output terminals to be the average of the rectified voltages developed by the individual three-phase systems. The output voltage of the combination is therefore more nearly constant than that of a three-phase half-wave system; moreover, the ripple frequency of the output wave is now six times that of the supply frequency, instead of three times.

Rectifier Applications

In order that the individual three-phase half-wave systems may operate independently with current flowing through each diode one third of the time, the inter-phase reactor must have sufficient inductance so that the alternating current flowing in it as a result of the voltage existing across the coil has a peak value less than one-half the dc load current. That is, the peak alternating current in the inter-phase reactor must be less than the direct

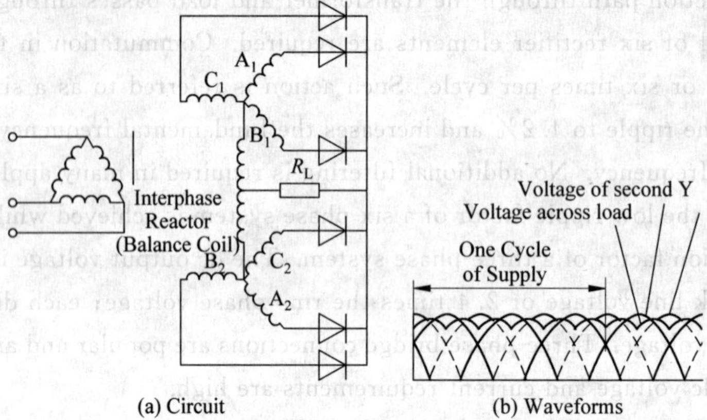

(a) Circuit (b) Waveforms

Fig. 4-36 Circuit and waveforms for the three-phase double wye circuit

current flowing through one leg of the coil. Since the direct current flows in opposite directions in the two halves of the inter-phase reactor, no dc saturation is present in this reactor.

Summary

1. Compared with small signal amplification circuit, power amplification circuit is introduced. There are three classes of work states of transistor in large signal situation.
2. Complementary symmetry circuits mainly consist of two circuits: OCL and OTL circuits.
3. Two typical chips of integrated power amplifiers and their circuits are introduced: TDA2030 and TDA2040.
4. The full wave bridge rectifier circuit is the building block of various types of power supply circuits. Adding a capacitor will smooth the pulsating DC voltage. Adding a Zener will regulate the DC output voltage. Adding different types of IC regulators will provide a constant or adjustable DC voltage.
5. Stable voltage regulator, linear regulator and switching regulator can further improve the wave shape after capacitance and inductance filters have been applied.

6. SCR is the first generation product used in large power semiconductors. Insulated Gate Bipolar Transistor is a compound of MOSFET and GTR, which, currently, is mostly used in frequency control.
7. A controlled rectifier circuit is composed of SCR. The current conduction time can be controlled by conduction angle.

Problems

4.1 The work states of a power amplification circuit are shown in Fig. P4-1. In what class is the transistor working?

4.2 What kind of distortion will happen if the static is positioned so that the two transistors work in B class work state in complementary symmetry circuit?

4.3 In OTL complementary symmetry circuits, what is the main effect of the coupling capacitor C_L?

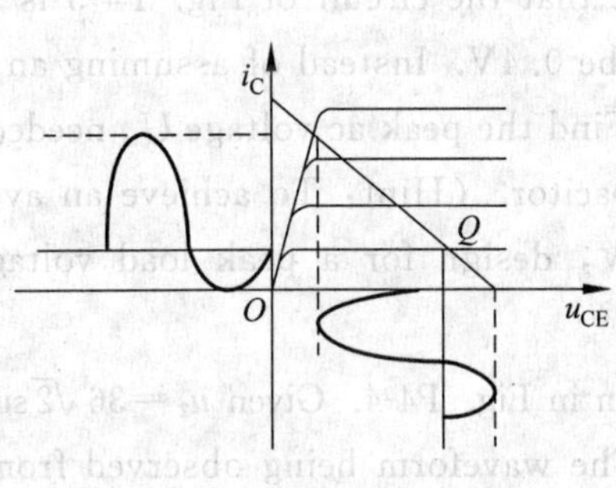

Fig. P4-1

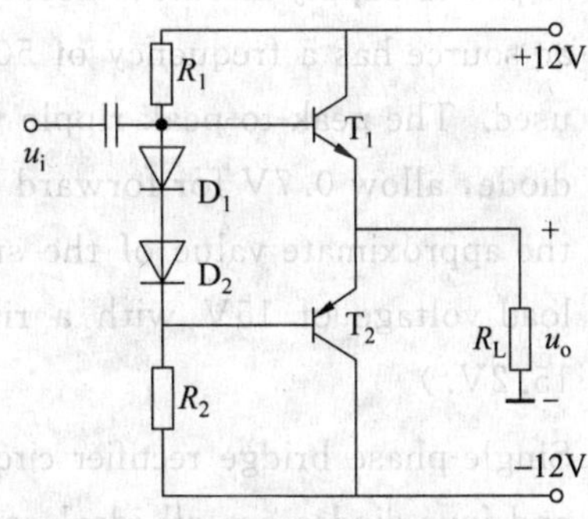

Fig. P4-2

4.4 The figure of OCL power magnifier is shown in Fig. P4-2. When u_i is in a positive half cycle, T_1 and T_2 are on or off respectively?

4.5 In the class A power magnifier circuit, what is the maximal efficiency in ideal conditions?

4.6 A rectifier circuit is shown in Fig. P4-3. The average value of the output voltage is 18V. If one diode is disconnected, what is the average value of the output voltage?

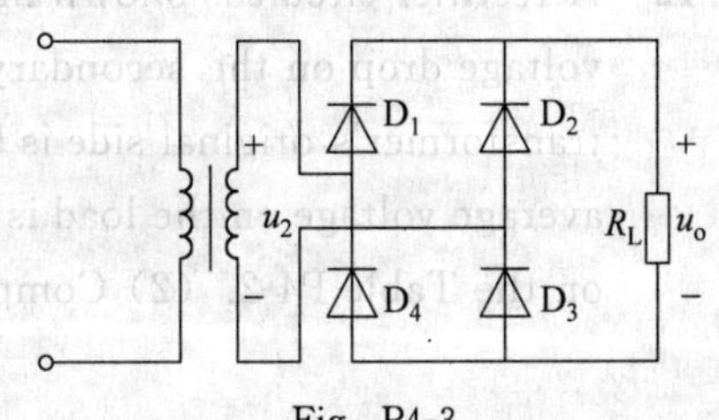

Fig. P4-3

4.7 A rectifier circuit is shown in Fig. P4-3. The average value of the output current is $I_o=50\text{mA}$. Find the average value I_D of the current conducting the diodes.

4.8 A rectifier circuit is shown in Fig. P4-3. Assume the diodes are ideal. The voltage of the transformer's secondary is $u_2=\sqrt{2}U_2\sin\omega t\,(\text{V})$. If diode D_1 is broken, sketch the waveform of the output voltage u_o.

4.9 A bridge rectifier-capacitor filtering circuit is supplied by 50Hz ac power. Given $R_L=100\Omega$, $U_2=25\text{V}$. (1) Choose the appropriate rectifier diodes (2) If U_o are given values in Table P4-1, fill the blanks.

Table P4-1

U_o/V	Faults Diagnosis	Analysis	Waveform of u_o
30			
25			
22.5			
11.25			
35.25			

4.10 A power-supply circuit is needed to deliver 0.1A and 15V (average) to a load. The ac source has a frequency of 50Hz. Assume that the circuit of Fig. P4-3 is to be used. The peak-to-peak ripple voltage is to be 0.4V. Instead of assuming an ideal diode, allow 0.7V for forward diode drop. Find the peak ac voltage U_m needed and the approximate value of the smoothing capacitor. (Hint: To achieve an average load voltage of 15V with a ripple of 0.4V, design for a peak load voltage of 15.2V.)

4.11 Single-phase bridge rectifier circuits are shown in Fig. P4-4. Given $u_2=36\sqrt{2}\sin\omega t\,\text{V}$ and four diodes are all ideal components. The waveform being observed from the oscillograph is shown in the figure. Questions: (1) Is the waveform of u_o correct or not? Why? (2) If the waveform is not correct, try to analysis the cause. (3) Find the average value U_o of the output voltage in the incorrect waveform.

4.12 A rectifier circuit is shown in Fig. P4-3, and the diodes are ideal components. The voltage drop on the secondary transformer can be omitted. The RMS value of the transformer's original side is $U_1=220\text{V}$. The load resistance is $R_L=75\Omega$. Given the average voltage on the load is $U_o=100\text{V}$. Question: (1) Select a suitable diode type on the Table P4-2. (2) Compute the capacity S and ratio k of the transformer.

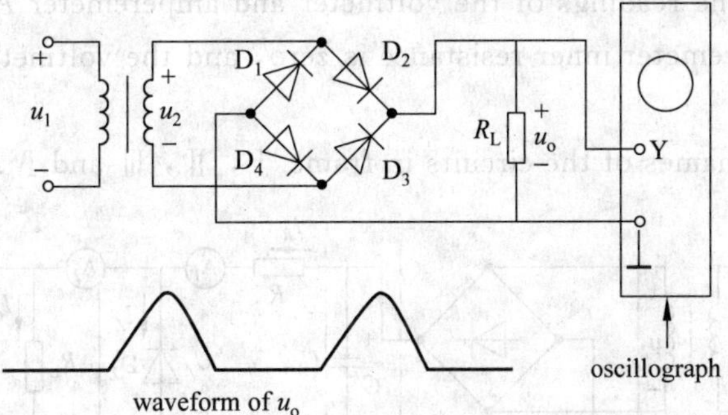

Fig. P4-4

Table P4-2

Type	The average value of the maximal rectifier current/mA	The maximal peak reverse voltage/V
2CZ11A	1000	100
2CZ12B	3000	100
2CZ11C	1000	300

4.13 A rectifier and filter circuit is shown in Fig. P4-5. The diodes are ideal. Given the capacitor C equals to $C=500\mu$F. The load resistance is $R_L=5\text{k}\Omega$. When switch S_1 is closed, S_2 is open, the reading of a voltmeter is 141.4V. Questions:

(1) When switch S_1 is closed, S_2 is open, analyze the reading of the DC amperemeter (A).

(2) When S_1 is open, S_2 is closed, analyze the reading of the DC amperemeter (A).

(3) When S_1、S_2 are both closed, analyze the reading of the DC amperemeter (A). (Suppose amperemeter inner resistance is zero, and the voltmeter inner resistance is infinite).

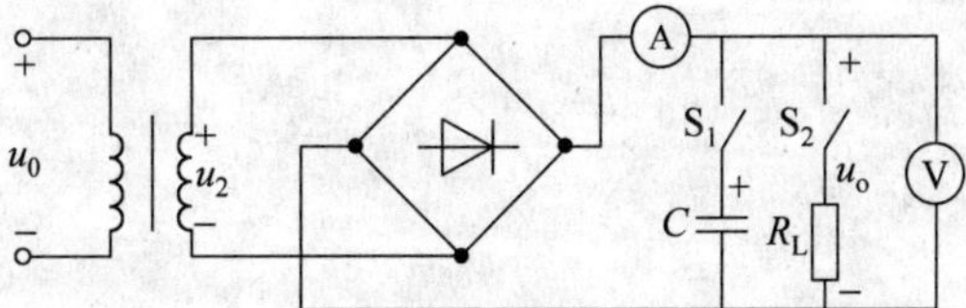

Fig. P4-5

4.14 The circuit is shown in Fig. P4-6. Given $U_I=30$V, $R=1.6\text{k}\Omega$ and $R_L=2.8\text{k}\Omega$. The parameters of the regulator tube 2CW20 are: $U_Z=14$V, $I_{zmax}=15$mA. Questions:

(1) Analyze the readings of the voltmeter and amperemeter A_1 and A_2. (Suppose the amperemeter inner resistance is zero, and the voltmeter inner resistance is infinite.)

(2) Give the names of the circuits in frame Ⅰ, Ⅱ, Ⅲ and Ⅳ.

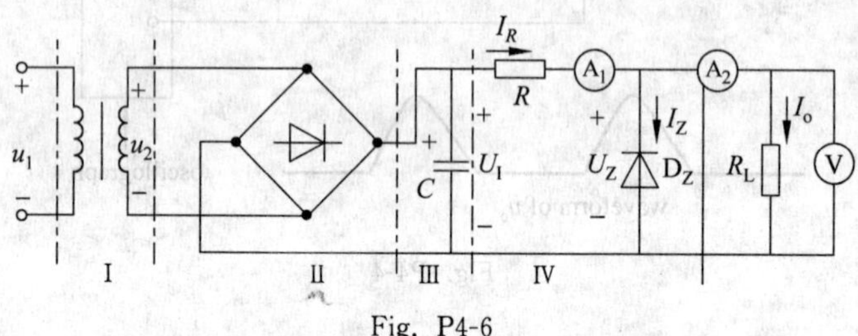

Fig. P4-6

4.15 Series voltage regulator is shown in Fig. P4-7. Given $U_Z=6V$, $I_{zmin}=10mA$. Please point out the errors existing in this circuit.

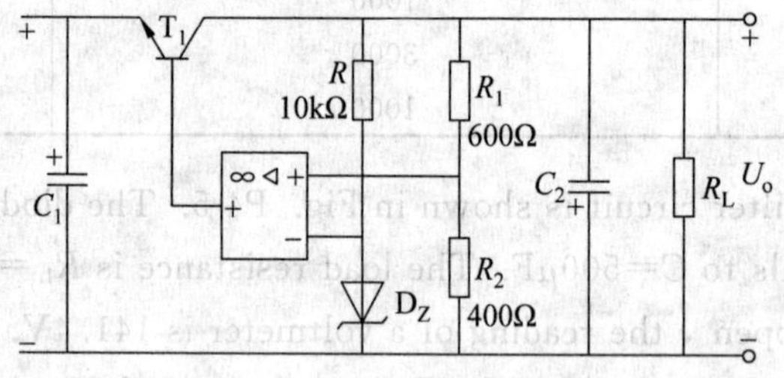

Fig. P4-7

第5章

数字电路基础

引言

数字电路是在模拟电路的基础上发展起来的,但二者有着本质的区别:①在一个周期内模拟电路的电流和电压是连续变化的,而数字电路中电流和电压是脉动变化的。②模拟电路和数字电路同样是信号变化的载体,模拟电路对信号的放大和削减是通过元器件的放大特性(如三极管)来实现的,而数字电路对信号的传输是通过开关特性(如三极管)来实现的。③模拟电路可以在大电流、高电压下工作,而数字电路只是在小电压、小电流、低功耗下工作,完成或产生稳定的控制信号。

数字电路的广泛应用和高度发展标志着现代电子技术的水平在不断提高。电子计算机、数字式仪表、数字控制装置和工业逻辑系统等都是以数字电路为基础的。门电路是数字电路中最基本的逻辑单元。

5.1 数制与编码

5.1.1 常用的进位计数制

数字信号是一种二值信号,用两个电平(高电平和低电平)分别表示两个逻辑值(逻辑 1 和逻辑 0)。有正逻辑和负逻辑两种逻辑体制。正逻辑体制规定:高电平为逻辑 1,低电平为逻辑 0。负逻辑体制规定:低电平为逻辑 1,高电平为逻辑 0。本书中采用的都是正逻辑。图 5-1 为采用正逻辑体制表示的逻辑信号。

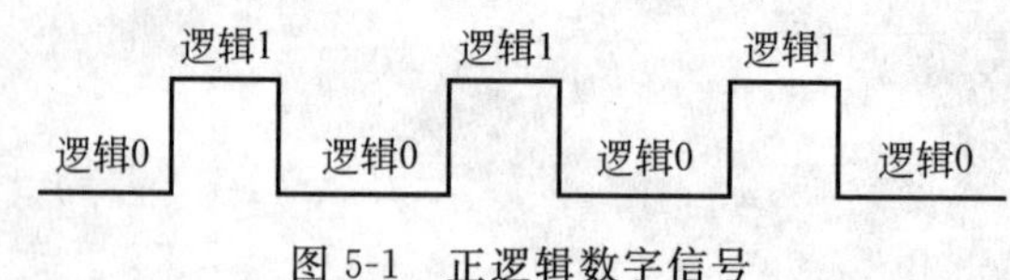

图 5-1　正逻辑数字信号

凡是用数字符号排列、由低位向高位进位计数的方法叫做进位计数制,简称进位制。数据无论使用哪种进位制,都涉及两个基本要素:基数(radix)与各数位的“位权”(weight)。一种计数制允许选用基本数字符号(数码)的个数叫基数。在基数为 J 的计数制中,包含 J 个不同的数字符号,每个数位计满 J 就向高位进 1,即“逢 J 进 1”。例如最常用的十进制中,每一位上允许选用 0,1,2,…,9 共 10 个不同数码中的一个,其基数为 10,每位计满 10 时向高位进一。

一个数字符号处在不同位时,它所代表的数值是不同的。每个数字符号所表示的数值等于该数字符号值乘以一个与数码所在位有关的常数,这个常数叫做“位权”,简称“权”。位权的大小是以基数为底、数码所在位置的序号为指数的整数次幂,例如十进制数的百分位、十分位、个位、十位、百位、千位的权依次是 10^{-2}、10^{-1}、10^{0}、10^{1}、10^{2}、10^{3}。

J 进制数每位的值等于该位的权与该位数码的乘积。一个 J 进制数 $(S)_J$ 可以写成按权展开的多项式和的形式,其一般表达式为

$$(S)_J = k_n J^n + k_{n-1} J^{n-1} + \cdots + k_1 J^1 + k_0 J^0 + k_{-1} J^{-1} + \cdots + k_{-m} J^{-m} = \sum_{i=n}^{-m} k_i J^i$$

其中,n 表示的是 J 进制数整数部分的位数;m 表示的是 J 进制数小数部分的位数;k_i 表示的是第 i 位上的数码,也称系数;J^i 表示的是第 i 位上的权。在整数部分,i 是正数,在小数部分,i 是负数。

可以看出,J 进制数相邻两个数的权相差 J 倍。如果小数点向左移一位,数缩小 J 倍;反之,小数点右移一位,数扩大 J 倍。

1. 二进制(binary system)

现代计算机对各种各样的数据甚至操作命令、相位地址等都使用二进制代码表示,这是因为:首先,二进制在技术上容易实现。二进制表示的数的每一位只取两个数码 0 和 1,因而可以用任何具有两个不同稳定状态的元件来表示,并且数据的存储和传送也可用简单而可靠的方式进行。如果采用十进制,需要电子元件具有 10 种稳定状态,在技上是很难实现的。其次,二进制运算规则简单。十进制两个一位数的“和”与“积”的结果各有 55 种,而二进制两个一位数的“和”与“积”分别只有 3 种结果。再次,逻辑运算方便。由于二进制数码与逻辑代数变量值 0 与 1 吻合,所以二进制数同时可以使计算机方便地进行逻辑运算。二进制的基数为 2,只有“0”和“1”两个数码,计数逢二进一。第 i 位上的位权是 2 的 i 次幂。一个二进制数展开成多项式和的表达式是:

$$(S)_2 = k_n 2^n + k_{n-1} 2^{n-1} + \cdots + k_1 2^1 + k_0 2^0 + k_{-1} 2^{-1} + \cdots + k_{-m} 2^{-m} = \sum_{i=n}^{-m} k_i 2^i$$

2. 八进制数与十六进制数(octal system & hexadecimal system)

计算机采用的是二进制,但由于二进制数写起来很长,且很难记,为方便起见,人们编写程序或书写指令时,通常采用八进制数或十六进制数。

八进制数基数为 8,有 0,1,2,3,4,5,6,7 共 8 个数码,逢八进一,第 i 位上的位权是 8 的 i 次幂。一个八进制数展开成多项式和的表达式是:

$$(S)_8 = k_n 8^n + k_{n-1} 8^{n-1} + \cdots + k_1 8^1 + k_0 8^0 + k_{-1} 8^{-1} + \cdots + k_{-m} 8^{-m} = \sum_{i=n}^{-m} k_i 8^i$$

十六进制数基数为 16,有 0,1,2,3,4,5,6,7,8,9 及大写英文字母 A,B,C,D,E,F(数码 A~F 对应十进制数分别是 10~15)共 16 个数码,逢十六进一,第 i 位上的位权是 16 的 i 次幂。一个十六进制数展开成多项式和的表达式是:

$$(S)_{16} = k_n 16^n + k_{n-1} 16^{n-1} + \cdots + k_1 16^1 + k_0 16^0 + k_{-1} 16^{-1} + \cdots + k_{-m} 16^{-m} = \sum_{i=n}^{-m} k_i 16^i$$

Example 5.1 How high can you count a 4-bit number?

Solution

With $N=4$, we can count up to $2^4-1=15$.

Example 5.2 How many different numbers can be represented with six bits?

Solution

With $N=6$, there are 2^N combinations, $2^6=64$.

5.1.2 数制间的转换

为了清晰方便起见,常在数字后面加字母 B(binary)表示二进制数;用 O(octal)表示八进制数,为避免把字母 O 误认为数字 0,有时也用字母 Q 表示;用 H(hexadecimal)表示十六进制数;以 D(decimal)或不加字母表示十进制数。本书中则直接用数字下标 2,8,16 表示对应进制数。

1. J 进制($J=2,8,16$)到十进制的转换

一个 J 进制数转换为十进制数时,只需要将此 J 进制数写成按权展开的多项式和的形式,再计算此表达式的和即可。

Example 5.3 Convert 1000111_2 to a decimal number.

Solution

List the value of each place.

$$\begin{array}{ccccccc} 1 & 0 & 0 & 0 & 1 & 1 & 1 \\ \uparrow & \uparrow & \uparrow & \uparrow & \uparrow & \uparrow & \uparrow \\ 2^6 & 2^5 & 2^4 & 2^3 & 2^2 & 2^1 & 2^0 \\ 64 & 32 & 16 & 8 & 4 & 2 & 1 \end{array}$$

Total the values that are represented by ones. $64+4+2+1=71, 1000111_2=71_{10}$

2. 十进制到 J 进制($J=2,8,16$)的转换

十进制数转换为 J 进制数时,整数部分与小数部分换算算法不同,需要分别进行。

1) 整数转换方法——除基逆取余法

设十进制整数 M,转换成 J 进制整数后为 $k_n, k_{n-1}, \cdots, k_1, k_0$, k_i 是第 i 位的系数,则有

$$\begin{aligned}(M)_{10} &= k_n J^n + k_{n-1} J^{n-1} + \cdots + k_1 J^1 + k_0 J^0 \\ &= J(k_n J^{n-1} + k_{n-1} J^{n-2} + \cdots + k_1 J^0) + k_0\end{aligned}$$

将上面等式两端同除以 J,得

$$(M)_{10}/J = (k_n J^{n-1} + k_{n-1} J^{n-2} + \cdots + k_1 J^0) + k_0/J$$

显然,上面等式右边括号内一定为整数,可见 $(M)_{10}$ 除以 J 所得余数即为 k_0。然后,用得到的商再除以 J 取余便得到 k_1,以此类推,直到商为 0,可把 $k_0, k_1, \cdots, k_{n-1}, k_n$ 全部确定下来,最后将每次得到的余数按逆序排列起来就得到对应的 J 进制数。这种方法称为除基逆取余法。

Example 5.4 Convert 291_{10} to a binary number.

Solution

$291/2=145$	remainder 1	LSB
$145/2=72$	remainder 1	↑
$72/2=36$	remainder 0	↑
$36/2=18$	remainder 0	↑
$18/2=9$	remainder 0	↑
$9/2=4$	remainder 1	↑
$4/2=2$	remainder 0	↑
$2/2=1$	remainder 0	↑
$1/2=0$	remainder 1	MSB

$$291_{10}=100100011_2$$

2）小数转换方法——乘基顺取整法

设十进制小数 M 转换成 J 进制小数后的 m 位小数是 k_{-1}，k_{-2}，…，k_{-m+1}，k_{-m}，其中 k_i 是第 i 位的系数，则有

$$(M)_{10} = k_{-1}J^{-1} + k_{-2}J^{-2} + \cdots + k_{-m+1}J^{-m+1} + k_{-m}J^{-m}$$

等式两边同乘以 J 得到

$$J(M)_{10} = k_{-1}J^{0} + k_{-2}J^{-1} + \cdots + k_{-m+1}J^{-m+2} + k_{-m}J^{-m+1} = k_{-1}k_{-2}\cdots k_{-m+1}k_{-m}$$

显然，上式中的整数部分即为 k_{-1}，取掉 k_{-1}，剩余部分再乘 J 取整，得 k_{-2}，以此类推，可得 k_{-3}，…，k_{-m+1}，k_{-m}。最后将每次得到的整数按顺序排列起来就得到对应的 J 进制数。这种方法称为乘基顺取整法。

注意，小数转换不一定能算尽，只能算到一定精度的位数为止，故要产生一些误差。不过当位数足够多时，这个误差就很小了。

Example 5.5 Convert 0.3125_{10} to a binary number.

Solution

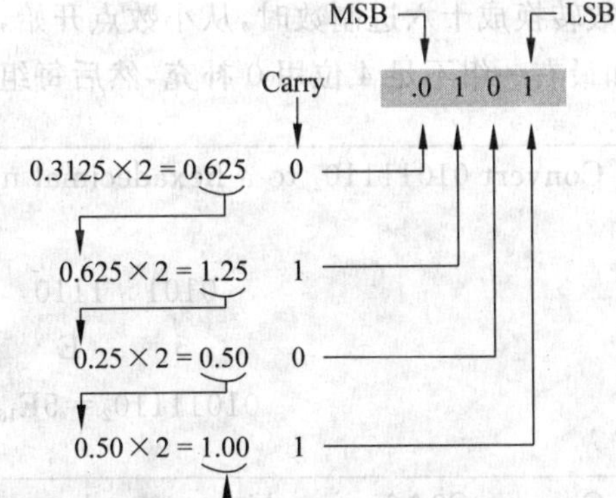

Therefore，$0.3125_{10} = 0.0101_2$.

如果一个十进制数既有整数部分又有小数部分，可将整数部分和小数部分分别进行 J 进制的等值转换，然后合并就可得到结果。

3. 八进制、十六进制与二进制数的转换

从八进制数转换成二进制数时，只需将一位八进制数码用三位二进制代码代替。将一个十六进制数转换成二进制数时，需将一位十六进制数码用四位二进制代码代替。从二进制数转换成八进制数时，只要从小数点开始，分别向左右两边把 3 位二进制数码划为一组，最左和最右一组不足 3 位用 0 补充，然后每组用一个八进制数码代替即成。

Example 5.6 Convert 10111101_2 to an octal number.

Solution

010 111 101

2 7 5

Note that the most significant group only had two bits. A leading zero was added to complete a group of three bits.

$$10111101_2 = 275_8$$

Example 5.7 Convert 377_8 to a binary number.

Solution

3 7 7

011 111 111

$$377_8 = 11111111_2$$

从二进制数转换成十六进制数时，从小数点开始，分别向左右两边把 4 位二进制数码划为一组，最左和最右一组不足 4 位用 0 补充，然后每组用一个十六进制数码代替即成。

Example 5.8 Convert 01011110_2 to a hexadecimal number.

Solution

0101 1110

5 E

$$01011110_2 = 5E_{16}$$

Example 5.9 Convert $C3A6_{16}$ to a binary number.

Solution

C 3 A 6

1100 0011 1010 0110

$$C3A6_{16} = 1100001110100110$$

5.1.3 编码

Binary-coded decimal，简称 BCD，或称二-十进制代码，亦称二进码十进数，是一种二进制的数字编码形式，用二进制编码的十进制代码。这种编码形式利用了四个位元来储存一个十进制的数码，使二进制和十进制之间的转换得以快捷地进行。这种编码技巧最常用于会计系统的设计里，因为会计制度经常需要对很长的数字串作准确的计算。相对于一般的浮点式记数法，采用 BCD 码既可保存数值的精确度，又可避免使电脑作浮点运算时所耗费的时间。此外，对于其他需要高精确度的计算，BCD 编码亦很常用。

四位二进制码共有 $2^4=16$ 种码组，在这 16 种代码中，可以任选 10 种来表示 10 个十进制数码，共有 $N=16!/(16-10)!$ 个方案，约等于 2.9×10^{10} 个方案。

最常用的 BCD 编码，就是使用“0”至“9”这十个数值的二进码来表示。这种编码方式，我们称为“8421”。由于十进制数共有 0,1,2,…,9 共 10 个数码，这 10 个数每个数都有自己的 8421 码：0=0000,1=0001,2=0010,3=0011,4=0100,5=0101,6=0110,7=0111,8=1000,9=1001。如 321 的 8421 码就是 0011 0010 0001。

除此以外，对应不同的需求，有许多人开发了不同的编码方法以适应不同的需求。这些编码大致可以分成有权码和无权码两种：有权 BCD 码，如 8421(最常用)、2421、5421、…；无权 BCD 码，如余 3 码、格雷码等。

格雷码(Gray code)，又叫循环二进制码或反射二进制码，是一种无权码，采用绝对编码方式。典型格雷码是一种具有反射特性和循环特性的单步自补码，它的循环、单步特性消除了随机取数时出现重大误差的可能，它的反射、自补特性使得求反非常方便。格雷码属于可靠性编码，是一种错误最小化的编码方式，因为自然二进制码可以直接由数/模转换器转换成模拟信号。但在某些情况，例如从十进制的 3 转换成 4 时二进制码的每一位都要变，会使数字电路产生很大的尖峰电流脉冲。而格雷码则没有这一缺点，它是一种数字排序系统，其中的所有相邻整数在它们的数字表示中只有一个数字不同。它在任意两个相邻的数之间转换时，只有一个数位发生变化。它大大地减少了由一个状态到下一个状态时逻辑的混淆。另外，由于最大数与最小数之间也仅一个数不同，故通常又叫格雷反射码或循环码。表 5-1 为常用的 BCD 码。

表 5-1 常用的 BCD 码

十进制数	8421 码	5421 码	2421 码	余 3 码	格雷码
0	0000	0000	0000	0011	0000
1	0001	0001	0001	0100	0001
2	0010	0010	0010	0101	0011
3	0011	0011	0011	0110	0010
4	0100	0100	0100	0111	0110
5	0101	1000	1011	1000	0111
6	0110	1001	1100	1001	0101
7	0111	1010	1101	1010	0100
8	1000	1011	1110	1011	1100
9	1001	1100	1111	1100	1101

从表 5-1 中可以归纳出各种码制的特点。8421 编码直观，好理解。5421 码和 2421 码

中大于 5 的数字都是高位为 1,5 以下的高位为 0。余 3 码是 8421 码加上 3,有上溢出和下溢出的空间。格雷码相邻 2 个数有三位相同,只有一位不同。

这里简单介绍一下压缩 BCD 码与非压缩 BCD 码的区别。压缩 BCD 码的每一位用4 位二进制表示,一个字节表示两位十进制数。例如 10010110B 表示十进制数 96D;非压缩 BCD 码用 1 个字节表示一位十进制数,高四位总是 0000,低 4 位的 0000～1001 表示 0～9。例如,00001000B 表示十进制数 8。

在数字电路和计算机系统中,二进制数的正负用 0、1 表示,称为原码或机器码。如 $[+1011]_{原}=01011$,$[-1011]_{原}=11011$。在数字电路和计算机系统中,为了简化运算电路,引入了补码的概念:最高位为符号位,正数为 0、负数为 1。正数的补码和原码相同;负数的补码可通过将原码的数值位逐位取反,最低位加 1 得到。如 $[+1011]_{补}=\mathbf{0}1011$,$[-1011]_{补}=\mathbf{1}0101$,其中[－1011]的数值位 1011 按位取反得 0100,最低位加 1,则得 0101。

5.2 逻辑代数基础

5.2.1 基本逻辑运算

逻辑代数是 1847 年由英国数学家乔治·布尔(George Boole)首先创立的,所以通常人们又称逻辑代数为布尔代数。逻辑代数与普通代数有着不同概念,逻辑代数表示的不是数的大小之间的关系,而是逻辑的关系,它仅有两种状态即:0,1。它是分析和设计数字系统的数学基础。逻辑代数的运算规则也不同于普通的运算规则,它有三个基本的运算——与、或、非。

基本的逻辑运算(Base Logic Operations)只有逻辑乘(与运算)、逻辑加(或运算)和求反(非运算)这三种。

1. 与逻辑(AND Logic)

与逻辑又叫做逻辑乘,下面通过开关的工作状态加以说明与逻辑的运算。

由图 5-2(a)可以看出,当开关有一个断开时,灯泡处于灭的状态,仅当两个开关同时合上时,灯泡才会亮。于是我们可以将与逻辑的关系速记为:"有 0 出 0,全 1 出 1"。

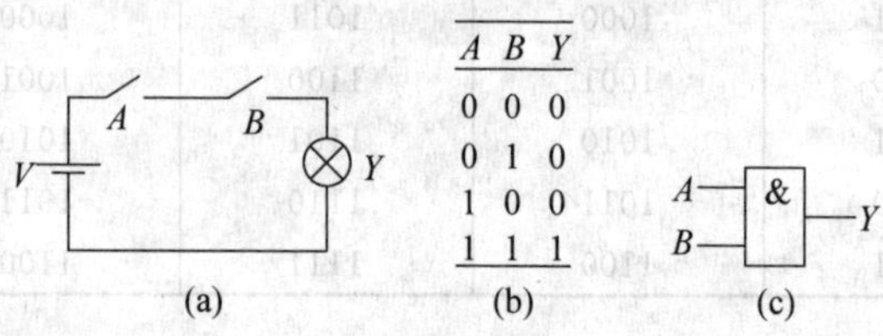

图 5-2 与门

图 5-2(b)列出了两个开关的所有组合，以及与灯泡状态的情况，我们用 0 表示开关处于断开状态，1 表示开关处于合上的状态；同时灯泡的状态用 0 表示灭，用 1 表示亮。该类表也叫做真值表(truth table)。

图 5-2 (c)给出了与逻辑关系的逻辑符号(logic symbol)，该符号表示了两个输入的逻辑关系，& 在英文中是 AND 的速写，如果开关有三个输入端，在左边再加上一道线就行了。

逻辑与的关系还可以用表达式的形式表示为

$$Y = A \cdot B \tag{5-1}$$

上式在不造成误解的情况下可简写为：$Y=A\,B$。

从电路上可以看出，图 5.2(a)所示的电路为一串联的电路形式，下面我们来看一下并联的电路形式的逻辑关系如何。

2. 或逻辑(OR Logic)

图 5-3(a)为一并联直流电路，当两只开关都处于断开时，其灯泡不会亮；当 A，B 两个开关中有一个或两个一起合上时，其灯泡就会亮。如开关合上的状态用 1 表示，开关断开的状态用 0 表示；灯泡的状态亮时用 1 表示，不亮时用 0 表示，则可列出图 5-3(b)所示的真值表。这种逻辑关系就是通常讲的“或逻辑”，从表中可看出，只要输入 A，B 两个中有一个为 1，则输出为 1，否则为 0。所以或逻辑可速记为：“有 1 出 1，全 0 出 0”。

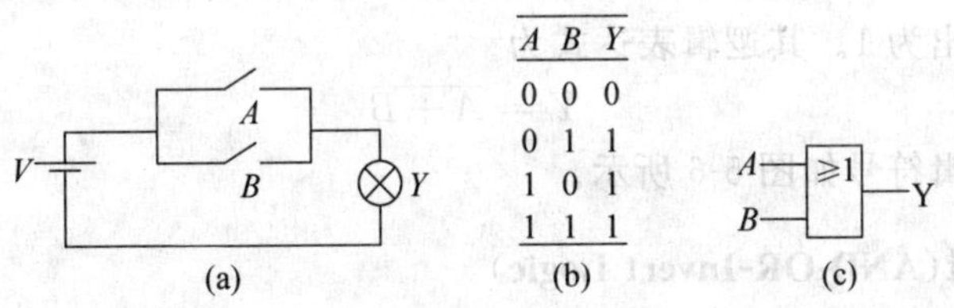

A	B	Y
0	0	0
0	1	1
1	0	1
1	1	1

(b)

图 5-3 或门

图 5-3(c)为或逻辑的逻辑符号，后面通常用该符号来表示或逻辑，其方块中的“≥1”表示输入中有一个及一个以上的 1，输出就为 1。逻辑或的表示式为

$$Y = A + B \tag{5-2}$$

3. 非逻辑(NOT Logic)

非逻辑又常称为反相运算(Inverters)。图 5-4(a)所示的电路实现的逻辑功能就是非运算的功能，从图上可以看出当开关 A 合上时，灯泡反而灭；当开关 A 断开时，灯泡才会亮，故其输出 Y 的状态与输入 A 的状态正好相反，则可列出图 5-4(b)所示的真值表。图 5-4(c)给出了非逻辑的逻辑符号。

逻辑非的表示式为

$$Y = \overline{A} \tag{5-3}$$

在数字系统中，除了与运算、或运算、非运算之外，常常使用的逻辑运算还有一些是通过

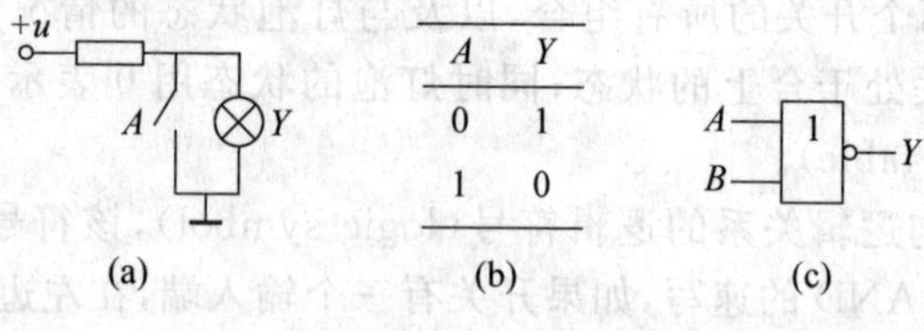

图 5-4 非门

这三种运算派生出来的运算，这种运算通常称为复合运算，常见的复合运算有：与非、或非、与或非、同或及异或等。

4. 与非逻辑(NAND Logic)

与非逻辑是由与、非逻辑复合而成的。其逻辑可描述为："输入全部为 1 时，输出为 0；否则始终为 1"。其逻辑表达式为

$$Y=\overline{A \cdot B} \tag{5-4}$$

图 5-5 为与非运算的逻辑符号。

5. 或非逻辑(NOR Logic)

从与非的逻辑可以推出或非的逻辑关系：输入中有一个及一个以上 1，则输出为 0，仅当输入全为 0 时输出为 1。其逻辑表达式为

$$Y=\overline{A+B} \tag{5-5}$$

或非逻辑的逻辑符号如图 5-6 所示。

6. 与或非逻辑(AND-OR-Invert Logic)

图 5-7 为与或非的逻辑符号，A，B 相与后输出到或运算输入，同时 C，D 也相与后输出到或逻辑的输入，这两个输出再进行或运算后加到非运算输出。与或非的逻辑表达式为

$$Y=\overline{A \cdot B+C \cdot D} \tag{5-6}$$

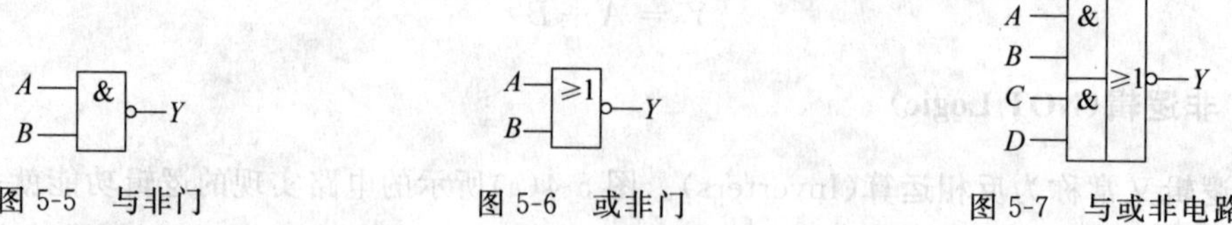

图 5-5 与非门　　图 5-6 或非门　　图 5-7 与或非电路

7. 异或逻辑(Exclusive-OR Logic)

图 5-8(a)为异或运算的逻辑符号，"=1"表示当两个输入中只有一个为 1 时，输出为 1；否则为 0。可列出图 5-8(b)所示的真值表。异或运算的逻辑表达式为

$$Y=A \oplus B=A\overline{B}+\overline{A}B \tag{5-7}$$

A	B	Y
0	0	0
0	1	1
1	0	1
1	1	0

A	B	Y
0	0	1
0	1	0
1	0	0
1	1	1

(a) 逻辑符号　(b) 真值表

图 5-8　异或门

(a) 逻辑符号　(b) 真值表

图 5-9　同或门

8. 同或逻辑(Exclusive-NOR Logic)

图 5-9(a)为同或的逻辑符号,图 5-9(b)是同或门的真值表。从表中可以看出同或实际上是异或的非逻辑。同或的逻辑表达式为

$$Y = A \odot B = AB + \overline{A}\overline{B} \tag{5-8}$$

5.2.2　逻辑代数的基本公式

在逻辑代数中只有与、或、非三种基本运算,根据这三种基本运算可以推导出逻辑运算的一些法则,就是下面列出的逻辑代数运算法则。

1. $0 \cdot A=0$
2. $1 \cdot A=A$
3. $A \cdot A=A$
4. $A \cdot \overline{A}=0$
5. $0+A=A$
6. $1+A=1$
7. $A+A=A$
8. $A+\overline{A}=1$
9. $\overline{\overline{A}}=A$
10. 交换律(commutative laws)

$AB=BA$

$A+B=B+A$

11. 结合律(associative laws)

$ABC=(AB)C=A(BC)$

$A+B+C=A+(B+C)=(A+B)+C$

12. 分配律(distributive laws)

$A(B+C)=AB+AC$

$A+BC=(A+B)(A+C)$

证:$(A+B)(A+C)=AA+AB+AC+BC$

$$=A+A(B+C)+BC=A[1+(B+C)]+BC=A+BC$$

13. 吸收律(absorption law)

$A(A+B)=A$

证：$A(A+B)=AA+AB=A+AB=A(1+B)=A$ 证毕。

$A(\overline{A}+B)=AB$

$A+AB=A$

$A+\overline{A}B=A+B$

证：$A+\overline{A}B=(A+\overline{A})(A+B)=A+B$ 证毕。

$AB+A\overline{B}=A$

$(A+B)(A+\overline{B})=AA+AB+A\overline{B}+B\overline{B}=A+A(B+\overline{B})=A+A=A$

14. 反演律(摩根定律 DeMorgan's theorems)

$\overline{AB}=\overline{A}+\overline{B}$

证：

A	B	$\overline{A}$	$\overline{B}$	$\overline{AB}$	$\overline{A}+\overline{B}$
0	0	1	1	1	1
1	0	0	1	1	1
0	1	1	0	1	1
1	1	0	0	0	0

$\overline{A+B}=\overline{A}\,\overline{B}$

证：

A	B	$\overline{A}$	$\overline{B}$	$\overline{A+B}$	$\overline{A}\,\overline{B}$
0	0	1	1	1	1
1	0	0	1	0	0
0	1	1	0	0	0
1	1	0	0	0	0

Example 5.10 Apply DeMorgan's theory to each of the following expressions:

(a) $\overline{(A+B+C)D}$ (b) $\overline{ABC+DEF}$ (c) $\overline{A\overline{B}+\overline{C}D+EF}$

Solution

(a) Let $A+B+C=X$ and $D=Y$. The expression $\overline{(A+B+C)D}$ is of the form $\overline{XY}=\overline{X}+\overline{Y}$ and can be rewritten as

$$\overline{(A+B+C)D}=\overline{A+B+C}+\overline{D}$$

Next, apply DeMorgan's theorem to the term $\overline{A+B+C}$,

$$\overline{A+B+C}+\overline{D}=\overline{A}\,\overline{B}\,\overline{C}+\overline{D}$$

(b) Let $ABC=X$ and $DEF=Y$. The expression $\overline{ABC+DEF}$ is of the form $\overline{X+Y}=\overline{X}\,\overline{Y}$ and can be rewritten as

$$\overline{ABC+DEF}=(\overline{ABC})(\overline{DEF})$$

Next, apply DeMorgan's theorem to each of the terms $\overline{ABC}$ and $\overline{DEF}$,

$$(\overline{ABC})(\overline{DEF})=(\overline{A}+\overline{B}+\overline{C})(\overline{D}+\overline{E}+\overline{F})$$

(c) Let $A\overline{B}=X$, $\overline{C}D=Y$, and $EF=Z$. The expression $\overline{A\overline{B}+\overline{C}D+EF}$ is of the form $\overline{X+Y+Z}=\overline{X}\,\overline{Y}\,\overline{Z}$ and can be rewritten as

$$\overline{A\overline{B}+\overline{C}D+EF}=(\overline{A\overline{B}})(\overline{\overline{C}D})(\overline{EF})$$

Next, apply DeMorgan's theorem to each of the terms: $\overline{A\overline{B}}$, $\overline{\overline{C}D}$, and $\overline{EF}$,

$$(\overline{A\overline{B}})(\overline{\overline{C}D})(\overline{EF})=(\overline{A}+B)(C+\overline{D})(\overline{E}+\overline{F})$$

5.2.3 逻辑函数的表示和化简

当一组输出变量(因变量)与一组输入变量(自变量)之间的函数关系是一种逻辑关系时,称为逻辑函数。一个具体事物的因果关系就可以用逻辑函数表示。

1. 逻辑函数的表示方法

逻辑函数可以分别用逻辑状态表(truth table)、逻辑式(logic expression, Boolean equation)、逻辑图(logic circuit diagram)和卡诺图(Karnaugh map)四种方法表示。逻辑状态表是列出输入变量、输出变量的所有逻辑状态。逻辑式是用基本运算符号列出输入变量、输出变量间的逻辑代数式。逻辑图是用逻辑符号表示输入变量、输出变量间的逻辑关系。卡诺图是指与变量的最小项(minterms)对应的按一定规则排列的方格图。最小项是指所有输入变量各种组合的乘积项,输入变量包括原变量和反变量。例如,二变量 A,B 的最小项有四项:$AB,\overline{A}B,A\overline{B},\overline{A}\overline{B}$;三变量的最小项有八项;以此类推,$n$ 变量的最小项有 2^n 项。逻辑状态表、逻辑式、逻辑图和卡诺图之间可以相互转换。

下面通过一个例子加以说明。设有一个三输入变量的偶数判别电路,输入变量用 A,B,C 表示,输出变量用 F 表示。$F=1$,表示输入变量中有偶数个 1;$F=0$,表示输入变量中有奇数个 1。试用不同的逻辑函数表示法来表示。

1) 逻辑状态表

三个输入变量的最小项有 $2^3=8$ 个,即有 8 个组合状态,将这 8 个组合状态的输入变量、输出变量都列出来,就构成了逻辑状态表,如表 5-2 所示。用逻辑状态表来表示一个逻辑关系是比较直观的,能比较清楚地反映一个逻辑关系中输出和输入之间的关系。

表 5-2　偶数判别电路的逻辑状态表

输入			输出
A	B	C	F
0	0	0	1
0	0	1	0
0	1	0	0
0	1	1	1
1	0	0	0
1	0	1	1
1	1	0	1
1	1	1	0

2）逻辑表达式

把逻辑状态表中的输入变量、输出变量写成与-或形式的逻辑表达式，将 $F=1$ 的各状态表示成全部输入变量的与函数，并将总输出表示成这些与项的或函数。例如表 5-2 中，当 $ABC=011$ 时，$F=1$，可写成 $F=\overline{A}BC$。对于表 5-2，其逻辑表达式为

$$F=\overline{A}BC+A\overline{B}C+AB\overline{C}+\overline{A}\overline{B}\overline{C} \tag{5-9}$$

逻辑函数用逻辑表达式表示，可便于用逻辑代数的运算规则进行运算。

3）逻辑图

若将逻辑表达式中的逻辑运算关系用相应的图形符号和连线表示，则构成逻辑图。式(5-9)的逻辑图是图 5-10。

4）卡诺图

若将逻辑状态表按一定规则行列式化，则构成图 5-11。变量状态的次序是 00，01，11，10，而不是二进制递增的次序 00，01，10，11，这样排列是为了使任意两个相邻最小项之间只有一个变量改变。

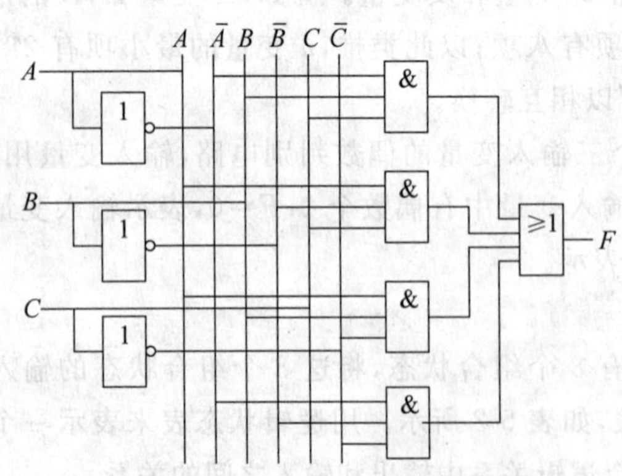

图 5-10　偶数判别电路的逻辑图

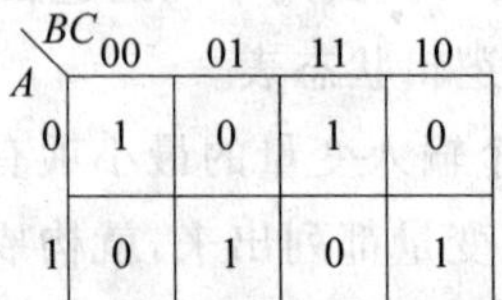

图 5-11　偶数判别电路的卡诺图

2. 逻辑函数的化简

化简逻辑函数的目的是为了消去与、或表达式中多余的乘积项和每个乘积项中多余的因子，以得到逻辑函数式的最简形式，设计出最简的逻辑电路，从而节省元器件，优化生产工艺，降低成本和提高系统可靠性。

逻辑函数的化简方法(simplified implementation)有公式法和卡诺图法。公式化简法适用于任何复杂的逻辑函数，特别是变量多的逻辑函数的化简。它需要熟练地掌握逻辑代数的常用公式，并且要有一定的技巧。卡诺图化简法则比较直观、简便，也容易掌握。但是，当变量增多时，显得比较复杂。一般常用于五变量以内逻辑函数的化简。

公式化简法的实质就是对逻辑函数作等值变换，通过变换，使与-或表达式的与项数目最少，以及在满足与项最少的条件下，每个与项的变量数最少。下面是代数化简法中经常使用的办法。

1) 公式化简法

(1) 合并项法

利用公式 $AB+A\overline{B}=A$，把两项合并成一项。例如：

$$F = ABC + AB\overline{C} + A\overline{B} = AB(C+\overline{C}) + A\overline{B} = AB + A\overline{B} = A$$

(2) 吸收法

利用公式 $A+AB=A$，消去多余项，例如：

$$F = \overline{AB} + \overline{A}C + \overline{B}D = \overline{A} + \overline{B} + \overline{A}C + \overline{B}D = \overline{A}(1+C) + \overline{B}(1+D) = \overline{A} + \overline{B}$$

以上化简过程应用反演律将$\overline{AB}$变换为$(\overline{A}+\overline{B})$。

(3) 消去法

利用公式 $A+\overline{A}B=A+B$，消去多余变量。例如：

$$\begin{aligned} F &= AC + \overline{A}B + B\overline{C} + \overline{B}D = AC + (\overline{A}+\overline{C})B + \overline{B}D = AC + \overline{AC}B + \overline{B}D \\ &= AC + B + \overline{B}D = AC + B + D \end{aligned}$$

以上化简也用到反演律，将$(\overline{A}+\overline{C})$变换为$\overline{AC}$。

(4) 配项法

利用 $A+\overline{A}=1$，可在某一与项中乘以 $A+\overline{A}$，展开后消去多余项；也可利用 $A+A=A$，将某一与项重复配置，分别和有关与项合并，进行化简。例如：

$$\begin{aligned} F &= A\overline{C} + \overline{A}C + \overline{B}C + B\overline{C} = A\overline{C}(B+\overline{B}) + \overline{A}C + \overline{B}C(A+\overline{A}) + B\overline{C} \\ &= AB\overline{C} + A\overline{B}\overline{C} + \overline{A}C + A\overline{B}C + \overline{A}\overline{B}C + B\overline{C} \\ &= B\overline{C}(A+1) + A\overline{B}(\overline{C}+C) + \overline{A}C(1+\overline{B}) \\ &= B\overline{C} + A\overline{B} + \overline{A}C \end{aligned}$$

如果在本例中对第二项 $\overline{A}C$ 及第四项 $B\overline{C}$ 进行配项，则化简结果为：

$$A\overline{C} + \overline{B}C + \overline{A}B$$

可见，对于一个逻辑函数的简化，可以得到不同的结果，每个结果都是最简的。

在代数化简时，经常需要综合运用上述几种方法。

Example 5.11 Using Boolean algebra techniques, simplify this expression:

$$AB + A(B + C) + B(B + C)$$

Solution

The following is not necessarily the only approach.

Step 1: Apply the distributive law to the second and the third terms in the expression, as follows:

$$AB + AB + AC + BB + BC$$

Step 2: Apply rule 3 ($B \cdot B = B$) to the fourth term,

$$AB + AB + AC + B + BC$$

Step 3: Apply rule 7 ($AB + AB = AB$) to the first two terms,

$$AB + AC + B + BC$$

Step 4: Apply rule 18 ($B + BC = B$) to the last two terms,

$$AB + AC + B$$

Step 5: Apply rule 18 ($AB + B = B$) to the first and third terms,

$$B + AC$$

At this point, the expression is simplified as much as possible. Once you gain experience in applying Boolean algebra, you can combine many individual steps.

Fig. 5-12 shows that the simplification process in Example 5.11 has significantly reduced the number of logic gates to implement the expression. Part (a) shows that five gates are required to implement the expression in its original form; however, only two gates are needed for the simplified expression, shown in part (b). It is important to realize that these two gate circuits are equivalent. That is, for any combination of levels on the A, B, and C inputs, you get the same output from either circuit.

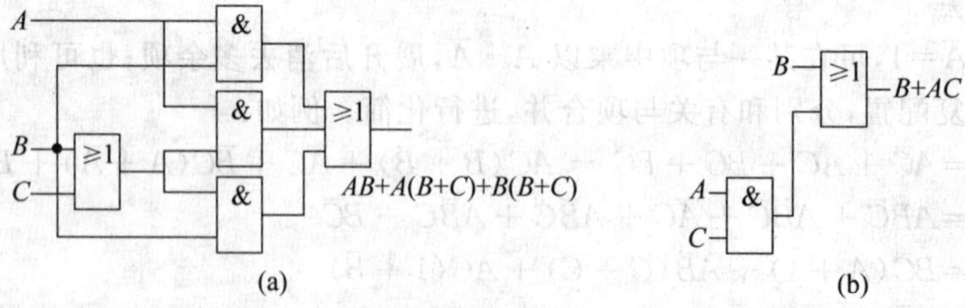

Fig. 5-12 Gate Circuits for Example 5.11

Example 5.12 Simplify the following Boolean expression:

$$[A\overline{B}(C + BD) + \overline{AB}]C$$

Solution

Step 1: Apply the distributive law to terms within the brackets,

$$(A\overline{B}C + A\overline{B}BD + \overline{A}\overline{B})C$$

Step 2: Apply rule 4 ($B\overline{B}=0$) to the second term within the parentheses,

$$(A\overline{B}C + A\cdot 0\cdot D + \overline{A}\overline{B})C$$

Step 3: Apply rule 1 ($A\cdot 0\cdot D=0$) to the first two terms,

$$(A\overline{B}C + 0 + \overline{A}\overline{B})C$$

Step 4: Apply rule 5 (drop the 0) within the parentheses,

$$(A\overline{B}C + \overline{A}\overline{B})C$$

Step 5: Apply distributive law,

$$A\overline{B}CC + \overline{A}\overline{B}C$$

Step 6: Apply rule 3 ($CC=C$) to the first term,

$$A\overline{B}C + \overline{A}\overline{B}C$$

Step 7: Factor out $\overline{B}C$,

$$\overline{B}C(A+\overline{A})$$

Step 8: Apply rule 8 ($A+\overline{A}=1$),

$$\overline{B}C\cdot 1$$

Step 9: Apply rule 2 (drop the 1),

$$\overline{B}C$$

---

2) 卡诺图化简法

应用卡诺图化简逻辑函数时,先将逻辑式中的最小项(或逻辑状态表中取值为1的最小项)分别用1填入相应的小方格内。如果逻辑式中的最小项不全,则填写0或空着不填。如果逻辑式不是由最小项构成,一般应先化为最小项(或列其逻辑状态表)。应用卡诺图化简逻辑函数时,应了解下列几点。

(1) 将取值为1的相邻小方格圈成矩形或方形,相邻小方格包括最上行与最下行及最左列与最右列同列或同行两端的两个小方格。

所圈取值为1的相邻小方格的个数应为 $2^n(n=0,1,2,3,\cdots)$,即1,2,4,8,…,不允许为3,6,10,12等。

(2) 圈的个数应最少,圈内小方格个数应尽可能多。每圈一个新的圈时,必须包含至少一个在已圈过的圈中未出现过的最小项,否则重复而得不到最简式。每一个取值为1的小方格可被圈多次,但不能遗漏。

(3) 相邻的两项可合并为一项,并消去一个因子;相邻的四项可合并为一项,并消去两个因子;以此类推,相邻的 2^n 项可合并为一项,并消去 n 个因子。

将合并的结果相加，即为所求的最简与或式。最小圈可只含一个小方格，不能化简。

Example 5.13 Use a Karnaugh map to minimize the following standard sum- of-products (SOP) expression:

$$A\overline{B}C + \overline{A}BC + \overline{A}\overline{B}C + \overline{A}\overline{B}\overline{C} + A\overline{B}\overline{C}$$

Solution

The Minterms expression is $S_{101} + S_{011} + S_{001} + S_{000} + S_{100}$.

Map the standard sum- of-products expression and group the cells as shown in Fig. 5-13.

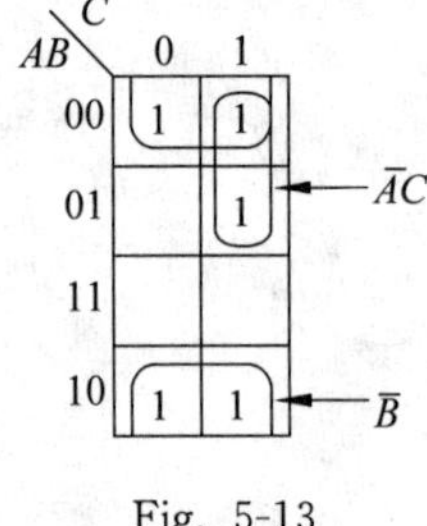

Fig. 5-13

Notice the "wrap around" 4-cell group that includes the top row and bottom row of 1s. The remaining 1 is absorbed in an overlapping group of two cells. The group of four 1s produces a single variable term, $\overline{B}$. This is determined by observing that within the group, $\overline{B}$ is the only variable that does not change from cell to cell. The group of two 1s produces a 2-variable term $\overline{A}C$. This is determined by observing that within the group, $\overline{A}$ and C do not change from one cell to the next. The product term for each group is shown in Fig. 5-13. The resulting minimum SOP expression is

$$B + \overline{A}C$$

Keep in mind that this minimum expression is equivalent to the original standard expression.

Example 5.14 Use a Karnaugh map to minimize the following standard SOP expression:

$$\overline{B}\overline{C}\overline{D} + \overline{A}B\overline{C}\overline{D} + AB\overline{C}\overline{D} + \overline{A}\overline{B}CD + A\overline{B}CD + \overline{A}\overline{B}C\overline{D} + \overline{A}BC\overline{D} + ABC\overline{D} + A\overline{B}C\overline{D}$$

Solution

The first term $\overline{B}\overline{C}\overline{D}$ must be expanded into $A\overline{B}\overline{C}\overline{D}$ and $\overline{A}\overline{B}\overline{C}\overline{D}$ to get the standard SOP expression, which is then mapped; and the cells are grouped as shown in Fig. 5-14.

Notice that both groups exhibit "wrap around" adjacency. The group of eight is formed because the cells in the outer columns are adjacent. The group of four is formed to pick up the remaining two 1s because the top and bottom cells are adjacent. The product term for each group is shown in Fig. 5-14. The resulting minimum SOP expression is

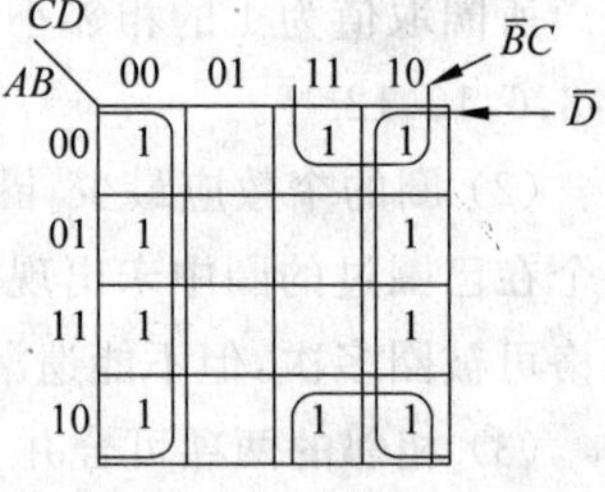

Fig. 5-14

$$\overline{D}+\overline{B}C$$

Keep in mind that this minimum expression is equivalent to the original standard expression.

5.3 集成门电路

5.3.1 门电路基础

1. 二极管与门电路

图 5-15 是二极管与门电路。当输入变量 A 和 B 全为 1 时(设两个输入端的电位均为 3V),电源+5V 的正端经电阻 R 向两个输入端流过电流,D_A 和 D_B 两管都导通。因为二极管的正向压降有零点几伏,输出端 Y 的电位略高于 3V,因此输出变量 Y 为 1。当输入变量不全为 1,而有一个或两个全为 0 时,即该输入端的电位在 0V 附近,例如,A 为 0,B 为 1,则 D_A 优先导通。这时输出端 Y 的电位也在 0V 附近,因此 Y 为 0,D_B 因承受反向电压而截止。只有当输入变量全为 1 时,输出变量 Y 才为 1,这合乎与门 $Y=AB$ 的要求。

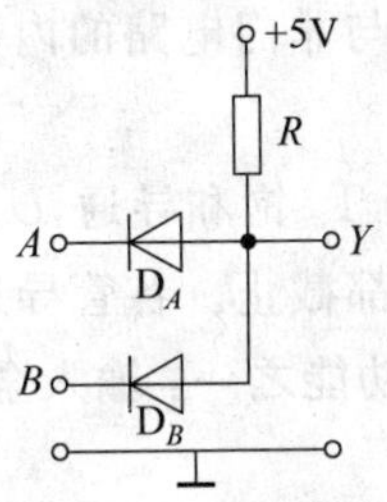

图 5-15 二极管与门电路

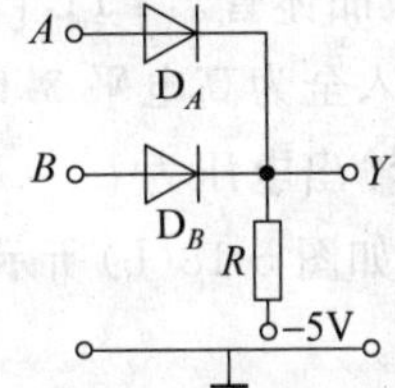

图 5-16 二极管或门电路

2. 二极管或门电路

图 5-16 所示为二极管或门电路的工作原理及逻辑功能分析如下。仍设各输入端输入低电平为 0V,输入高电平为 3V,电阻 R 为 3kΩ,忽略二极管的正向压降。

当输入端 A,B 均为低电平 0,二极管 D_A 和 D_B 都处于正向偏置而导通,使输出端 Y 的电压为 0。当输入端 A 为低电平 0,B 为高电平 1,即 $U_A=0V$,$U_B=3V$ 时,二极管 D_B 阳极电位高于 D_A 阳极电位,二极管 D_B 导通,使 $U_Y=3V$,因而二极管 D_A 处于反向截止,输出端 Y 为高电平 1。当输入端 A 为高电平 1,B 为低电平 0,即 $U_A=3V$,$U_B=0V$ 时,二极管 D_B

截止，D_A 导通，输出端仍为高电平 1。当输入端 A，B 均为高电平 1 时，二极管 D_A，D_B 均处于正向偏置而导通，使 $U_Y=U_A=U_B=3V$。以上均满足或逻辑关系 $Y=A+B$ 的要求。

3. 晶体管非门电路

图 5-17 所示的是晶体管非门电路。晶体管非门电路不同于放大电路，管子的工作状态或从截止转为饱和，或从饱和转为截止。非门电路只有一个输入端 A。当 A 为 1，其电位为 3V 时，晶体管饱和，其集电极，即输出端 Y 为 0，其电位在零伏附近；当 A 为 0 时，晶体管截止，输出端 Y 为 1，其电位近似等于 $+U_{CC}=5V$。所以非门电路也称为反相器。加负电源 $U_{BB}=-5V$ 是为了使晶体管可靠截止。

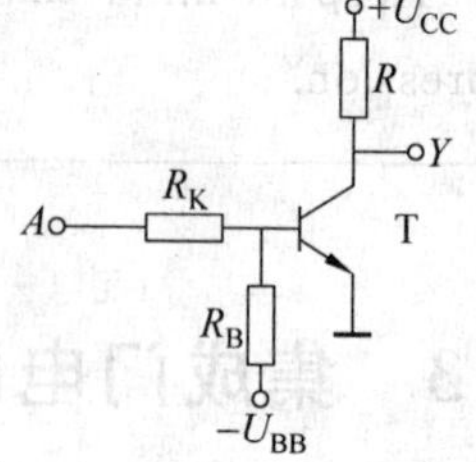

图 5-17 晶体管非门电路

5.3.2 TTL 与非门电路

集成门电路具有高可靠性和微型化等优点。在数字电路中应用得最普遍的门电路是与非门电路。

1. TTL 与非门电路(circuit of a TTL NAND gate)的工作原理

以 TTL7400 和 TTL7410 为例，图 5-18(a)是 TTL 系列与非门电路的内部结构，其中，T_1 是多发射极晶体管。TTL 门电路的工作原理如下。

(1) 当输入全为高电平 3.6V 时，T_2，T_3 饱和导通。由于 T_2 饱和导通，$U_{c2}=1V$。由于 T_3 饱和导通，输出电压为 $U_o=U_{CES3}\approx0.3V$，T_4 和二极管 D 都截止。各管导通或截止状态以及各点电位如图 5-18(b)所示。从而实现了与非门的逻辑功能之一：输入全为高电平时，输出为低电平。

(2) 如图 5-18(c)所示，当输入有低电平 0.3V 时，该发射结导通，$U_{b1}=1V$。T_2，T_3 都截止。忽略流过 R_{c2} 的电流，$U_{b4}\approx U_{CC}=5V$。由于 T_4 和 D 导通，所以，

$$U_o \approx U_{CC} - U_{be4} - U_D = 5 - 0.7 - 0.7 = 3.6(V)$$

此时各管导通或截止状态以及各点电位如图 5-18(c)所示。实现了与非门的逻辑功能的另一方面：任一输入端为低电平时，输出为高电平。综合上述两种情况，该电路满足与非的逻辑功能，即 $L=\overline{ABC}$。

2. TTL 与非门的开关速度

TTL 与非门提高工作速度的原理：采用多发射极三极管加快了存储电荷的消散过程；采用了推拉式输出级，输出阻抗比较小，可迅速给负载电容充放电。

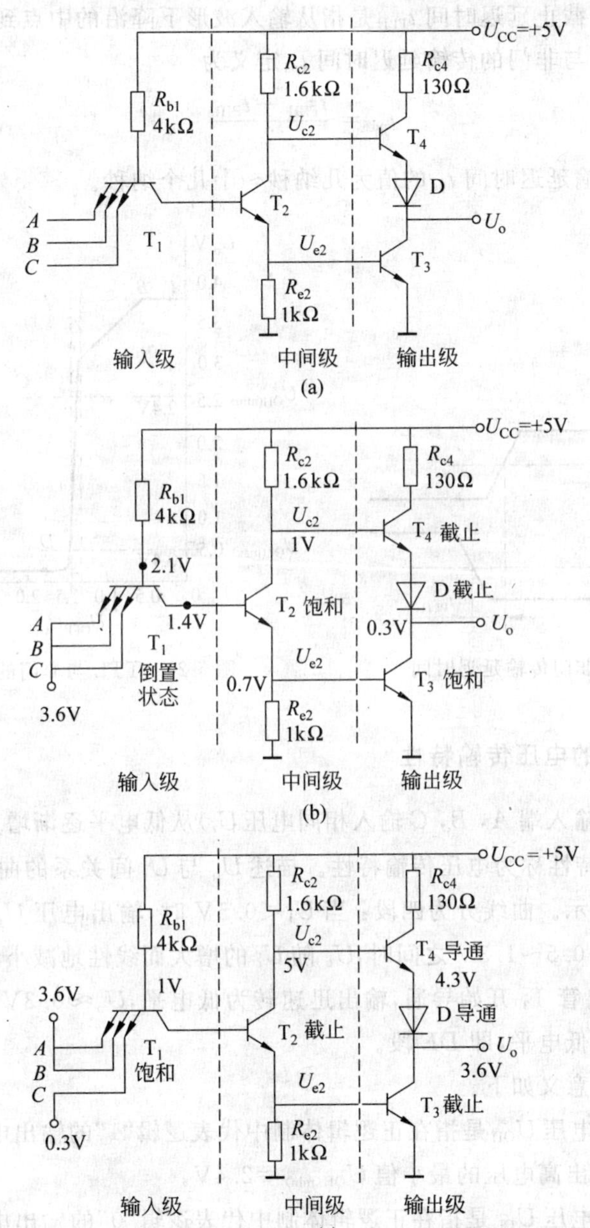

图 5-18 TTL 与非门电路

3. TTL 与非门传输延迟时间 t_{pd}

如图 5-19 所示，导通延迟时间 t_{PHL} 是指从输入波形上升沿的中点到输出波形下降沿的中点所经历的时间。截止延迟时间 t_{PLH} 是指从输入波形下降沿的中点到输出波形上升沿的中点所经历的时间。与非门的传输延迟时间 t_{pd} 定义为

$$t_{pd}=\frac{t_{PLH}+t_{PHL}}{2}$$

一般 TTL 与非门传输延迟时间 t_{pd} 的值为几纳秒～十几个纳秒。

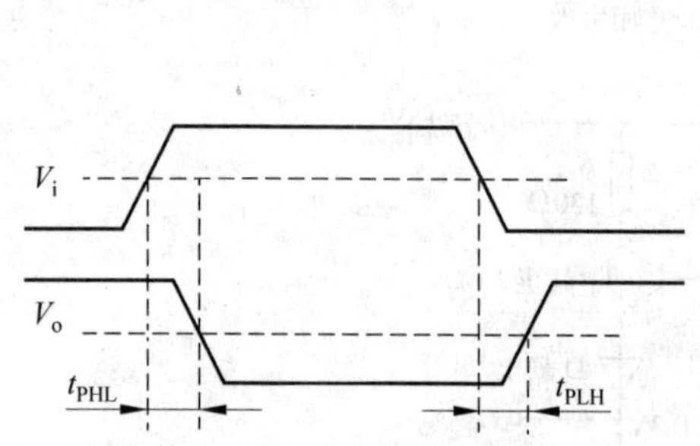

图 5-19 TTL 与非门传输延迟时间

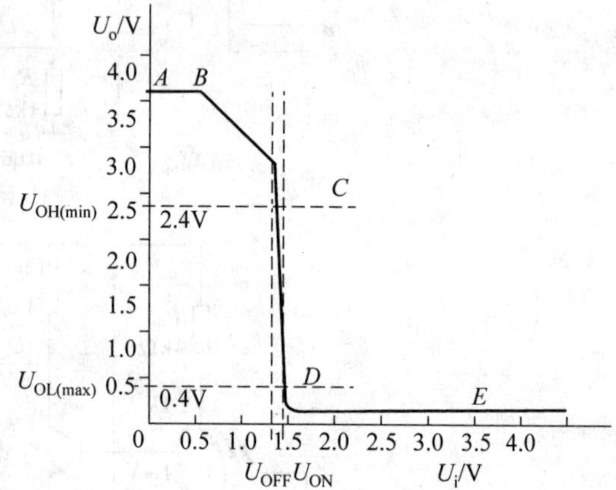

图 5-20 TTL 与非门的电压传输特性

4. TTL 与非门的电压传输特性

输入电压 U_i(设输入端 A, B, C 输入相同电压 U_i)从低电平逐渐增大到高电平时，输出电压 U_o 随之变化的特性称为电压传输特性。描述 U_o 与 U_i 间关系的曲线称为电压传输特性曲线，如图 5-20 所示。曲线分为四段：当 $U_i<0.5$V 时，输出电压 $U_o\approx3.6$V，此段即图中的 AB 段；当 U_i 在 0.5～1.3V 之间时，U_o 随 U_i 的增大而线性地减小，即 BC 段；当 U_i 增至 1.4V 左右时，输出管 T_3 开始导通，输出迅速转为低电平，$U_o\approx0.3$V，即 CD 段；当 $U_i>$ 1.4V 时，输出保持为低电平，即 DE 段。

曲线中各参数的意义如下。

(1) 输出高电平电压 U_{OH} 是指在正逻辑体制中代表逻辑“1”的输出电压。U_{OH} 的理论值为 3.6V，产品规定输出高电压的最小值 $U_{OH(min)}=2.4$V。

(2) 输出低电平电压 U_{OL} 是指在正逻辑体制中代表逻辑“0”的输出电压。U_{OL} 的理论值为 0.3V，产品规定输出低电压的最大值 $U_{OL(max)}=0.4$V。

(3) 关门电平电压 U_{OFF} 是指输出电压下降到 $U_{OH(min)}$ 时对应的输入电压，即输入低电压的最大值。在产品手册中常称为输入低电平电压，用 $U_{IL(max)}$ 表示。产品规定 $U_{IL(max)}=$ 0.8V。

(4) 开门电平电压 U_{ON} 是指输出电压下降到 $U_{OL(max)}$ 时对应的输入电压，即输入高电压

的最小值。在产品手册中常称为输入高电平电压,用 $U_{IH(min)}$ 表示。产品规定 $U_{IH(min)}=2V$。

(5) 阈值电压 U_{th}——电压传输特性的过渡区所对应的输入电压,即决定电路截止和导通的分界线,也是决定输出高、低电压的分界线。近似地:$U_{th}\approx U_{OFF}\approx U_{ON}$,即 $U_i<U_{th}$,与非门关门,输出高电平;$U_i>U_{th}$,与非门开门,输出低电平。U_{th} 又常被形象化地称为门槛电压。U_{th} 的值为 1.3~1.4V。

5. TTL 与非门的抗干扰能力

TTL 门电路的输出高低电平不是一个值,而是一个范围。同样,它的输入高低电平也有一个范围,即它的输入信号允许一定的容差,称为噪声容限。

低电平噪声容限为:$U_{NL}=U_{OFF}-U_{OL(max)}=0.8-0.4=0.4V$;

高电平噪声容限为:$U_{NH}=U_{OH(min)}-U_{ON}=2.4-2.0=0.4V$。

6. 输入高电平电流和输入低电平电流

当某一输入端接高电平,其余输入端接低电平时,流入该输入端的电流称为输入高电平电流;而当某一输入端接低电平,其余输入端接高电平时,从该输入端流出的电流称为输入低电平电流。

7. TTL 与非门的带负载能力

灌电流负载是指当驱动门输出低电平时,电流从负载门灌入驱动门,如图 5-21 所示。当负载门的个数增加,灌电流增大,会使 T_3 脱离饱和,输出低电平升高。因此,把允许灌入输出端的电流定义为输出低电平电流 I_{OL},产品规定 $I_{OL}=16mA$。由此可得出:$N_{OL}=I_{OL}/I_{IL}$,N_{OL} 称为输出低电平时的扇出系数。

拉电流负载是指当驱动门输出高电平时,电流从驱动门拉出,流至负载门的输入端,如图 5-22 所示。拉电流增大时,R_{c4} 上的压降增大,会使输出高电平降低。因此,把允许拉出

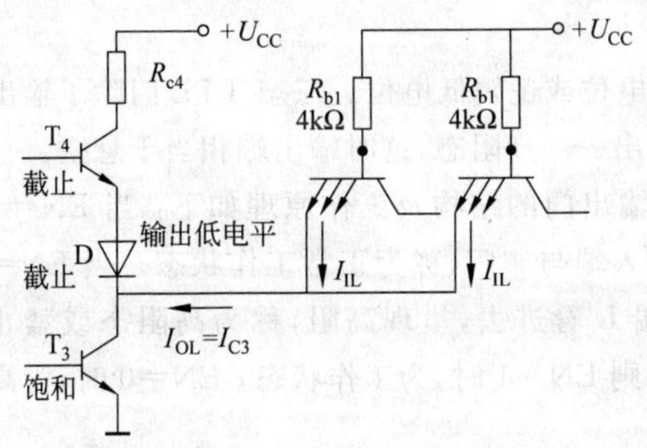

图 5-21 灌电流负载

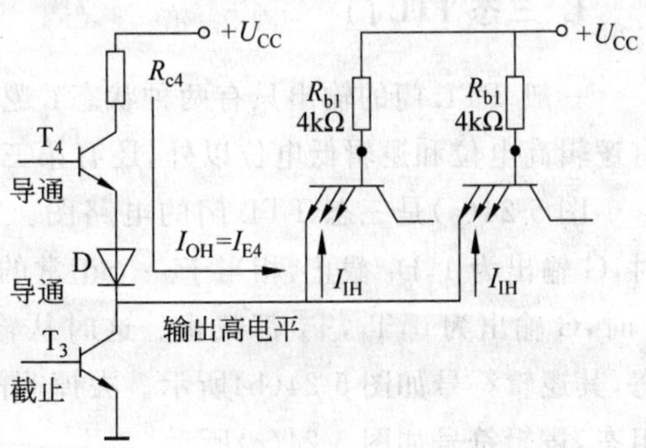

图 5-22 拉电流负载

输出端的电流定义为输出高电平电流 I_{OH}。产品规定 $I_{OH}=0.4$mA。由此可得出：$N_{OH}=I_{OH}/I_{IH}$。N_{OH}称为输出高电平时的扇出系数。一般 $N_{OL}\neq N_{OH}$，常取两者中的较小值作为门电路的扇出系数，用 N_O 表示。

8. TTL 型号系列介绍

我国生产的 TTL 集成电路品种主要有 CT74，CT74H，CT74S，CT74LS 四个系列。美国得克萨斯(Texas)仪器公司生产的 TTL 集成电路品种系列，其电参数、电路封装、引出线排列等方面与我国生产的是一致的，只是前缀由 CT 改为 SN，如 SN74，SN74H 等，两者之间可以互换使用。

CT74 是标准系列，其典型电路与非门的平均传输时间 $t_{PD}=10$ns，平均功耗 $P=10$mW；CT74H 是高速系列，是在 CT74 系列基础上改进得到的，其典型电路与非门的平均传输时间 $t_{PD}=6$ns，平均功耗 $P=22$mW；CT74S 是肖特基系列，是在 CT74 系列基础上改进得到的，其典型电路与非门的平均传输时间 $t_{PD}=3$ns，平均功耗 $P=19$mW；CT74LS 是低功耗肖特基系列，是在 CT74 系列基础上改进得到的，其典型电路与非门的平均传输时间 $t_{PD}=9$ns，平均功耗 $P=2$mW。CT74LS 系列产品具有最佳的综合性能，是 TTL 集成电路的主流，是应用最广泛的系列。

7400 是一种典型的 TTL 与非门器件，内部含有 4 个 2 输入端与非门，共有 14 个引脚。引脚排列图如图 5-23 所示。

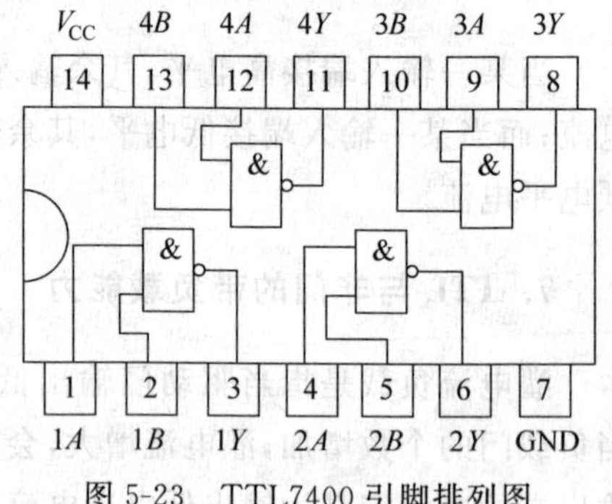

图 5-23 TTL7400 引脚排列图

5.3.3 其他集成逻辑门电路介绍

1. 三态 TTL 门

一般 TTL 门的输出只有两种状态：逻辑高电位或逻辑低电位。三态 TTL 门除了输出有逻辑高电位和逻辑低电位以外，还有第三态输出——高阻态，这时输出端相当于悬空。

图 5-24(a)是三态 TTL 门的电路图。三态输出门的结构及工作原理如下：当 EN=0 时，G 输出为 1，D_1 截止，相当于一个正常的二输入端与非门，称为正常工作状态。当 EN=1 时，G 输出为 0，T_4，T_3 都截止。这时从输出端 L 看进去，呈现高阻，称为高阻态或禁止态，其逻辑符号如图 5-24(b)所示。去掉非门 G，则 EN=1 时，为工作状态，EN=0 时，为高阻态，逻辑符号如图 5-24(c)所示。

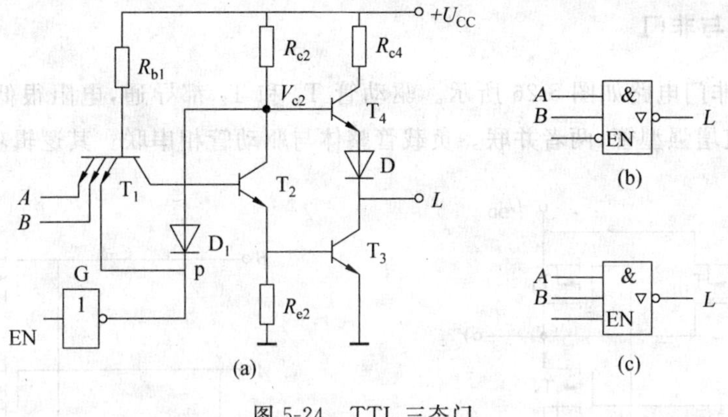

图 5-24 TTL 三态门

2. CMOS 非门

CMOS(complementary symmetry metal oxide semiconductor)逻辑门是用绝缘栅场效应管制作的逻辑门。在 CMOS 逻辑电路中,均使用增强型 MOS 管。图 5-25(a)为 N 沟道(channel)增强型管。在分析电路时可以认为,只要它的栅极电平为“1”(即 $U_G>U_S$),它就饱和导通;栅极电平为“0”,它就处于截止状态。图 5-25(b)为 P 沟道增强型管。在分析电路时可以认为,只要它的栅极电平为“0”(即 $U_G<U_S$),它就饱和导通;栅极电平为“1”,它就处于截止状态。

图 5-25(c)中既有 P 沟道 MOS 管,又有 N 沟道 MOS 管,我们把这类电路称为 CMOS 逻辑电路。顺便说明一点:仅由 P 沟道 MOS 管构成的集成电路叫 PMOS;仅由 N 沟道 MOS 管构成的集成电路叫 NMOS。后两种集成电路虽然制作时简单一些,但性能要比 CMOS 集成电路差,因而目前人们大都使用 CMOS。

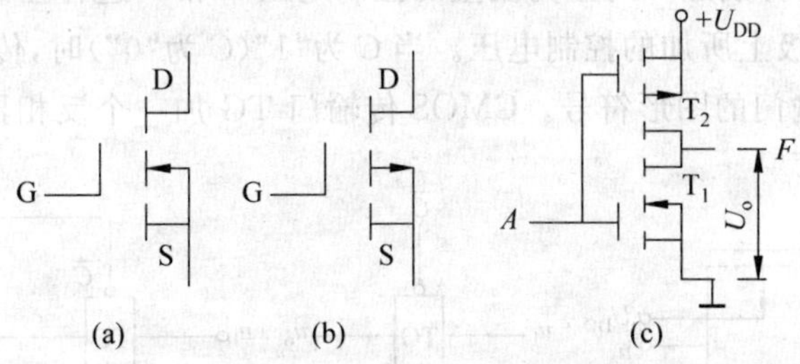

图 5-25 增强型 MOS 符号及非门逻辑

由于 CMOS 集成电路的工作电源 U_{DD} 取值在 3～20V 之间,故输入电平和输出电平范围大,抗干扰能力强,电源工作范围大,也便于和 TTL 电路连接。又由于电路中不使用电阻而大大增加了集成度,再加上功耗低等优点,使 CMOS 集成逻辑门获得了广泛应用。

3. CMOS 与非门

CMOS 与非门电路如图 5-26 所示。驱动管 T_1 和 T_2 都导通，电阻很低；而负载管 T_3 和 T_4 为 P 沟道增强型管，两者并联。负载管整体与驱动管相串联。其逻辑功能为 $Y=\overline{AB}$。

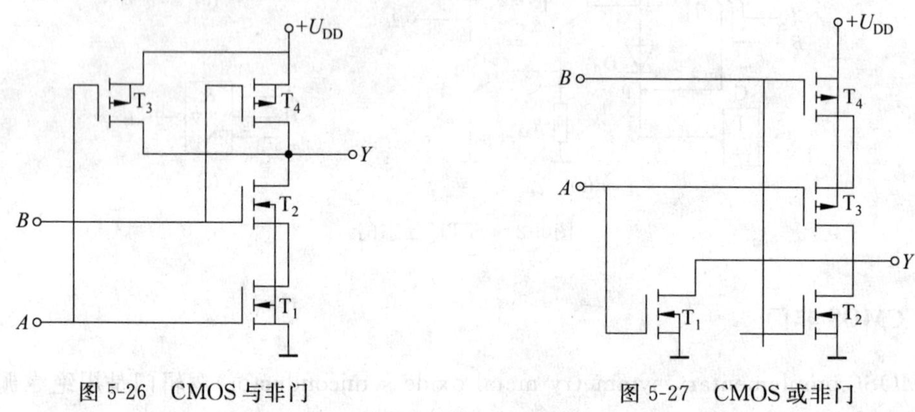

图 5-26 CMOS 与非门　　图 5-27 CMOS 或非门

4. CMOS 或非门

CMOS 或非门电路如图 5-27 所示。驱动管 T_1 和 T_2 为 N 沟道增强型，两者并联；而负载管 T_3 和 T_4 为 P 沟道增强型，两者串联。其逻辑功能为 $Y=\overline{A+B}$。

5. CMOS 传输门电路

CMOS 传输门电路如图 5-28(a)所示，它由 NMOS 管 T_1 和 PMOS 管 T_2 并联而成。两管的源极相联，作为输入端；两管的漏极相联，作为输出端(输入端和输出端可以对调)。两管的栅极作为控制极，分别加一对互为反量的控制电压 C 和 $\overline{C}$ 进行控制。CMOS 传输门的开通和关断取决于栅极上所加的控制电压。当 C 为“1”($\overline{C}$ 为“0”)时，传输门开通，反之则关断。图 5-28(b)为传输门的图形符号。CMOS 传输门 TG 加一个反相器，就是模拟开关，如

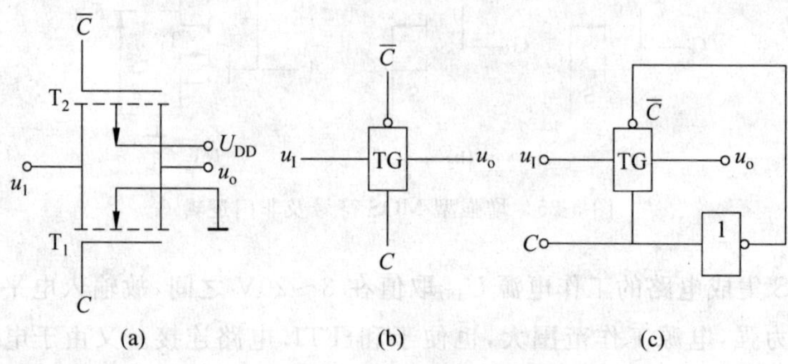

图 5-28 CMOS 传输门电路

图 5-28(c)所示。当 $C=1$ 时，TG 导通，相当于开关闭合；当 $C=0$ 时，TG 不通，相当于开关断开。

5.4 Practical Perspective

Logic family

In computer engineering, a logic family may refer to one of two related concepts. A logic family of monolithic digital integrated circuit devices is a group of electronic logic gates constructed using one of several different designs, usually with compatible logic levels and power supply characteristics within a family. Many logic families were produced as individual components, each containing one or a few related basic logical functions, which could be used as "building-blocks" to create systems or as so-called "glue" to interconnect more complex integrated circuits.

A "logic family" may also refer to a set of techniques used to implement logic within large scale integrated circuits such as a central processor, memory, or other complex functions. Some such logic families, such as Complementary Pass-transistor Logic, use static techniques to minimize power consumption. Other such logic families, such as domino logic, use clocked dynamic techniques to minimize size, power consumption, and delay.

Before the widespread use of integrated circuits, various solid-state and vacuum-tube logic systems were used but these were never as standardized and interoperable as the integrated circuit devices.

The list of packaged building-block logic families can be divided into categories. They are listed here in rough chronological order of introduction along with their common abbreviations:

- Diode logic (DL)
- Direct-coupled transistor logic (DCTL)
- Resistor-transistor logic (RTL)
- Resistor-capacitor transistor logic (RCTL)
- Diode-transistor logic (DTL)
- Emitter coupled logic (ECL) also known as Current-mode logic (CML)
    - Positive emitter-coupled logic (PECL)

  - Low-voltage positive emitter-coupled logic (LVPECL)
- Transistor-transistor logic (TTL) and variants
- P-type metal-oxide-semiconductor logic (PMOS)
- N-type metal-oxide-semiconductor logic (NMOS)
- Complementary metal-oxide-semiconductor logic (CMOS)
- Bipolar complementary metal-oxide-semiconductor logic (BiCMOS)
- Integrated injection logic (I2L)

The families (DL, RTL, DTL, and ECL) were derived from the logic circuits used in early computers, originally implemented using discrete components. One example is the Philips NORbits family of logic building blocks.

The PMOS and I2L logic families were used for relatively short periods, mostly in special purpose custom LSI (large scale integrated circuits) devices and are generally considered obsolete. For example, early digital clocks or electronic calculators may have used one or more PMOS devices to provide most of the logic for the finished product. The F14 CADC, Intel 4004, Intel 4040, and Intel 8008 microprocessors and their support chips were PMOS.

Of these families, only five (ECL, TTL, CMOS, NMOS, and BiCMOS) are currently still in widespread use. ECL is used for very high speed applications because of its price and power demands, while NMOS logic is mainly used in VLSI (Very Large Scale Integrated Circuits) applications such as CPUs and memory chips which fall outside of the scope of this article. Present-day "building block" logic gate ICs are based on the ECL, TTL, CMOS, and BiCMOS families.

Summary

1. A basic knowledge on digital circuit focusing on introduction, numerical system and encoding.
2. Boolean algebra introduction, basic Boolean logic, Boolean calculation, Boolean expression and simplification are described.
3. Integrated logic gate circuits, such as TTL "AND-NOT" gate, has been described in detail. Some other integrated logic gate circuits, such as Three-state TTL gate, CMOS "NOT" gate, COMOS "AND-NOT" gate and CMOS "OR-NOT" gate, has been introduced.

Problems

5.1 Convert 11011_2 to decimal value.

5.2 Convert 10110101_2 to decimal value.

5.3 Convert 45_{10} to binary value.

5.4 Convert 25_{10} to binary value.

5.5 Convert 163_8 to decimal value.

5.6 Convert 333_8 to decimal value.

5.7 Convert 359_{10} to octal value.

5.8 Convert 1111110011100100_2 to hexadecimal value.

5.9 Use the given logic gates and their corresponding waveforms shown in Fig. P5-1, sketch the waveforms of the outputs F_1, F_2 and F_3 and write their corresponding Boolean expressions.

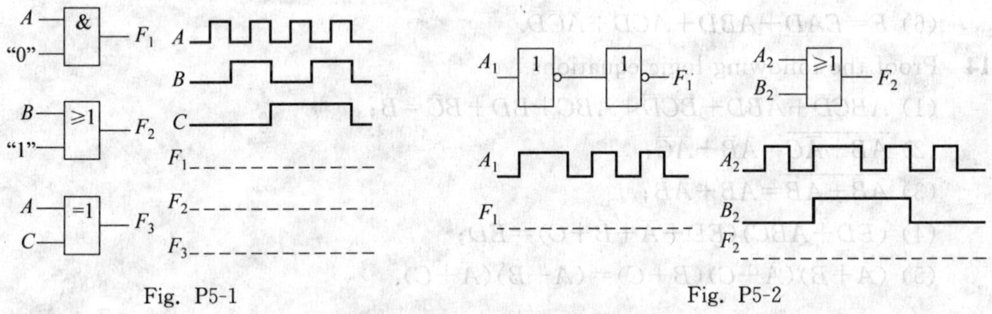

Fig. P5-1 Fig. P5-2

5.10 Use the given logic gates and their corresponding waveforms shown in Fig. P5-2 and sketch the waveforms of the outputs F_1 and F_2.

5.11 Write out the Boolean expressions of the following logic circuits shown in Fig. P5-3 and list their truth tables. According to the input waveforms, sketch their corresponding output waveforms.

5.12 A circuit is shown in Fig. P5-4. Write out the Boolean expression of the output F and the inputs A, B and C. Draw the logic circuit.

5.13 Using Boolean algebra techniques, simplify the following expressions.

(1) $F=ABC+ABD+\overline{A}B\overline{C}+CD+B\overline{D}$;

(2) $F=AB+\overline{A}C+BC$;

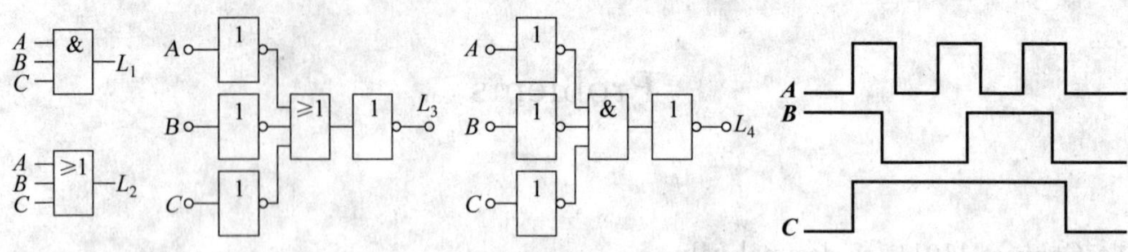

Fig. P5-3

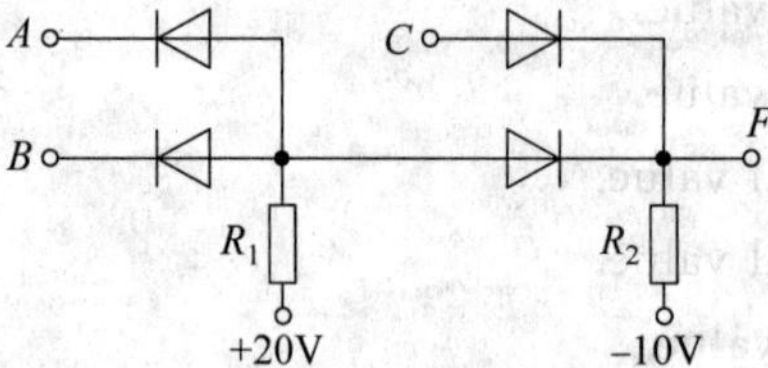

Fig. P5-4

(3) $F=AB\bar{C}+A\bar{B}C+\bar{A}BC+B(\bar{A}+B+C)$;

(4) $F=(AB+A\bar{B}+\bar{A}B)(A+B+C+\bar{A}\bar{B}\bar{C})$;

(5) $F=\bar{A}B+AC+\bar{B}C$;

(6) $F=EAD+A\bar{B}D+ACD+A\bar{C}D$.

5.14 Proof the following logic equations.

(1) $ABC\bar{D}+ABD+BC\bar{D}+ABC+BD+B\bar{C}=B$;

(2) $\overline{AB+\bar{A}C}=A\bar{B}+\bar{A}\bar{C}$;

(3) $\overline{A\bar{B}+\bar{A}B}=AB+\bar{A}\bar{B}$;

(4) $(ED+ABC)(ED+\bar{A}+\bar{B}+\bar{C})=ED$;

(5) $(A+B)(\bar{A}+C)(B+C)=(A+B)(\bar{A}+C)$.

第6章

组合逻辑电路

引言

在数字电路理论中，组合逻辑电路(combinatorial logic 或 combinational logic)是一种逻辑电路，它的任一时刻的稳态输出，仅仅与该时刻的输入变量的取值有关，而与该时刻以前的输入变量取值无关。这种电路跟时序逻辑电路(sequential logic)相反，时序逻辑电路的输出结果与目前的输入和先前的输入有关系。从电路结构分析，组合逻辑电路由各种逻辑门组成，网络中无记忆元件，也无反馈线。

在计算机中，输入的信号跟储存的资料作逻辑代数运算时用的就是组合逻辑电路。实际上，计算机中的电路都会混用组合逻辑和时序逻辑电路。举例来说，算术运算逻辑单元(ALU)中，尽管 ALU 是由时序逻辑电路所控制，但其数学运算的执行则是通过组合逻辑电路进行的。

6.1 组合逻辑电路的分析与设计

6.1.1 组合逻辑电路的分析

典型的组合逻辑电路如图 6-1 所示。

由已知的逻辑电路图(logic circuit diagram)，找出输入变量和输出函数之间的逻辑关系，达到分析电路功能、评价设计好坏、维护系统硬件、改善电路设计的目的，这个过程称为组合逻辑电路的分析。其步骤如图 6-2 所示，具体描述如下。

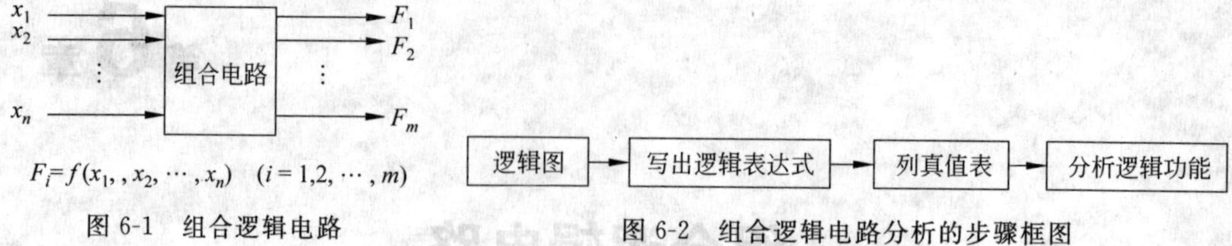

图 6-1 组合逻辑电路　　　　图 6-2 组合逻辑电路分析的步骤框图

首先由给定的逻辑图写出输出端与输入端的逻辑表达式，然后化简或变换逻辑表达式(Boolean equation)，接着列出真值表(truth table)(有时可略)，根据逻辑表达式或真值表对逻辑电路进行分析，最后确定逻辑功能。

Example 6.1 Analyze the logic circuit diagram as shown in Fig. 6-3.

Solution

Step 1: Boolean equation can be obtained from the logic circuit diagram.

$$F_1 = \overline{AB}, \quad F_2 = \overline{AC}, \quad F_3 = \overline{BC}$$

$$F = \overline{\overline{AB} \cdot \overline{AC} \cdot \overline{BC}}$$

Step 2: The Boolean equation can be transformed into:

$$F = \overline{\overline{AB} \cdot \overline{AC} \cdot \overline{BC}} \rightarrow F = AB + AC + BC$$

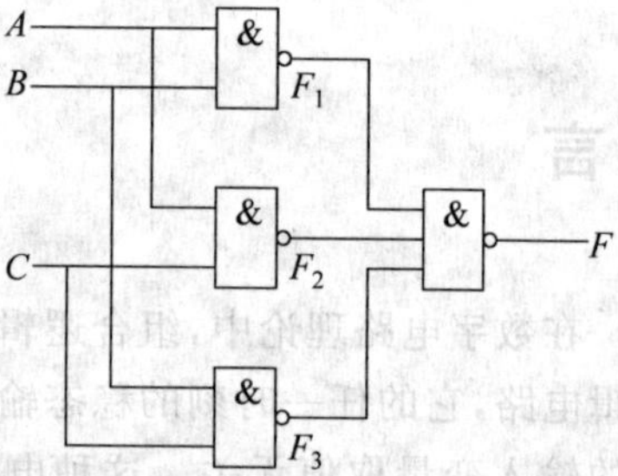

Fig. 6-3 Diagram of example 6.1

Step 3: The truth table can be found in Table 6-1:

Table 6-1 Truth table

A	B	C	F
0	0	0	0
0	0	1	0
0	1	0	0
0	1	1	1
1	0	0	0
1	0	1	1
1	1	0	1
1	1	1	1

Step 4: Confirm the logic function of the circuit.

As shown in Table 6-1, only when two and more of the input variables A, B, C are 1, the output F is 1. Therefore, the circuit can realize the function of **majority voter.**

Example 6.2 Analyze the logic circuit diagram as shown in Fig. 6-4.

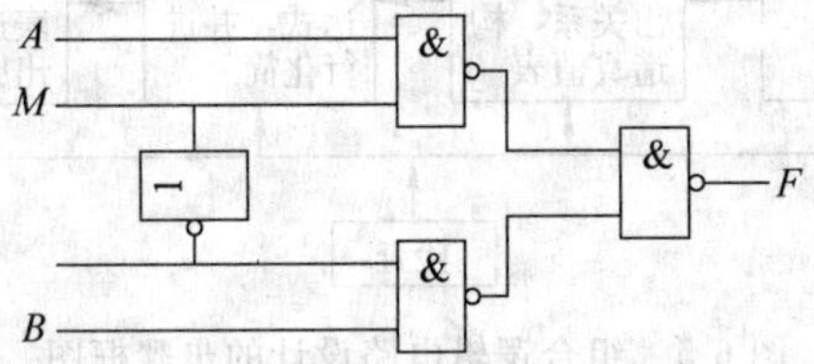

Fig. 6-4 Diagram of example 6.2

Solution

$$F = \overline{\overline{A \cdot M} \cdot \overline{B \cdot \overline{M}}} = AM + B\overline{M}$$

Truth table is listed in Table 6-2.

Table 6-2

M	A	B	F
0	0	0	0
0	0	1	1
0	1	0	0
0	1	1	1
1	0	0	0
1	0	1	0
1	1	0	1
1	1	1	1

The trait of the circuit is: when $M=1$, the signal in channel A is selected. When $M=0$, the signal in channel B is selected.

6.1.2 组合逻辑电路的设计

组合逻辑电路的设计(design of combinatorial logical circuit)又称为逻辑综合,与分析过程相反,是根据给定的逻辑条件或者提出的逻辑功能,整理出满足该逻辑的电路,这个过程称为数字电路的逻辑设计。组合逻辑电路设计的具体步骤如图 6-5 所示。

具体描述如下:

将文字描述的逻辑命题转换成真值表的这一过程也叫逻辑抽象。

首先要分析事件的因果关系,以确定输入变量和输出变量,一般把事情的原因定为输入变量,事情的结果作为输出变量;然后定义逻辑状态的含义,即逻辑赋值,用二值逻辑的 0、1

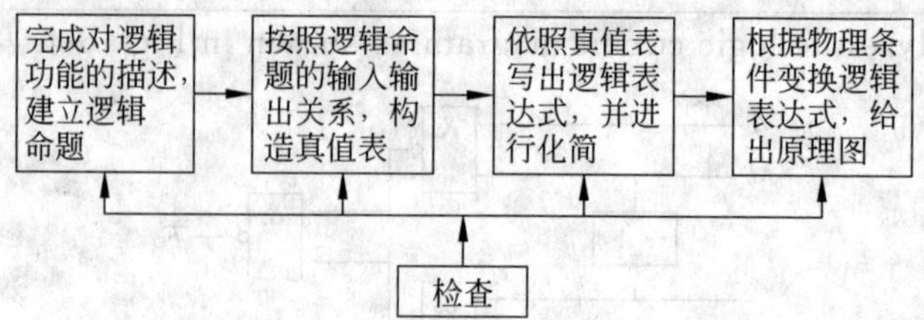

图 6-5 组合逻辑电路设计的步骤框图

两种状态分别代表输入、输出变量的两种不同状态，这里 0 和 1 的具体含义由设计者人为选定；接着列真值表。这样就将一个实际逻辑问题抽象成一个逻辑函数了，逻辑函数首先是以真值表的形式给出。对逻辑函数进行化简，变换为与门电路相对应的最简式。再画逻辑电路图，至此原理性设计已经完成。

工艺设计包括设计机箱、面板、电源、显示电路、控制开关等。最后还必须完成组装、测试。

工程上的最佳设计，通常需要用多个指标去衡量，主要考虑的问题有以下几个方面。

(1) 所用的逻辑器件数目最少，器件的种类最少，且器件之间的连线最少。这样的电路称“最小化”(最简)电路。

(2) 满足速度要求，应该使门级数最少，以减少门电路的延迟。

(3) 电路功耗小，工作稳定可靠。

Example 6.3 There is an alarming system. When the switch of the alarm is on and the door is open, or time is after 5:30 PM and the window isn't closed well, the alarm bell will ring. Design the combinational logic control circuit.

Solution

Assume F= alarm bell ringing, W= window being closed well, S= switch of alarm bell is on, T= after 5:30 PM, D= door being closed well

When the state of above variable is true, the variable value is 1, otherwise it is 0. Therefore the output F is $F=S\overline{D}+T\overline{W}$ The logic circuit diagram is shown in Fig. 6-6.

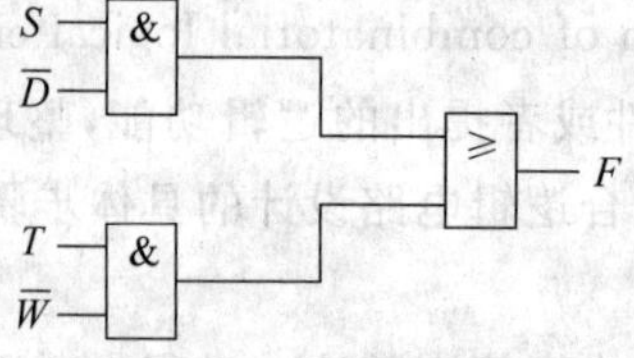

Fig. 6-6 Logic circuit diagram of example 6.3

Example 6.4 Design a vote circuit of weight-lifting referees by AND-NOT gates. Assume there are three referees. One is a chief referee; the other two are assistant referees. Only when two or more than two referees judge success and one of them must be the chief referee, this weight lifting is success.

Solution

The input variables: the chief referee is A; the two assistant referees are B and C. If it is success, the variable is set 1, otherwise it is set 0.

The output variable is represented as Y. If it is success, Y is set 1. Otherwise Y is set 0.

Logic truth table is listed in Table 6-3.

Table 6-3

input			output
A	B	C	Y
0	0	0	0
0	0	1	0
0	1	0	0
0	1	1	0
1	0	0	0
1	0	1	1
1	1	0	1
1	1	1	1

The next step of the design process is to construct a Karnaugh-map so that we can obtain the simplest Boolean expression from it. The Karnaugh-map is shown in Fig. 6-7.

The logic circuit diagram is shown in Fig. 6-8.

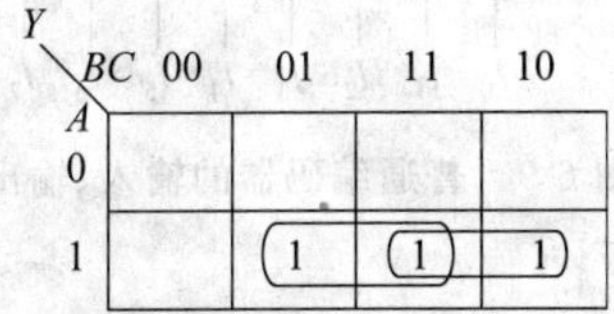

Fig. 6-7 Karnaugh-map of example 6.4

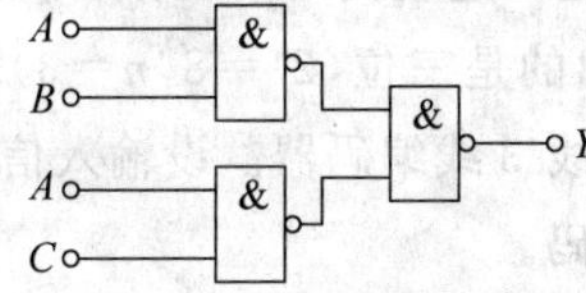

Fig. 6-8 Logic circuit diagram of example 6.4

6.2 编码器

所谓编码(encoding)就是赋予选定的一系列二进制代码以固定的含义。生活中常用十进制数及文字、符号等表示事物。数字电路只能以二进制信号工作,因此,在数字电路中,需要用二进制代码表示某个事物或特定对象,这一过程称为编码。编码器是指实现编码操作的逻辑电路。使用编码技术可以大大减少数字电路系统中信号传输线的条数,同时便于信号的接收和处理。例如,一个由8个开关组成的键盘,如果直接接入需要8条信号传输线;如果使用了编码器,只需要3条数据线(每组输入状态对应一组3位二进制代码)。

编码时采用的原则是:N位二进制代码可以表示2^N个信号。对M个信号编码时,应由$2^N \geqslant M$来确定位数N。例如对101键盘编码时,采用了7位二进制代码ASCⅡ码,因为$2^7=128>101$。

目前经常使用的编码器有普通编码器(common encoders)和优先编码器(priority encoders)两种。

6.2.1 普通编码器

普通编码器是指任何时刻只允许输入一个有效编码请求信号,否则输出将发生混乱。以一个三位二进制普通编码器为例,说明普通编码器的工作原理。如图6-9所示,输入$I_0 \sim I_7$为病房中8个呼叫请求,输出为三位二进制代码$Y_2Y_1Y_0$。

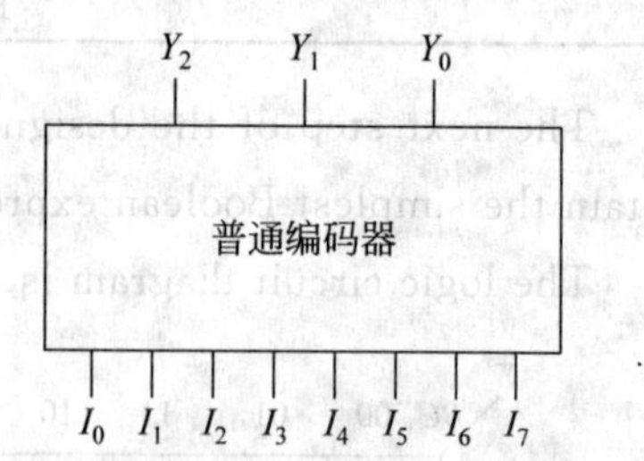

图6-9 普通编码器的输入、输出信号

其编码过程如下:

(1) 确定二进制代码的位数。因为输入有8个信号,所以输出的是三位($2^n=8, n=3$)二进制。该类编码器称作8线-3线编码器。设输入信号为1表示对该输入进行编码。

(2) 列编码表。编码表是把待编码的8个信号和对应的二进制代码列成的表格。这种对应关系是人为的。用三位二进制代码表示8个信号的方案很多,表6-4所列的是其中的一种。每种方案都有一定的规律性,便于记忆。由输入-输出对应关系列出它的真值表如表6-5所示。

表 6-4 编码器输入-输出的对应关系

I_0	I_1	I_2	I_3	I_4	I_5	I_6	I_7	Y_2	Y_1	Y_0
1	0	0	0	0	0	0	0	0	0	0
0	**1**	0	0	0	0	0	0	0	0	1
0	0	**1**	0	0	0	0	0	0	1	0
0	0	0	**1**	0	0	0	0	0	1	1
0	0	0	0	**1**	0	0	0	1	0	0
0	0	0	0	0	**1**	0	0	1	0	1
0	0	0	0	0	0	**1**	0	1	1	0
0	0	0	0	0	0	0	**1**	1	1	1

表 6-5 真值表

输入								输出		
I_0	I_1	I_2	I_3	I_4	I_5	I_6	I_7	Y_2	Y_1	Y_0
1	0	0	0	0	0	0	0	0	0	0
0	**1**	0	0	0	0	0	0	0	0	1
0	0	**1**	0	0	0	0	0	0	1	0
0	0	0	**1**	0	0	0	0	0	1	1
0	0	0	0	**1**	0	0	0	1	0	0
0	0	0	0	0	**1**	0	0	1	0	1
0	0	0	0	0	0	**1**	0	1	1	0
0	0	0	0	0	0	0	**1**	1	1	1

(3) 由真值表写出逻辑式

$$\begin{cases} Y_2 = I_4 + I_5 + I_6 + I_7 \\ Y_1 = I_2 + I_3 + I_6 + I_7 \\ Y_0 = I_1 + I_3 + I_5 + I_7 \end{cases} \tag{6-1}$$

由逻辑式画出逻辑图，如图 6-10 所示。输入信号一般不允许出现两个或两个以上同时输入。

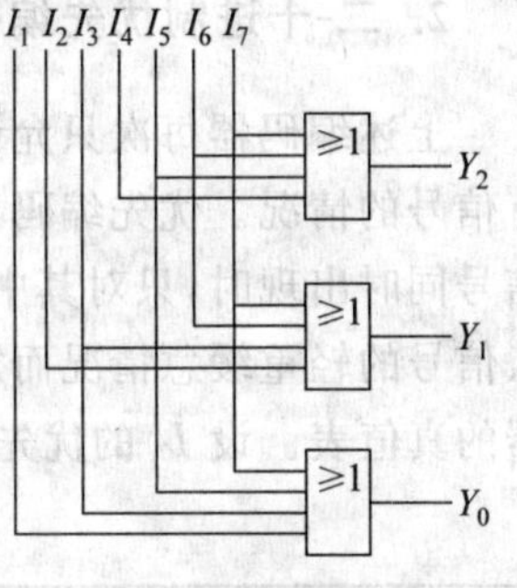

图 6-10 逻辑图

6.2.2 二-十进制编码器

1. 8421 编码器

二-十进制编码器是将十进制的 10 个数码 0,1,2,3,4,5,6,7,8,9 编成二进制代码的电路。输入的是 0～9 十个数码，输出的是对应的二进制代码。这种二进制代码又称二-十进制代码，简称 BCD 码(Binary-Coded-Decimal)。

因为输入有 10 个数码，而三位二进制代码只有 8 种组合，所以输出的应是四位二进制代码($2^n>10$,取 $n=4$)。四位二进制代码共有 16 种状态,其中任何 10 种状态都可表示 0~9 十个数码,方案很多,最常用的是 8421 编码方式。就是在四位二进制代码的 16 种状态中取出前 10 种状态,表示 0~9 十个数码,后面 6 种状态去掉,见表 6-6。二进制代码各位的 1 所代表的十进制数从高位到低位依次为 8,4,2,1,称之为"权",而后把每个数码乘以各位的"权"相加,即得出该二进制代码所表示的一位十进制数。例如,"1001",这个二进制代码表示的十进制数就是

$$\mathbf{1}\times 8+\mathbf{0}\times 4+\mathbf{0}\times 2+\mathbf{1}\times 1=8+0+0+1=9$$

表 6-6　8421 码编码表

输入	输出			
十进制数	Y_3	Y_2	Y_1	Y_0
0(I_0)	0	0	0	0
1(I_1)	0	0	0	1
2(I_2)	0	0	1	0
3(I_3)	0	0	1	1
4(I_4)	0	1	0	0
5(I_5)	0	1	0	1
6(I_6)	0	1	1	0
7(I_7)	0	1	1	1
8(I_8)	1	0	0	0
9(I_9)	1	0	0	1

2. 二-十进制优先编码器

上述编码器每次只允许一个输入端上有信号,而实际上还常常出现多个输入端上同时有信号的情况。优先编码器中就允许同时输入两个以上的有效编码请求信号。当几个输入信号同时出现时,只对其中优先权最高的一个进行编码。优先级别的高低由设计者根据输入信号的轻重缓急情况而定,如根据病情而设定优先权等。表 6-7 是三位二进制优先编码器的真值表。设 I_7 的优先级别最高,I_6 次之,以此类推,I_0 最低。表中"×"表示任意态。

表 6-7　三位二进制优先编码器的真值表

输入								输出		
I_7	I_6	I_5	I_4	I_3	I_2	I_1	I_0	Y_2	Y_1	Y_0
1	×	×	×	×	×	×	×	1	1	1
0	1	×	×	×	×	×	×	1	1	0
0	0	1	×	×	×	×	×	1	0	1
0	0	0	1	×	×	×	×	1	0	0

续表

输入								输出		
I_7	I_6	I_5	I_4	I_3	I_2	I_1	I_0	Y_2	Y_1	Y_0
0	0	0	0	1	×	×	×	0	1	1
0	0	0	0	0	1	×	×	0	1	0
0	0	0	0	0	0	1	×	0	0	1
0	0	0	0	0	0	0	1	0	0	0

逻辑表达式为

$$\begin{cases} Y_2 = I_7 + \overline{I}_7 I_6 + \overline{I}_7 \overline{I}_6 I_5 + \overline{I}_7 \overline{I}_6 \overline{I}_5 I_4 = I_7 + I_6 + I_5 + I_4 \\ Y_1 = I_7 + \overline{I}_7 I_6 + \overline{I}_7 \overline{I}_6 \overline{I}_5 \overline{I}_4 I_3 + \overline{I}_7 \overline{I}_6 \overline{I}_5 \overline{I}_4 \overline{I}_3 I_2 = I_7 + I_6 + \overline{I}_5 \overline{I}_4 I_3 + \overline{I}_5 \overline{I}_4 I_2 \\ Y_0 = I_7 + \overline{I}_7 \overline{I}_6 I_5 + \overline{I}_7 \overline{I}_6 \overline{I}_5 \overline{I}_4 I_3 + \overline{I}_7 \overline{I}_6 \overline{I}_5 \overline{I}_4 \overline{I}_3 \overline{I}_2 I_1 = I_7 + \overline{I}_6 I_5 + \overline{I}_6 \overline{I}_4 I_3 + \overline{I}_6 \overline{I}_4 \overline{I}_2 I_1 \end{cases} \tag{6-2}$$

74LS148 型优先编码器是常用的一种优先编码器，表 6-8 是其功能表。74LS148 的逻辑功能描述如下。

(1) 编码输入端：逻辑符号输入端 $\overline{I}_0 \sim \overline{I}_7$ 上面均有"—"号，这表示编码输入端低电平有效。即有信号时，输入为 0。输入信号的优先次序为 $\overline{I}_7 \sim \overline{I}_0$。

(2) 编码输出端 $\overline{Y}_2$，$\overline{Y}_1$ 和 $\overline{Y}_0$：从功能表可以看出，74LS148 编码器的编码输出是反码。应于 0～7 八个十进制数码。

(3) 选通输入端：只有在 $\overline{EN_I}=0$ 时，编码器才处于工作状态；而在 $\overline{EN_I}=1$ 时，编码器处于禁止状态，所有输出端均被封锁为高电平。

(4) 选通输出端 $\overline{EN_O}$ 和扩展输出端 $\overline{Y_{EX}}$：为扩展编码器功能而设置。它们都是低电平有效。

表 6-8　74LS148 型优先编码器的功能表

输入(74LS148 真值表)									输出				
$\overline{EN_I}$	$\overline{I}_0$	$\overline{I}_1$	$\overline{I}_2$	$\overline{I}_3$	$\overline{I}_4$	$\overline{I}_5$	$\overline{I}_6$	$\overline{I}_7$	$\overline{Y}_2$	$\overline{Y}_1$	$\overline{Y}_0$	$\overline{Y_{EX}}$	$\overline{EN_O}$
1	×	×	×	×	×	×	×	×	1	1	1	1	1
0	1	1	1	1	1	1	1	1	1	1	1	1	0
0	×	×	×	×	×	×	×	0	0	0	0	0	1
0	×	×	×	×	×	×	0	1	0	0	1	1	0
0	×	×	×	×	×	0	1	1	0	1	0	1	0
0	×	×	×	×	0	1	1	1	0	1	1	1	0
0	×	×	×	0	1	1	1	1	1	0	0	1	0
0	×	×	0	1	1	1	1	1	1	0	1	1	0
0	×	0	1	1	1	1	1	1	1	1	0	1	0
0	0	0	1	1	1	1	1	1	1	1	1	1	0

从功能表中可以得出，74LS148 当某一输入端有低电平输入，且比它优先级别高的输入端没有低电平输入时，输出端才输出相应该输入端的代码。例如，$I_5=0$ 且 $I_6=I_7=1$（I_6，I_7 优先级别高于 I_5），则此时输出代码 010（为 5），因为 $(010)_2$ 的反码是 $(101)_2$。这就是优先编码器的工作原理。

74LS148 的逻辑符号如图 6-11 所示。

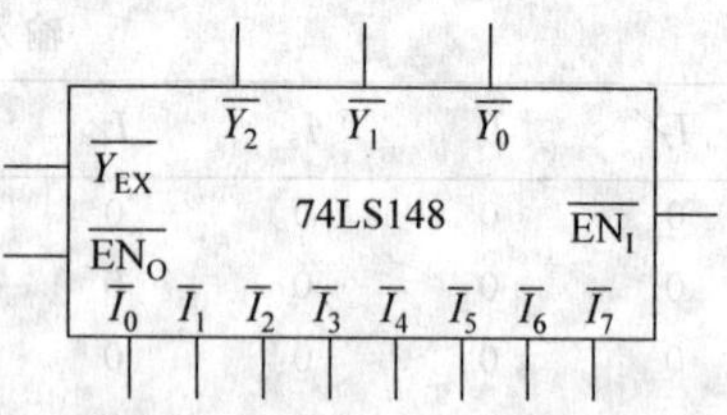

图 6-11　74LS148 的逻辑符号

图 6-12 是用 74LS148 接成的 16 线-4 线优先编码器的电路图。其中 $\overline{A_{15}}$ 的优先权最高；两片的 $\overline{EN_O}$ 和 $\overline{EN_I}$ 连接起来表示(2)片无有效编码请求时才允许(1)片编码；Z_3 是编码输出的最高位码。

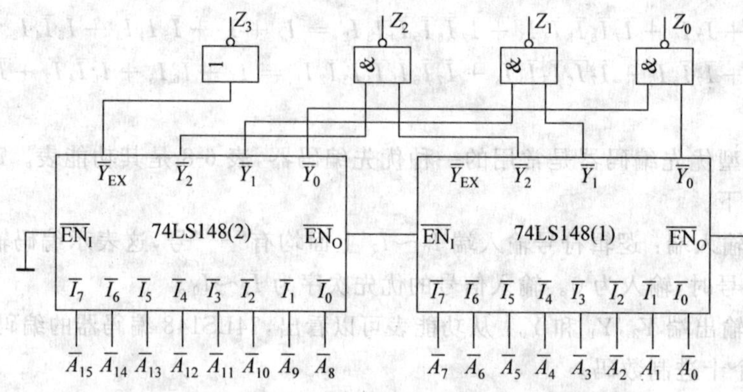

图 6-12　用 74LS148 接成的 16 线-4 线优先编码器

6.3　译码器

译码(decoding)是编码的逆过程，即将编码时赋予代码的特定含义“翻译”出来，将每个输入的二进制代码译成对应的输出高、低电平。实现译码功能的逻辑电路称为译码器。数字电路中，常用的译码器有二进制译码器、二-十进制译码器和显示译码器。

6.3.1　二进制译码器

二进制译码器输入的是 N 位二进制代码，输出的是 2^N 个数，且每个输出仅包含一个最小项。因此二进制译码器的作用是将 N 种输入的组合译成 2^N 种电路状态。也叫 N-2^N 线译码器。例如用与非门设计的 2 线-4 线译码器，其真值表见表 6-9，输出为低电平有效。根据真值表得出

$$\begin{cases}\overline{Y}_0=\overline{\overline{A}_1\overline{A}_0}\\ \overline{Y}_1=\overline{\overline{A}_1A_0}\\ \overline{Y}_2=\overline{A_1\overline{A}_0}\\ \overline{Y}_3=\overline{A_1A_0}\end{cases}\tag{6-3}$$

表 6-9 2 线-4 线译码器的真值表

A_1	A_0	$\overline{Y}_0$	$\overline{Y}_1$	$\overline{Y}_2$	$\overline{Y}_3$
0	0	0	1	1	1
0	1	1	0	1	1
1	0	1	1	0	1
1	1	1	1	1	0

由逻辑式画出的逻辑图如图 6-13 所示，此为由 74LS139 集成片实现的 2 线-4 线译码器，其中 $\overline{S}$ 为控制端。其功能表如表 6-10 所示，其管脚图如图 6-14 所示。每片 74LS139 含两个 2 线-4 线译码器。

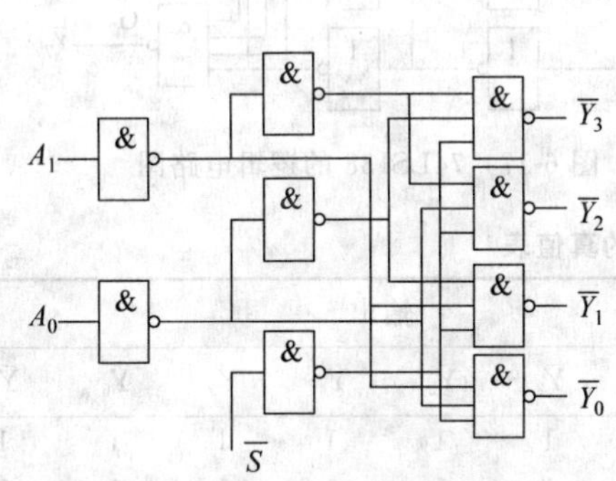

图 6-13 2 线-4 线译码器的电路图

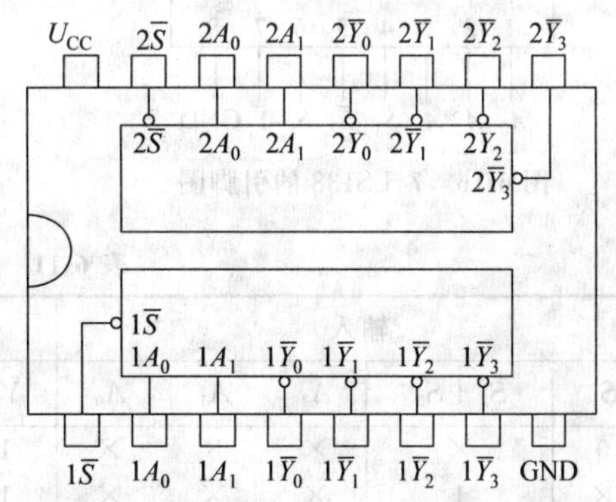

图 6-14 74LS139 管脚图

表 6-10 74LS139 的功能表

S	A_1	A_0	$\overline{Y}_0$	$\overline{Y}_1$	$\overline{Y}_2$	$\overline{Y}_3$
1	×	×	1	1	1	1
0	0	0	0	1	1	1
0	0	1	1	0	1	1
0	1	0	1	1	0	1
0	1	1	1	1	1	0

要把输入的一组三位二进制代码译成对应的 8 个输出信号，其译码过程如下：如图 6-15 所示，设输入的三位二进制代码为 $A_2A_1A_0$，输出 8 个信号 $Y_7\sim Y_0$。输入有 8 种状态，8 个输出端分别对应其中一种输入状态。因此，又把三位二进制译码器称为 3 线-8 线译码器。

能够实现 3 线-8 线译码器的有 74LS138，74LS138 的引脚图如图 6-16 所示。

用与非门组成的 3 线-8 线译码器 74LS138 如图 6-17 所示。表 6-11 是其真值表。

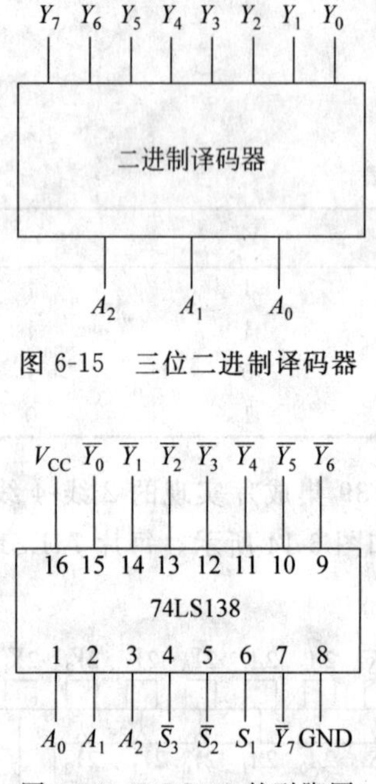

图 6-15 三位二进制译码器

图 6-16 74LS138 的引脚图

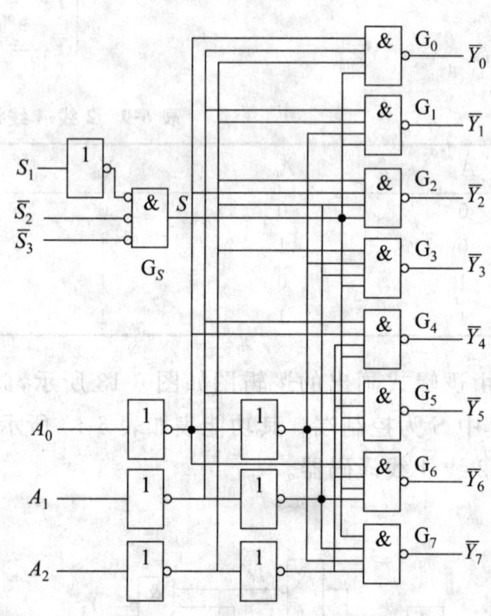

图 6-17 74LS138 的逻辑电路图

表 6-11 74LS138 的真值表

输入					输出							
S_1	$\overline{S}_2+\overline{S}_3$	A_2	A_1	A_0	$\overline{Y}_0$	$\overline{Y}_1$	$\overline{Y}_2$	$\overline{Y}_3$	$\overline{Y}_4$	$\overline{Y}_5$	$\overline{Y}_6$	$\overline{Y}_7$
0	×	×	×	×	1	1	1	1	1	1	1	1
×	1	×	×	×	1	1	1	1	1	1	1	1
1	0	0	0	0	0	1	1	1	1	1	1	1
1	0	0	0	1	1	0	1	1	1	1	1	1
1	0	0	1	0	1	1	0	1	1	1	1	1
1	0	0	1	1	1	1	1	0	1	1	1	1
1	0	1	0	0	1	1	1	1	0	1	1	1
1	0	1	0	1	1	1	1	1	1	0	1	1
1	0	1	1	0	1	1	1	1	1	1	0	1
1	0	1	1	1	1	1	1	1	1	1	1	0

无论从逻辑图还是功能表都可以看到 74LS138 的 8 个输出引脚，任何时刻要么全为高电平 1，此时芯片处于不工作状态；要么只有一个为低电平 0，其余 7 个输出引脚全为高电平 1。如果出现两个输出引脚同时为 0 的情况，说明该芯片已经损坏。图 6-17 中 S 为控制端，又称使能端，$S=S_1\cdot\overline{S}_2\cdot\overline{S}_3$。当 $S=1$ 时，译码器开始工作；当 $S=0$ 时，禁止译码。当附加

控制门的输出为高电平 $S=1$ 时,可由逻辑图写出:

$$
\left\{\begin{aligned}
\bar{Y}_0 &= \overline{\bar{A}_2\bar{A}_1\bar{A}_0} = \bar{m}_0 \\
\bar{Y}_1 &= \overline{\bar{A}_2\bar{A}_1 A_0} = \bar{m}_1 \\
\bar{Y}_2 &= \overline{\bar{A}_2 A_1\bar{A}_0} = \bar{m}_2 \\
\bar{Y}_3 &= \overline{\bar{A}_2 A_1 A_0} = \bar{m}_3 \\
\bar{Y}_4 &= \overline{A_2\bar{A}_1\bar{A}_0} = \bar{m}_4 \\
\bar{Y}_5 &= \overline{A_2\bar{A}_1 A_0} = \bar{m}_5 \\
\bar{Y}_6 &= \overline{A_2 A_1\bar{A}_0} = \bar{m}_6 \\
\bar{Y}_7 &= \overline{A_2 A_1 A_0} = \bar{m}_7
\end{aligned}\right. \tag{6-4}
$$

由上式可以看出,74LS138 同时又是这 3 个变量的全部最小项的译码输出,所以也把这种译码器叫做最小项译码器。74LS138 有 3 个附加的控制端 S_1,$\bar{S}_2$ 和 $\bar{S}_3$。当 $S_1=1$,$\bar{S}_2+\bar{S}_3=0$ 时,G_S 输出为高电平,即 $S=1$ 时,译码器处于工作状态。否则,译码器被禁止,所有的输出端被封锁在高电平,如表 6-11 所示。这 3 个控制端也叫做"片选"输入端,利用片选的作用可以将多片连接起来以扩展译码器的功能。

由于任一个逻辑函数都可以变换为最小项之和的表达式,因此,用二进制译码器和门电路可以很方便地实现单输出和双输出逻辑函数(又称逻辑函数产生电路),具体方法如下。

(1) 选出输出为低电平有效的二进制译码器时,将逻辑函数的最小项表达式二次求非,变换为与非表达式,这时用与非门综合实现逻辑函数。

(2) 选出输出为高电平有效的二进制译码器时,由于逻辑函数的最小项表达式为标准与或表达式,因此,可以直接用或门综合实现逻辑函数。

Example 6.5 Design a circuit to realize the following Boolean function by decoder and gates.

$$Y = AB + BC + AC$$

Solution

Transit the Boolean function into miniterm. Then transit it into AND-NOT.

$$
\begin{aligned}
L &= \bar{A}BC + A\bar{B}C + AB\bar{C} + ABC \\
&= m_3 + m_5 + m_6 + m_7 \\
&= \overline{\bar{m}_3\,\bar{m}_5\,\bar{m}_6\,\bar{m}_7}
\end{aligned}
$$

A 74LS138 and an AND-NOT gate can realize the Boolean function. The circuit is shown in Fig. 6-18.

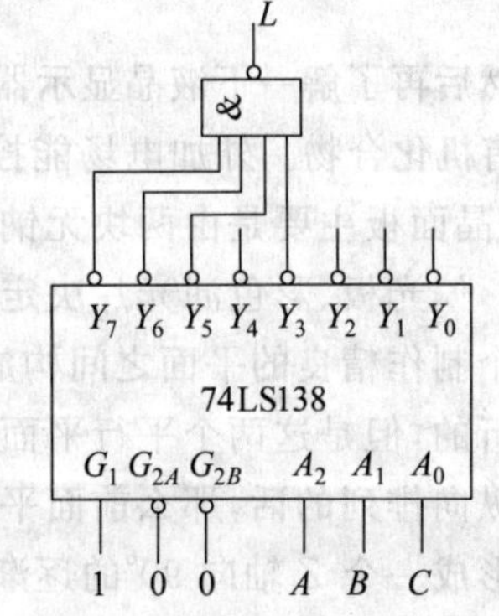

Fig. 6-18 A circuit of Example 6.5

6.3.2 数字显示译码器

常用的数字显示器有多种类型，按显示方式分，有字型重叠式、点阵式、分段式等；按发光物质分，有半导体显示器（又称发光二极管(LED)显示器）、荧光显示器、液晶显示器、气体放电管显示器等。

1. 七段数字显示器（7-segment LED）原理

首先，我们了解一下七段式LED数码管。用砷化镓等特殊材料半导体制成的二极管，当加正向电压导通时，由于电子和空穴的复合放出能量，因而发出一定波长的光。光的波长不同，颜色也不同，常见的有红色、绿色和黄色，所以这种二极管被称为发光二极管。用7个LED制成的七段式数码管的段形布置，如图6-19(a)所示。图6-19(b)是通过控制有关各段LED发光显示的0～9十个数字。

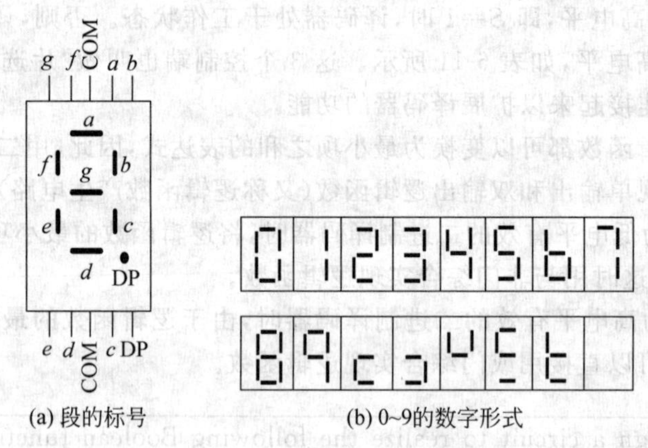

(a) 段的标号　　(b) 0~9的数字形式

图 6-19　七段LED显示器

然后再了解一下液晶显示器(LCD)。液晶是一种既具有液体的流动性又具有晶体光学特性的有机化合物。外加电场能控制它的透明度和显示的颜色，由此制成LCD。如图6-20所示，液晶面板主要是由两块无钠玻璃夹着一个由偏光板、液晶层和彩色滤光片构成的夹层所组成。偏光板、彩色滤光片决定了有多少光可以通过以及生成何种颜色的光线。液晶被灌在两个制作精良的平面之间构成液晶层，这两个平面上列有许多沟槽，单独平面上的沟槽都是平行的，但是这两个平行平面上的沟槽却是互相垂直的。简单地说就是后面平面上的沟槽是纵向排列的话，那么前面平面的沟槽就是横向排列的。位于两个平面间液晶分子的排列会形成一个Z轴向90°的逐渐扭曲状态。背光光源即灯管发出的光线通过液晶显示屏背面的背光板和反光膜，产生均匀的背光光线，这些光线通过后层会被液晶进行Z轴向的扭曲，从而能够通过前层平面。如果给液晶层加电压将会产生电场，液晶分子就会重新排列，光线无法扭转从而不能通过前层平面，以此来阻断光线。

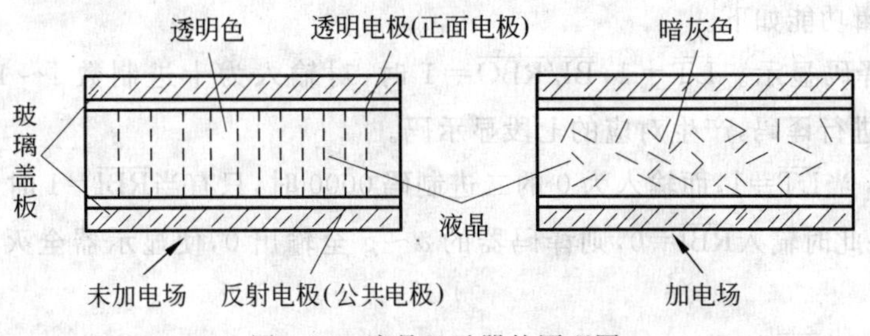

图 6-20 液晶显示器的原理图

按内部连接方式不同，LED 七段数字显示器分为共阴极和共阳极两种，如图 6-21 所示。

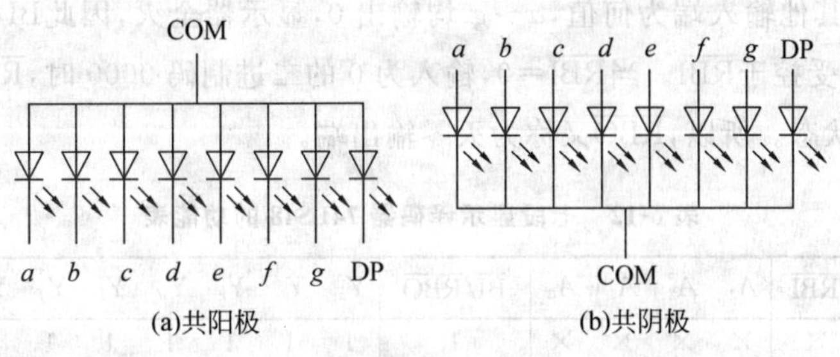

图 6-21 七段数字显示器的内部连接方式

2. 七段显示译码器 74LS48

七段显示译码器 74LS48 是一种与共阴极数字显示器配合使用的集成译码器，其管脚图如图 6-22 所示。

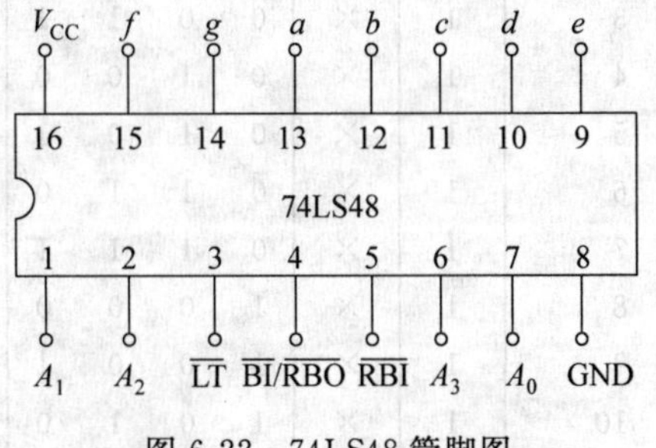

图 6-22 74LS48 管脚图

图 6-22 中$\overline{LT}$是测试灯输入端。当$\overline{LT}=0$(低电平有效)且$\overline{BI}=1$ 时，$a\sim g$ 输出均为 1，显示器七段应全亮，否则说明显示器件有故障。正常译码显示时，$\overline{LT}$应处于高电平，即$\overline{LT}=1$。

$\overline{BI}/\overline{RBO}$是双重功能端。此端可作为输入信号端又可以作为输出信号端。作为输入端时是熄灭信号输入端$\overline{BI}$，利用$\overline{BI}$端可以按照需要控制数码管显示或不显示。当$\overline{BI}=0$ 时(低电平有效)，无论 $A_3A_2A_1A_0$ 状态如何，$a\sim g$ 均为 0，数码管不显示。当该端作为输出端时是灭零输出端$\overline{RBO}$，当$\overline{RBI}=0$，且 $A_3A_2A_1A_0=0000$ 时，$\overline{RBO}=0$。

$\overline{RBI}$是灭零输入端。该端的作用是将数码管显示的数字 0 熄灭。当$\overline{RBI}=0$(低电平有效)、$\overline{LT}$=1 且 $A_3A_2A_1A_0$=0000 时，a～g 均输出 0，数码管不显示。其功能表见表 6-12。74LS148 的逻辑功能如下。

(1) 正常译码显示。$\overline{LT}$=1，$\overline{BI}/\overline{RBO}$=1 时，对输入为十进制数 1～15 的二进制码(0001～1111)进行译码，产生对应的七段显示码。

(2) 灭零。当$\overline{LT}$=1，而输入为 0 的二进制码 0000 时，只有当$\overline{RBI}$=1 时，才产生 0 的七段显示码，如果此时输入$\overline{RBI}$=0，则译码器的 a～g 全输出 0，使显示器全灭，所以$\overline{RBI}$称为灭零输入端。

(3) 试灯。当$\overline{LT}$=0 时，无论输入怎样，a～g 全输出 1，数码管七段全亮，由此可以检测显示器七个发光段的好坏。$\overline{LT}$称为试灯输入端。

(4) 特殊控制端$\overline{BI}/\overline{RBO}$。$\overline{BI}/\overline{RBO}$可以作输入端，也可以作输出端。作输入使用时，如果$\overline{BI}$=0 时，不管其他输入端为何值，$a$～$g$ 均输出 0，显示器全灭，因此$\overline{BI}$称为灭灯输入端；作输出端使用时，受控于$\overline{RBI}$。当$\overline{RBI}$=0，输入为 0 的二进制码 0000 时，$\overline{RBO}$=0，用以指示该片正处于灭零状态。所以，$\overline{RBO}$又称为灭零输出端。

表 6-12 七段显示译码器 74LS48 的功能表

十进制数	$\overline{LT}$	$\overline{RBI}$	A_3	A_2	A_1	A_0	$\overline{BI}/\overline{RBO}$	Y_a	Y_b	Y_c	Y_d	Y_e	Y_f	Y_g	说明
$\overline{LT}$	0	×	×	×	×	×	1	1	1	1	1	1	1	1	测试灯
$\overline{BI}$	×	×	×	×	×	×	0	0	0	0	0	0	0	0	熄灭
$\overline{RBI}$	1	0	0	0	0	0	0	0	0	0	0	0	0	0	灭 0
0	1	×	0	0	0	0	1	1	1	1	1	1	1	0	显示 0
1	1	×	0	0	0	1	1	0	1	1	0	0	0	0	显示 1
2	1	×	0	0	1	0	1	1	1	0	1	1	0	1	显示 2
3	1	×	0	0	1	1	1	1	1	1	1	0	0	1	显示 3
4	1	×	0	1	0	0	1	0	1	1	0	0	1	1	显示 4
5	1	×	0	1	0	1	1	1	0	1	1	0	1	1	显示 5
6	1	×	0	1	1	0	1	0	0	1	1	1	1	1	显示 6
7	1	×	0	1	1	1	1	1	1	1	0	0	0	0	显示 7
8	1	×	1	0	0	0	1	1	1	1	1	1	1	1	显示 8
9	1	×	1	0	0	1	1	1	1	1	0	0	1	1	显示 9
10	1	×	1	0	1	0	1	0	0	0	1	1	0	1	无效
11	1	×	1	0	1	1	1	0	0	1	1	0	0	1	无效
12	1	×	1	1	0	0	1	0	1	0	0	0	1	1	无效
13	1	×	1	1	0	1	1	1	0	0	1	0	1	1	无效
14	1	×	1	1	1	0	1	0	0	0	1	1	1	1	无效
15	1	×	1	1	1	1	1	0	0	0	0	0	0	0	无效

6.3.3　数据选择器和数据分配器

1. 数据选择器

数据选择器又称多路开关(multiplexer,缩写为 MUX),它的功能是从多路数据中选择所需要的一路进行传输,或者将并行输入转换为串行输出。常用的数据选择器有 4 选 1、8 选 1、16 选 1 等。

以 4 选 1 数据选择器为例介绍数据选择器的工作原理。由地址码决定从 4 路输入中选择哪 1 路输出。4 选 1 数据选择器的功能表见表 6-13。

根据功能表,可写出输出逻辑表达式:

$$Y = (\overline{A}_1\overline{A}_0D_0 + \overline{A}_1A_0D_1 + A_1\overline{A}_0D_2 + A_1AD_3)\overline{G} \tag{6-5}$$

由逻辑表达式画出逻辑图 6-23。

表 6-13　4 选 1 数据选择器功能表

$\overline{G}$	A_1	A_0	Y
1	×	×	0
0	0	0	D_0
0	0	1	D_1
0	1	0	D_2
0	1	1	D_3

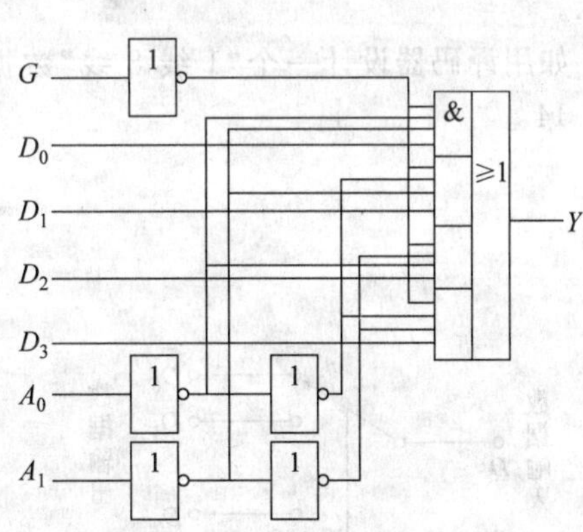

图 6-23　4 选 1 数据选择器的逻辑图

2. 集成数据选择器

集成双 4 选 1 数据选择器 74LS153 的管脚图见图 6-24。

图 6-24 中,使能输入端 $\overline{S}$ 为低电平有效,即 $\overline{S}=0$ 时芯片被选中,芯片处于工作状态;当 $\overline{S}=1$ 时芯片被禁止,$Y=0$。

集成 8 选 1 数据选择器 74LS151 是一种典型的集成 8 选 1 数据选择器,管脚图见图 6-25。它有 8 个数据输入端 $D_0 \sim D_7$,3 个地址输入端 A_2, A_1, A_0,2 个互补的输出端 Y 和 $\overline{Y}$,1 个使能输入端 $\overline{S}$,使能端 $\overline{S}$ 仍为低电平有效。

当 $\overline{S}=1$ 时,选择器被禁止,无论地址码是什么,Y 总是等于 0;当 $\overline{S}=0$ 时,

$$\begin{aligned} Y &= \overline{A}_2\overline{A}_1\overline{A}_0D_0 + \overline{A}_2\overline{A}_1A_0D_1 + \overline{A}_2A_1\overline{A}_0D_2 + \overline{A}_2A_1A_0D_3 + \cdots + A_2A_1A_0D_7 \\ &= \sum_{i=0}^{7} m_iD_i \end{aligned}$$

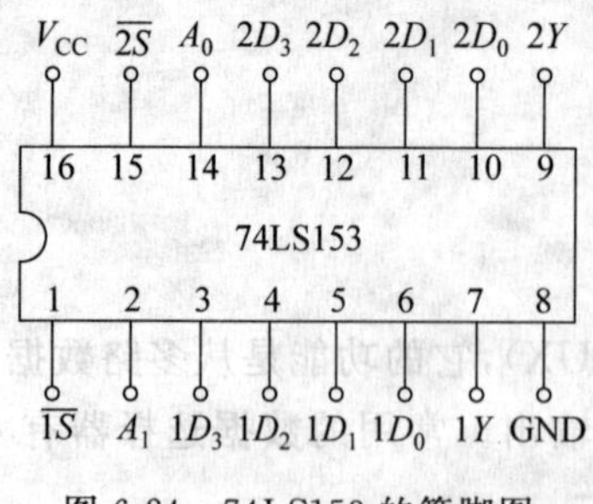

图 6-24 74LS153 的管脚图

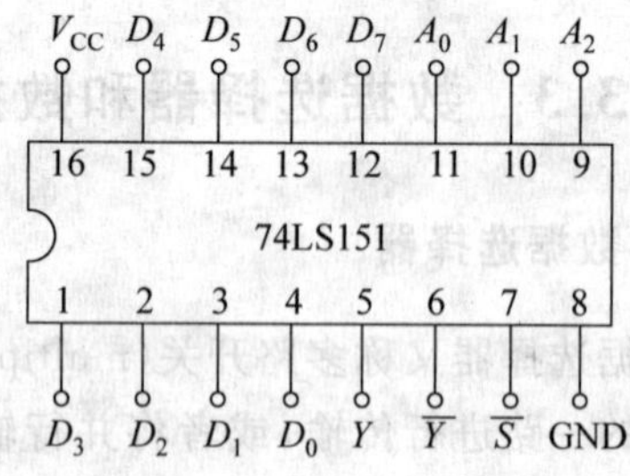

图 6-25 74LS151 的管脚图

3. 数据分配器

用译码器还可以构成数据分配器(deultiplexer,缩写为 DMUX)。数据分配器就是将一路输入数据根据地址选择码,分配给多路数据输出中的某一路输出。其示意图如图 6-26 所示。

如用译码器设计一个"1 线-8 线"数据分配器。其管脚图如图 6-27 所示,其功能表见表 6-14 。

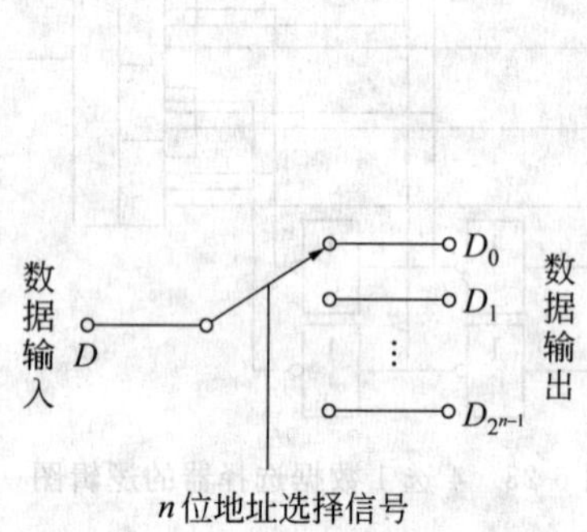

图 6-26 数据分配器的示意图

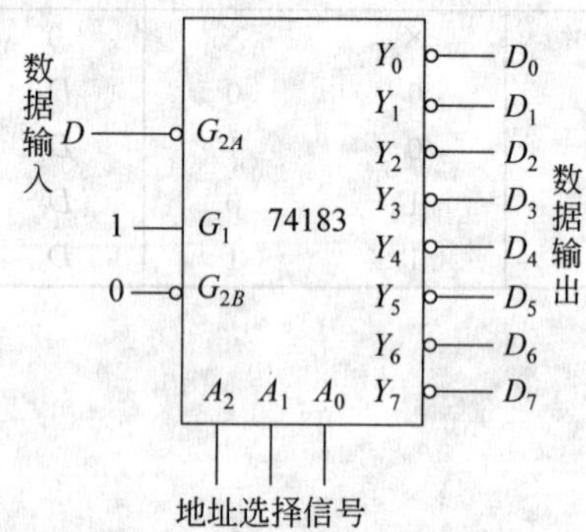

图 6-27 "1 线-8 线"数据分配器管脚图

表 6-14 "1 线-8 线"数据分配器功能表

地址选择信号			输出							
A_2	A_1	A_0	Y_0	Y_1	Y_2	Y_3	Y_4	Y_5	Y_6	Y_7
0	0	0	D							
0	0	1		D						
0	1	0			D					
0	1	1				D				
1	0	0					D			
1	0	1						D		
1	1	0							D	
1	1	1								D

数据分配器的功能是将一个输入数据信号分时送到多个输出端输出，或者将串行数据变为并行数据输出。由地址码决定将输入数据 D 送给哪一路输出。

数据分配器和数据选择器经常被用作多路开关，广泛应用于现代数字系统，如微型计算机的 I/O 接口电路等。图 6-28 给出的是一个数据分时传送系统的原理图。图中 8 路数据选择器用作数据发送端口，8 路数据分配器用作数据接收端口。整个系统工作时，在一个同步信号的协调控制下，依据两端口的通道地址，分时顺序地使两端口对应通道 $D_0 \sim Y_0$，$D_1 \sim Y_1$，$D_2 \sim Y_2$，…，$D_7 \sim Y_7$ 接通，这样就可以使相应通道在接通的时间内，分享一条共用传输线来实现数据的发送和接收。

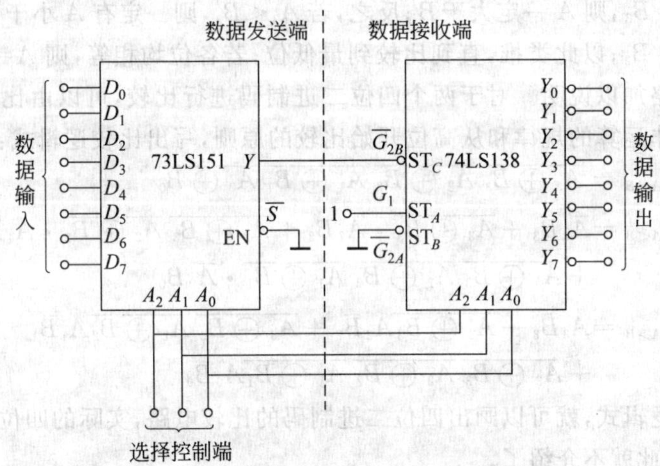

图 6-28　数据分时传送系统的原理图

6.3.4 数值比较器

用于比较两个数大小或相等的电路称为数值比较器(comparator)，图 6-29 所示为 1 位数值比较器的电路图，其中 A，B 为数据输入端；三个输出端：$Y_{A>B}$，$Y_{A=B}$，$Y_{A<B}$，表示比较结果的输出。其功能表如表 6-15 所示。

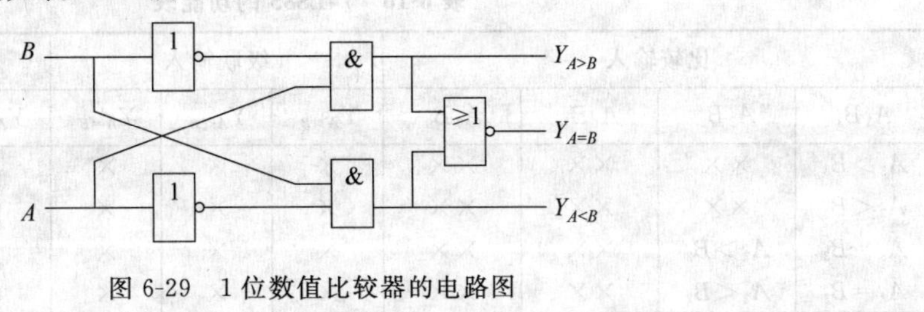

图 6-29　1 位数值比较器的电路图

表 6-15　1 位数值比较器的功能表

输入		输出		
A	B	$Y_{A>B}$	$Y_{A=B}$	$Y_{A<B}$
0	0	0	1	0
0	1	0	0	1
1	0	1	0	0
1	1	0	1	0

若比较两个四位二进制数 $A(A_3A_2A_1A_0)$ 和 $B(B_3B_2B_1B_0)$ 的大小，要从最高位开始进行比较，如果 $A_3>B_3$，则 A 一定大于 B；反之，若 $A_3<B_3$，则一定有 A 小于 B；若 $A_3=B_3$，则比较次高位 A_2 和 B_2；以此类推，直到比较到最低位；若各位均相等，则 $A=B$。下面以四位二进制码比较电路加以说明。对于两个四位二进制码进行比较，可以由比较单元电路组合而成。根据异或非运算的规律和从高位开始比较的原则，写出比较逻辑式：

$$\begin{cases} Y_{A=B}=\overline{A_3\oplus B_3}\,\overline{A_2\oplus B_2}\,\overline{A_1\oplus B_1}\,\overline{A_0\oplus B_0} \\ Y_{A<B}=\overline{A}_3B_3+\overline{A_3\oplus B_3}\cdot\overline{A}_2B_2+\overline{A_3\oplus B_3}\,\overline{A_2\oplus B_2}\cdot\overline{A}_1B_1 \\ \qquad +\overline{A_3\oplus B_3}\,\overline{A_2\oplus B_2}\,\overline{A_1\oplus B_1}\cdot\overline{A}_0B_0 \\ Y_{A>B}=A_3\overline{B}_3+\overline{A_3\oplus B_3}A_2\overline{B}_2+\overline{A_3\oplus B_3}\,\overline{A_2\oplus B_2}A_1\overline{B}_1 \\ \qquad +\overline{A_3\oplus B_3}\,\overline{A_2\oplus B_2}\,\overline{A_1\oplus B_1}A_0\overline{B}_0 \end{cases} \tag{6-6}$$

根据这三个逻辑式，就可以画出四位二进制码的比较电路，实际的四位数码比较器还有一些附加部分，在此就不介绍了。

表 6-16 是四位二进制码比较器 74LS85 的功能表，功能表的排列按照从最高位开始比较的原则进行。$A_3>B_3$，就是$[A_3\quad A_2\quad A_1\quad A_0]>[B_3\quad B_2\quad B_1\quad B_0]$；当 $A_3=B_3$ 时，比较次高位，若 $A_2>B_2$，就是$[A_3\quad A_2\quad A_1\quad A_0]>[B_3\quad B_2\quad B_1\quad B_0]$，其余以此类推。四位数码比较器的级联如图 6-30 所示。图 6-30 中比较器的比较方式分串行比较方式和并行比较方式两种情况，显然串行方式比较时间较长，并行方式比较时间较短。实际上对于一片四位二进制码比较器而言，加上串联输入，就相当五位二进制码的比较。在进行四位二进制码比较时，串联输入应保持中立，应将输入$(A=B)_i$ 接“1”，输入$(A>B)_i$ 和$(A<B)_i$ 接“0”。

表 6-16　74LS85 的功能表

比较输入				级联输入			输出		
A_3B_3	A_2B_2	A_1B_1	A_0B_0	$Y_{A>B}$	$Y_{A<B}$	$Y_{A=B}$	$Y_{A>B}$	$Y_{A<B}$	$Y_{A=B}$
$A_3>B_3$	××	××	××	×	×	×	1	0	0
$A_3<B_3$	××	××	××	×	×	×	0	1	0
$A_3=B_3$	$A_2>B_2$	××	××	×	×	×	1	0	0
$A_3=B_3$	$A_2<B_2$	××	××	×	×	×	0	1	0

续表

比较输入				级联输入			输出		
A_3B_3	A_2B_2	A_1B_1	A_0B_0	$Y_{A>B}$	$Y_{A<B}$	$Y_{A=B}$	$Y_{A>B}$	$Y_{A<B}$	$Y_{A=B}$
$A_3=B_3$	$A_2=B_2$	$A_1>B_1$	××	×	×	×	1	0	0
$A_3=B_3$	$A_2=B_2$	$A_1<B_1$	××	×	×	×	0	1	0
$A_3=B_3$	$A_2=B_2$	$A_1=B_1$	$A_0>B_0$	×	×	×	1	0	0
$A_3=B_3$	$A_2=B_2$	$A_1=B_1$	$A_0<B_0$	×	×	×	0	1	0
$A_3=B_3$	$A_2=B_2$	$A_1=B_1$	$A_0=B_0$	1	0	0	1	0	0
$A_3=B_3$	$A_2=B_2$	$A_1=B_1$	$A_0=B_0$	0	1	0	0	1	0
$A_3=B_3$	$A_2=B_2$	$A_1=B_1$	$A_0=B_0$	0	0	1	0	0	1

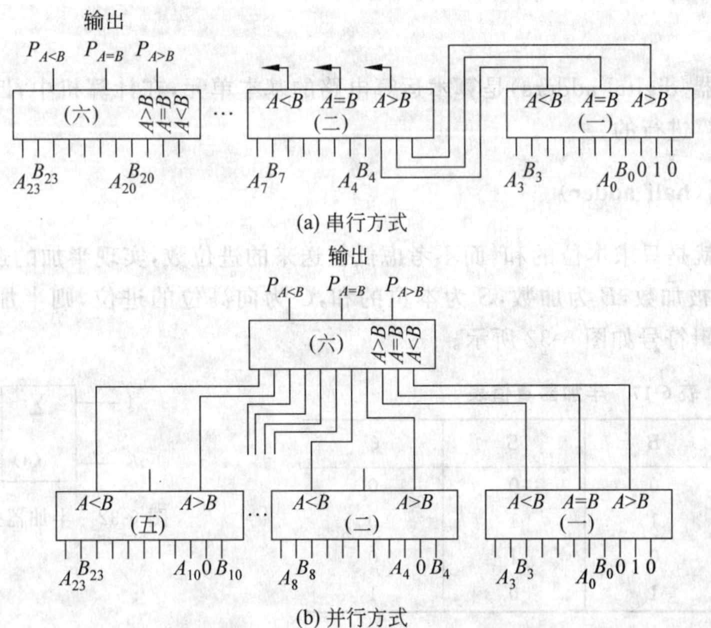

图 6-30　四位数码比较器的级联

数码比较器是十分有用的电路，图 6-31 给出了对产品分装的方框图。图中的计数器是一种重要的逻辑部件，它能够完成符合双值逻辑系统高、低电平脉冲的计数。它可按二进制码计数，也可按 BCD8421 码计数，有关计数器的详细内容将在下面的章节介绍。用来给拨码盘预置数的拨码开关是一个机械开关，它利用触点的位置，可以将拨盘上的十进制码转换为 BCD8421 码。通过拨码开关可以设定分装产品的数目，将与此对应的 8421 码送往比较器的输入。产品在传送带上输送，经过光电变换，将获得与产品个数一致的电脉冲放大整形，加到计数器上计数。当计数器计得的数目与设定值相等时，比较器输出高电平，用这个高电平去控制相应的装置，使产品分箱。以上只是一个简要的说明，要真正实现这个装置，需要解决许多机、电、光,以及抗干扰等问题。

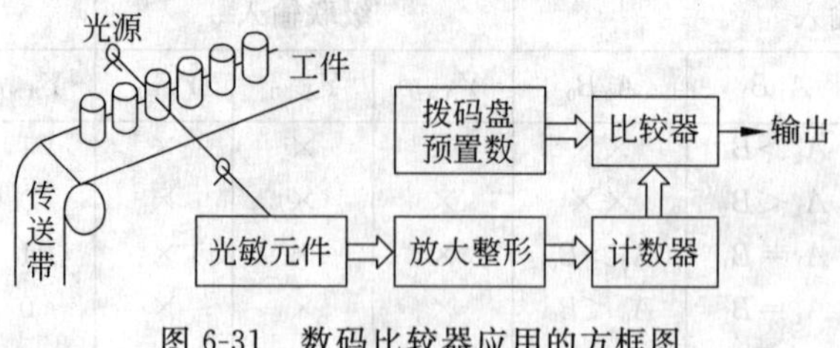

图 6-31 数码比较器应用的方框图

6.4 加法器

数字加法器(digital adders)是算术运算电路的基本单元,在计算机中,四则运算都是通过分解加法运算进行的。

1. 半加器(half adder)

所谓半加就是只求本位的和,而不考虑低位送来的进位数,实现半加的逻辑器件称为半加器。设 A 为被加数,B 为加数,S 为本位的和,C 为向高位的进位,则半加器的真值表见表 6-17。其逻辑符号如图 6-32 所示。

表 6-17 半加器真值表

A	B	S	C
0	0	0	0
0	1	1	0
1	0	1	0
1	1	0	1

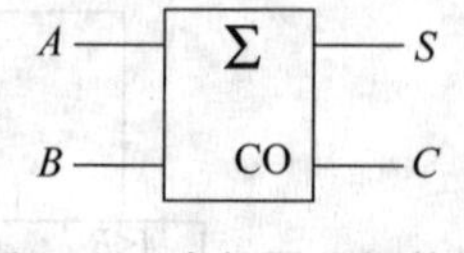

图 6-32 半加器逻辑符号

由真值表可以得到逻辑表达式如下,其逻辑电路图如图 6-33(a)所示。

$$S = \bar{A}B + A\bar{B} = A \oplus B, \quad C = AB \tag{6-7}$$

变换成与非形式:

$$\begin{cases} S = \bar{A}B + A\bar{B} = \bar{A}B + A\bar{B} + A\bar{A} + B\bar{B} = A(\bar{A}+\bar{B}) + B(\bar{A}+\bar{B}) \\ \quad = A \cdot \overline{AB} + B \cdot \overline{AB} = \overline{\overline{A \cdot \overline{AB}}} \cdot \overline{\overline{B \cdot \overline{AB}}} \\ C = AB = \overline{\overline{AB}} \end{cases} \tag{6-8}$$

其逻辑图电路图如图 6-33(b)所示。

从图 6-33 可以看出,半加器可以由与非门组成,也可以由一个集成异或门以及与门组成。显然在进行多位二进制加法运算时,半加器是不行的,它只能用于最低位求和,并给出

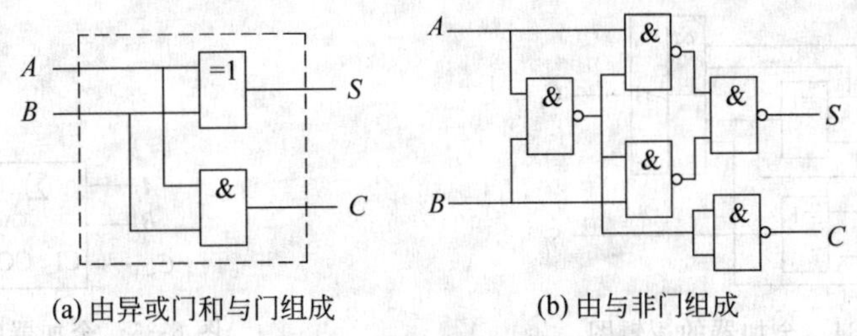

(a) 由异或门和与门组成　　(b) 由与非门组成

图 6-33　半加器逻辑图

进位数。

2. 全加器(adder)

所谓全加就是被加数、加数以及来自低位的进位数三者相加,得出本位的和并给出向高位的进位数,故全加器电路有三个输入端和两个输出端。三个输入端分别是:A_i 为被加数,B_i 为加数,C_{i-1}为相邻低位向本位的进位数;两个输出端分别是:S_i 为本位的和,C_i 为本位向相邻高位的进位数。全加器的真值表见表 6-18。由真值表得到全加器的逻辑表达式

$$
\begin{aligned}
S_i &= \overline{A}_i\overline{B}_iC_{i-1} + \overline{A}_iB_i\overline{C}_{i-1} + A_i\overline{B}_i\overline{C}_{i-1} + A_iB_iC_{i-1} \\
C_i &= \overline{A}_iB_iC_{i-1} + A_i\overline{B}_iC_{i-1} + A_iB_i\overline{C}_{i-1} + A_iB_iC_{i-1}
\end{aligned}
\tag{6-9}
$$

将它们化简成如下形式:

$$
\begin{aligned}
S_i &= A_i \oplus B_i \oplus C_{i-1} \\
C_i &= A_iB_i + (A_i \oplus B_i)C_{i-1}
\end{aligned}
\tag{6-10}
$$

由表达式可得到全加器的逻辑图,如图 6-34 所示,该逻辑图使用了一个与或非门。全加器的逻辑符号如图 6-35 所示。

表 6-18　全加器真值表

输入			输出	
A_i	B_i	C_{i-1}	S_i	C_i
0	0	0	0	0
0	0	1	1	0
0	1	0	1	0
0	1	1	0	1
1	0	0	1	0
1	0	1	0	1
1	1	0	0	1
1	1	1	1	1

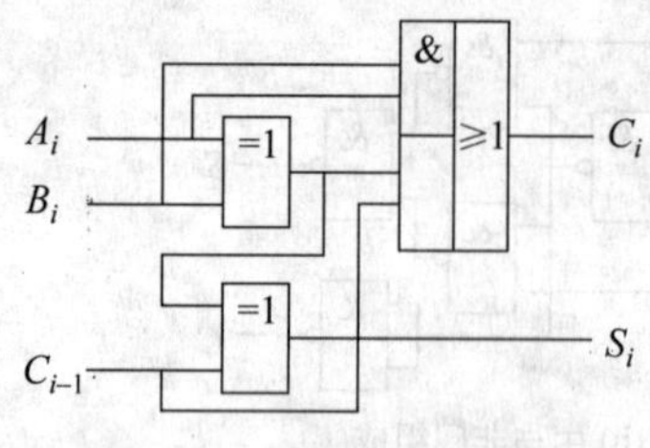

图 6-34 全加器的逻辑图

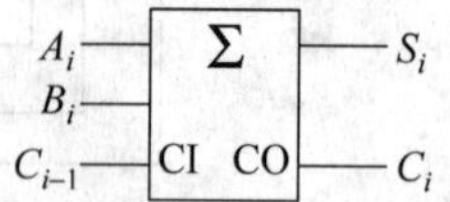

图 6-35 全加器的逻辑符号

以上是实现多位二进制中某一位全加的加法器。用多个全加器串联,可组成多位二进制数加法器。图 6-36 所示为由四个全加器组成的实现四位串行进位二进制加法器的电路。

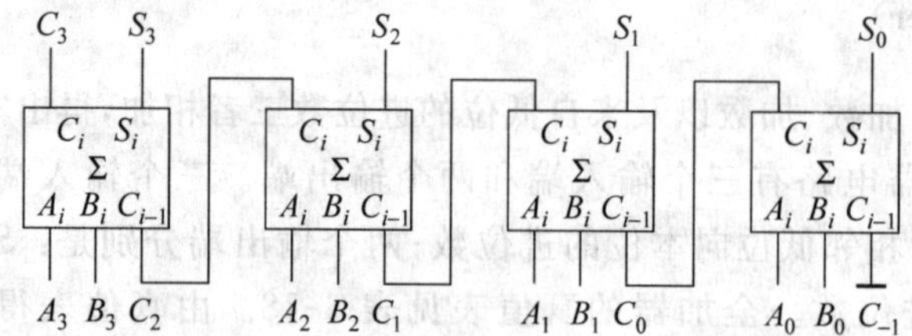

图 6-36 四位串行进位加法器

目前加法器也有现成的集成电路组件,如 74LS183 就是两个独立的全加器集成到一个组件中,74LS283 是一个集成四位加法器。

6.5 Practical Perspective

Combinational Logic-Using MSI and LSI circuits

When designing logic circuits, the "discrete logic gates", that is individual AND, OR, NOT etc. gates, are often neither the simplest nor the most economical devices we could use. There are many standard MSI (medium scale integrated) and LSI (large scale integrated) circuits, or functions available, which can do many of the things commonly required in logic circuits. Often these MSI and LSI circuits do not fit our requirements exactly, and it is often necessary to use discrete logic to adapt these circuits for our application.

However, the number and type of these LSI and VLSI (very large scale integrated) circuits are steadily increasing, and it is difficult to be constantly aware of the best possible circuits available for a given problem. Also, systematic design methods are difficult to devise when the types of logic device available keeps increasing. In general the "best" design procedure is to attempt to find a LSI device which can perform the required function, or which can be modified using other devices to perform the required function. If nothing is available, then the function should be implemented with several MSI devices. Only as a last resort should the entire function be implemented with discrete logic gates. In fact, with present technology, it is becoming increasingly cost-effective to implement a design as one or more dedicated VLSI devices become available. Such "application specific integrated circuits" (ASIC's) are becoming increasingly common, especially in large volume products such as microcomputers and VCR's.

When designing all but the simplest logic devices, a "top-down" approach should be adopted. The device should be specified in block form, and attempt to implement each block with a small number of LSI or MSI functions. Each block which cannot be implemented directly can be broken into smaller blocks, and the process repeated, until each block is fully implemented.

Of course, a good knowledge of what LSI and MSI functions are available in the appropriate technology makes this process simpler. (By the same token, for example, a good knowledge of system routines and functions makes a top-down development of a program simpler to implement. The key is in knowing how to block the processes to be performed; this is usually acquired through experience.)

Summary

1. Common used medium scale integrated circuit (MSIC) includes encoders, decoders, MUX, DMUX, Comparator and adder, etc.
2. The above combinational logic component, with the exception of their basic functions can be applied. The common rule of devise combinational logic circuit by combinational logic component is that the number and type of MSI chips are minimal and interconnects are also minimal.
3. The simplest and the most common used methods to devise combinational logic circuit by MSI chips are to devise multi-input & single-output Boolean function by MUX; to devise multi-input & multi-output Boolean function by binary decoders.

Problems

6.1 Logic circuit is shown in Fig. P6-1. Write out the Boolean expression and simplify it. Explain its logic function.

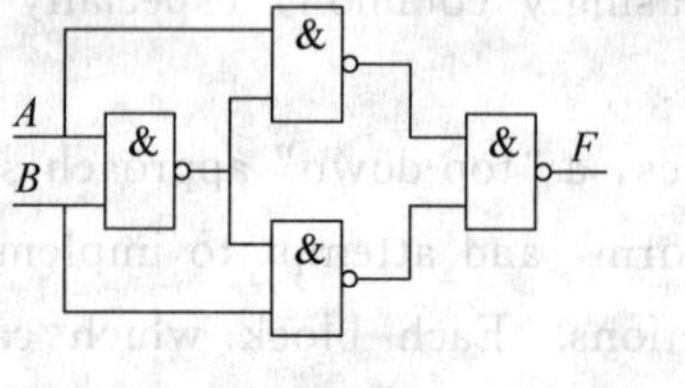

Fig. P6-1

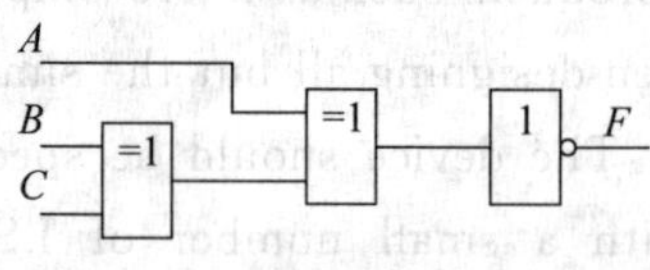

Fig. P6-2

6.2 A logic circuit is shown in Fig. P6-2. Write out its Boolean expressions and list its truth table.

6.3 A logic circuit is shown in Fig. P6-3. Write out its Boolean expressions and simplify it.

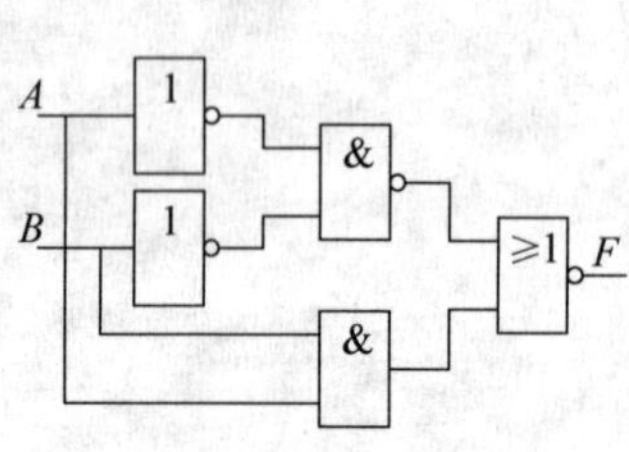

Fig. P6-3

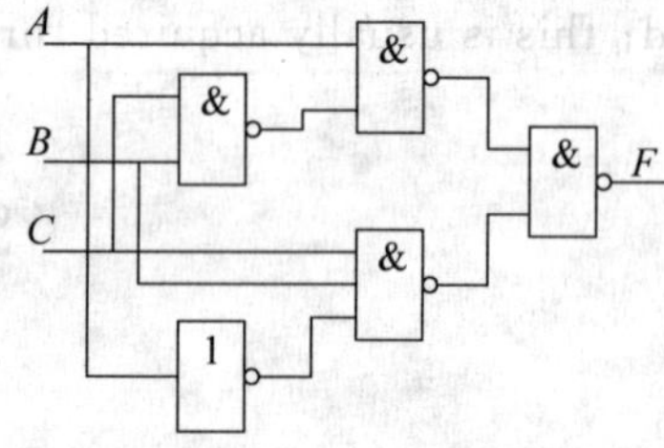

Fig. P6-4

6.4 A logic circuit is shown in Fig. P6-4. Write out its Boolean expressions. Apply DeMorgan's theory to convert it to "AND-OR" expression. Explain its logic function.

6.5 When the inputs A and B are both "1" or "0", the output is "1". When the inputs A and B are different, the output is "0". List its truth table and write out its corresponding Boolean expression. Realize it by "AND-NOT" gates. Draw its logic circuit.

6.6 A and B are two 1-bit binary numbers (0 or 1). Apply "AND-NOT" gates to realize the following comparative functions: (1) When A is greater than B, the output F_1 is

"1", F_2 is "0". (2) When A is less than B, the output F_2 is "1", F_1 is "0". (3) When A is equal to B, $F_1=F_2=$"0". Write out its Boolean expression. Draw its logic circuit.

6.7 A library is open from 8:00 to 12:00 AM and from 2:00 to 6:00 PM. The indicator light in front of the library door is on when the library is open. Design a logic circuit to control the indicator light.

6.8 Design a lamp of stairs control circuit. Before going upstairs, turn on the lamp with a switch downstairs. After going upstairs, turn off the lamp with a switch upstairs. Or before going downstairs, turn on the lamp with a switch upstairs. After going downstairs, turn off the lamp with a switch downstairs.

6.9 A ceremony ball will be held. Gentlemen should hold red tickets to enter. Ladies should hold yellow tickets to enter. If one holds a green ticket, gentleman or lady, he or she can be admitted. Design a logic circuit to control the entrance via gates circuit, MUX and decoder separately.

6.10 Realize the following Boolean function via decoder and gates circuit.

$$L = AB + BC + AC$$

6.11 The truth table of a combinational logic circuit is shown in Table P6-1. Design the logic circuit via decoder and gates circuit.

Table P6-1

inputs			outputs		
A	B	C	L	F	G
0	0	0	0	0	1
0	0	1	1	0	0
0	1	0	1	0	1
0	1	1	0	1	0
1	0	0	1	0	1
1	0	1	0	1	0
1	1	0	0	1	1
1	1	1	1	0	0

6.12 Realize the following Boolean function via a MUX (select 1 from 4).

$$L = AB + BC + A\bar{C}$$

6.13 Realize the following Boolean function via MUX 74151(select 1 from 8).

$$L = AB + AC + BC$$

6.14 Given a half-adders whose Boolean function is $S=\bar{A}B+A\bar{B}$, $C=AB$. Question:

(1) List its truth table; (2) Draw its logic circuit.

6.15 There are two 4-bits binary numbers. A is 1001, B is 1101. If they are added in parallel, how many adders are needed? Draw the logic circuit. Calculate the sum S.

6.16 Given the Boolean expressions of the 3-bit binary encoders as following:

$$C=\overline{\overline{Y}_4\,\overline{Y}_5\,\overline{Y}_6\,\overline{Y}_7},\quad B=\overline{\overline{Y}_2\,\overline{Y}_3\,\overline{Y}_6\,\overline{Y}_7},\quad A=\overline{\overline{Y}_1\,\overline{Y}_3\,\overline{Y}_5\,\overline{Y}_7}$$

Draw a logic encoder circuit realized via "AND-NOT" gates. List its truth table.

6.17 A 3-bit binary encoder is shown in Fig. P6-5. Find out the Boolean expressions of A, B and C. List its truth table.

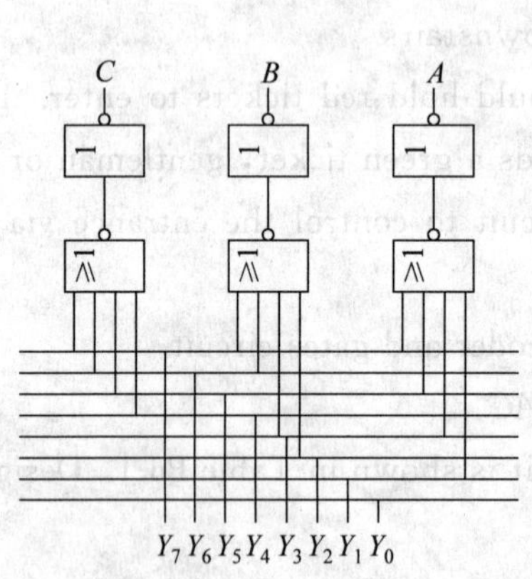

Fig. P6-5

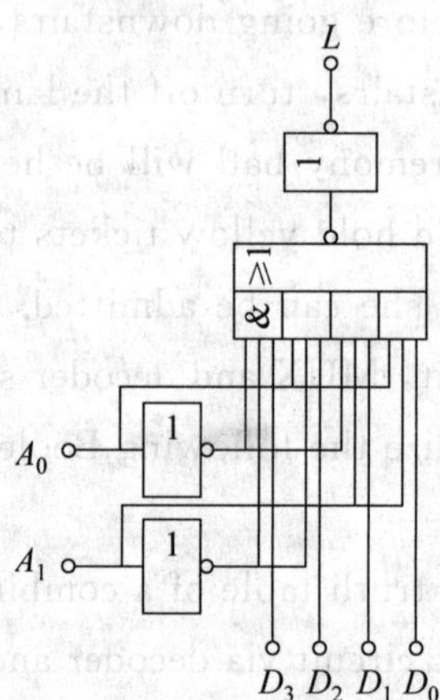

Fig. P6-6

6.18 As shown in Fig. P6-6, A_1 and A_0 are 2-bit address inputs. D_3, D_2, D_1 and D_0 are data inputs. L is output. (1) List its truth table; (2) Explain the function of the circuit.

6.19 Analyze the logic function of a circuit shown in Fig. P6-7. Explain the function of the diode D.

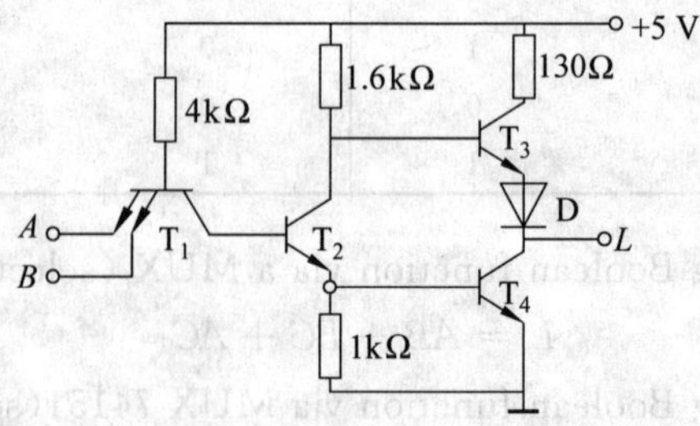

Fig. P6-7

6.20 Analyze the logic function of a circuit shown in Fig. P6-8. Draw its logic symbol, list its truth table and write out its Boolean expression.

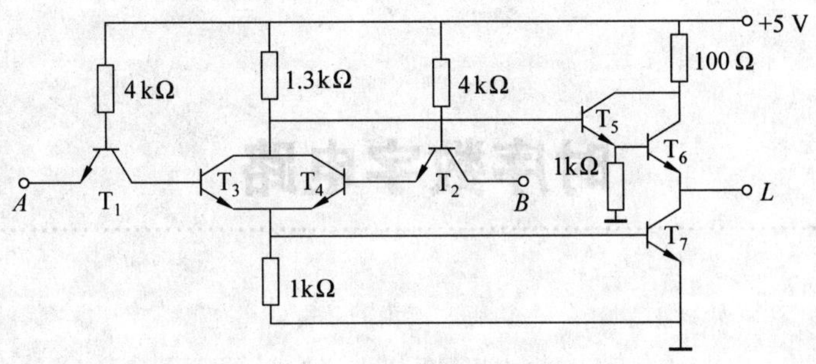

Fig. P6-8

第7章 时序数字电路

引言

触发器是一种最简单的时序数字电路，它具有存储作用。本章叙述了触发器的电路构成、工作原理和触发器逻辑功能的描述方法。触发器是构成时序数字电路的重要组成部分。

时序数字电路的输出状态不仅取决于此刻的输入状态，而且与电路原来的状态有关。本章介绍了时序数字电路的分析方法以及时序数字电路中最常用的寄存器和计数器的组成、工作原理和设计方法。

7.1 触发器

触发器(Flip-Flop)按其逻辑功能可分为 *RS* 触发器、*JK* 触发器、*D* 触发器和 *T* 触发器等，下面分别加以介绍。

7.1.1 *RS* 触发器

1. 基本 *RS* 触发器(*R-S* latch，*R-S* Flip-Flop)的构成和工作原理

基本 *RS* 触发器的电路如图 7-1 所示。它是由两个与非门闭合而成(也可以用两个或非门闭合而成)，基本 *RS* 触发器也称为闩锁触发器(*R-S* latch)。

下面分四种情况来分析基本 *RS* 触发器输入与输出的逻辑关系。

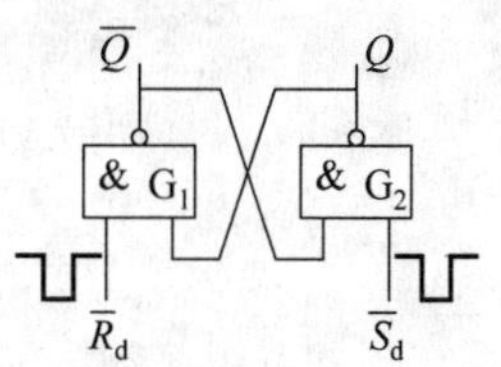

图 7-1 基本 RS 触发器电路图

1) $\overline{S}_d=1,\overline{R}_d=0$

$\overline{S}_d=1$ 是将 $\overline{S}_d$ 端保持高电位；而 $\overline{R}_d=0$，就是在 $\overline{R}_d$ 端加一个负脉冲。设触发器初始状态(initial state)为“1”态，即 $Q=1,\overline{Q}=0$。这时与非门 G_1 有一个输入端为“0”，其输出端变为“1”；而与非门 G_2 的两个输入端全为“1”，其输出端 Q 变为“0”。即在 $\overline{R}_d$ 端加负脉冲后，触发器就由“1”态变为“0”态。不难得到如果触发器的初始状态为“0”态，触发器仍保持“0”态不变。这就是触发器的清“0”功能。

2) $\overline{S}_d=0,\overline{R}_d=1$

设触发器的初始状态为“0”态，即 $Q=0,\overline{Q}=1$，这时“与非”门 G_2 有一个输入端为“0”，其输出端 Q 变为“1”；而与非门 G_1 的两个输入端全为“1”，其输出端 $\overline{Q}$ 变为“0”。即，在 $\overline{S}_d$ 端加负脉冲后，触发器就由“0”态变为“1”态。不难得到如果触发器的初始状态为“1”态，触发器仍保持“1”态不变。这就是触发器的置“1”功能。

3) $\overline{S}_d=1,\overline{R}_d=1$

假如在 1)中 $\overline{R}_d$ 由“0”变为“1”(即除去负脉冲)，或在 2)中 $\overline{S}_d$ 由“0”变为“1”，这样，$\overline{S}_d=\overline{R}_d=1$，则触发器保持原状态(present state)不变。这就是触发器的存储或记忆的功能。

触发器能保持原来状态的原因是：对于 1)的情况，触发器处于“0”态，即 $Q=0,\overline{Q}=1$，这时 G_1 门的输出端 $\overline{Q}$ 为“1”，将此“1”电平反馈到 G_2 的输入端，使它的两个输入端都为“1”，因此保证了 G_2 的输出端 Q 为“0”，而 Q 为“0”又保证了 $\overline{Q}=1$。触发器能保持原来的状态不变。

4) $\overline{S}_d=0,\overline{R}_d=0$

当 $\overline{S}_d$ 端和 $\overline{R}_d$ 端同时加负脉冲时，与非门 G_1 和 G_2 输出端都为“1”，这就不满足 Q 与 $\overline{Q}$ 的状态相反的逻辑要求。并且当负脉冲同时除去后，触发器将由偶然因素决定其最终状态。因此这种情况在使用中应禁止出现。

从上面分析可以得到，基本 RS 触发器有两个稳定状态，它可以直接置位(direct set)(置 1)或直接复位(direct reset)(清 0)，并具有存储或记忆的功能。在直接置位端加负脉冲($\overline{S}_d=0$)即可置位(set)，在直接复位端加负脉冲($\overline{R}_d=0$)即可复位(reset)。负脉冲除去以后，直接置位端和复位端都处于高电平(平时固定接高电平)，此时触发器保持原状态不变，实现存储或记忆功能。但是，负脉冲不可同时加在直接置位端和直接复位端。基本 RS 触发器的状态表(state table)(或称功能表，function table)见图 7-2(a)。图 7-2(b)是基本 RS 触发器的图形符号，图中输入端引线上靠近方框的小圆圈是表示触发器用负脉冲(“0”电平)来置位或复位，称为低电平有效(active-low)，故用 $\overline{S}_d$ 和 $\overline{R}_d$ 表示。

由状态图可以得到基本 RS 触发器的输出 Q^{n+1} 与输入(S,R)和原状态 Q^n 之间的逻辑表达式，称为特征方程(characteristic equations)：

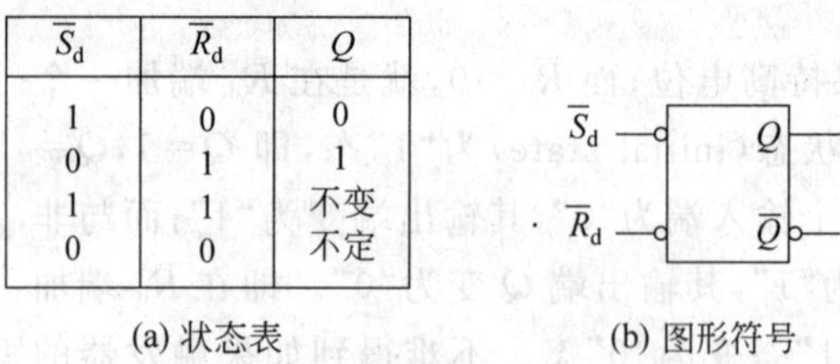

$\overline{S}_d$	$\overline{R}_d$	Q
1	0	0
0	1	1
1	1	不变
0	0	不定

(a) 状态表　　　　(b) 图形符号

图 7-2　基本 *RS* 触发器的状态表和图形符号

$$\begin{cases} Q^{n+1} = S + \overline{R}Q^n \\ S \cdot R = 0 \end{cases}$$

其中，$S=\overline{\overline{S}}_d=S_d$，$R=\overline{\overline{R}}_d=R_d$。

第二行的 $S \cdot R=0$ 是约束条件(constraint condition)，即不允许 S 和 R 同时为 1。

Example 7.1　If the $\overline{S}$ and $\overline{R}$ waveforms in Fig. 7-3 are applied to the inputs of the latch in Fig. 7-1, determine the waveform that will be observed on the Q output. Assume that Q is initially low.

Solution

Fig. 7-1 illustrates that an active-low input *R-S* latch. The resulting Q output waveform is observed.

Fig. 7-3　Waveforms of example 7.1

The $\overline{S}=0$, $\overline{R}=0$ condition is avoided because it results in an invalid mode of operation.

---

2. 可控 *RS* 触发器(*R-S* latch with enable, clocked *R-S* Flip-Flop)

一般触发器还有控制电路部分，通过控制电路把输入信号引导到触发器。

图 7-4(a)是可控 *RS* 触发器的逻辑图，其中与非门 G_1 和 G_2 构成基本 *RS* 触发，与非门 G_3 和 G_4 构成导引电路。*R* 和 *S* 是置“0”和置“1”信号输入端。

CP 是时钟脉冲输入端。在脉冲数字电路中所使用的触发器，往往用脉冲来控制触发器的动作，这种脉冲就称为时钟脉冲(clock pulse, CP)。通过导引电路来实现时钟脉冲对输入端 *R* 和 *S* 的控制，故称为可控 *RS* 触发器。当时钟脉冲到来之前，即 CP=0 时，不论 *R* 和 *S* 端的电平如何变化，G_3 门和 G_4 门的输出均为“1”，基本触发器保持原状态不变。

只有当时钟脉冲到来之后，即 CP=1 时，触发器按 *R*，*S* 端的输入状态来决定其输出状态。时钟脉冲过去后(CP=0)，输出状态不变。

$\overline{R}_d$ 和 $\overline{S}_d$ 分别是直接复位和直接置位端，就是不经过时钟脉冲 CP 的控制可以对基本触发器清“0”或置“1”，一般用在工作前，预先使触发器处于某一给定状态，在工作过程中不用它们，不用时让它们处于“1”态(高电平)。

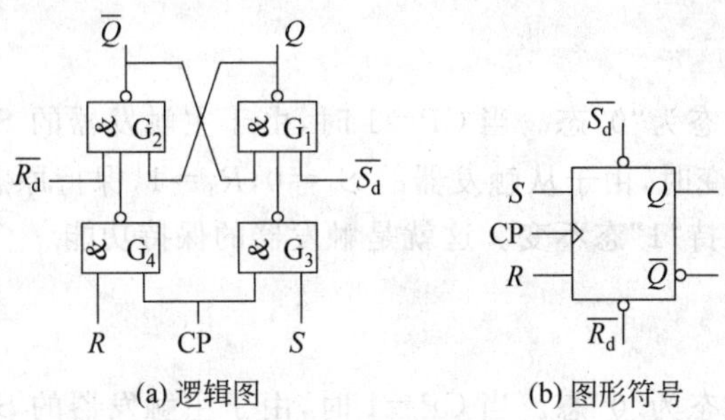

(a) 逻辑图　　(b) 图形符号

图 7-4　可控 *RS* 触发器

可控*RS* 触发器的状态表与基本*RS* 触发器的状态表相同，只是状态的改变要受到时钟CP 的控制。

7.1.2　*JK* 触发器

JK 触发器(*J-K* Flip-Flop)的逻辑图和电路图如图 7-5(a)和(b)所示，它由两个可控*RS*触发器组成，两者分别称为主触发器(master Flip-Flop)F_1 和从触发器(slave Flip-Flop)F_2。这种触发器结构称为主从型结构。用作主触发器 F_1 的是一个多输入端 *RS* 触发器，*R* 和 *S* 端各自有两个输入端。同一功能的多个输入端之间是"与"的关系。

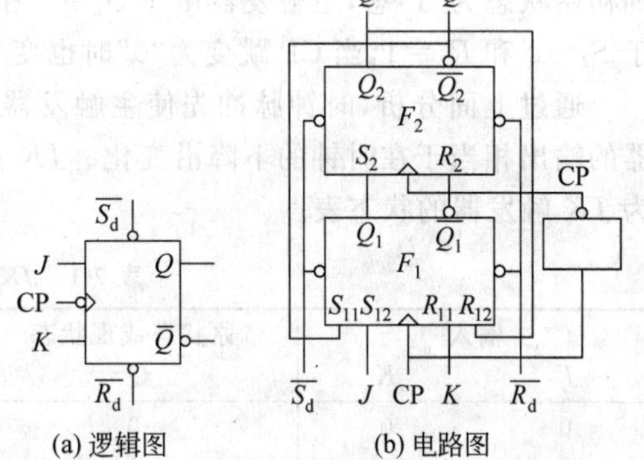

(a) 逻辑图　　(b) 电路图

图 7-5　*JK* 触发器的逻辑图和电路图

下面分四种情况来分析主从型 *JK* 触发器的逻辑功能

1. $J=1,K=1$

设时钟脉冲到来之前(CP=0)，触发器的初始状态为"0"态，这时主触发器 F_1 的 $S_1=J\overline{Q}=1$，$R_1=KQ=0$。当时钟脉冲到来之后，即 CP=1 时，由于主触发器的 $S_1=1$ 和 $R_1=0$，故翻转为"1"态。当 CP 从"1"下跳为"0"时，由于这时从触发器的 $S_2=1$ 和 $R_2=0$，它也就翻转为"1"态。

如果设初始状态为"1"态，在当前输入条件下主触发器的 $S_1=0$ 和 $R_1=1$，当 CP=1 时，它翻转为"0"态；当 CP 跳变为"0"时，从触发器也翻转为"0"态。

可见 *JK* 触发器在 $J=1,K=1$ 的情况下，来一个时钟脉冲，就翻转一次。在这种情况下，触发器具有计数功能。

2. $J=0,K=0$

设触发器的初始状态为“0”态。当 CP=1 时，由于主触发器的 $S_1=0$ 和 $R_1=0$，它的状态保持不变。当 CP 跳变时，由于从触发器的 $S_2=0$，$R_2=1$，保持原态不变。如果触发器的初始状态为“1”态，则保持“1”态不变。这就是触发器的保持功能。

3. $J=1,K=0$

设触发器的初始状态为“0”态。当 CP=1 时，由于主触发器的 $S_1=1$ 和 $R_1=0$，故翻转为“1”态。当 CP 跳变时，由于从触发器的 $S_2=1$ 和 $R_2=0$，故也翻转为“1”态。

如果触发器的初始状态为“1”态，主触发器由于 $S_1=0$ 和 $R_1=0$，当 CP=1 时保持原态不变；从触发器由于 $S_2=1$ 和 $R_2=0$，当 CP 跳变时也保持“1”态不变。

这就是触发器的置“1”功能。

4. $J=0,K=1$

设触发器的初始状态为“0”态。当 CP=1 时，由于主触发器的 $S_1=0$ 和 $R_1=0$，故保持“0”态。在 CP 下降沿时，由于从触发器的 $S_2=0$ 和 $R_2=1$，故也保持为“0”态。如果触发器的初始状态为“1”态，主触发器由于 $S_1=0$ 和 $R_1=1$，当 CP=1 时跳变为“0”态；从触发器由于 $S_2=0$ 和 $R_2=1$，当 CP 跳变为“0”时也变为“0”态。

通过上面分析，时钟脉冲先使主触发器 F_1 状态变化，而后使从触发器状态变化，触发器的输出相当于在时钟的下降沿变化。JK 触发器的输入端，JK 不再有约束条件。表 7-1 为 JK 触发器的状态表。

表 7-1 JK 触发器状态表

输入 J	输入 K	原状态或现状态 Q^n	次态(next state) Q^{n+1}	说明
0	0	0	0	输出状态不变
0	0	1	1	
0	1	0	0	输出状态被置“1”
0	1	1	0	
1	0	0	1	输出状态被清“0”
1	0	1	1	
1	1	0	1	输出状态翻转
1	1	1	0	

JK 触发器特征方程：$Q^{n+1}=J\overline{Q}^n+\overline{K}Q^n$

Example 7.2 The waveforms in Fig. 7-6 are applied to the J, K, and clock inputs as indicated. Determine the Q output, assuming that the Flip-Flop is LOW initially.

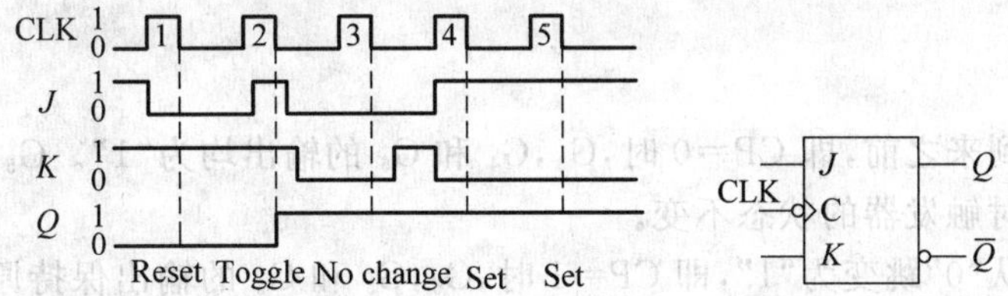

Fig. 7-6 Example 7.2

Solution

Since this is a negative edge-triggered Flip-Flop, as indicated by the "bubble" at the clock input, the Q output will change only on the negative-going edge of the clock pulse.

At the first clock pulse, J is LOW and K is HIGH. Resulting in a RESET condition; Q goes LOW.

At clock pulse 2, both J and K are HIGH; and because this is a toggle condition, Q goes HIGH.

When clock pulse 3 occurs, a no-change condition exists on the inputs, keeping Q at a HIGH level.

At clock pulse 4, J is HIGH and K is LOW, resulting in a SET condition; Q will remain HIGH.

A SET condition still exists on J and K when clock pulse 5 occurs, so Q will remain HIGH.

The resulting Q waveform is indicated in Fig. 7-6.

7.1.3 *D* 触发器

D 触发器(*D* Flip-Flop)的结构有多种类型,这里介绍常用的维持阻塞型 *D* 触发器,它是一种边沿触发器(edge-triggered Flip-Flop),其内部电路图如图 7-7 所示。它由六个与非门组成,其中 G_1,G_2 组成基本触发器,G_3,G_4 组成时钟控制电路,G_5,G_6 组成输入电路。

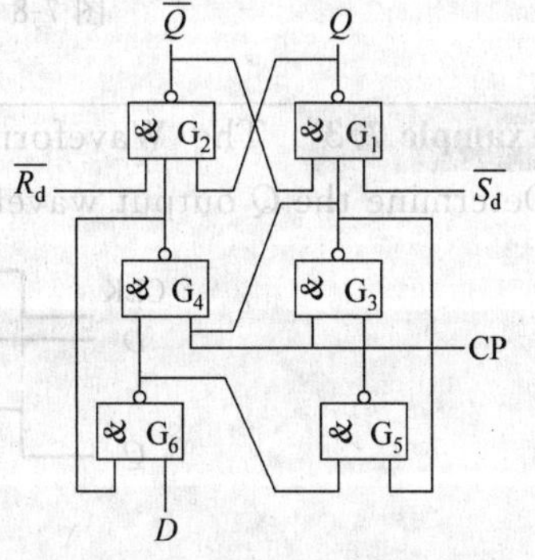

图 7-7 维持阻塞型 *D* 触发器

$\overline{R}_d$ 和 $\overline{S}_d$ 分别是直接复位和直接置位端,通常在工作前预先使触发器处于某一给定状态,在工作过程中让它们处于高电平。

下面分两种情况来分析维持阻塞型 *D* 触发器的逻辑功能。

1. $D=0$

当时钟脉冲到来之前,即 CP=0 时,G_3,G_4 和 G_6 的输出均为“1”。G_5 因输入端全“1”,而输出为“0”,这时触发器的状态不变。

当时钟脉冲从“0”跳变为“1”,即 CP=1 时,G_6,G_5 和 G_3 的输出保持原状态不变,而 G_4 因输入端全“1”其输出由“1”变为“0”。这个负脉冲一方面使基本触发器置“0”,同时反馈到 G_6 的输入端,使在 CP=1 期间不论 D 作何变化,触发器保持“0”态不变。

2. $D=1$

当 CP=0 时,G_3 和 G_4 的输出为“1”,G_6 的输出为“0”,G_5 的输出为“1”,这时,触发器的状态不变。

当 CP=1 时,G_3 的输出由“1”变为“0”。这个负脉冲一方面使基本触发器置“1”,同时反馈到 G_4 和 G_5 的输入端,使在 CP=1 期间不论 D 作何变化,只能改变 G_6 的输出状态,而其他门均保持不变,即触发器保持“1”态不变。

由上可知,维持阻塞型 D 触发器具有在时钟脉冲上升沿触发的特点,其逻辑功能为:输出端 Q 的状态随着输入端 D 的状态而变化,但总比输入端状态的变化晚一步,即某个时钟脉冲来到之后 Q 的状态和该脉冲来到之前的输入状态一样。于是可写成:

$$Q^{n+1} = D$$

D 触发器图形符号、状态表和工作波形图如图 7-8(a),(b)和(c)所示,触发器为时钟上升沿(the positive-going clock edge)触发,为了和下降沿触发相区别,在图形符号中时钟脉冲 CP 输入端靠近方框处不加小圆圈。

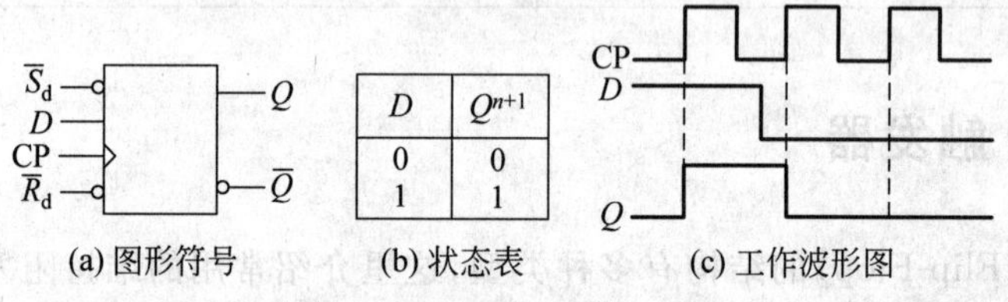

(a) 图形符号　(b) 状态表　(c) 工作波形图

图 7-8　D 触发器图形符号、状态表和工作波形图

Example 7.3　The Waveforms are given in Fig. 7-9 for the D input and the clock. Determine the Q output waveform if the Flip-Flop starts out RESET.

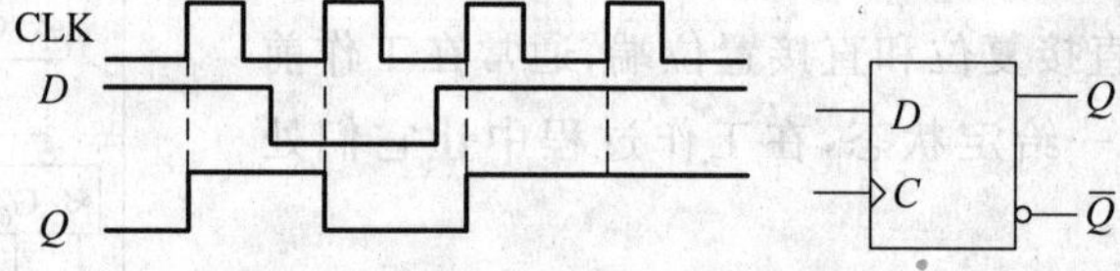

Fig. 7-9　Example 7.3

Solution

The Q output follows the state of the D input at the time of the positive-going clock edge. The resulting output is shown in Fig. 7-9.

7.1.4 T 触发器

T 触发器(T Flip-Flop)的逻辑符号如图 7-10(a)所示,它的功能是:当触发输入端 $T=0$ 时,触发器保持原来状态不变,即:$Q^{n+1}=Q^n$;当 $T=1$ 时,每来一个时钟脉冲,触发器的输出状态 Q^{n+1} 就变化一次,即:$Q^{n+1}=\overline{Q}^n$,这称为状态翻转(the Flip-Flop toggle)。可以得到 T 触发器的状态表,如图 7-10(b)所示。根据状态表可以写出 T 触发器的状态方程:

$$Q^{n+1}=\overline{T}Q^n+T\overline{Q}^n=T\oplus Q$$

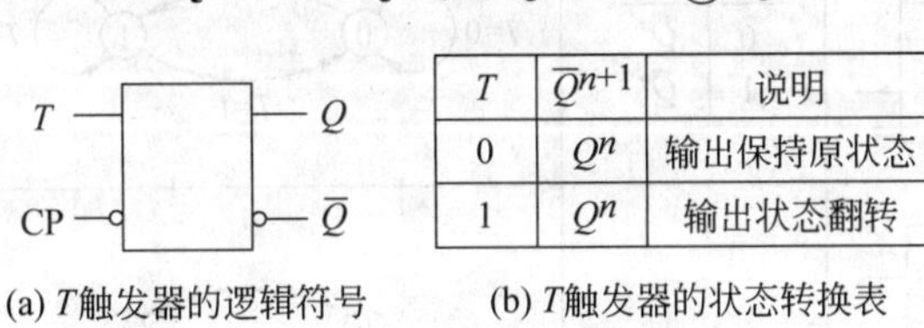

T	$\overline{Q}^{n+1}$	说明
0	Q^n	输出保持原状态
1	Q^n	输出状态翻转

(a) T触发器的逻辑符号　　(b) T触发器的状态转换表

图 7-10　T 触发器的逻辑符号和状态转换表

7.1.5 触发器逻辑功能的转换

根据实际需要,可将某种逻辑功能的触发器经过改接或附加一些门电路后,转换为另一种触发器。各时钟触发器的总表如表 7-2 所示。其中 T'触发器没有触发输入端,每来一个时钟脉冲,触发器状态就翻转一次。状态表按照触发输入端的不同进行排列;状态转换图的每一个节点是一个状态,状态的转换用有向线段表示,线段上面标出转换的条件;状态方程则表示下一状态与原状态和输入的逻辑关系。

表 7-2　各种时钟触发器总表

名称	逻辑符号	状态表	状态转换图	状态方程式
RS 触发器	R, F, 1S, C1, 1R, S, Q	$R^n S^n$ / Q^{n+1}: 0 0 / Q^n 0 1 / 1 1 0 / 0 1 1 / 不定	0→1: R=0 S=1;1→0: R=1 S=0;0 自环: R=× S=0;1 自环: R=0 S=×	$Q^{n+1}=S+\overline{R}Q^n$ $S\cdot R=0$(约束条件)

续表

名称	逻辑符号	状态表	状态转换图	状态方程式
JK 触发器	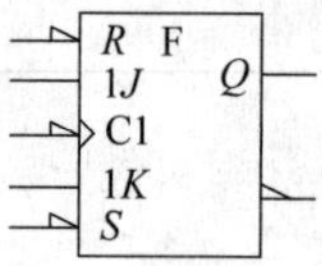 R F 1J Q C1 1K S	J K | Q^{n+1} 0 0 | Q^n 0 1 | 0 1 0 | 1 1 1 | $\overline{Q}^n$	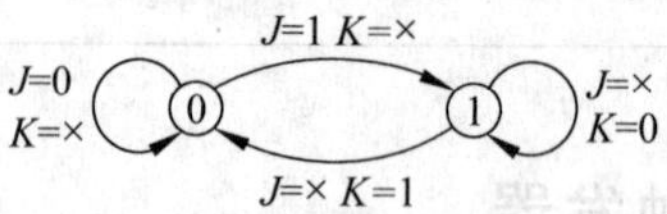 J=1 K=× J=0 K=× (0) (1) J=× K=0 J=× K=1	$Q^{n+1}=J\overline{Q}^n+\overline{K}Q^n$
D 触发器	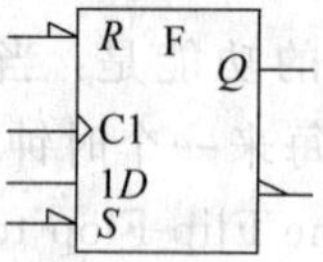 R F Q C1 1D S	D | Q^{n+1} 0 | 0 1 | 1	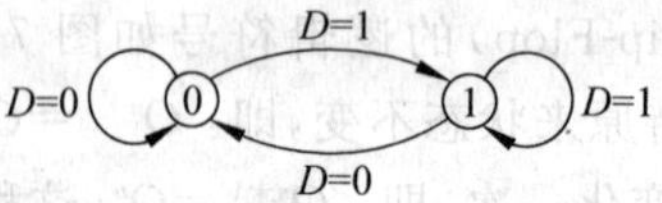 D=1 D=0 (0) (1) D=1 D=0	$Q^{n+1}=D$
T 触发器	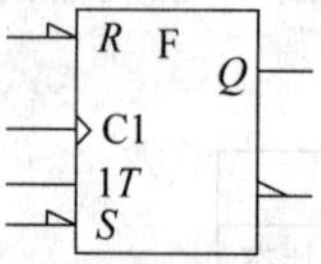 R F Q C1 1T S	T | Q^{n+1} 0 | Q^n 1 | $\overline{Q}^n$	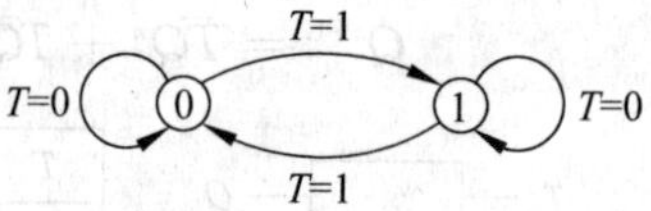 T=1 T=0 (0) (1) T=0 T=1	$Q^{n+1}=T\overline{Q}^n+\overline{T}Q^n$
T' 触发器	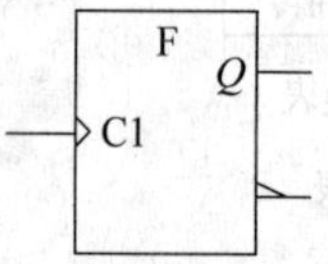 F Q C1		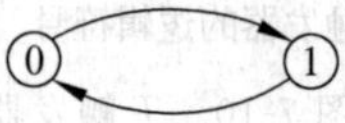 (0) (1)	$Q^{n+1}=\overline{Q}^n$

1. 将 D 触发器转换成 RS，JK，T 触发器

将 D 触发器转换为 RS 触发器。

待转换触发器的特性方程式：$Q^{n+1}=D$

目标触发器的特性方程式：$Q^{n+1}=S+\overline{R}Q^n$

比对结果：$D^n=S+\overline{R}Q^n$

其逻辑图见图 7-11(a)。

将 D 触发器转换为 JK 触发器。

待转换触发器的特性方程式：$Q^{n+1}=D$

目标触发器的特性方程式：$Q^{n+1}=J\overline{Q}^n+\overline{K}Q^n$

比对结果：$D=J\overline{Q}^n+\overline{K}Q^n$

其逻辑图见图 7-11(b)。

将 D 触发器转换为 T 触发器。

待转换触发器的特性方程式：$Q^{n+1}=D$

目标触发器的特性方程式：$Q^{n+1}=T\overline{Q}^n+\overline{T}Q^n$

比对结果：$D=T\bar{Q}^n+\bar{T}Q^n$

其逻辑图见图 7-11(c)。

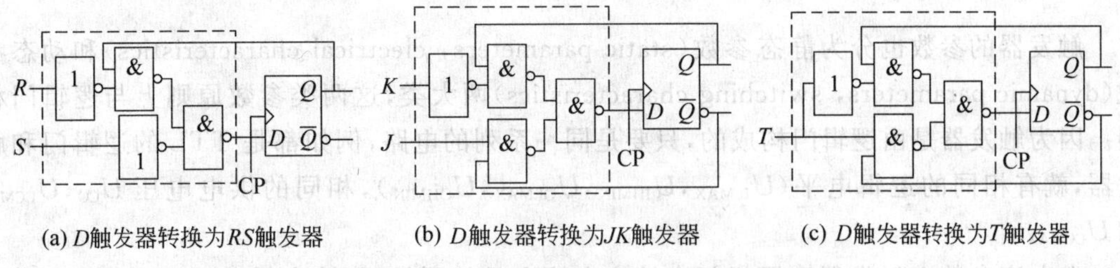

(a) D触发器转换为RS触发器　(b) D触发器转换为JK触发器　(c) D触发器转换为T触发器

图 7-11　将 D 触发器分别转换成 RS，JK，T 触发器

2. 将 *JK* 触发器转换为 *RS*，*D* 和 *T* 触发器

将 JK 触发器转换为 RS 触发器。

待转换触发器的特性方程式：$Q_{n+1}=J\bar{Q}_n+\bar{K}Q_n$

目标触发器的特性方程式：$Q_{n+1}=S+\bar{R}Q_n\ (RS=0)$

容易得出：$J=S, K=\bar{R}S=\overline{\overline{\bar{R}S}}$

其逻辑图见图 7-12(a)。

将 JK 触发器转换为 D 触发器。

待转换触发器的特性方程式：$Q_{n+1}=J\bar{Q}_n+\bar{K}Q_n$

目标触发器的特性方程式：$Q_{n+1}=D$

容易得出：$J=D, K=\bar{D}$

其逻辑图见图 7-12(b)。

将 JK 触发器转换为 T 触发器。

待转换触发器的特性方程式：$Q_{n+1}=J\bar{Q}_n+\bar{K}Q_n$

目标触发器的特性方程式：$Q_{n+1}=T\bar{Q}_n+TQ_n$

容易得出：$J=K=T$

其逻辑图见图 7-12(c)。

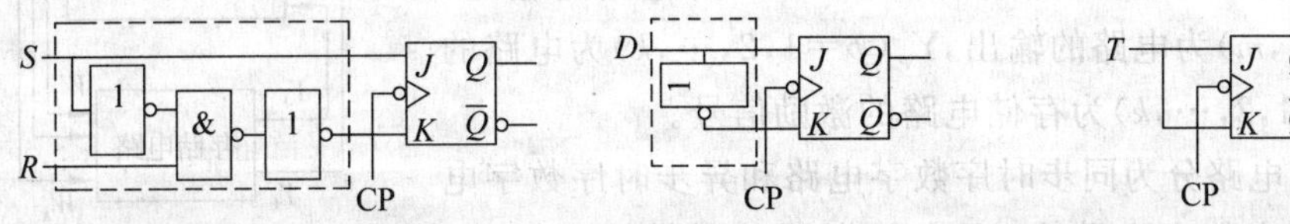

(a) JK触发器转换为RS触发器　(b) JK触发器转换为D触发器　(c) JK触发器转换为T触发器

图 7-12　将 JK 触发器分别转换成 RS，D，T 触发器

*7.1.6 触发器的参数

触发器的参数也分为静态参数(static parameters, electrical characteristics)和动态参数(dynamic parameters, switching characteristics)两大类,这两类参数原则上与逻辑门相同。因为触发器是由逻辑门构成的,只要是同一系列的电路,例如都是 TTL 的逻辑门和触发器,就有相同的逻辑电平(U_{ILMAX},U_{IHMIN},U_{OLMAX},U_{OHMIN}),相同的供电电压 U_{CC},U_{CCMIN} 和 U_{CCMAX}。

在电流参数上触发器和逻辑门在输出电流上是相同的,即输出低电平电流 I_{OLMAX} 和输出高电平电流 I_{OHMAX} 对处于同一系列中同一类型输出级的逻辑门和触发器而言是相同的。但在输入电流上有所不同,因为触发器的输入端的类型比逻辑门多,有时钟输入端、数据输入端、直接置"0"端和直接置"1"端,它们的内部电路连接到构成触发器的逻辑门的输入端数目是不一样的,所以触发器和逻辑门在输入低电平电流 I_{ILMAX} 和输入高电平电流 I_{IHMAX} 是不同的。现以维持阻塞型 D 触发器 74LS74 为例加以说明,维持阻塞型 D 触发器的电路图如图 7-7 所示,它的数据输入端内部连接到一个逻辑门的输入端;时钟输入端连接到两个逻辑门的输入端;$\overline{R}_d$ 输入端连接到内部三个逻辑门的输入端;$\overline{S}_d$ 端则连接两个输入端。所以这些输入端的输入低电平电流和输入高电平电流是不同的。

在动态参数上,触发器和逻辑门定义的原则也相同,只不过触发器的输入端的类型比逻辑门多,不同的输入端到达输出端,信号经过的路径差别较大,所以延迟时间的数值有所不同。

7.2 时序数字电路的分析

时序数字电路(又称时序逻辑电路, sequential logic circuit)在任何一个时刻的输出状态不仅取决于当时的输入信号,还取决于电路原来的状态。电路构成通常由存储电路(主要是触发器)和组合数字电路组成,如图 7-13 所示。图中 $X_i(i=1,2,\cdots,n)$ 为电路的输入,$P_j(j=1,2,\cdots,m)$ 为电路的输出,$Y_p(p=1,2,\cdots,k)$ 为电路的状态,$W_q(q=1,2,\cdots,k)$ 为存储电路的激励信号。

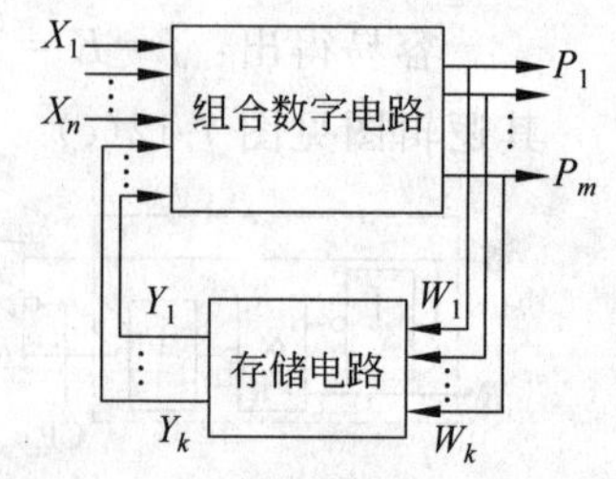

图 7-13 时序数字电路框图

时序数字电路分为同步时序数字电路和异步时序数字电路。在同步时序数字电路中,所有触发器的时钟输入端 CP 都连在一起,在同一个时钟脉冲 CP 作用下,凡具备翻转条件的触发器在同一时刻状态翻转,触发器状态的更新和时钟脉冲是同步的。在异步时序数字电路中,时钟脉冲 CP 只接部分触发器的时钟输入端,其余触发器则由电路内部信号触发,因此，凡具备翻转条件的触发器状态的翻转有先后顺序，并不都和时钟脉冲 CP 同步。

7.2.1 同步时序数字电路的分析

同步时序数字电路(synchronous sequential logic circuit)的分析有下面几个步骤。

1. 写方程式

(1) 写输出方程(output equation)。写出时序数字电路的输出逻辑表达式，它通常为现态的函数。

(2) 写驱动方程(driver equation)。写出各触发器输入端的逻辑表达式。即 $J=?$，$K=?$，$D=?$，…

(3) 写状态方程(state equation)。将驱动方程代入相应触发器的特性方程中，便得到该触发器的次状态方程。时序数字电路的状态方程由各触发器次态的逻辑表达式组成。为了分析方便，应当熟练掌握 JK 触发器、D 触发器和 RS 触发器的特性方程。

2. 列状态转换真值表(简称状态表)

将电路输入信号和现状态作为输入，次状态和输出作为输出，列出状态转换真值表。表 7-3 是状态转换真值表的例子。

表 7-3 状态转换真值表的例子

X_2	X_1	Q_3^n	Q_2^n	Q_1^n	Q_3^{n+1}	Q_2^{n+1}	Q_1^{n+1}	Y_2	Y_1
0	0	0	0	0					
0	1	0	0	1					
	…		…						
1	1	1	1	1					

3. 画状态转换图(state diagram)和时序图(timing diagram)

状态转换图：电路由现状态转换到下一状态的示意图。

时序图：在时钟脉冲 CP 作用下，各触发器状态变化的波形图。

4. 逻辑功能的说明

根据状态转换真值表来说明电路的逻辑功能。

上面的过程并不是必须的，有些过程可以省略，如通过状态转换表就能明确描述电路的功能，就可以不画状态转换图了。

以图 7-14 所示的某时序电路为例来说明分析过程。

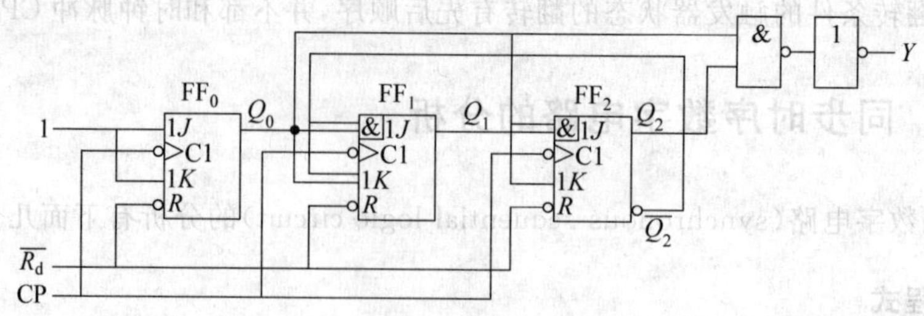

图 7-14 某时序电路图

由于时钟脉冲 CP 加在每个触发器的时钟脉冲输入端上,因此它是一个同步时序数字电路。

三个 JK 触发器的状态更新时刻都对应 CP 的下降沿。

1) 写方程式

(1) 输出方程

$$Y = Q_2^n + Q_0^n$$

Q_2^n 和 Q_0^n 分别表示触发器 Q_2 和 Q_0 的原状态。

(2) 驱动方程

$$\begin{cases} J_0 = K_0 = 1 \\ J_1 = K_1 = \overline{Q}_2 Q_0 \\ J_2 = Q_1 Q_0, \quad K_2 = Q_0 \end{cases}$$

电路中触发器 FF_1 的输入端 J_1 和 K_1 有多个输入端,各输入端是与的关系。

(3) 状态方程,将驱动方程代入 JK 触发器的特征方程就得到了状态方程:

$$\begin{cases} Q_0^{n+1} = \overline{Q}_0 \\ Q_1^{n+1} = J_1\overline{Q}_1 + \overline{K}_1 Q_1 = \overline{Q}_2 Q_0 \overline{Q}_1 + \overline{\overline{Q}_2 Q_0} \cdot Q_1 \\ Q_2^{n+1} = J_2\overline{Q}_2 + \overline{K}_2 Q_2 = Q_1 Q_0 \overline{Q}_2 + \overline{Q}_0 Q_2 \end{cases}$$

2) 列状态转换真值表

由状态方程,可列出状态转换真值表,如表 7-4 所示。

表 7-4 状态转换真值表

现状态			次状态			输出
Q_2^n	Q_1^n	Q_0^n	Q_2^{n+1}	Q_1^{n+1}	Q_0^{n+1}	Y
0	0	0	0	0	1	0
0	0	1	0	1	0	0
0	1	0	0	1	1	0
0	1	1	1	0	0	0

续表

现状态			次状态			输出
Q_2^n	Q_1^n	Q_0^n	Q_2^{n+1}	Q_1^{n+1}	Q_0^{n+1}	Y
1	0	0	1	0	1	0
1	0	1	0	0	0	1
1	1	0	1	1	1	0
1	1	1	0	1	0	1

3）画状态转换图和时序图

（1）根据状态转换真值表画出状态转换图。

一个圆圈表示电路的一个状态，箭头表示电路状态的转换方向，箭头线上方标注的 X/Y 为转换条件，X 为转换前输入变量的取值，Y 为输出值，由于本例没有输入变量，故 X 未标上数值。

检查电路能否自启动，电路应有 8 个工作状态，只有 6 个状态被利用了，称为有效状态。还有 110 和 111 没有被利用，称为无效状态。如果由于某种原因而进入无效状态工作时，只要继续输入计数脉冲 CP，电路会自动返回到有效状态工作，则认为电路能够自启动。经判断该电路能够自启动。

（2）根据状态转换真值表画出时序图。

时序图是任意假定触发器的初始状态（通常假设为“0”状态），根据输入和时钟画出电路状态和输出的波形（如果电路波形具有周期性，只需画出一个周期以上就可以）。状态转换图和时序图如图 7-15 所示。

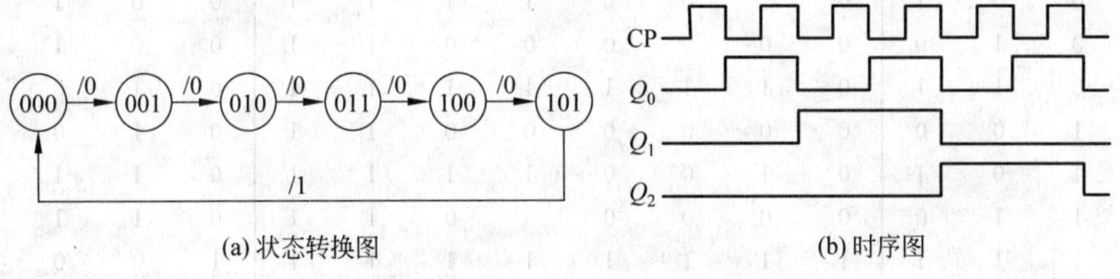

图 7-15　状态转换图和时序图

4）逻辑功能说明

由状态转换真值表可知，在输入第 6 个计数脉冲 CP 后，返回原来的状态，同时输出端 Y 输出一个进位脉冲，因此电路为同步六进制计数器。

Example 7.4　Describe the operation of the sequential circuit of Fig. 7-16.

Solution

Step 1: From the given circuit we can get the driver equation

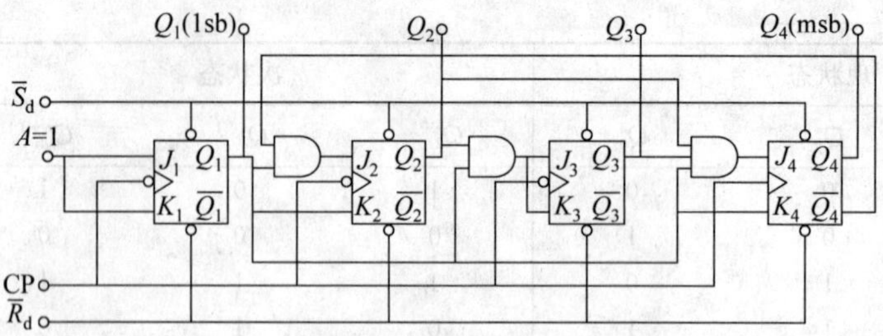

Fig. 7-16 Circuit for Example 7-4

$$J_1 = K_1 = 1$$

$$J_2 = Q_1\bar{Q}_4$$

$$K_2 = Q_1$$

$$J_3 = K_3 = Q_1Q_2$$

$$J_4 = Q_1Q_2Q_3$$

$$K_4 = Q_1$$

Step 2: Drawing the state table(Table 7-5).

Table 7-5 State table for Example 7.4

Present State				Flip-Flop Inputs								Next State			
Q_4	Q_3	Q_2	Q_1	J_4	K_4	J_3	K_3	J_2	K_2	J_1	K_1	Q_4	Q_3	Q_2	Q_1
0	0	0	0	0	0	0	0	0	0	1	1	0	0	0	1
0	0	0	1	0	1	0	0	1	1	1	1	0	0	1	0
0	0	1	0	0	0	0	0	0	0	1	1	0	0	1	1
0	0	1	1	0	1	1	1	1	1	1	1	0	1	0	0
0	1	0	0	0	0	0	0	0	0	1	1	0	1	0	1
0	1	0	1	0	1	0	0	1	1	1	1	0	1	1	0
0	1	1	0	0	0	0	0	0	0	1	1	0	1	1	1
0	1	1	1	1	1	1	1	1	1	1	1	1	0	0	0
1	0	0	0	0	0	0	0	0	0	1	1	1	0	0	1
1	0	0	1	0	1	0	0	0	1	1	1	0	0	0	0
1	0	1	0	0	0	0	0	0	0	1	1	1	0	1	1
1	0	1	1	0	1	1	1	0	1	1	1	0	1	0	0
1	1	0	0	0	0	0	0	0	0	1	1	1	1	0	1
1	1	0	1	0	1	0	0	0	1	1	1	0	1	0	0
1	1	1	0	0	0	0	0	0	0	1	1	1	1	1	1
1	1	1	1	1	1	1	1	0	1	1	1	0	0	0	0

Step 3: The information obtained from the state table can be used to construct the

state diagram shown in Fig. 7-17, where each state of the circuit is represented by a circle and the transition between states is shown by lines interconnecting these circles.

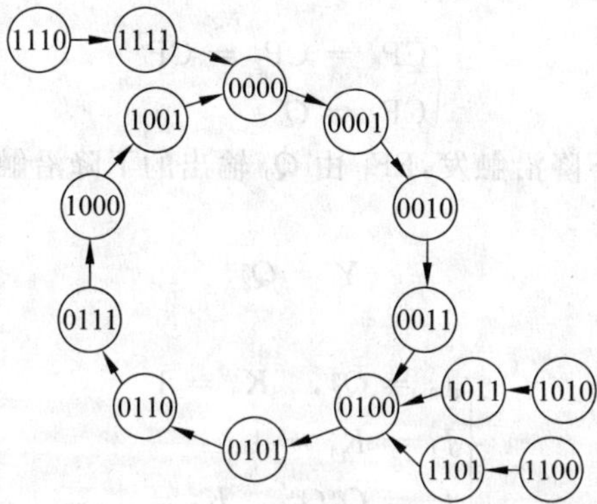

Fig. 7-17 State diagram for Example 7.4

Step 4: The state diagram shows that the states (0000 through 1001) form a ring consisting of these ten states. The given circuit is, therefore, a BCD counter that counts from zero to nine, then resets to zero and repeats the counting sequence.

7.2.2 异步时序数字电路的分析

在异步时序数字电路中,只有部分触发器由计数脉冲信号源 CP 触发,而其他触发器则由电路内部信号触发。因此,应考虑各个触发器的时钟条件,即应写出时钟方程。

各个触发器只有在满足时钟条件后,其状态方程才能使用;否则,状态保持不变。这是异步时序数字电路在分析方法上和同步时序数字电路的根本不同点。

下面以图 7-18 所示电路为例说明异步时序数字电路的分析过程。

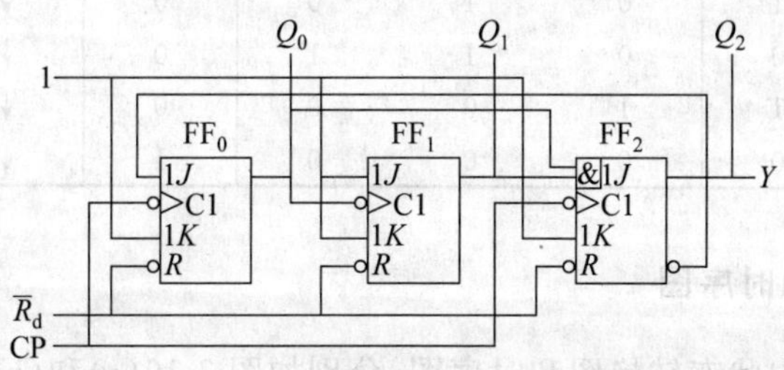

图 7-18 某时序数字电路

FF_1 的时钟信号是由 Q_0 端输出的负跃变信号来触发的,所以电路是异步时序数字电路。

1. 写方程式

1）时钟方程

$$\begin{cases} CP_0 = CP_2 = CP \\ CP_1 = Q_0 \end{cases}$$

FF_0 和 FF_2 由 CP 的下降沿触发，FF_1 由 Q_0 输出的下降沿触发。

2）输出方程

$$Y = Q_2^n$$

3）驱动方程

$$\begin{cases} J_0 = \overline{Q}_2^n, \quad K_0 = 1 \\ J_1 = K_1 = 1 \\ J_2 = Q_1^n Q_0^n, \quad K_2 = 1 \end{cases}$$

4）状态方程

$$\begin{cases} Q_0^{n+1} = J_0\overline{Q}_0^n + \overline{K}_0 Q_0^n = \overline{Q}_2^n \overline{Q}_0^n \\ Q_1^{n+1} = J_1\overline{Q}_1^n + \overline{K}_1 Q_1^n = \overline{Q}_1^n \\ Q_2^{n+1} = J_2\overline{Q}_2^n + \overline{K}_2 Q_2^n = Q_1^n Q_0^n \overline{Q}_2^n \end{cases}$$

其中，Q_0 和 Q_2 的状态转换在 CP 的下降沿，Q_1 的状态转换在 Q_0 的下降沿。

2. 列状态转换真值表

状态方程只有在满足时钟条件后才是有效的，否则将保持不变。列状态转换真值表如表 7-6 所示。

表 7-6　状态转换真值表

现态			次态			输出	时钟脉冲		
Q_2^n	Q_1^n	Q_0^n	Q_2^{n+1}	Q_1^{n+1}	Q_0^{n+1}	Y	CP_2	CP_1	CP_0
0	0	0	0	0	1	0	↓	↑	↓
0	0	1	0	1	0	0	↓	↓	↓
0	1	0	0	1	1	0	↓	↑	↓
0	1	1	1	0	0	0	↓	↓	↓
1	0	0	0	0	0	1	↓		↓

3. 状态转换图和时序图

根据状态表可画出状态转换图和时序图，分别如图 7-19(a)和(b)所示。

4. 逻辑功能说明

在输入第 5 个计数脉冲时，返回初始的 000 状态，同时 Y 输出一个进位信号，因此，为五

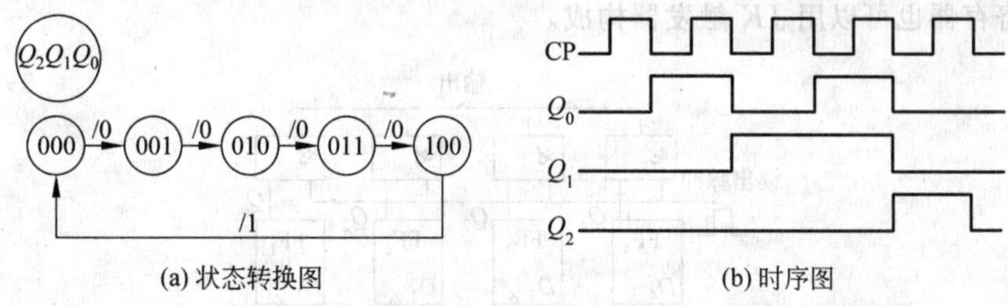

(a) 状态转换图　　(b) 时序图

图 7-19　状态转换图和时序图

进制计数器。

7.3　寄存器

在数字电路中，常常需要将一些数码、指令或运算结果暂时存放起来，这些暂时存放数码或指令的部件就是寄存器(register)。由于寄存器具有清除数码、接收数码、存放数码和传送数码的功能，因此，它必须具有记忆功能，所以寄存器都是由触发器和门电路组成。一般说来，需要存入多少位二进制数码就需要多少个触发器。

寄存器中可分为基本寄存器(也简称为寄存器)和移位寄存器(shift register)两种。它们共同之处是都具有暂时存放数码的记忆功能，不同之处是后者具有移位功能而前者却没有。

7.3.1　基本寄存器

基本寄存器(data register)只在加入“接收”命令(也称“写入脉冲”)时，才把数码接收存储起来，在得到“读出”命令后才将数码输出。这种寄存器结构简单，应用很广。

基本寄存器的逻辑图如图 7-20 所示，它的存储部分由 D 触发器构成。因为输入数据加于触发器的 D 端，由 D 触发器的真值表可知，CP 的动作沿作用后，D 触发器的输出 $Q^{n+1}=D^n=X^n$；若输入数码 $X^n=1$，$Q^{n+1}=D^n=1$；若输入数码 $X^n=0$，$Q^{n+1}=D^n=0$。可见，不管各位触发器的原状态如何，在 CP 脉冲作用后，输入数码 $X_1 \sim X_4$ 就存入寄存器，而不需要预先“清零”。当接收脉冲 CP 到来后，输入数据 $X_1 \sim X_4$ 就同时送入 D 触发器，这种输入方式称为并行输入(parallel input)。

图 7-20 中的寄存器每位的输出端加了一个与门，在读出脉冲为高电平时，寄存器就有输出。寄存器输出端通常接有三态门，在不输出时释放数据总线。图 7-20 中的寄存器在输出时是各位同时输出的，称这种输出方式为并行输出(parallel output)。

基本寄存器也可以用 JK 触发器构成。

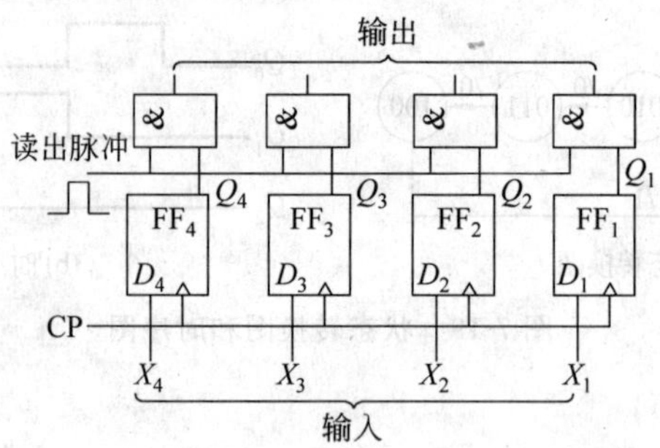

图 7-20 由 D 触发器构成的基本寄存器

7.3.2 移位寄存器

1. 移位的概念

在数字系统中,常常要将寄存器中的数码按时钟的节拍向左移或向右移一位或多位,能实现这种移位功能的寄存器就称为移位寄存器(shift register)。移位寄存器在数字装置中大量使用,例如在计算机中,进行二制数的乘法和除法都可由移位操作结合加法操作来完成。

移位寄存器的每一位是由触发器组成的,但由于它需要有移位功能,所以每位触发器的输出端与下一位触发器的数据输入端相连接,所有触发器公用一个时钟脉冲,使它们同步工作。一般规定右移(right shift)是向高位移,左移(left shift)是向低位移,而不管看上去的方向如何。

在移位的过程中,移出方向端口处触发器的数据将移出寄存器,称为串行输出(serial output),简称串出;在寄存器另一端口处的触发器将数据 X 移入寄存器,称为串行输入(serial input),简称串入。如果连续来几个时钟脉冲,寄存器中的数据就会从串行输出端一个一个送出,同时有新的数据从串入端一个一个进入寄存器。从寄存器中取出数据还有另一种方式,前面已经提过,就是从每位触发器的输出端引出,这种输出方式称并行输出,简称并出;同理,送入数据有并行输入的方式。

2. 串行输入、串并行输出右移寄存器

图 7-21 是串行输入、串并行输出右移寄存器的逻辑图,同步时钟作为移位脉冲使用。因为要实现数据右移,所以每位触发器的输出要连向相邻高位触发器的数据输入端。

移位操作由“右移控制”端控制。只有右移控制端是高电平时,低一位的触发器的输出

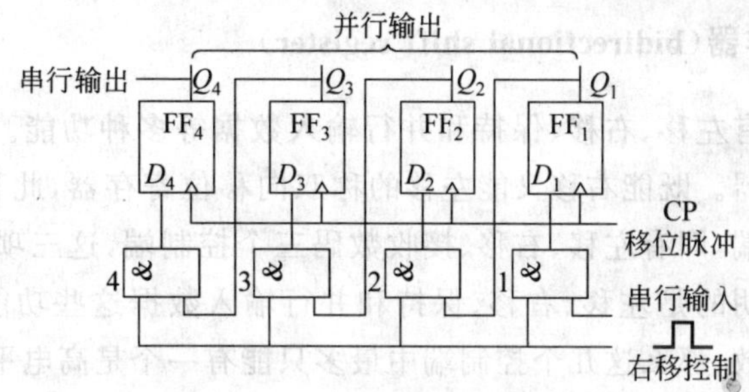

图 7-21 四位右移移位寄存器

才能通过与门 1、2、3、4 分别向高一位触发器的数据端传输数据。例如，初始状态为

$$Q_4 = 0,\quad D_4 = Q_3 = 0,\quad D_3 = Q_2 = 0,\quad D_2 = Q_1 = 0,\quad D_1 = 1$$

在第一个移位脉冲作用下，各触发器状态为

$$Q_4 = 0,\quad D_4 = Q_3 = 0,\quad D_3 = Q_2 = 0,\quad D_2 = Q_1 = 1,\quad D_1 = 0$$

在各时钟脉冲作用下，触发器的状态转换关系如表 7-7 所示。

表 7-7 右移移位寄存器的状态转换表

CP	Q_4	Q_3	Q_2	Q_1	D_1	
0	0	0	0	0	1↓	第一个数据“1”准备
1	0	0	0	1	0↓	第一个数据“1”串入 Q_1
2	0	0	1	0	1↓	第二个数据“0”串入 Q_1
3	0	1	0	1	1↓	第三个数据“1”串入 Q_1
4	1	0	1	1	×	第四个数据“1”串入 Q_1
	1011 向右移（左侧低位，右侧高位）⟶					

表 7-7 表示右移寄存器在移位脉冲作用下的状态转换情况。即第一个脉冲到来后，把第一个数码“1”送到 FF_1，第二个移位脉冲到来后，把第二位数码“0”送到 FF_1，而 FF_1 中第一个数码送往 FF_2，如此下去，经过四个移位脉冲，便把数码 1011 全部右移送入移位寄存器中去。表 7-7 说明了寄存器中各触发器状态的转换情况，称为状态转换表，时钟的编号表示状态转换顺序，简称态序。

若要从移位寄存器中输出数码，可从每位触发器的输出端一齐读出，这种输出方式称并行输出。另一种输出方式是从最高位触发器 FF_4 输出端送出。若寄存器的数码是 1011，每来一个移位脉冲右移输出一个数码，来四个移位脉冲后，四位数码全部逐位输出，这种逐位输出数码的方式称为串行输出；对输入数码而言，这种逐位输入数码的方式为串行输入。图 7-21 的电路称为串行输入、串行和并行输出右移寄存器。移位寄存器也可以进行向左移位，原理和右移寄存器相同。

3. 双向移位寄存器(bidirectional shift register)

应用中经常需要有左移、右移、保持和并行输入数据等多种功能。图 7-22 是一个具有多种功能的移位寄存器。既能右移又能左移的称双向移位寄存器,此移位寄存器的各种功能各需要有一个控制端,即有左移、右移、接收数码三个控制端,这三项功能都不执行,即相当保持功能。需要说明的是左移、右移、保持和并行输入数据这些功能只能一个一个地进行。如果是高电平有效,那么这几个控制端中最多只能有一个是高电平,否则移位寄存器将不能正常工作。

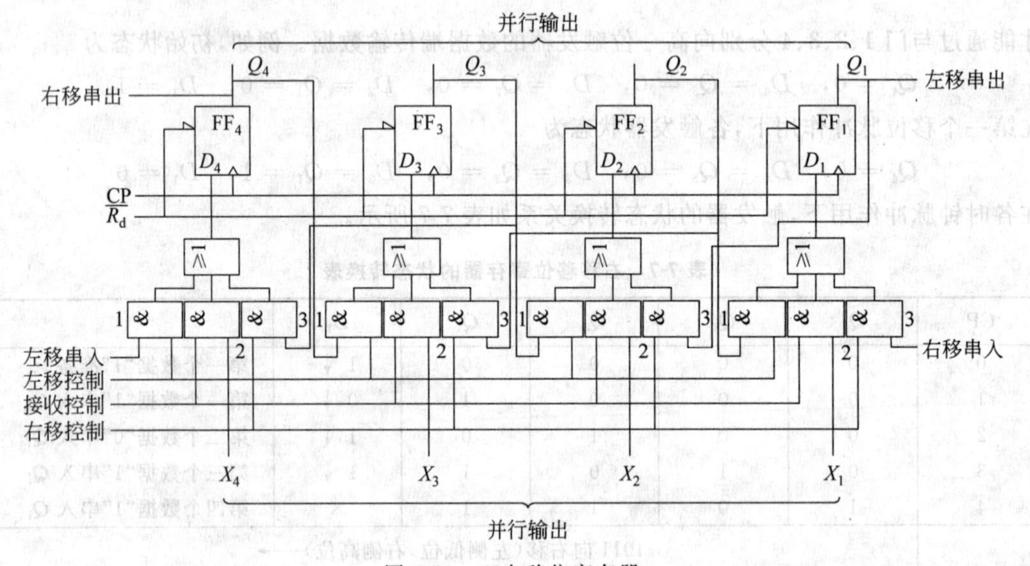

图 7-22 双向移位寄存器

实现并行输入时,接收控制端为高电平"1",其他控制端为低电平"0",全部 2 号与门打开,在 CP 作用后,数据 $X_1 \sim X_4$ 就分别通过 2 号与门,并行送入各位触发器数据端,在时钟的作用下输入触发器。如要实现右移时,右移控制端为"1",其他控制端为"0",全部 3 号与门打开。触发器的输出端通过 3 号与门是按照右移的方向连接的,因此,CP 脉冲作用后就实现右移。如要实现左移时,左移控制信号为"1",其他控制端为"0",全部 1 号与门打开。通过 1 号与门触发器的数据是按左移功能连接的,因此,在 CP 脉冲作用后就实现了左移。根据该双向移位寄存器原理制成的集成芯片有 74LS194。

Example 7.5 Show the states of the 4-bit register (SRG 4 in Fig. 7-23(c)) for the data input and clock waveforms in Fig. 7-23(a). The register initially contains all zeros.

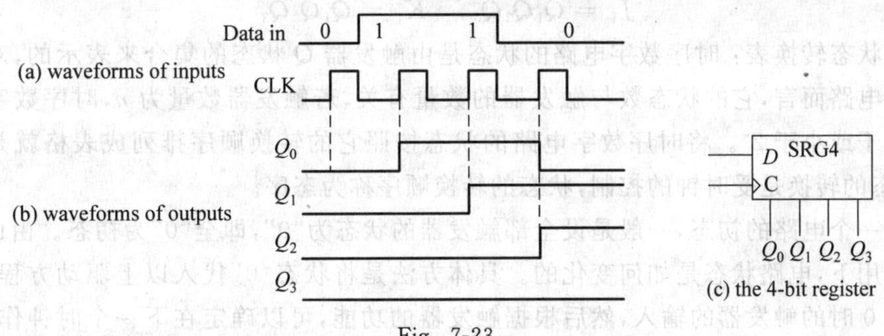

Fig. 7-23

Solution

The register contains 0110 after four clock pulses. See Fig. 7-23(b).

7.4 计数器

7.4.1 二进制计数器

1. 二进制同步计数器(binary synchronous counter)

图 7-24 是二进制同步计数器的电路图。首先判断电路是否是同步时序数字电路。该电路中有时钟触发器，所以是时序数字电路，同时所有的触发器的时钟端都接向同一个时钟源，即触发器状态的改变在同一个时钟的控制下同时发生，所以该电路是同步时序数字电路。

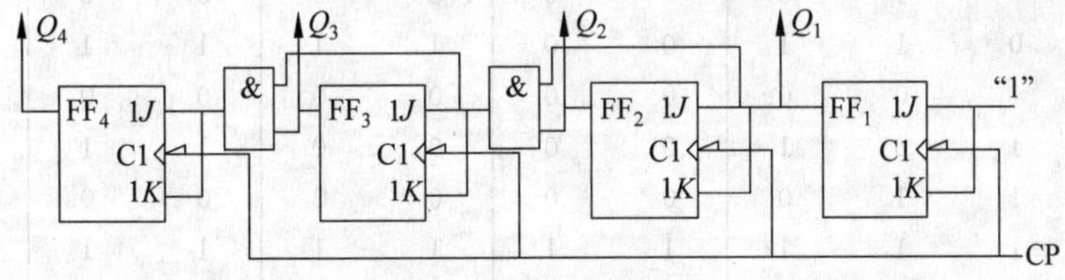

图 7-24 二进制同步计数器

触发器的驱动方程就是触发器数据端的控制逻辑式，由图 7-24 可以写出

$$J_1 = 1, \quad K_1 = 1$$

$$J_2 = Q_1, \quad K_2 = Q_1$$

$$J_3 = Q_1 Q_2, \quad K_3 = Q_1 Q_2$$

$$J_4 = Q_1 Q_2 Q_3, \quad K_4 = Q_1 Q_2 Q_3$$

画出状态转换表：时序数字电路的状态是由触发器 Q 状态的集合来表示的，对于同步时序数字电路而言，它的状态数与触发器的数量有关，若触发器数量为 n，时序数字电路的状态数等于或小于 2^n。将时序数字电路的状态按照它的转换顺序排列成表格就是状态转换表，状态的转换是受时钟的控制，状态的转换顺序称为态序。

先设一个电路的初态，一般是设全部触发器的状态为“0”，即全“0”为初态。由此推导出在时钟作用下，电路状态是如何变化的。具体方法是将状态“0”代入以上驱动方程式，得出对应态序 0 时的触发器的输入，然后根据触发器的功能，可以确定在下一个时钟作用后，对应态序 1 时电路的新状态。然后再将对应态序 1 的状态值代入驱动方程式，得到对应态序 1 时触发器输入，在第二个时钟来到时，电路将转换到态序 2，依次不断进行，直至电路状态出现循环为止(态序 16 和态序 0 电路的状态相同)。以上过程见表 7-8。表中包括了 J，K 的取值，所以这个表也可以称为状态转换表。

表 7-8　二进制同步计数器的状态转换表

态序	Q_4	Q_3	Q_2	Q_1	J_4	K_4	J_3	K_3	J_2	K_2	J_1	K_1
0	0	0	0	0	0	0	0	0	0	0	1	1
1	0	0	0	1	0	0	0	0	1	1	1	1
2	0	0	1	0	0	0	0	0	0	0	1	1
3	0	0	1	1	0	0	1	1	1	1	1	1
4	0	1	0	0	0	0	0	0	0	0	1	1
5	0	1	0	1	0	0	0	0	1	1	1	1
6	0	1	1	0	0	0	0	0	0	0	1	1
7	0	1	1	1	1	1	1	1	1	1	1	1
8	1	0	0	0	0	0	0	0	0	0	1	1
9	1	0	0	1	0	0	0	0	1	1	1	1
10	1	0	1	0	0	0	0	0	0	0	1	1
11	1	0	1	1	0	0	1	1	1	1	1	1
12	1	1	0	0	0	0	0	0	0	0	1	1
13	1	1	0	1	0	0	0	0	1	1	1	1
14	1	1	1	0	0	0	0	0	0	0	1	1
15	1	1	1	1	1	1	1	1	1	1	1	1
16	0	0	0	0	0	0	0	0	0	0	1	1

通过状态转换表可以确定该电路是按二进制码增加的方向转换的，所以电路称为二进制同步加法计数器，也称为四位二进制加法计数器，共有 16 个状态，或称为 16 进制计数器。

状态转换表也可以用图 7-25 的形式表现，即状态转换图是状态转换表的另一种表现形式，状态转换图也能表示计数器状态的转换顺序。图 7-25 中每一个圆圈表示一个状态，圆圈中的二进制码表示具体的状态编码。状态转换图看起来比较直观。

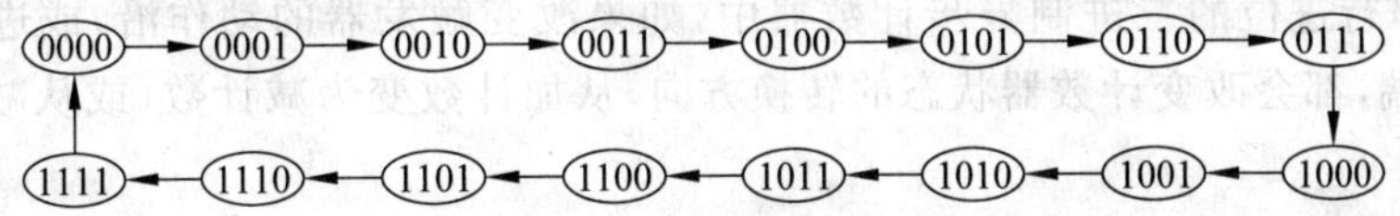

图 7-25 二进制同步加法计数器的状态转换图

由图 7-24 的电路可以得出二进制同步加法计数器的设计的通用方法，例如，由 JK 触发器构成 5 位二进制计数器的触发输入端为：$J_5=K_5=Q_1Q_2Q_3Q_4$，$J_4=K_4=Q_1Q_2Q_3$，…，$J_1=K_1=1$。

2. 二进制异步计数器

图 7-26 所示为三位二进制异步计数器，以此为例来说明异步计数器（asynchronous counter）的一些特点。它由三个 D 触发器构成，每个 D 触发器接成 T' 触发器。每一级触发器有两个状态，三级共有 $2^3=8$ 个状态，第八个脉冲来到后电路返回初始状态。

如果 D 触发器是下降沿触发的，那么电路波形与计数脉冲（在这里就是 CP 脉冲）的关系见图 7-27，如果设初始状态为 $Q_2Q_1Q_0=000$，电路的状态转换表见表 7-9。由状态转换表和波形图都可以看出，计数器的态序是加法计数。如果用 n 表示触发器的级数，那么二进制计数器相当有 $N=2^n$ 个状态，二进制计数器的计数长度 $N=2^n$。

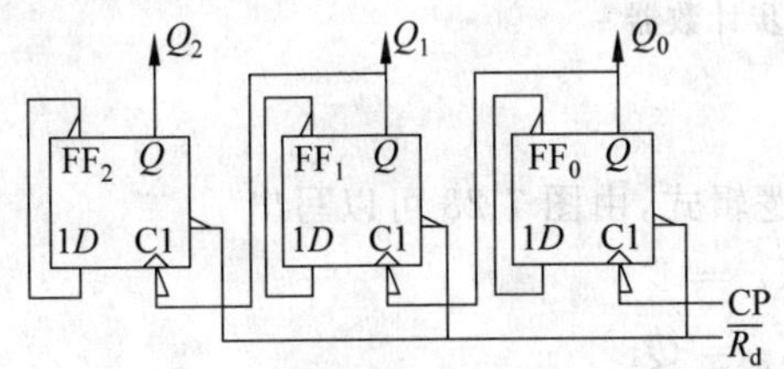

图 7-26 二进制异步计数器

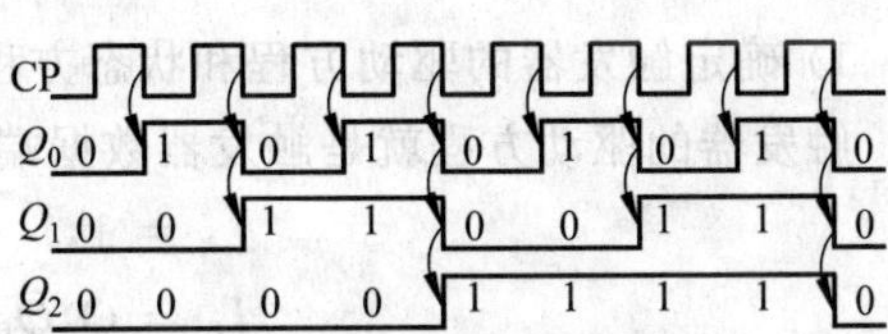

图 7-27 二进制异步计数器波形图

表 7-9 状态转换表

态序	Q_2	Q_1	Q_0	说 明
0	0	0	0	
1	0	0	1	Q_0 给出进位
2	0	1	0	
3	0	1	1	Q_0Q_1 给出进位
4	1	0	0	
5	1	0	1	Q_0 给出进位
6	1	1	0	
7	1	1	1	$Q_0Q_1Q_2$ 给出进位
8	0	0	0	

在这种串行进位的二进制异步计数器中，如果改变触发器的动作沿，或进位时钟从 Q 端改接到 $\overline{Q}$ 端，都会改变计数器状态的转换方向，从加计数变为减计数(或从减计数变为加计数)。

7.4.2 十进制计数器

1. 十进制同步计数器(decimal or decade synchronous counter)

试分析图 7-28 所示电路的逻辑功能。首先看该电路是否是时序数字电路，是否是同步时序数字电路。该电路有时钟触发器，所以是时序数字电路，同时所有的触发器的时钟端都接向同一个时钟源，触发器状态的改变在同一个时钟的控制下发生，所以该电路是同步时序数字电路。

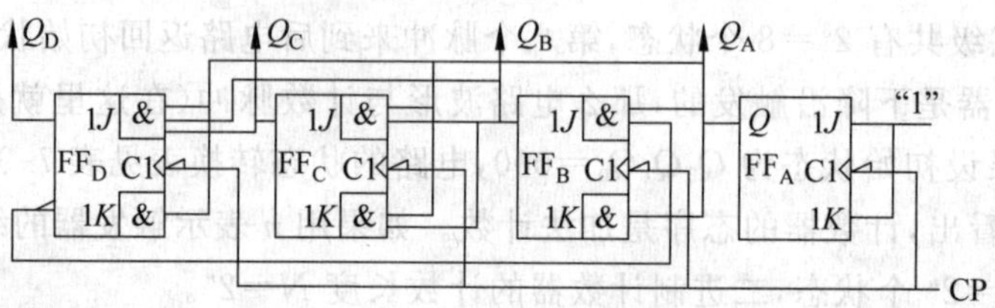

图 7-28 十进制同步计数器

1) 确定触发器的驱动方程和状态方程

触发器的驱动方程就是触发器数据端的控制逻辑式，由图 7-28 可以写出

$$J_A = 1, \qquad K_A = 1$$
$$J_B = Q_A\overline{Q}_D, \qquad K_B = Q_A$$
$$J_C = Q_AQ_B, \qquad K_C = Q_AQ_B$$
$$J_D = Q_AQ_BQ_C, \qquad K_D = Q_A$$

将触发器的驱动方程代入特性方程中得到状态方程式

$$Q_A^{n+1} = \overline{Q_A^n}$$
$$Q_B^{n+1} = Q_A^n\,\overline{Q_D^n}\,\overline{Q_B^n} + \overline{Q_A^n}Q_B^n$$
$$Q_C^{n+1} = Q_A^nQ_B^n\,\overline{Q_C^n} + \overline{Q_A^nQ_B^n}Q_C^n$$
$$Q_D^{n+1} = Q_A^nQ_B^nQ_C^n\,\overline{Q_D^n} + \overline{Q_A^n}Q_D^n$$

2) 列出状态转换表

设全"0"状态为初始状态，代入上述驱动方程式，算出 $J_A, K_A, J_B, K_B, J_C, K_C, J_D, K_D$ 各值，列入表 7-10 对应态序 0 的一行之中。根据态序 0 的 J, K 值，在下一个 CP 到来后，就可以确定各触发器的新状态。所以根据触发器的真值表，就可求出在时钟作用后的下一个新状态，填入态序 1 的一行之中。如此不断进行直到出现状态的循环为止，于是可作出表 7-10。

表 7-10 十进制同步计数器的状态转换表

态序	Q_D	Q_C	Q_B	Q_A	J_D	K_D	J_C	K_C	J_B	K_B	J_A	K_A
0	0	0	0	0	0	0	0	0	0	0	1	1
1	0	0	0	1	0	1	0	0	1	1	1	1
2	0	0	1	0	0	0	0	0	0	0	1	1
3	0	0	1	1	0	1	1	1	1	1	1	1
4	0	1	0	0	0	0	0	0	0	0	1	1
5	0	1	0	1	0	0	0	0	1	1	1	1
6	0	1	1	0	0	0	0	0	0	0	1	1
7	0	1	1	1	1	1	1	1	1	1	1	1
8	1	0	0	0	0	0	0	0	0	0	1	1
9	1	0	0	1	0	1	0	0	0	1	1	1
10	0	0	0	0	0	0	0	0	0	0	1	1

3）分析结论

（1）计数进制　该计数器共有十个状态，十个状态一循环，是十进制计数器。

（2）编码　根据状态转换表，可知编码为 BCD8421 码，因为各位的权为 8、4、2、1。

（3）进位（ripple carry RC）　进位信号在一个计数周期内只允许出现一次，且出现动作沿的时间发生在进位的时刻。若采用下降沿触发方式，可由 Q_D 端给出进位信号，作为高一位计数器的计数脉冲用。但 Q_D 高电平的宽度要占 $2T_{CP}$ 宽，若采用 RC 代表进位信号，进位逻辑 $RC=Q_DQ_A$，进位信号 RC 的宽度只有一个时钟周期。

（4）波形图　电路 Q 端的波形见图 7-29。波形图实际上是状态转换表的波形化，按“0”、“1”值与态序 CP 对应画成波形图即可，但要注意触发器的动作沿。

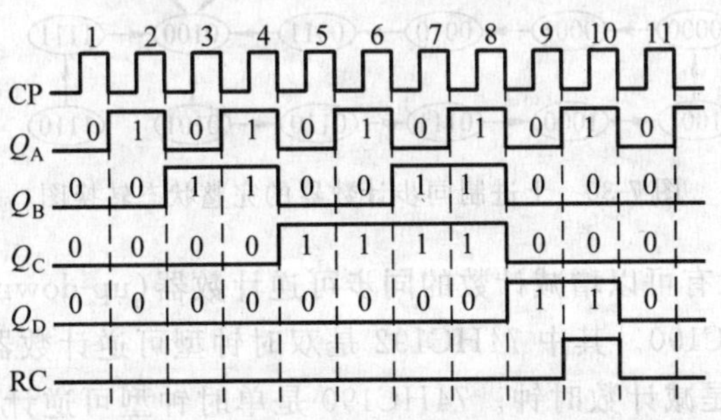

图 7-29 十进制同步计数器的波形图

（5）状态转换图　表 7-10 中的十个状态构成一个循环，这个时序数字电路将按这个循环确定的时序工作，称为循环时序，或有效时序，或工作时序。四个触发器应该有十六个状态，那么其余的六个状态的情况如何呢？下面就来考查 BCD8421 码舍去的六个状态的情况。从舍去的六个状态中设一个为初始状态，按表 7-10 的方法可得到表 7-11。根据表 7-11

可以得到完整的状态转换图,如图 7-30 所示。

表 7-11　十进制同步加法计数器的非正常时序状态转换表

态序	Q_D	Q_C	Q_B	Q_A	J_D	K_D	J_C	K_C	J_B	K_B	J_A	K_A
0	1	0	1	0	0	0	0	0	0	0	1	1
1	1	0	1	1	0	1	1	1	0	1	1	1
2	0	1	0	0	进入正常时序							
0	1	1	0	0	0	0	0	0	0	0	1	1
1	1	1	0	1	0	1	0	0	0	1	1	1
2	0	1	0	0	进入正常时序							
0	1	1	1	0	0	0	0	0	0	0	1	1
1	1	1	1	1	1	1	1	1	0	1	1	1
2	0	1	0	0	进入正常时序							

由该完整的状态转换图可以清楚地看出,图 7-30 所示的计数器的状态在时钟的作用下是如何转换的。该计数器有一个循环时序,即工作时序。其余舍去的六个状态可以自动进入工作时序,其中最多经过两个时钟节拍就可进入正常工作时序。时序数字电路的完整状态转换图中只有一个循环时序,其余状态也都通向工作时序。具有这样特点的时序数字电路在通电工作后,最终都会进入工作时序,就称这种时序数字电路具有自启动特性。

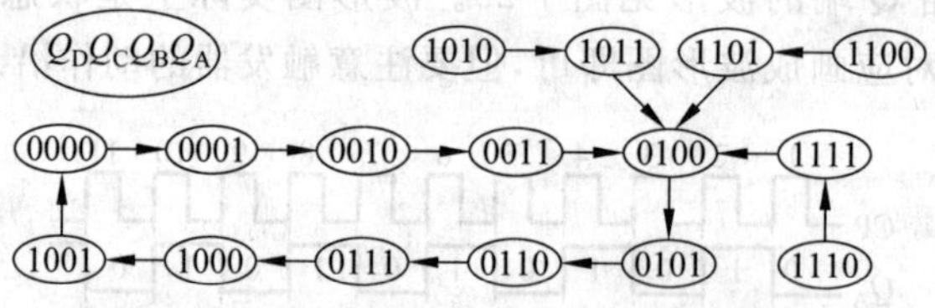

图 7-30　十进制同步计数器的完整状态转换图

十进制计数器中也有可以增减计数的同步可逆计数器(up-down counter),如集成的十进制 74HC192 和 74HC190。其中 74HC192 是双时钟型可逆计数器,芯片有两个时钟,一个是加计数时钟,一个是减计数时钟。74HC190 是单时钟型可逆计数器,芯片只有一个输入时钟,通过输入管脚来控制是加计数还是减计数。

2. 十进制异步计数器(decimal asynchronous counter)

74LS290 是应用很广的一款集成异步计数器,它是由 2 分频计数器和 5 分频计数器两部分构成的,除了供电电源是共用的,2 分频和 5 分频两部分是互相独立的。74LS290 的逻辑图如图 7-31(a)所示,其简化方框图如图 7-31(b)所示。

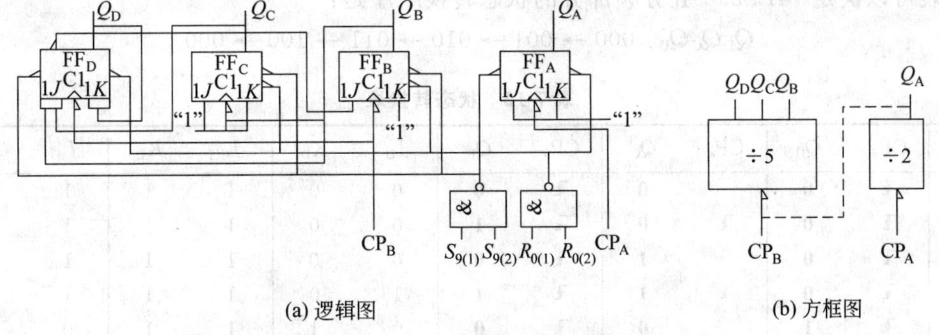

(a) 逻辑图　　(b) 方框图

图 7-31　74LS290 异步计数器逻辑图和方框图

由电路图可知时钟源 CP_A 仅是第一级触发器 FF_A 的时钟端，而 CP_B 作为五分频部分的时钟。五分频部分是异步计数器，FF_B 和 FF_D 的时钟是 CP_B，FF_C 的时钟是 Q_B。FF_A 和 FF_C 接成 T′触发器，它们是否翻转就看有无对应的时钟 CP_A 或 Q_B 的下降沿；FF_B 和 FF_D 则还要看数据端的状态而决定其是否翻转。做十进制数时，Q_A 和 CP_B 的连线是在集成电路外部连接的。

1）计数器的时序

图 7-31 所示计数器由两个互相独立的部分组成，触发器 FF_A 是 T′触发器，按 2 分频计数，所以我们只需要分析 5 分频的部分，两个部分级联起来，就构成十进制计数器。不过非二进制异步计数器的分析不像异步二进制计数器和同步计数器那样简单，因为各个触发器的时钟不是接在同一个时钟源。所以，触发器是否翻转不但要看触发器数据端的条件，还要看是否有时钟的动作沿。所以在分析非二进制异步计数器时，确定触发器的时钟方程很重要。5 分频部分触发器数据端的驱动方程式如下：

$$J_B = \bar{Q}_D,\quad K_B = 1$$

$$J_C = 1,\quad K_C = 1$$

$$J_D = Q_B Q_C,\quad K_D = Q_D$$

时钟方程如下（各触发器的时钟端分别用 CP_a，CP_b，CP_c 和 CP_d 表示，外部时钟是 CP_A 和 CP_B，与 CP_a，CP_b 下标大小写不同），于是可写出以下各式：

$$CP_a = CP_A$$

$$CP_b = Q_A = CP_B$$

$$CP_c = Q_B$$

$$CP_d = Q_A = CP_B$$

设初始状态为全 0000，由数据端和时钟端的逻辑式做出状态转换表，见表 7-12。将各 Q 值代入上面的驱动方程式和时钟端的逻辑式中，于是可算出各个数据端及 $CP_b \sim CP_d$ 的值，列入表 7-12 中第一行相应态序 0 的位置。可结合数据端的值和时钟方程，确定触发器是否翻转。由此列出状态转换表如表 7-12 所示，在表的下端还列出了触发器的时钟源，根据该表可以决定 74LS290 五分频部分的状态转换顺序是：

$$Q_DQ_CQ_B: 000 \rightarrow 001 \rightarrow 010 \rightarrow 011 \rightarrow 100 \rightarrow 000$$

表 7-12 状态转换表

态序	CP_d	Q_D	CP_c	Q_C	CP_b	Q_B	J_D	K_D	J_C	K_C	J_B	K_B
0	↓	**0**		**0**	↓	**0**	0	0	1	1	1	1
1	↓	**0**	↓	**0**	↓	**1**	0	0	1	1	1	1
2	↓	**0**		**1**	↓	**0**	0	0	1	1	1	1
3	↓	**0**	↓	**1**	↓	**1**	1	0	1	1	1	1
4	↓	**1**		**0**	↓	**0**	0	1	1	1	0	1
5	↓	**0**		**0**	↓	**0**	0	0	1	1	1	1
	↓	**0**		**0**	↓	**0**	0	0	1	1	1	1

如果 2 分频和 5 分频级联起来，即 Q_A 接 CP_B，整个 74LS290 的态序为 BCD8421 码：

$$Q_DQ_CQ_BQ_A: 0000 \rightarrow 0001 \rightarrow 0010 \rightarrow 0011 \rightarrow 0100 \rightarrow 0101 \rightarrow 0110$$
$$\rightarrow 0111 \rightarrow 1000 \rightarrow 1001 \rightarrow 0000$$

2）状态转换图

为了做出完整的状态转换图，必须考查工作时序之外的其他状态与工作时序的关系。74LS290 完整的状态转换图见图 7-32。该电路只有一个循环时序，即电路可自行启动。

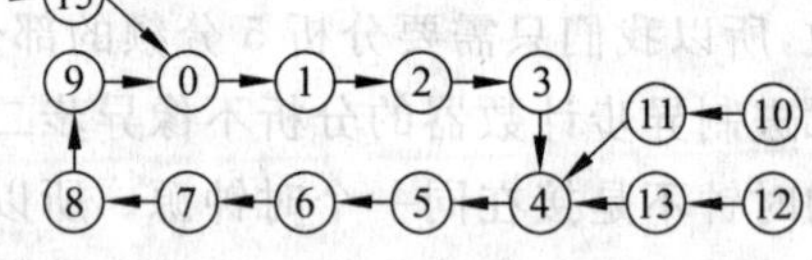

图 7-32 74LS290 的状态转换图

3）计数器的进位逻辑

由状态转换表可知，图 7-31(a)所示的异步计数器是 BCD8421 码十进制计数器。该计数器为加法计数器，从 9→0 应给出进位脉冲 RCO，RCO 可由如下逻辑门引出

$$RCO = Q_DQ_A = \overline{\overline{Q}_D + \overline{Q}_A}$$

异步计数器线路简单，对时钟源的负载能力要求不高，广泛用于工作速度较低的场合。

4）置“0”和置“9”

74LS290 有两个置“0”端，用 $R_{0(1)}$ 和 $R_{0(2)}$ 表示，$R_{0(1)}$ 和 $R_{0(2)}$ 是与的关系，计数时至少有一端接低电平；74LS290 有两个置“9”端，用 $S_{9(1)}$ 和 $S_{9(2)}$ 表示，计数时也至少有一端接低电平。

7.4.3 使用集成计数器构成 N 进制计数器

1. 同步加法计数器计数进制的改变

虽然计数器的计数周期(即计数进制)分别设计成 2/10 进制和 2/16 进制，但是在使用时也可以适当改变。改变计数器的计数周期主要有两种方法，一是通过清零端的反馈归零法，二是通过预置端的置数法。

1）反馈归零法改变计数进制

设计数器原来是 N 进制(mode N，用 mod-N 表示)，一般来说它的编码是从 0 开始的一段二进制码。现在要把它改变成 M 进制，也就是它的编码从 0～$(M-1)$，且 $M<N$。即，从原有编码 0 开始截取了一段编码。

(1) 对异步清零计数器采用反馈归零法改变计数进制

74LS161 是 16 进制计数器，它的清零端不受时钟控制，称为异步清零(或直接清零)。LD 为预置数控制输入端，该引脚为低电平并且有效时钟到了时将数据输入端的数据预置给 $Q_DQ_CQ_BQ_A$。对 74LS161 采用反馈归零法改变计数进制，如图 7-33 所示。图 7-33 电路的状态转换顺序是 0→1→2→3→4→5→6→7→8→9→0(10)，当计数器进入状态 $Q_DQ_CQ_BQ_A=1010$ 时，与非门输出低电平，计数器清"0"。所以，1010 这个状态并不能持久，$\overline{\text{CR}}$端是异步清零，与非门输出的低电平立刻产生清零信号，然后进入 0000 状态。即 1010 和 0000 合用一个时钟周期，状态 1010 仅持续计数器清零那么短暂的延迟时间，一般远小于状态 0000 持续的时间。该电路是 10 进制计数器采用异步清零。这里译码位是 M，计数器就是 M 进制，但要注意计数器的最大数是 $M-1$，从 0～$(M-1)$。

这里要说明的是，译码位一般是用最小项表示的，但许多情况下，可以用简单的与项译码位来代替最小项译码位。只要这个简单的与项译码位在计数器状态转换过程中是第一次出现，不会产生混淆就可以。所以图 7-33 中译码位不必使用 $Q_D\bar{Q}_CQ_B\bar{Q}_A$，使用 Q_DQ_B 就可以，因为状态 0000→1010 在整个转换过程中，$Q_DQ_B=11$ 只出现一次。

(2) 对同步清零计数器采用反馈归零法改变计数进制

图 7-34 的接线与图 7-33 一样，只是计数器换成同步清零的 74LS163，它的清零端受时钟控制(称为同步清零)，时钟到来时才执行清零，电路的状态转换顺序是 0→1→2→3→4→5→6→7→8→9→10→0，成为 11 进制计数器。因为当达到译码位的状态时，与非门虽然输出低电平，但不能发生清零动作，必须在下一个时钟脉冲来到时，才能发生清零，使计数器复位到 0000。

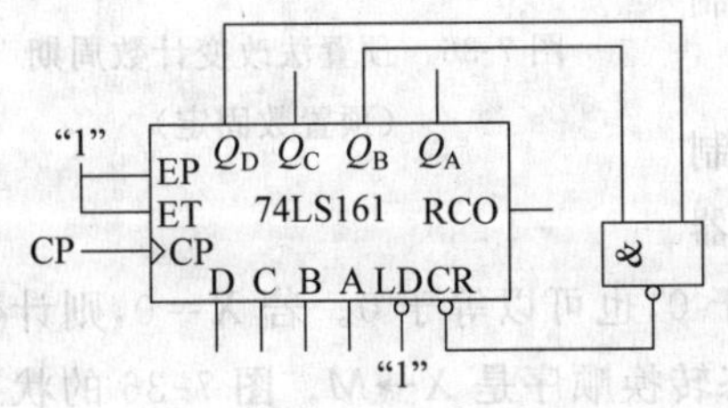

图 7-33 用反馈归零法实现 10 进制计数

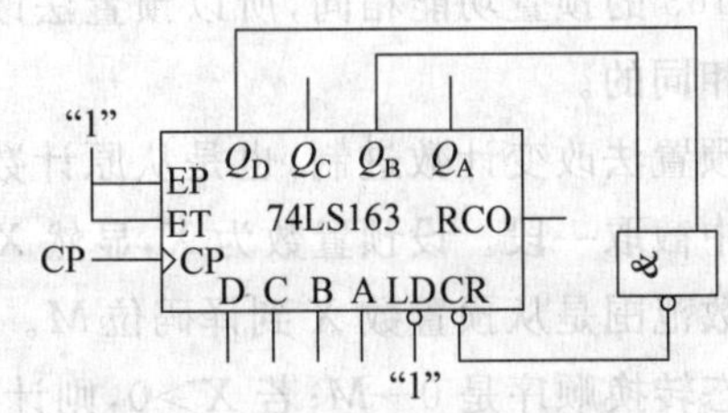

图 7-34 用反馈归零法实现 11 进制计数

这两种反馈归零法改变计数进制，都是截取二进制码从0000开始的一段，其计数周期的长度小于计数器原来的计数长度。

Example 7.6 Design a normal mod-13 counter using IC 74161.

Solution

The circuit is designed for normal up-counting. The Q_D, Q_C, and Q_A outputs are connected to the CR terminal through a NAND gate, which clears the counter as soon as the output is 1101. The states of the counter are from 0000 to 1100. The mod-13 counter is shown in Fig. 7-35. In fact, using the above approach, the counter can be terminated at any desired value and a counter with any modulus (less than 16 for binary and less than 10 for decade counter) can be obtained.

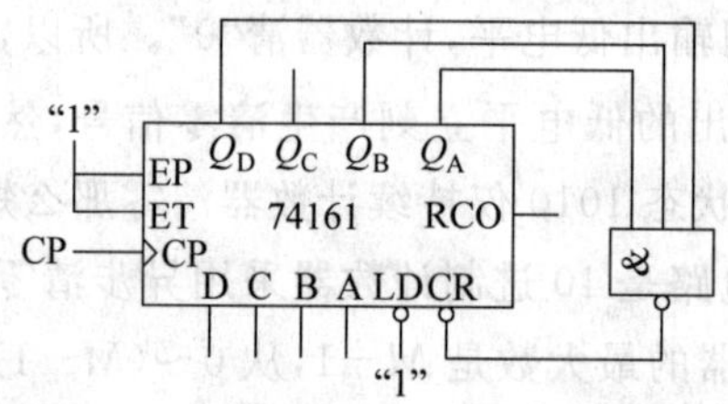

Fig. 7-35 mod-13 counter using IC 74161

2) 预置法改变计数进制

利用计数器的预置功能也可以改变计数器的计数周期，通常有两种情况：一是预置数是固定的；二是预置数是变化的。74LS161和74LS163这两种计数器的预置功能与时钟有关，称为同步置数。

(1) 预置固定数的情况

图7-36是预置固定数的情况，因为74LS161和74LS163的预置功能相同，所以预置法改变计数进制时是相同的。

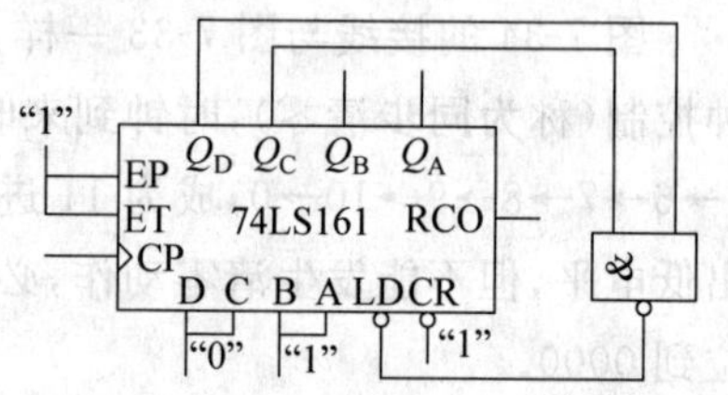

图7-36 预置法改变计数周期(预置数固定)

预置法改变计数进制，也是从原计数器的二进制编码中截取一段。设预置数为X，显然$X<M$，计数器的计数范围是从预置数X到译码位M。X可以大于0，也可以等于0。若$X=0$，则计数器的状态转换顺序是$0 \to M$；若$X>0$，则计数器的状态转换顺序是$X \to M$。图7-36的状态转换顺序是3→12，是十进制计数器，编码方式为余三码。

Example 7.7 Design a counter of mod-13 (the state is from 0000 to 1100) with the chip 74LS161—a counter of mod-16.

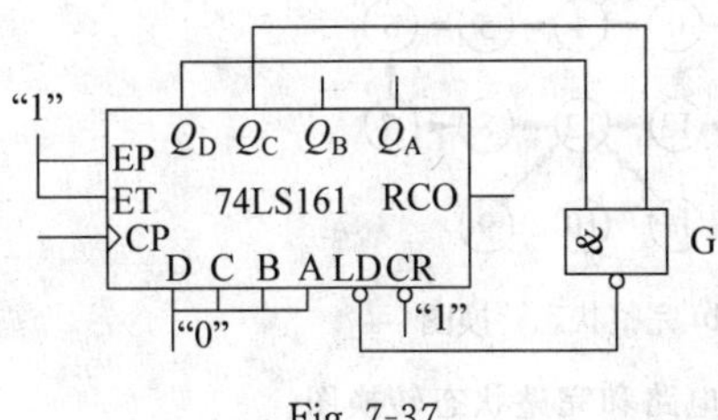

Fig. 7-37

Solution

The 74LS161 is a mod-16 counter and we only use the state 0000 through 1100. When the 74LS161 up to state 1100, the output of gate G is low and 74LS161 is loaded the state 0000. The circuit is shown in Fig. 7-37.

Example 7.8 Design a mod-12 counter using IC 74163. Use the RC output and preset inputs.

Solution

For obtaining a mod-12 counter using IC 74163, the counter is preset at binary 0100 (decimal 4). When the counter reaches 1111, RC output goes to 1, which is used to load the data present at the preset inputs into the counter. The circuit of the counter is shown in Fig. 7-38.

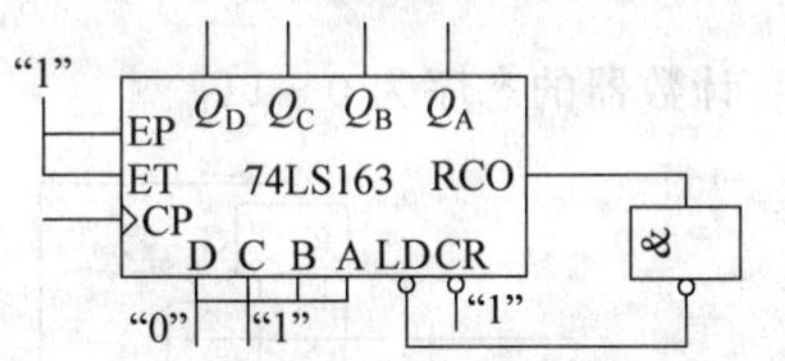

Fig. 7-38 mod-12 counter using IC 74163

In general, for obtaining a mod-m counter, the preset input, P, is given by(for a 4-bit binary counter)

$$P = 16 - m$$

Where, m is the mod.

(2) 预置数可变的情况

图 7-39(a)是预置数可变的情况，输入数据 A=0、B=0、C=1 是固定的，D=Q_D 是可变的。计数器的编码将在计数和预置两个工作状态之间不断转换。计数时，计数器的状态是按照原定态序变化的；预置时，计数器将跳过若干个状态。电路的状态转换图见图 7-39(b)。

2. 集成异步加法计数器改变计数进制

与同步计数器一样，异步计数器也可以改变计数进制，由于 74LS290 等没有预置端，只有异步清零端，所以只能通过异步清零方式改变计数器的进制，可以采用反馈归零法来改变计数进制，基本原理与同步计数器相同。

可以确定一个译码位的反馈逻辑，例如图 7-40 是用 74LS290 改变为 M=5 的异步计数

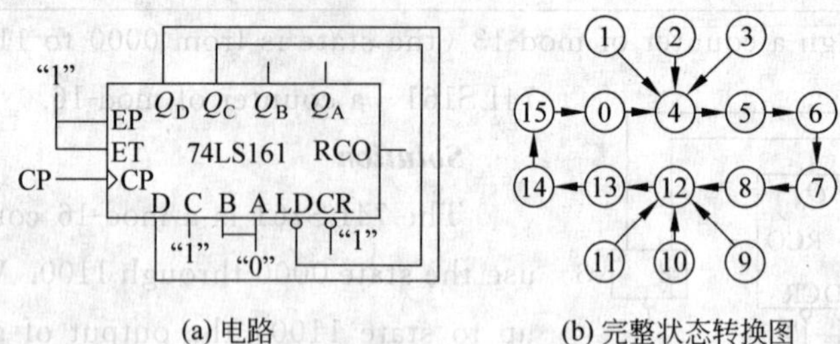

图 7-39　预置法改变计数周期(预置数可变)电路和完整状态转换图

器的接线图。图中 Q_A 接 CP_B，$S_{9(1)}$ 或 $S_{9(2)}$ 接"0"，$R_{0(1)}=R_{0(2)}$ 接译码逻辑门的输出，即

$$R_{0(1)}=R_{0(2)}=Q_BQ_C$$

当计数器计数到 0101 时，译码门输出"1"，计数器清零，因为是异步清零，所以 0101 这个状态不在计数时序之内，计数器的态序是 0～4，是五进制计数器。

图 7-41 是由 74LS293(74LS93)构成的十二进制计数器，译码逻辑为

$$R_{0(1)}=R_{0(2)}=Q_DQ_C$$

计数器的态序为 0～11。

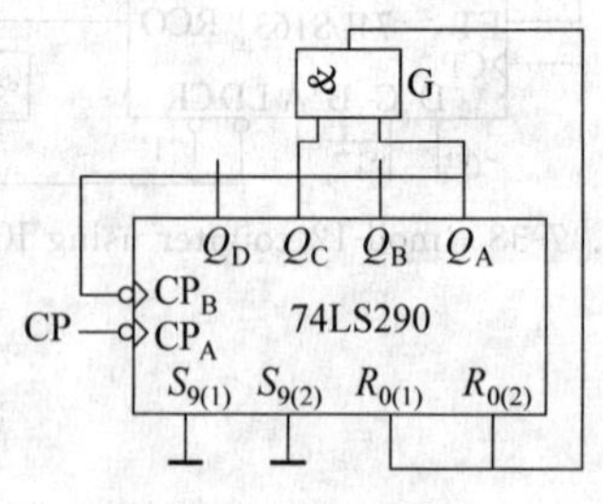

图 7-40　六进制计数器

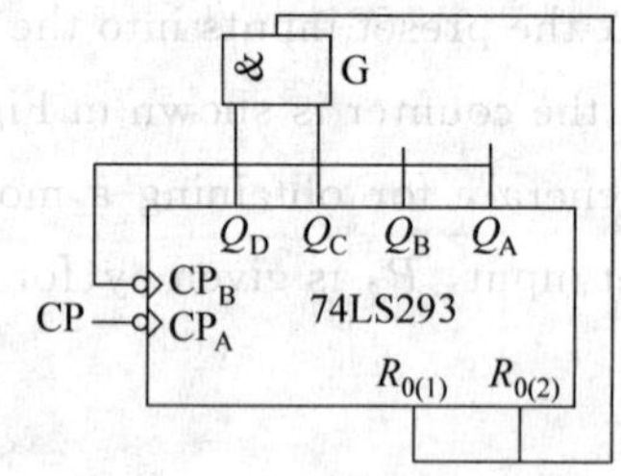

图 7-41　十二进制计数器

通过集成异步计数器实现计数进制的改变，有时会出现清零不可靠的问题。以图 7-41 所示的电路为例，当计数器的态序达到译码位时，译码门 G 输出高电平，计数器开始清零。但是由于把四个触发器清零，在时间上会有一些差异，只要清掉了译码门 G 输入端任何一个逻辑变量，使之为 0，译码门的输出就会变为 0，使清零作用消失。为了解决这个问题，必须保持清零作用，直至清零完成。要想保持译码门输出的清零电平，必须使用有记忆功能的触发器，图 7-42 是经过改进的电路。

图 7-42 所示电路与图 7-41 相比，增加了一个基本 RS 触发器，译码门是与非门，它的输出加到基本 RS 触发器的 $\overline{S}_d$ 端。当计数状态达到 $Q_DQ_CQ_BQ_A=1100$ 时，使基本 RS 触发器置"1"，

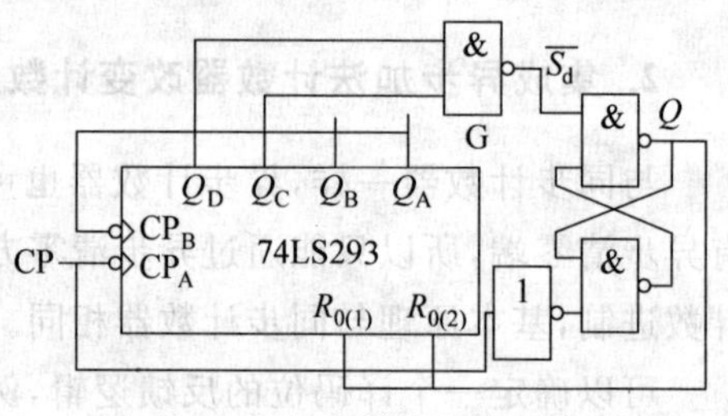

图 7-42　用触发器保持清零电平

强迫计数器清零，直至全部触发器完成清零，不会受 Q_D，Q_C 清零快慢的影响。但是，触发器虽然保持了清零高电平，在下一个时钟来到之前必须使计数器脱离清零状态。否则计数器被锁在清零状态，对下一个时钟不会再进行计数。所以，电路中增加了一个反相器，在随后时钟的上升沿来到时，对基本 RS 触发器置“0”，计数器恢复计数功能。由于基本 RS 触发器清掉了译码位对应的状态，这个计数器译码位的状态不应计入计数器的工作时序，即 0～11，是十二进制计数器。

7.5 Practical Perspective

A Digital Clock

Fig. 7-43 is a simplified logic diagram of a digital clock that displays seconds, minutes, and hours. First, a 50Hz sinusoidal AC voltage is converted to a 50 Hz pulse waveform and divided down to a 1 Hz pulse waveform by a divide-by-50 counter formed by a divide-by-10 counter followed by a divide-by-6 counter.

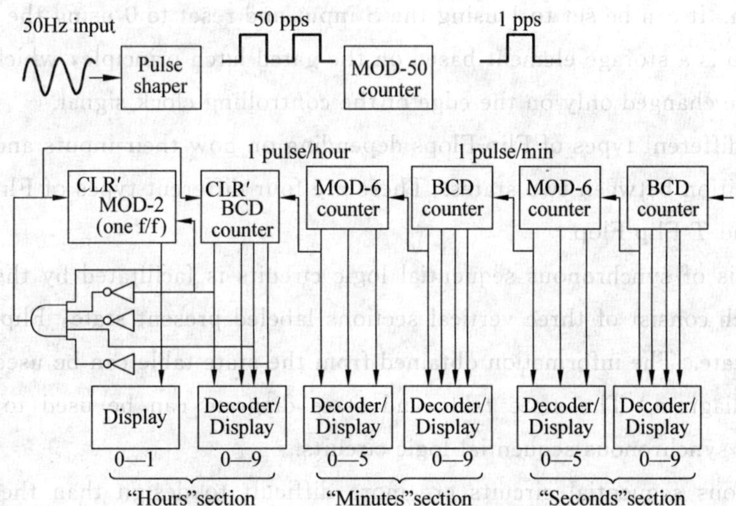

Fig. 7-43 The circuit of a digital clock

The single pulse of a second (pps) signal is then fed into the SECONDS section. This section is used to count and display seconds from 0 through 59. The BCD counter advances one count per second. After 9 seconds the BCD counter recycles to 0. This triggers the mod-6 counter and causes it to advance one count. This continues for 59 seconds. At this point, the BCD counter is at 1001 (9) count and the mod-6 counter is at 101. Hence, the display reads 59 seconds. The next pulse recycles the BCD counter to 0. This, in turn, recycles the mod-6 counter to 0. The output of the mod-6 counter in the SECONDS section has a frequency of 1 pulse per minute. This signal is fed to the MINUTES section, which counts and displays minutes from 0 through 59. The MINUTES section is identical to the SECONDS section and operates in exactly the same manner. The output of the mod-6 counter in the MINUTES section has a frequency of 1 pulse per hour. This signal is fed to the HOURS section, which counts and displays hours from 1 through 12. The HOURS section is different from the MINUTES and SECONDS section in that it never goes to the zero state.

Summary

1. Basic latch is a feedback connection of two NAND gates, which can store one bit of information. It can be set to 1 using the S input and reset to 0 using the R input.
2. A Flip-Flop is a storage element based on the gated latch principle, which can have its output state changed only on the edge of the controlling clock signal.
3. There are different types of Flip-Flops depending on how their inputs and clock pulses cause transition between two states. There are four different types of Flip-Flops: SR, D, JK, and T Flip-Flop.
4. The analysis of synchronous sequential logic circuits is facilitated by the use of state tables which consist of three vertical sections labeled present state, Flip-Flop inputs, and next state. The information obtained from the state table can be used to construct the state diagram. The state table and state diagram can be used to describe the function of synchronous sequential logic circuits.
5. Asynchronous sequential circuits are more difficult to design than the synchronous sequential circuits. The state changes must be handled carefully.
6. A register is a group of binary storage devices such as Flip-Flops used to store words of binary information. Thus, a group of n Flip-Flops appropriately connected forms an n-*bit* register capable of storing n bits of information.
7. A shift register is capable of shifting the bits of information stored in that register either to the left or to the right. Either the input or the output of a shift register may

be serial or parallel.

8. Counters are classified into two broad categories according to the way they are clocked: asynchronous and synchronous. In asynchronous counters, commonly called ripple counters, the first Flip-Flop is clocked by the external clock pulse and then each successive Flip-Flop is clocked by the output of the preceding Flip-Flop. In synchronous counters, the clock input is connected to all of the Flip-Flops so that they are clocked simultaneously. The integrated circuit counter can be designed with a different mode by reset or load inputs.

Problems

7.1 Analyze the clocked synchronous circuit in Fig. P-1. Write excitation equations and a state table.

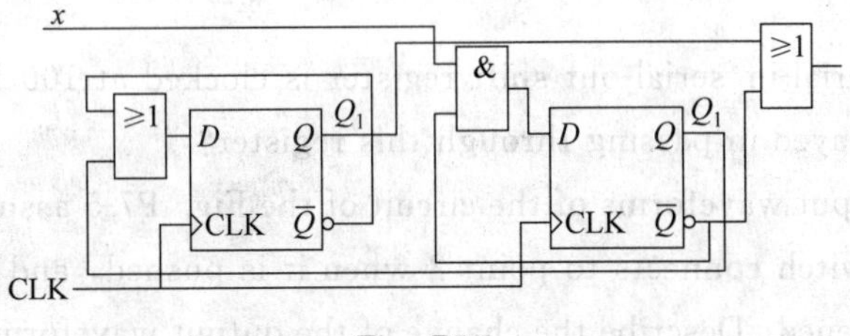

Fig. P7-1

7.2 Analyze the clocked synchronous circuit in Fig. P7-2. Write excitation equations, and a state table. Draw a state diagram, and draw a timing diagram for CLK, X, Q_1, and Q_2 for 10 clock ticks, assuming that the machine starts in state 00 and $X=1$.

7.3 The content of a 4-bit register is initially 1011. The register is shifted 7 times to the right with the serial input being 1010110. What is the content of the register after each shift?

7.4 Analyze the counter shown in Fig. P7-3 for a "lock-up" condition in which the counter cannot escape from an invalid state or states.

7.5 Describe the operation of the sequential circuit shown in Fig. P7-4. The input x can assume the states 0 or 1. List the state table; draw two state diagrams, one for $x=0$, and one for $x=1$.

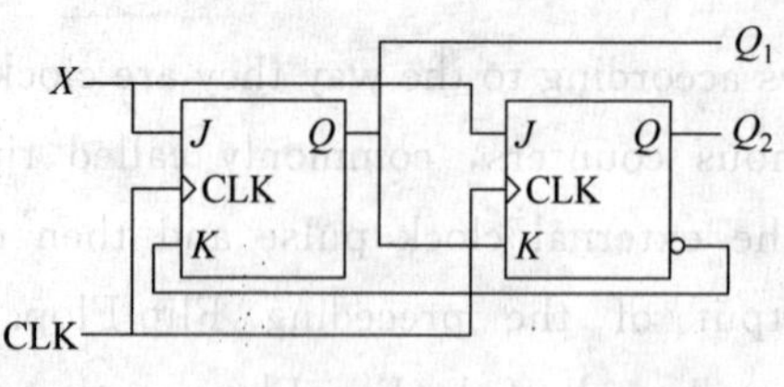

Fig. P7-2

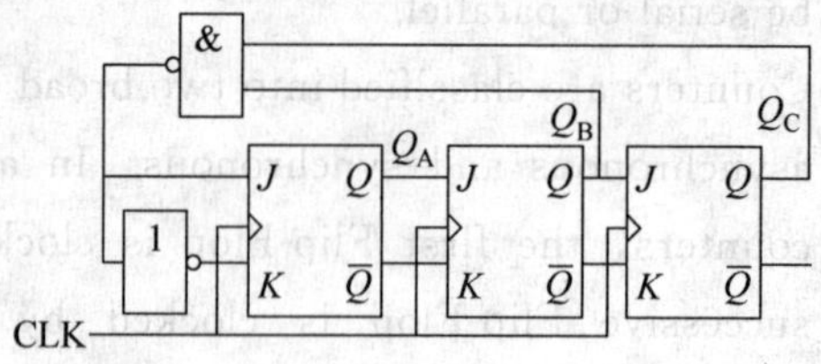

Fig. P7-3

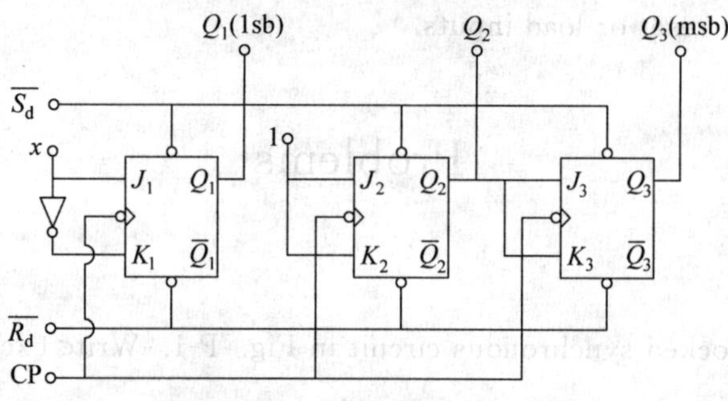

Fig. P7-4

7.6 A 100-stage serial-in/serial-out shift register is clocked at 100 kHz. How long will the data be delayed in passing through this register?

7.7 Sketch the output waveforms of the circuit of the Fig. P7-5 assuming the initial state is "0". The switch connects to point 2 when it is pushed, and it is back to point 1 when it is loosened. Describe the change of the output waveforms when the switch is pushed and then is loosened.

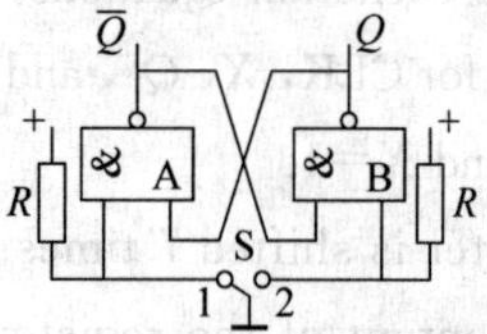

Fig. P7-5

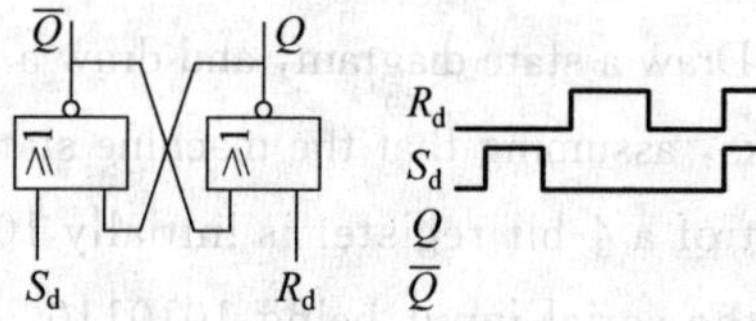

Fig. P7-6

7.8 Sketch the output waveforms of the circuit of the Fig. P7-6 assuming the initial state is "0".

7.9 Sketch the output waveforms of the circuit of the Fig. P7-7 with the input clock, and the assumed initial state is "0".

7.10 Draw the state table of the circuit of the Fig. P7-8.

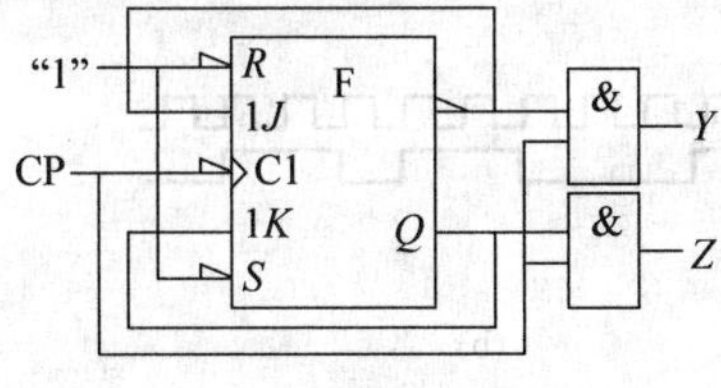

Fig. P7-7

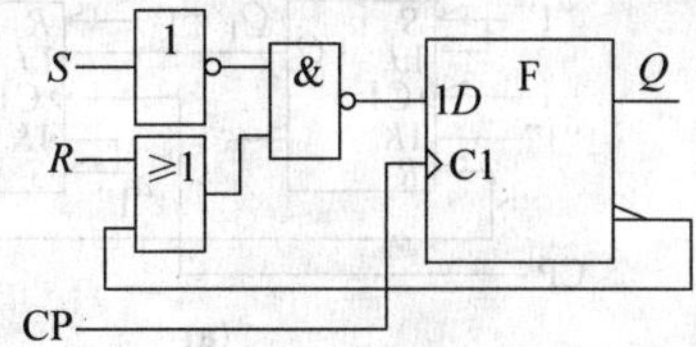

Fig. P7-8

7.11 Convert the D Flip-Flop to T Flip-Flop.

7.12 Analyze the circuit of Fig. P7-9, draw the state table, write the characteristic equation, and explain the logic function.

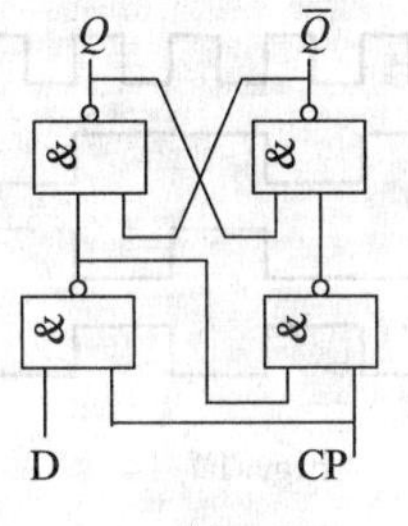

Fig. P7-9

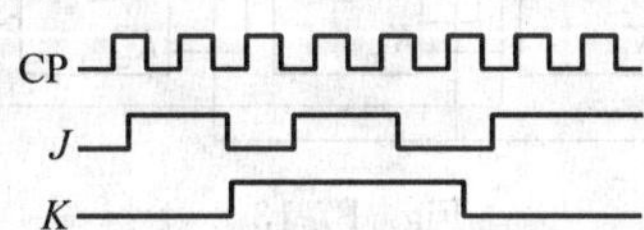

Fig. P7-10

7.13 Sketch the output waveforms of the rising edge-triggered JK Flip-Flop: the input waveform is given as Fig. P7-10, assuming the initial state of the Flip-Flop is "0".

7.14 Sketch the output waveform of Q in the circuit of Fig. P7-11(a): the input is given as Fig. P7-11(b), assuming the initial state of the Flip-Flop is "0".

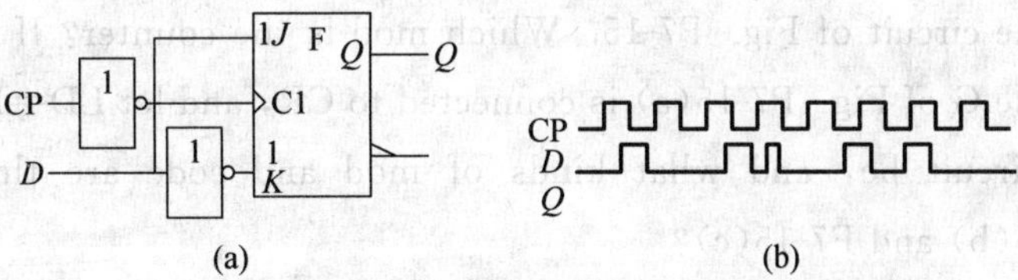

Fig. P7-11

7.15 Sketch the output waveform of the circuit of Fig. P7-12(a) for the input is given as Fig. P7-12(b), assuming the initial states of the Flip-Flop are zeros.

7.16 The circuit is shown in Fig. P7-13, and assuming initial states are $Q_a Q_b Q_c = 000$.

(1) Write the drive equations, draw the state table and the state diagrams.

(2) Which counter is this circuit ?

7.17 Design a synchronous mod-5 up-counter using JK Flip-Flop. Write the whole

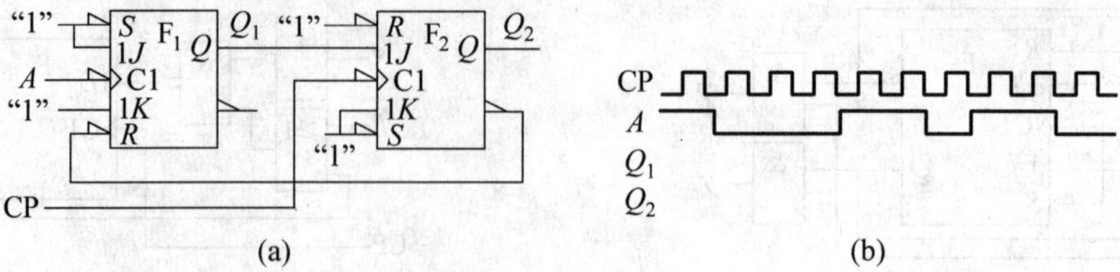

Fig. P7-12

design process, and look up the self-starting process.

7.18 Design a synchronous BCD5421 code up-counter using JK Flip-Flop. Write the whole design process, and look up the self-starting process.

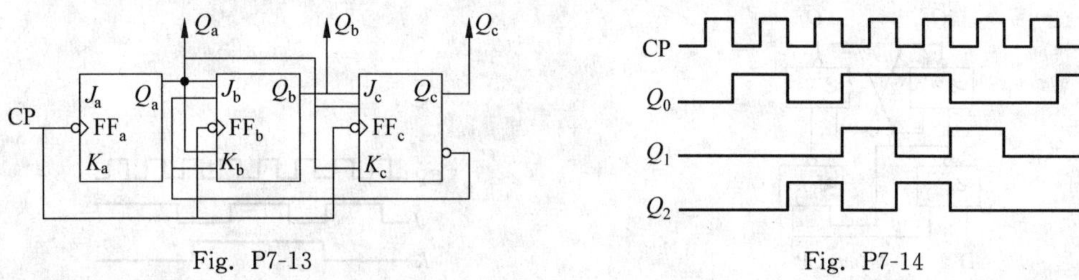

Fig. P7-13　　Fig. P7-14

7.19 Design the circuit using JK Flip-Flop for getting the output waveforms as shown in Fig. P7-14.

(1) How many Flip-Flops are needed?

(2) Design the circuit.

(3) Look up whether the circuit can be self-stratting or not.

7.20 Analyze the circuit of Fig. P7-15. Which mod is the counter? If the output of the NAND gate G of Fig. P7-15(a) is connected to CR, and let LD=H, which counter will the circuit be, and what kinds of mod and code are the circuits in the Fig. P7-15(b) and P7-15(c)?

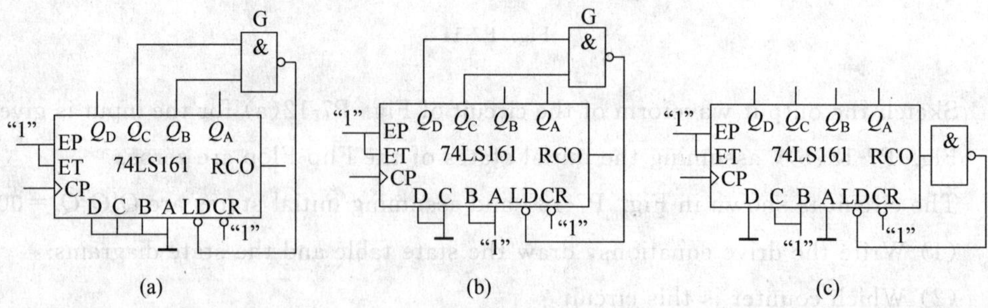

Fig. P7-15

7.21 The circuit of 4-bit binary synchronous up-counter 74LS161 is shown as Fig. P7-16. Draw the state table and whole state chart. Which counter is it? What is the coding?

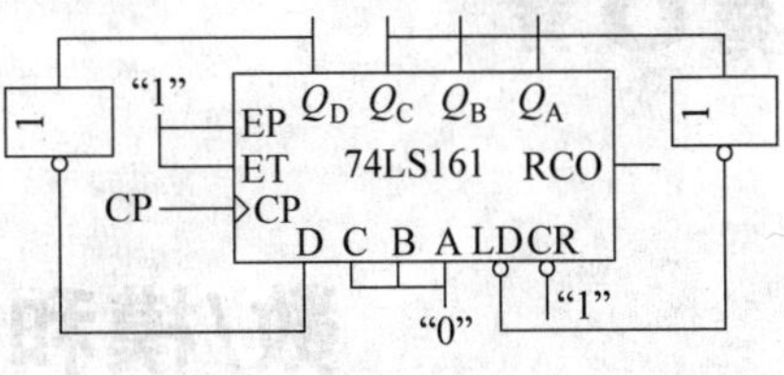

Fig. P7-16

7.22 Design the mod-12 counter using 4-bit binary counter 74LS161 with reset (asynchronous clear) and load number (synchronous load) respectively.

7.23 The synchronous counter using two 74LS161 is shown in Fig P7-17.

(1) Analyze the frequency relationship between the output Y and the clock CP.

(2) Design a mod-91 counter using two chips of 74LS161 which can asynchronous cascade reliably.

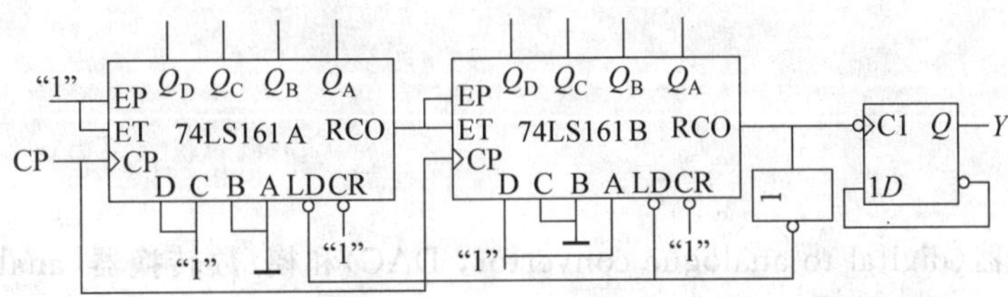

Fig. P7-17

7.24 The circuit of Fig. P7-18 is composed of integration asynchronous counter 74LS90 and 74LS93. The initial state of D Flip-Flop is 0. Which counter are them?

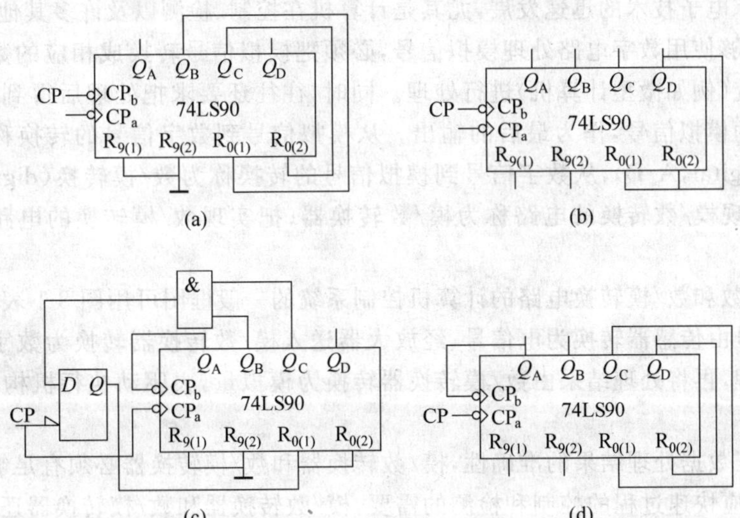

Fig. P7-18

第 8 章

数/模和模/数转换技术

引言

数/模转换器(digital to analogue convertor, DAC)和模/数转换器(analogue to digital converter, ADC)是将模拟、数字这两类电路联系在一起的接口电路。本章主要介绍模拟-数字转换的概念、模/数转换和数/模转换电路的工作原理和典型应用电路。

一般情况下,自然界中存在的物理量大都是连续变化的物理量,如温度、时间、角度、速度、流量、压力等。所谓连续变化是指物理量在数值上和时间上都是连续的。

由于数字电子技术的迅速发展,尤其是计算机在控制、检测以及许多其他领域中的广泛应用,为了能够使用数字电路处理模拟信号,必须把模拟信号转换成相应的数字信号,才能送入数字系统(例如微型计算机)进行处理。同时,往往还要求把处理后得到的数字信号再转换成相应的模拟信号,作为最后的输出。从模拟信号到数字信号的转换称为模/数转换(analog to digital, A/D),从数字信号到模拟信号的转换称为数/模转换(digital to analog, D/A)。把实现模/数转换的电路称为模/数转换器;把实现数/模转换的电路称为数/模转换器。

带有模/数和数/模转换电路的计算机控制系统的一般框图可用图 8-1 表示。图中被测量的模拟信号由传感器转换为电信号,经放大器送入模/数转换器转换为数字量,由数字处理器进行处理,再将处理结果由数/模转换器转换为模拟量,去驱动执行机构并对被控对象进行控制。

为了保证数据处理结果的准确性,模/数转换器和数/模转换器必须有足够的转换精度。同时,为了适应快速过程的控制和检测的需要,模/数转换器和数/模转换器还必须有足够快的转换速度。因此,转换精度和转换速度是衡量模/数转换器和数/模转换器性能的主要标志。

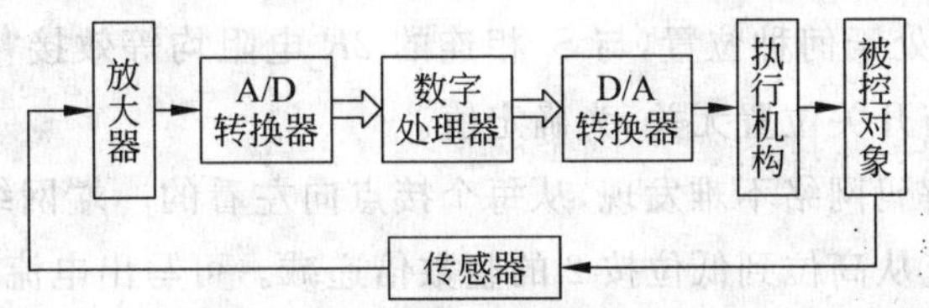

图 8-1 计算机控制系统一般框图

8.1 数/模转换技术

8.1.1 数/模转换的基本原理

数字量是按数位组合起来表示的。对于有权码,每位都有一定的权。为了将数字量转换成模拟量,必须将每位的代码按其权的大小转换成相应的模拟量,然后将这些模拟量相加,即可得到与数字量成正比的总模拟量,从而实现了数字/模拟转换。这就是构成数/模转换器的基本思路。

8.1.2 倒T形电阻网络数/模转换电路

倒T形电阻网络(又称为 R-$2R$ 电阻解码网络,R-$2R$ ladder network, inverted T type)数/模转换器是目前使用最为广泛的一种形式,其电路结构如图 8-2 所示。

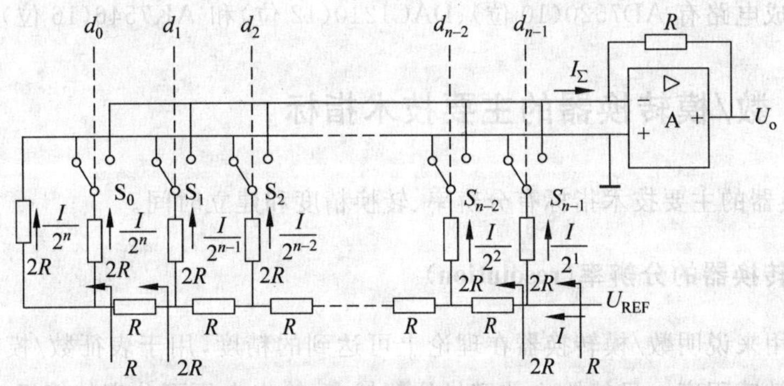

图 8-2 倒T形电阻网络数/模转换电路

其中,$S_0 \sim S_{n-1}$ 为模拟开关,R-$2R$ 电阻解码网络呈倒T形,运算放大器A构成求和电路。S_i 由输入数码 d_i 控制,当 $d_i=1$ 时,S_i 接运放反相输入端("虚地"),I_i 流入求和电路;

当 $d_i=0$ 时，S_i 将电阻 $2R$ 接地。

无论模拟开关 S_i 处于何种位置，与 S_i 相连的 $2R$ 电阻均等效接“地”(地或虚地)，这样流经 $2R$ 电阻的电流与开关位置无关，为确定值。

分析 R-$2R$ 电阻解码网络不难发现，从每个接点向左看的一端网络等效电阻均为 R，流入每个 $2R$ 电阻的电流从高位到低位按 2 的整数倍递减。可写出电流 I 的表达式为

$$I=\frac{U_{\mathrm{REF}}}{R}$$

只要 U_{REF} 选定，电流 I 为常数。流过每个支路的电流从右向左，分别为 $\frac{I}{2^1},\frac{I}{2^2},\frac{I}{2^3},\cdots$。可写出 I_Σ 的表达式

$$I_\Sigma=\frac{I}{2}d_{n-1}+\frac{I}{4}d_{n-2}+\cdots+\frac{I}{2^{n-1}}d_1+\frac{I}{2^n}d_0$$

其中，d_{n-1} 是最高有效位(most significant bit, MSB)，d_0 是最低有效位(least significant bit, LSB)。

在求和放大器的反馈电阻等于 R 的条件下，输出模拟电压为

$$\begin{aligned}U_o&=-RI_\Sigma=-R\left(\frac{I}{2}d_{n-1}+\frac{I}{4}d_{n-2}+\cdots+\frac{I}{2^{n-1}}d_1+\frac{I}{2^n}d_0\right)\\&=-\frac{U_{\mathrm{REF}}}{2^n}(d_{n-1}\times 2^{n-1}+d_{n-2}\times 2^{n-2}+\cdots+d_1\times 2^1+d_0\times 2^0)\end{aligned}\tag{8-1}$$

对于倒 T 形电阻网络数/模转换电路，电阻只有 R 和 $2R$ 两种阻值，这为电路的集成提供了方便。同时，这种结构中的电子开关在虚地和地之间转换时，各支路的电流始终保持不变，不需要电流的建立时间，这样提高了转换速度。常用的 CMOS 开关倒 T 形电阻网络数/模转换器的集成电路有 AD7520(10 位)、DAC1210(12 位)和 AK7546(16 位)，等等。

8.1.3 数/模转换器的主要技术指标

数/模转换器的主要技术指标有分辨率、转换精度和建立时间。

1. 数/模转换器的分辨率(resolution)

分辨率是用来说明数/模转换器在理论上可达到的精度，用于表征数/模转换器对输入微小量变化的敏感程度。显然输入数字量位数越多，输出电压可分离的等级越多，即分辨率越高。所以实际应用中，往往用输入数字量的位数表示数/模转换器的分辨率。此外，数/模转换器的分辨率也定义为电路所能分辨的最小输出电压 U_{LSB} 与最大输出电压 U_{m} 之比，也称为相对分辨率(percentage resolution)，即

$$相对分辨率 = \frac{U_{LSB}}{U_m} = \frac{\frac{U_{REF}}{2^n}}{-\frac{U_{REF}}{2^n}(2^n-1)} = \frac{1}{2^n-1} \tag{8-2}$$

上式说明，输入数字代码的位数 n 越多，分辨率越小，分辨能力越高。例如，AD7520 为 10 位数/模转换器，其相对分辨率为

$$\frac{1}{2^{10}-1} = \frac{1}{1023} \approx 0.0978\%$$

2. 数/模转换器的转换精度(accuracy)

数/模转换器实际能达到的转换精度还与实际电路有关。因为数/模转换器的各个环节的性能和参数都不可避免地存在误差，例如参考电压 U_{REF} 的波动、运算放大器的零点漂移、模拟开关的导通压降、电阻网络中电阻阻值的偏差等，都会导致输出模拟电压产生转换误差。转换误差通常用输出电压的满刻度(full-scale range, FSR)的百分数表示，也可以用最低有效位的倍数表示。例如，转换误差 LSB/2 表示输出模拟电压的绝对误差小于等于当输入数字量的 LSB 为 1，其余各位均为 0 时输出模拟电压的 $\frac{1}{2}$。

3. 数/模转换器的建立时间(settling time)

建立时间 t_{set} 是在输入数字量各位由全 0 变为全 1，或由全 1 变为全 0 时，输出电压达到某一规定值所需要的时间。目前，在内部只含有解码网络和模拟开关的单片集成数/模转换器中，$t_{set} \leqslant 0.1\mu s$；在内部还包含有基准电源和求和运算放大器的集成数/模转换器中，最短的建立时间在 $1.5\mu s$ 左右。

Example 8.1 An eight-bit D/A converter has a step size of 20 mV. Determine the full-scale output and percentage resolution.

Solution

$$\frac{1}{2^8-1} \times U_{FSR} = 20 \times 10^{-3}$$

where U_{FSR} is full-scale output.

$$U_{FSR} = 20 \times 10^{-3} \times (2^8-1) = 5.11\text{V}$$

The percentage resolution is

$$\frac{1}{2^n-1} \times 100\% = 0.392\%$$

The percentage resolution can also be determined from

$$(\text{Step size/full-scale output}) \times 100\% = (20 \times 10^{-3}/5.11) \times 100\% = 0.392\%$$

Example 8.2 Determine the resolution of the following, expressed as a percentage.

(a) an 8-bit DAC

(b) a 12-bit DAC

Solution

(a) For the 8-bit converter, the resolution is

$$\frac{1}{2^8-1}\times 100\%=0.392\%$$

(b) For the 12-bit converter, the resolution is

$$\frac{1}{2^{12}-1}\times 100\%=0.0244\%$$

8.1.4 集成数/模转换器介绍

AD7524 是 CMOS 单片低功耗 8 位数/模转换器，采用倒 T 形电阻网络结构，在使用时要外加运算放大器。型号中的“AD”是美国模拟器件公司的代号。图 8-3 所示是 AD7524 的典型应用电路。

图中供电电压 U_{DD} 为 $+5V\sim+15V$；$D_0\sim D_7$ 为输入数据，可输入 TTL/CMOS 电平；$\overline{CS}$为片选信号，$\overline{WR}$为写信号，U_{REF}为参考电源，可正、可负；I_{OUT}是模拟电流输出；A 为运算放大器，将电流输出转换为电压输出。输出电压的数值可通过接在 16 脚与输出端的外接反馈电阻 R_{FB} 进行调节。由于 16 脚内部已经集成了一个电阻，所以外接的 R_{FB} 可为零，即将 16 脚与输出端短接。AD7524 的功能表见表 8-1。

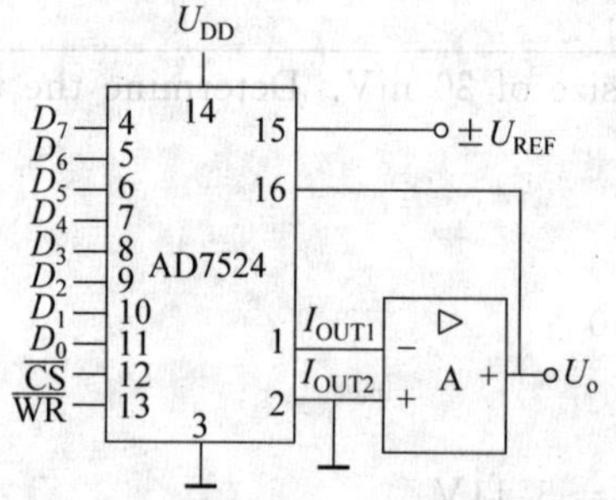

图 8-3 AD7524 典型应用电路

表 8-1 AD7524 功能表

$\overline{CS}$	$\overline{WR}$	功能
0	0	写入寄存器，并行输出
0	1	保持
1	0	保持
1	1	保持

当片选信号$\overline{CS}$与写入命令$\overline{WR}$为低电平时，AD7524 处于写入状态，可将 $D_0\sim D_7$ 的数据写入寄存器并转换成模拟电压输出。当 $R_{FB}=0$ 时，输出电压与输入数字量的关系如下：

$$U_o=\mp\frac{U_{REF}}{2^8}(D_{n-1}\times 2^{n-1}+D_{n-2}\times 2^{n-2}+\cdots+D_1\times 2^1+D_0\times 2^0)$$

8.2 模/数转换技术

8.2.1 模/数转换的基本原理

在模/数转换器中，由于输入的模拟信号在时间上是连续的量，而输出的数字信号是离散量，所以进行转换时必须在一系列选定的瞬间(即在时间坐标轴的一些规定点上)对输入的模拟信号采样，然后再把这些采样值转换为输出的数字量。所以一个完整的模/数转换过程，应当包括采样、保持、量化、编码四部分电路。在具体实施时，常把某几个步骤合并进行。例如，采样和保持是利用同一电路连续完成的，量化和编码是在转换过程中同步实现的。

1. 采样定理(sampling theorem)

图 8-4 是某一输入模拟信号经采样后得出的波形。为了保证能从采样信号中将原信号恢复，必须满足条件

$$f_s \geqslant 2 f_{i(max)} \tag{8-3}$$

其中，f_s 为采样频率，也称为奈奎斯特频率(Nyquist frequency)，$f_{i(max)}$ 为信号 u_i 中最高频率分量的频率。这一关系称为采样定理或奈奎斯特定理(Nyquist theorem)。

模/数转换器工作时的采样频率必须满足式(8-3)所规定的频率。采样频率越高，留给每次进行转换的时间就越短，这就要求模/数转换电路必须具有更高的工作速度。一般情况下，采样频率取 $f_s=(3\sim5)f_{i(max)}$ 已能满足要求。

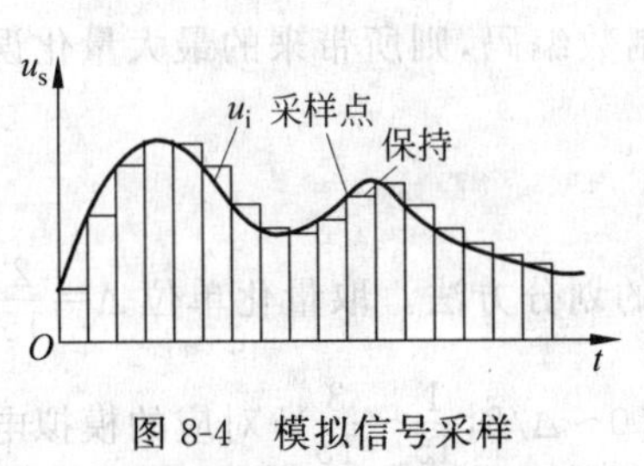

图 8-4 模拟信号采样

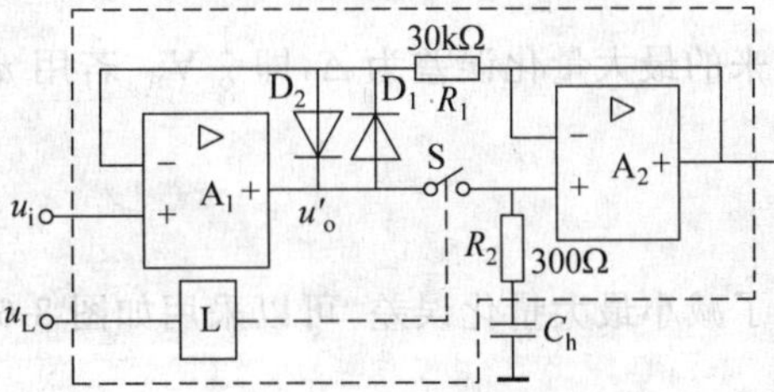

图 8-5 采样保持电路

2. 采样保持电路(sample-and-hold circuit)

图 8-5 所示的是一个实际的采样保持电路 LF198 的电路结构图，图中 A_1，A_2 是两个运算放大器，S 是模拟开关，L 是控制 S 状态的逻辑单元电路。采样时令 $u_L=1$，S 随之闭合。A_1，A_2 接成单位增益的电压跟随器，故 $u_o=u'_o=u_i$。同时 u'_o通过 R_2 对外接电容 C_h 充电，使采样电容电压 $u_{ch}=u_i$，因电压跟随器的输出电阻很小，故对 C_h 充电很快结束。当 $u_L=0$

时,S断开,采样结束,由于 u_{ch} 无放电通路,其电压值基本不变,故使 u_o 得以将采样所得结果保持下来。

在S再次闭合以前,如果输入电压 u_i 发生变化,u_o'可能变化很大,甚至会超过开关电路所能承受的电压,因此增加由 D_1 和 D_2 构成的保护电路。当 u_o'比 u_o 所保持的电压高(或低)一个二极管的压降时,D_1(或 D_2)导通,u_o'被钳位于 $u_i+U_{D_1}$(U_{D_1} 表示二极管 D_1 的正向导通压降)。而在开关S闭合情况下,$u_o'\approx u_o$,故 D_1,D_2 均不导通,保护电路不起作用。

3. 量化(quantization)与编码(coding or encode)

数字信号具有在时间上离散和数值上断续变化的特点。这就是说,在进行模/数转换时,任何一个被采样的模拟量只能表示成某个规定最小数量单位的整数倍,所取的最小数量单位叫做量化单位(quantization unit),用Δ表示。若数字信号最低有效位用LSB表示,通常1LSB所代表的数量大小就等于Δ,即模拟量量化后的一个最小分度值。

把量化的结果用代码(可以是二进制或其他进制)表示出来,叫编码。这些代码就是模/数转换的结果。

既然模拟电压是连续的,那么它就不一定是Δ的整数倍,在数值上只能取接近的整数倍,因而量化过程不可避免地会引入误差,这种误差称为量化误差(quantization error)。将模拟电压信号划分为不同的量化等级时通常有以下两种方法,如图8-6所示。

图8-6(a)是一种量化方法。例如把0~1V的模拟电压转换成3位二进制代码,取量化单位 $\Delta=\frac{1}{8}$V,并规定模拟量数值在 $0\sim\frac{1}{8}$V之间时,都用0Δ来替代,用二进制数000来表示;数值在 $\frac{1}{8}\sim\frac{2}{8}$V之间的模拟电压都用1Δ代替,用二进制数001表示,等等。这种量化方法带来的最大量化误差为Δ,即 $\frac{1}{8}$V。若用 n 位二进制数编码,则所带来的最大量化误差为 $\frac{1}{2^n}$V。

为了减小最大量化误差,可以采用如图8-6(b)所示的划分方法。取量化单位 $\Delta=\frac{2}{15}$V,并将000代码所对应的模拟电压规定为0~(1/15)V,即0~Δ/2,$\frac{1}{15}\sim\frac{3}{15}$V对应的模拟电压用代码001表示,对应模拟电压中心值为 $1\Delta=\frac{2}{15}$V;以此类推。由于把每个二进制代码所代表的模拟电压值规定为其所对应的模拟电压的中点,所以最大的量化误差将减小为Δ/2,即 $\frac{1}{15}$V。

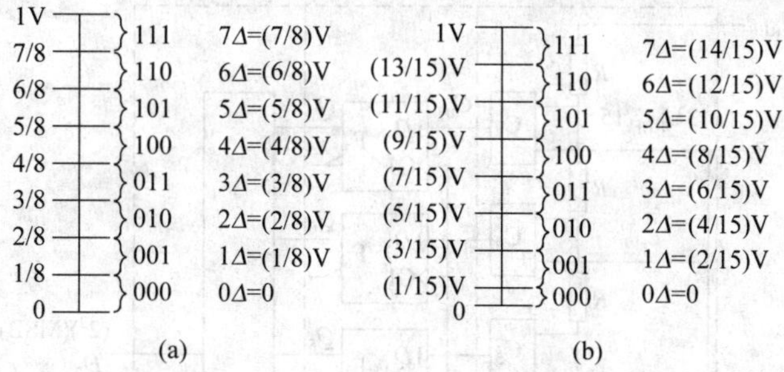

图 8-6 划分量化电压的两种方法

8.2.2 并行模/数转换器

3 位并行模/数转换器(simultaneous ADC)原理电路如图 8-7 所示。它由电阻分压器(voltage divider)、电压比较器、寄存器及编码器(encoder)组成。图中的 8 个电阻将参考电压 U_{REF} 分成 8 个等级,其中 7 个等级的电压分别为 7 个比较器 $C_1 \sim C_7$ 提供参考电压,其数值分别为 $U_{REF}/15, 3U_{REF}/15, \cdots, 13U_{REF}/15$。输入电压为 u_I,它的大小决定各比较器的输出状态,例如,当 $0 \leqslant u_I < (U_{REF}/15)$ 时,$C_1 \sim C_7$ 的输出状态都为 0;当 $(3U_{REF}/15) < u_I < (5U_{REF}/15)$ 时,比较器 C_1 和 C_2 的输出 $C_{01} = C_{02} = 1$,其余各比较器输出状态都为 0。根据各比较器的参考电压值,可以确定输入模拟电压值与各比较器输出状态的关系。比较器的输出状态由 D 触发器存储,CP 作用后,触发器的输出状态 $Q_7 \sim Q_1$ 与对应的比较器的输出状态 $C_{07} \sim C_{01}$ 相同。经代码转换网络(优先编码器,priority encoder)输出数字量 $D_2 D_1 D_0$。优先编码器优先级别最高是 Q_7,最低是 Q_1。

设 u_I 变化范围是 $0 \sim U_{REF}$,输出 3 位数字量为 D_2, D_1, D_0,3 位并行模/数转换器的输入、输出关系如表 8-2 所示。通过观察此表,容易确定代码转换网络输出、输入之间的逻辑关系

$$D_2 = Q_4$$
$$D_1 = Q_6 + \bar{Q}_4 Q_2$$
$$D_0 = Q_7 + \bar{Q}_6 Q_5 + \bar{Q}_4 Q_3 + \bar{Q}_2 Q_1$$

在并行模/数转换器中,输入电压 u_I 同时加到所有比较器的输入端,经比较器、D 触发器和编码器的延迟后,可得到稳定的输出。如不考虑上述器件的延迟,可认为输出的数字量是与 u_I 输入时刻同时获得的。并行模/数转换器的优点是转换时间短,可小到几十纳秒,但所用的元器件较多,如一个 n 位转换器,所用的比较器的个数为 $2^n - 1$ 个,其编码电路也会变得相当复杂。

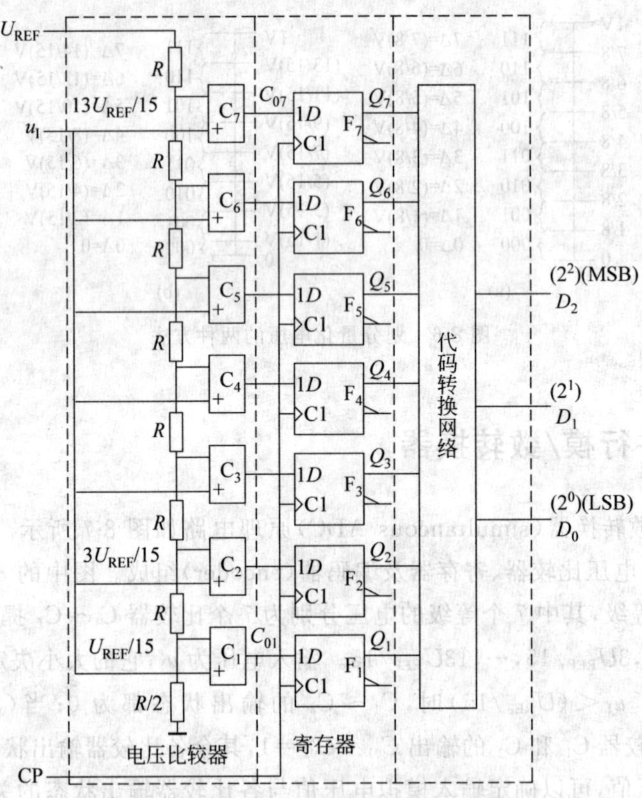

图 8-7　三位并行模/数转换器

表 8-2　并行模/数转换器的输入/输出关系

模拟量输入	触发器输出状态							数字输出		
	Q_7	Q_6	Q_5	Q_4	Q_3	Q_2	Q_1	D_2	D_1	D_0
$0 \leqslant u_I < U_{REF}/15$	0	0	0	0	0	0	0	0	0	0
$U_{REF}/15 \leqslant u_I < 3U_{REF}/15$	0	0	0	0	0	0	1	0	0	1
$3U_{REF}/15 \leqslant u_I < 5U_{REF}/15$	0	0	0	0	0	1	1	0	1	0
$5U_{REF}/15 \leqslant u_I < 7U_{REF}/15$	0	0	0	0	1	1	1	0	1	1
$7U_{REF}/15 \leqslant u_I < 9U_{REF}/15$	0	0	0	1	1	1	1	1	0	0
$9U_{REF}/15 \leqslant u_I < 11U_{REF}/15$	0	0	1	1	1	1	1	1	0	1
$11U_{REF}/15 \leqslant u_I < 13U_{REF}/15$	0	1	1	1	1	1	1	1	1	0
$13U_{REF}/15 \leqslant u_I < U_{REF}$	1	1	1	1	1	1	1	1	1	1

单片集成并行模/数转换器产品很多，如 AD 公司的 AD9012(8 位)、AD9002(8 位)和 AD9020(10 位)等。

8.2.3 逐次逼近型模/数转换器

1. 概述

逐次逼近型模/数转换器(successive approximation ADC)的工作原理类似于天平称重物的过程。将不同重量的砝码看成是与二进制相对应的权值,从最重的砝码开始试放,若物体重于砝码,则保留该砝码,对应的数字位置"1";若物体轻于砝码,则移去砝码,对应的数字位置"0"。然后再加上次重的砝码,和物体比较后决定砝码的去留以及对应的数字位,如此反复,到最后一位,此时,砝码的重量即为物体的重量,对应数字量就是模/数转换的输出。

只不过这里不是加减砝码,而是通过数/模转换器及寄存器加减标准电压,使标准电压值与被转换电压比较。这些标准电压通常称为电压砝码(voltage weight)。

2. 逐次逼近型模/数转换器的工作原理

逐次逼近型模/数转换器的工作原理框图如图 8-8 所示,它主要由 CP 脉冲、逻辑控制电路、移位寄存器、D/A 输入寄存器、D/A 转换器、电压比较器和输出寄存器等部分组成。输入信号为模拟量 u_1,输出为 n 位的二进制代码(d_{n-1} d_{n-2} … d_1 d_0)。这里以输出 4 位的情况来说明逐次逼近型模/数转换器的工作原理,如图 8-9 所示。

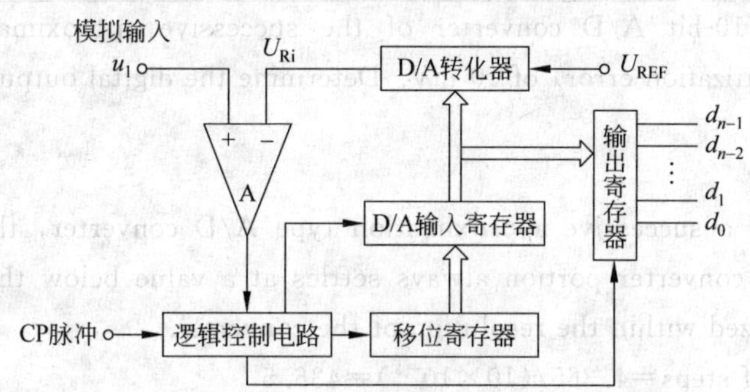

图 8-8 逐次逼近型模/数转换器的工作原理框图

设待转换的模拟输入信号为 $u_1=0.6$V,加到比较器的同相输入端。转换开始前,各个寄存器首先清零,$d_3\ d_2\ d_1\ d_0=0000$,设参考电压为 1V,量化单位 $\Delta=1/16$V。当 $t=t_0$ 时,移位寄存器的最高位置 1,输出为"1000",数/模输入寄存器也输出"1000",经数/模转换器输出模拟量 $U_{R1}=0.5$V,加到比较器的同相输入端作为比较电压。由于 $u_1>U_{R1}$,比较器输出高电平"1",输出寄存器的高位 $d_3=1$,并加以保留。当 $t=t_1$ 时,CP 脉冲使移位寄存器的状态输出为"0100",数/模输入寄存器的输出为"1100",通过模/数转换电路得到 $U_{R2}=0.75$V,由于 $u_1<U_{R2}$,使得比较器输出低电平"0",输出寄存器的次高位 $d_2=0$。如此反复

进行,四个脉冲周期过后,输出寄存器的状态 $d_3\ d_2\ d_1\ d_0=1001$。

逐次逼近型模/数转换器完成一次转换所需时间与其位数和时钟脉冲频率有关,位数愈少,时钟频率越高,转换所需时间越短。显然,对于 n 位数码输出,完成一次模/数转换,则至少需要($n+1$)个时钟周期。

逐次逼近型模/数转换器实质上是由数/模转换器从高位到低位逐位增加转换位数,产生不同的参考电压,并把输入电压逐次与这些参考电压进行比较而实现。逐次逼近型模/数转换器的转换精度高,速度快,是目前应用较为广泛的一种模/数转换器。

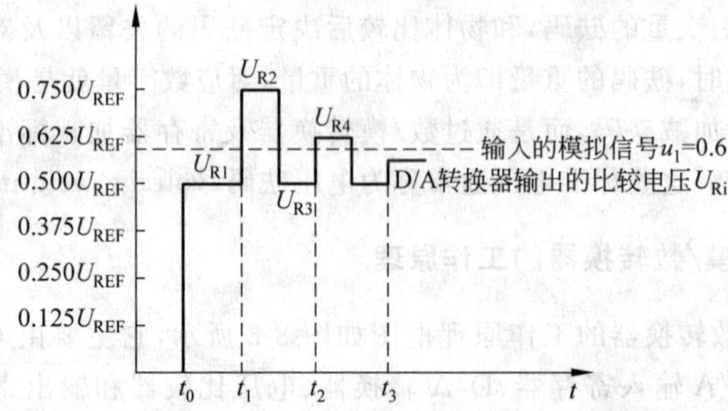

图 8-9 4 位输出的逐次逼近型模/数转换过程

Example 8.3 A 10-bit A/D converter of the successive approximation type has a resolution (or quantization error) of 10 mV. Determine the digital output for an analogue input of 4.365V.

Solution

In the case of a successive approximation type A/D converter, the final analogue output of its D/A converter portion always settles at a value below the analogue input voltage to be digitized within the resolution of the converter.

The number of steps$=4.365/(10\times10^{-3})=436.5$

The A/D converter will settle at step 436.

The digital output will be the binary equivalent of$(436)_{10}$ which is 0110110100.

Note. When this converter actually performs the conversion, in the tenth clock cycle, the LSB will be set to '1' initially. This would produce a D/A converter output of 4.37V which exceeds the analogue input voltage of 4.365V. The comparator changes state, which in turn resets the LSB to '0', bringing the D/A converter output to 4.36V. This is how a converter of this type settles where a D/A converter output settles at a value that is one step below the value that makes it exceed the analogue input to be digitized.

---

*8.2.4 双积分型模/数转换器

双积分型模/数转换器属于间接型模/数转换器，它是把待转换的输入模拟电压先转换为一个中间变量 T；然后再对中间变量量化编码，得出转换结果，这种模/数转换器多称为电压-时间变换型(voltage-to-time conversion，简称 V-T 型)。图 8-10 给出的是 V-T 型双积分型模/数转换器的原理图。

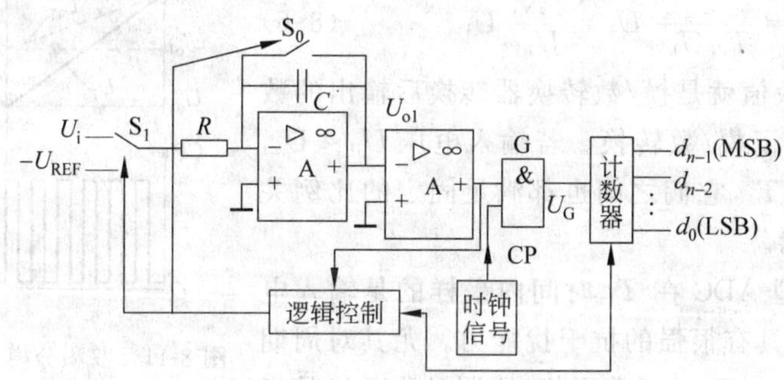

图 8-10 双积分型模/数转换器的框图

转换开始前，先将计数器清零，并接通 S_0 使电容 C 完全放电，再断开 S_0。整个转换过程分两阶段进行。

第一阶段，令开关 S_1 置于输入信号 U_i 一侧。积分器对 U_i 进行固定时间 T_1 的积分。积分结束时积分器的输出电压为

$$U_{o1}=\frac{1}{C}\int_0^{T_1}\left(-\frac{U_i}{R}\right)dt=-\frac{T_1}{RC}U_i \tag{8-4}$$

可见积分器的输出 U_{o1} 与 U_i 成正比。这一过程称为转换电路对输入模拟电压的采样过程。在采样开始时，逻辑控制电路将计数门打开，计数器开始计数。当计数器达到满量程 N 时，计数器由全“1”复“0”，这个时间正好等于固定的积分时间 T_1。计数器复“0”时，同时给出一个进位脉冲，这个脉冲使控制逻辑电路发出信号令开关 S_1 转换至参考电压 $-U_{REF}$ 一侧，采样阶段结束。

第二阶段称为定速率积分过程，将 U_{o1} 转换为与之成比例的时间间隔。采样阶段结束时，一方面因参考电压 $-U_{REF}$ 的极性与 U_i 相反，积分器向相反方向积分。计数器由 0 开始计数，经过 T_2 时间，积分器输出电压上升到零，过零比较器输出低电平，关闭计数门，计数器停止计数，同时通过逻辑控制电路使开关 S_1 与 U_i 相接，重复第一步，如图 8-10 所示。因此得到

$$\frac{T_2}{RC}U_{REF}=\frac{T_1}{RC}U_i$$

即

$$T_2 = \frac{T_1}{U_{REF}} U_i \tag{8-5}$$

上式表明,反向积分时间 T_2 与输入模拟电压成正比。

在 T_2 期间计数门 G 打开,标准频率为 f_{CP} 的时钟通过 G,计数器对 U_G 计数,计数结果为 D,由于

$$T_1 = N_1 T_{CP}, \quad T_2 = DT_{CP}$$

则计数的脉冲数为

$$D = \frac{T_1}{T_{CP} U_{REF}} U_i = \frac{N_1}{U_{REF}} U_i \tag{8-6}$$

计数器中的数值就是模/数转换器转换后输出的数字量,至此即完成了模/数转换。若输入电压 $U_{i1} < U_i$,则 $U'_{o1} < U_{o1}$,$T'_2 < T_2$,它们之间也都满足固定的比例关系,如图 8-11 所示。

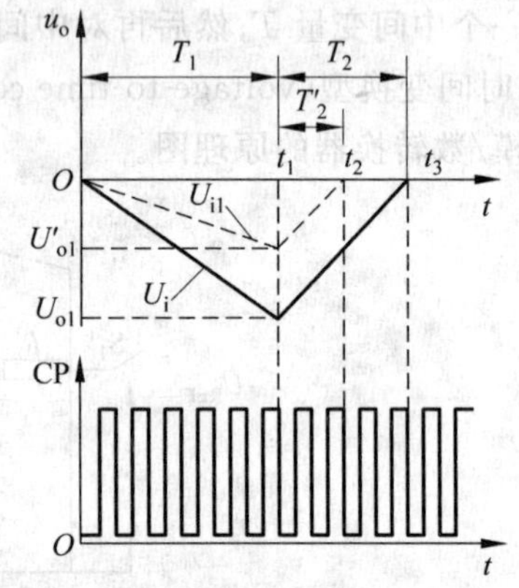

图 8-11 双积分模/数转换器波形图

由于双积分型 ADC 在 T_1 时间内采样的是输入电压的平均值,因此具有很强的抗干扰能力。尤其对周期等于 T_1 或几分之一 T_1 的对称干扰(所谓对称干扰是指整个周期内平均值为零的干扰),有很高的抑制能力。即使当工频干扰幅度大于被测直流信号,使输入信号正负变化时,仍有良好的抑制干扰的能力。在工业系统中经常碰到的是工频(50Hz)或工频的倍频干扰,故通常选定采样时间 T_1 总是等于工频电源周期的倍数,如 20ms 或 40ms 等。

另一方面,由于在转换过程中,前后两次积分所采用的是同一积分器,因此,在两次积分期间,R、C 和脉冲源等元器件参数的变化对转换精度的影响均可以忽略。

8.2.5 模/数转换器的主要技术指标

1. 分辨率

模/数转换器的分辨率通常用输出数据二进制的位数表示,它表征了模/数转换器对输入模拟信号的分辨能力。例如,输入的模拟电压满量程(full scale range,FSR)为 10V,8 位 ADC 可以分辨的最小模拟电压是 $10/2^8 = 37.06$mV,而 10 位 ADC 可以分辨的最小电压是 $10/2^{10} = 9.76$mV。可见 ADC 的位数越多,它的误差越小,转换精度就越高。

2. 转换误差

转换误差是指各个转换点偏离实际特性的误差,一般以最低有效位的倍数给出。例如,转换误差为(1/2)LSB,就表明实际输出的数字量和理论上应得到的输出数字量之间的误差小于最低有效位的半个字。

3. 转换时间(conversion time)

转换时间是指模/数转换器完成一次将模拟量转换为数字量所需要的时间。转换时间与转换器的电路形式密切相关,不同类型的转换器,其转换时间相差很大。

并联比较型模/数转换器的转换速度最快,8 位输出单片集成模/数转换器的转换时间可以不超过 50ns;逐次逼近型模/数转换器的转换速度也较快,8 位输出单片集成模/数转换器的转换时间只需要 400ns,多数在 10～50μs 之间。双积分型模/数转换器的转换速度最慢,转换时间大都在几十毫秒到数百毫秒之间。

另外,在组成高速模/数转换器时还应将采样-保持电路的获取时间计入转换时间之内。一般单片集成采样-保持电路的获取时间在几微秒的数量级,其获取时间和选定的保持电容的容量大小有关。

8.2.6 集成模/数转换器介绍

集成模/数转换器的类型比较多,有并联比较型模/数转换器、逐次逼近型模/数转换器、双积分型模/数转换器,V-F 变换型模/数转换器等,由于逐次逼近型模/数转换器的分辨率较高、误差较低、转换速度较快,所以目前应用比较广泛。

逐次逼近型集成模/数转换器 ADC0809 由 AD 公司生产,它由八路模拟开关、地址锁存与译码器、比较器、数/模转换器、寄存器、控制电路和三态输出锁存器等组成。电路如图 8-12 所示。

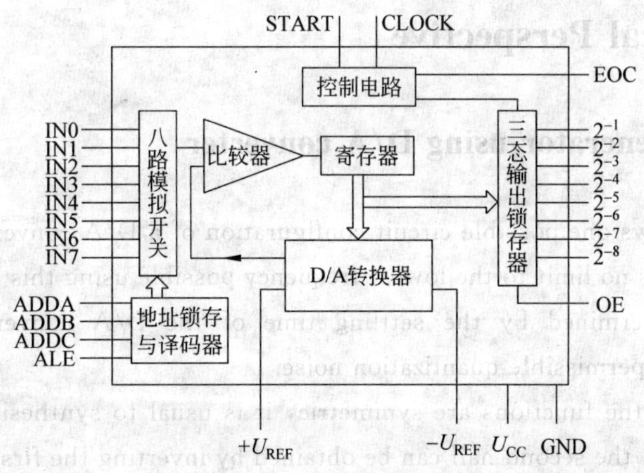

图 8-12 ADC0809 逻辑框图

ADC0809 采用双列直插式封装,共有 28 条引脚,现分四组简述如下。

1）模拟信号输入 IN0～IN7

IN0～IN7 为八路模拟电压输入线。由 8 选 1 选择器选择其中某一通道送往模数转换器的电压比较器进行转换。

2）地址输入和控制线

地址输入和控制线共 4 条，其中 ADDA、ADDB 和 ADDC 为地址输入线，用于选择 IN0～IN7 上哪一路模拟电压送给比较器进行模/数转换。地址锁存选通(address latch enable, ALE)为地址锁存使能输入线，高电平有效。当 ALE 线为高电平时，ADDA、ADDB 和 ADDC 三条地址线上地址信号得以锁存，经译码器控制八路模拟开关(multiplexing analog switch)工作。

3）数字量输出及控制线(11 条)

START 为"启动脉冲"输入线，该线的正脉冲由 CPU 送来，宽度应大于 100ns，上升沿将寄存器清零，下降沿启动 ADC 工作。EOC 为转换结束(end of conversion)输出线，该线高电平表示模/数转换已结束，数字量已锁入"三态输出锁存器"。2^{-1}～2^{-8} 为数字量输出线，2^{-1} 为最高位。OE 为输出使能(output enable, OE)端，高电平时可输出转换后的数字量。

4）电源线及其他

CLOCK 为时钟输入线，用于为 ADC0809 提供逐次比较所需的时钟脉冲。U_{CC} 为 +5V 电源输入线，GND 为地线。$+U_{REF}$ 和 $-U_{REF}$ 为参考电压输入线，用于给数/模转换器供给标准电压。$+U_{REF}$ 常和 U_{CC} 相连，$-U_{REF}$ 常接地。

8.3 Practical Perspective

Function generator using D/A converter

Fig. 8-13 shows one possible circuit configuration of a D/A converter based function generator. There is no limit to the lowest frequency possible using this configuration. The upper limit is determined by the settling time of the D/A converter, the required resolution and the permissible quantization noise.

Since most of the functions are symmetric, it is usual to synthesize only half of the waveform and then the second half can be obtained by inverting the first half. This is true for pulse, triangular, ramp and trapezoidal waveforms. For sinusoidal waveforms it is necessary only to synthesize one-quarter of the waveform. In the arrangement of Fig. 8-13, the frequency is determined by the clock frequency and the waveform by the contents of the ROM.

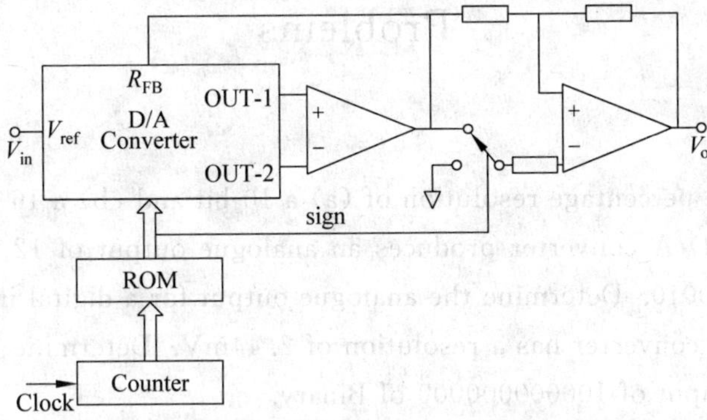

Fig. 8-13 The circuit of function generator

Summary

1. In general, a digital signal processing system consists of sensors, sample-and-hold circuits, analog-to-digital converters, a digital processor, digital-to-analog converters, and so on.
2. Digital-to-analog conversion changes a series of digital codes that represent an analog signal back into the analog signal.
3. One of the most popular digital-to-analog converters (DACs) is $R/2R$ ladder.
4. The major performance characteristics (specifications) of a DAC include resolution, accuracy, and settling time.
5. The AD7524 is an example of a $R/2R$ ladder integrated DAC.
6. Analog-to-digital conversion changes an analog signal into a series of digital codes.
7. The sampling theorem states that the sampling frequency must be at least twice the highest sampled frequency (Nyquist frequency).
8. The major types of analog-to-digital converters (ADCs) are flash (simultaneous), dual-slope, successive-approximation, etc.
9. The major performance characteristics of an A/D converter include resolution, accuracy, conversion time.
10. The ADC0809 is an example of a successive-approximation integrated ADC.

Problems

8.1 Determine the percentage resolution of (a) a 10-bit and (b) a 16-bit D/A converter.

8.2 An eight-bit D/A converter produces an analogue output of 12. 5 mV for a digital input of 00000010. Determine the analogue output for a digital input of 00011100.

8.3 A 12-bit D/A converter has a resolution of 2. 44mV. Determine its analogue output for a digital input of 100000000000 of Binary.

8.4 Compare (a) the step size and (b) the percentage resolution of a D/A converter having an eight-bit binary input with those of a D/A converter having an eight-bit BCD input. Both have a full-scale output of 10V.

8.5 Compare the average conversion time of an eight-bit counter-type A/D converter with the conversion time of a 12-bit successive approximation type A/D converter. Assume a clock frequency of 10MHz.

8.6 A certain 12-bit successive approximation A/D converter has a full-scale analogue input of 10V. It operates at a clock frequency of 1MHz. Determine the conversion time and the result for an analogue input of 1. 25V.

8.7 Sampling of an analog signal produces ________.

(a) a series of impulses that are proportional to the amplitude of the signal

(b) a series of impulses that are proportional to the frequency of the signal

(c) digital codes that represent the analog signal amplitude

(d) digital codes that represent the time of each sample

8.8 According to the sampling theorem, the sampling frequency should be ________.

(a) less than half the highest signal frequency

(b) greater than twice the highest signal frequency

(c) less than half the lowest signal frequency

(d) greater than the lowest signal frequency

8.9 A hold action occurs ________.

(a) before each sample

(b) during each sample

(c) after the analog-to-digital conversion

(d) immediately after a sample

8.10 The quantization process ________.

(a) converts the sample-and-hold output to binary code

(b) converts a sample impulse to a level

(c) converts a sequence of binary codes to a reconstructed analog signal

(d) filters out unwanted frequencies before sampling takes place

8.11 Generally, an analog signal can be reconstructed more accurately with ________.

(a) more quantization levels

(b) fewer quantization levels

(c) a higher sampling frequency

(d) a lower sampling frequency

(e) either answer (a) and (c)

8.12 A dual-slope ADC uses ________.

(a) a counter (b) op-amps (c) an integrator (d) a differentiator

(e) answers (a) and (c)

8.13 In an $R/2R$ DAC, there are ________.

(a) four values of resistors

(b) one resistor value

(c) two resistor values

(d) a number of resistor values equal to the number of inputs

8.14 The dual-slope A/D converter is shown as Fig. P8-1. Describe the working principle and answer:

(1) If the detected voltage $U_{I(max)}=2V$, and the minimum resolution voltage is 0.1mV, what is the minimum capability of the binary counter?

(2) What is the sampling time T_1 if the clock frequency $f_{CP}=200kHz$?

(3) What is the integral time RC if the maximum output voltage U_o of the integrator is 5V? Assuming $f_{CP}=200kHz, U_I<U_{REF}=2V$.

8.15 A 10-bit D/A converter of successive approximation A/D converter has $U_{omax}=12.276V$ and $f_{CP}=500kHz$.

(1) What is the output state $D=Q_9Q_8\cdots Q_0$ after conversion when the input $U_i=4.32V$.

(2) How long did the conversion take?

8.16 Consider the 8-bit successive approximation A/D converter with a clock frequency of 250kHz:

(1) How long did the conversion take?

(2) The successive comparative waveforms between the voltage weight and the

input voltage is shown in Fig. P8-2, what is the output of the A/D converter.

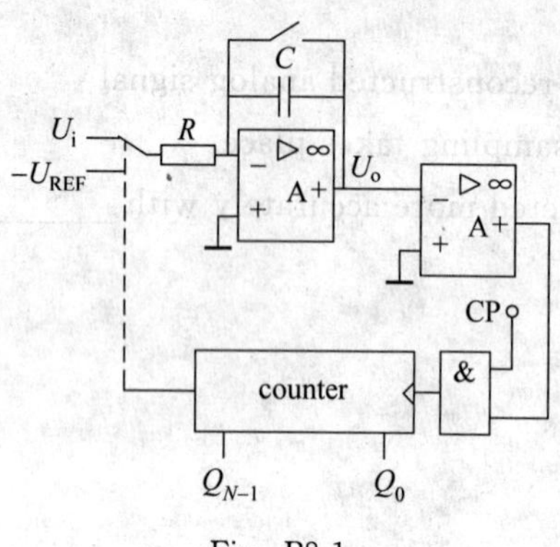

Fig. P8-1

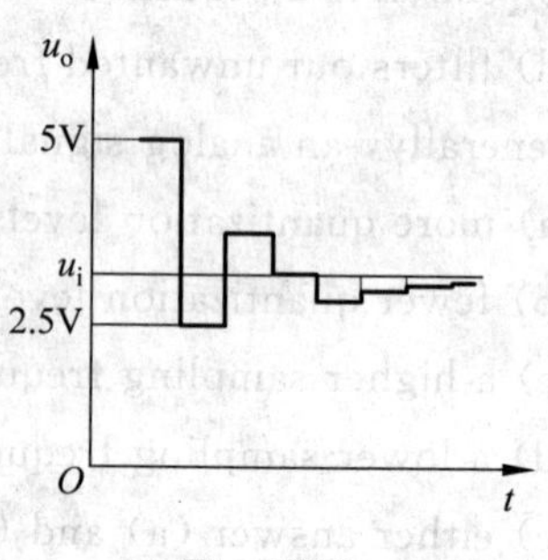

Fig. P8-2

第9章

波形的产生与整形

引言

波形发生电路在测量、自动控制、通信、无线电广播和遥控等许多技术领域中有着广泛的应用。波形发生电路分为正弦波振荡电路和非正弦波振荡电路。正弦波振荡电路是一种工作在特殊状态下的放大电路，它不需要外加输入信号，而是利用自身的正反馈产生正弦波输出信号。如果反馈信号在相位上与输入信号同相，即构成了正反馈，幅度又足够大时，正反馈信号就可以替代输入信号，使电路产生振荡。通过正反馈方式产生的振荡波形在一定条件下，即可获得正弦波。

有些波形是由整形电路处理已有的信号而得到。本章以中规模集成电路555定时器为典型电路，讨论由555定时器组成的多谐振荡器、单稳态触发器和施密特触发器，并介绍555定时器的实际应用。

9.1 正弦波振荡电路

9.1.1 正弦波振荡电路的基本原理

为了产生振荡，必须在放大电路里引入正反馈，因此放大电路和正反馈(positive feedback)网络是振荡电路中不可缺少的两部分。但是仅由这两部分构成的振荡电路一般得不到正弦波，这是由于很难控制正反馈量的大小。如果正反馈量过大，则振荡增幅，输出幅度越来越大，最后导致晶体管的非线性限幅，产生非线性失真(nonlinear distortion)。反之，如果正反馈量不足，则振荡减幅，最后导致停振。为此正弦波振荡电路中必须有一个稳幅电路。为了获得单一频率的正弦波输出,还应该有一个选频网络(frequency-selective network),选频网络往往和正反馈网络或放大电路是同一电路。选频网络由电阻、电容(*RC*)或电感、电容(*LC*)等电抗性网络组成,正弦波振荡电路的名称一般由选频网络来命名,如*RC*振荡电路和*LC*振荡电路。综上所述,正弦波振荡电路通常由放大电路、正反馈网络、选频网络和稳幅电路四部分组成。

1. 振荡条件

在振荡电路中由于引入的就是正反馈,振荡建立后,对于正弦波振荡电路只有一种频率成分的信号可以满足振荡条件。负反馈放大电路和正反馈振荡电路的方框图如图 9-1 所示。

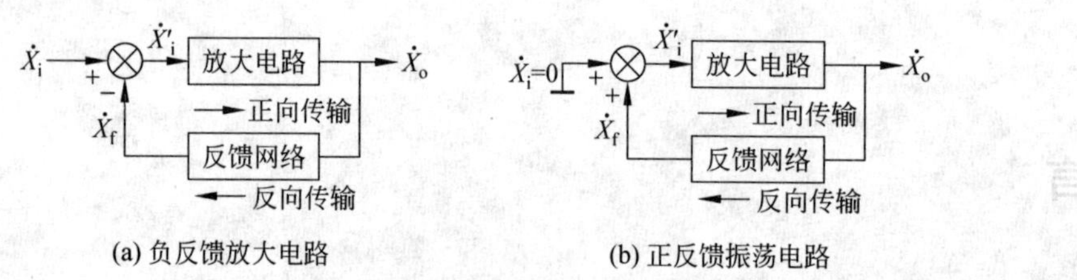

图 9-1 正反馈振荡电路的方框图

比较图 9-1(a)和(b),可以明显地看出负反馈放大电路和正反馈振荡电路的区别。图(b)中输入信号为 0,且反馈信号的极性为"+";图(a)中有外加输入信号,反馈信号为"−"。由于振荡电路的输入信号$\dot{X}_i=0$,所以净输入等于反馈信号,即$\dot{X}'_i=\dot{X}_f$。按负反馈可以得到放大电路反馈基本方程式

$$\dot{A}_f=\frac{\dot{A}}{1+\dot{A}\dot{F}}=\frac{\dot{X}_o}{\dot{X}_i} \tag{9-1}$$

当产生振荡时,$\dot{X}_i=0$,输出$\dot{X}_o$就有一定的幅度和频率,可以得到$1+\dot{A}\dot{F}=0$。由于反馈信号正负号的改变,将$1+\dot{A}\dot{F}=0$,修改为$1-\dot{A}\dot{F}=0$,所以维持振荡的条件为

$$\dot{A}\dot{F}=1 \tag{9-2}$$

式$\dot{A}\dot{F}=1$可以分为产生振荡的幅度平衡条件和相位平衡条件,即

幅度平衡条件

$$|\dot{A}\dot{F}|=1 \tag{9-3}$$

相位平衡条件

$$\varphi_{AF}=\varphi_A+\varphi_F=\pm 2n\pi \tag{9-4}$$

式中,φ_A是放大电路部分的相移角,φ_F是反馈网络部分的相移角,φ_{AF}是整个放大和反馈环路的相移角。

2. 起振和稳幅

振荡电路在刚刚起振时，往往需要加大正反馈量，即要求

$$|\dot{A}\dot{F}|>1$$

所以$|\dot{A}\dot{F}|>1$称为起振条件。起振后振荡幅度迅速增大，如果靠晶体管和运放的非线性特性去限制幅度的增加，则波形必然产生失真。这就要靠选频网络的作用，选出波形的基波分量作为输出信号，以获得正弦波输出。也可以在反馈网络中加入非线性稳幅环节，用以调节放大电路的增益，从而达到稳定输出幅度、并使输出为正弦波的目的。下面还要在具体的振荡电路中加以介绍。

9.1.2 *RC* 正弦波振荡电路

RC 振荡电路结构简单，它是利用 *RC* 网络的选频作用，在选频网络的中心频率点上满足振荡条件，从而产生正弦波振荡。*RC* 振荡电路主要有 *RC* 文氏桥振荡电路（Wien-bridge oscillator）和移相式 *RC* 振荡电路（a phase shift oscillator）。本节只介绍 *RC* 文氏桥振荡电路。

1. *RC* 文氏桥振荡电路的构成

RC 文氏桥振荡电路如图 9-2(a)所示，C_1，R_1 和 C_2，R_2 支路是 *RC* 串并联网络，通过它们为放大电路引入正反馈；另外，还增加了 R_3 和 R_4 负反馈网络，以调节放大电路的电压增益。C_1，R_1，C_2，R_2 和 R_3，R_4 正好构成一个桥路，称为文氏桥，*RC* 文氏桥振荡电路因此而得名。

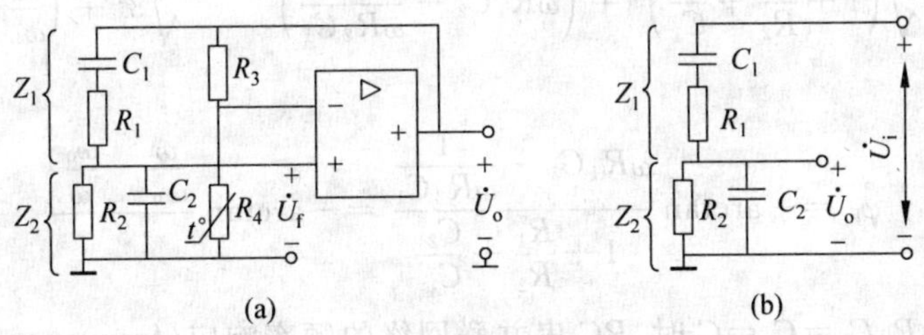

图 9-2 *RC* 文氏桥振荡电路和 *RC* 串并联网络

2. *RC* 串并联网络的选频特性

RC 串并联网络的电路如图 9-2(b)所示。*RC* 串联臂的阻抗用 Z_1 表示，*RC* 并联臂的阻抗用 Z_2 表示。注意，图 9-2(b)中的$\dot{U}_i$ 相当于图 9-2(a)中的$\dot{U}_o$；图 9-2(b)中的$\dot{U}_o$相当

于图 9-2(a)中的$\dot{U}_f$。RC 串并联网络的频率响应表达式如下

$$Z_1 = R_1 + \frac{1}{j\omega C_1}$$

$$Z_2 = R_2 /\!/ \left(\frac{1}{j\omega C_2}\right) = \frac{R_2}{1 + j\omega R_2 C_2}$$

$$\begin{aligned}\dot{F} = \frac{\dot{U}_o}{\dot{U}_i} &= \frac{Z_2}{Z_1 + Z_2} = \frac{R_2/(1 + j\omega R_2 C_2)}{R_1 + (1/j\omega C_1) + [R_2/(1 + j\omega R_2 C_2)]} \\ &= \frac{R_2}{[R_1 + (1/j\omega C_1)](1 + j\omega R_2 C_2) + R_2} \\ &= \frac{R_2}{R_1 + (1/j\omega C_1) + j\omega R_1 R_2 C_2 + R_2 C_2/C_1 + R_2} \\ &= \frac{1}{\left(1 + \frac{R_1}{R_2} + \frac{C_2}{C_1}\right) + j\left(\omega R_1 C_2 - \frac{1}{\omega R_2 C_1}\right)}\end{aligned} \tag{9-5}$$

由上式中分母的虚部为 0,可得谐振频率为

$$f_0 = \frac{1}{2\pi \sqrt{R_1 R_2 C_1 C_2}}$$

当 $R_1 = R_2 = R, C_1 = C_2 = C$ 时,谐振角频率

$$\omega_0 = 2\pi f = \frac{1}{RC} \tag{9-6}$$

由式(9-5)可得

幅频特性

$$|\dot{F}| = \frac{1}{\sqrt{\left(1 + \frac{R_1}{R_2} + \frac{C_2}{C_1}\right)^2 + \left(\omega R_1 C_2 - \frac{1}{\omega R_2 C_1}\right)^2}} = \frac{1}{\sqrt{3^2 + \left(\frac{\omega}{\omega_0} - \frac{\omega_0}{\omega}\right)^2}} \tag{9-7}$$

相频特性

$$\varphi_F = -\arctan \frac{\omega R_1 C_2 - \frac{1}{\omega R_2 C_1}}{1 + \frac{R_1}{R_2} + \frac{C_2}{C_1}} = -\arctan \frac{\frac{\omega}{\omega_0} - \frac{\omega_0}{\omega}}{3} \tag{9-8}$$

当 $R_1 = R_2 = R, C_1 = C_2 = C$ 时,RC 串并联网络的频率响应(frequency characteristic or response)特性曲线如图 9-3 所示。由式(9-7)可知,当 $f = f_0$ 时的反馈系数 $|\dot{F}| = \frac{1}{3}$,且与频率 f_0 的大小无关,此时的相角 $\varphi_F = 0°$。由于调节 $R(R_1 = R_2 = R)$ 和 $C_1(C_1 = C_2 = C)$ 改变频率时,不会影响反馈系数和相角,所以在调节的过程中,F 不会改变,电路不会停振,也不会使输出幅度改变,这是一个很大的优点。

从物理概念上可以进一步理解 RC 串并联网络的幅频特性(amplitude frequency

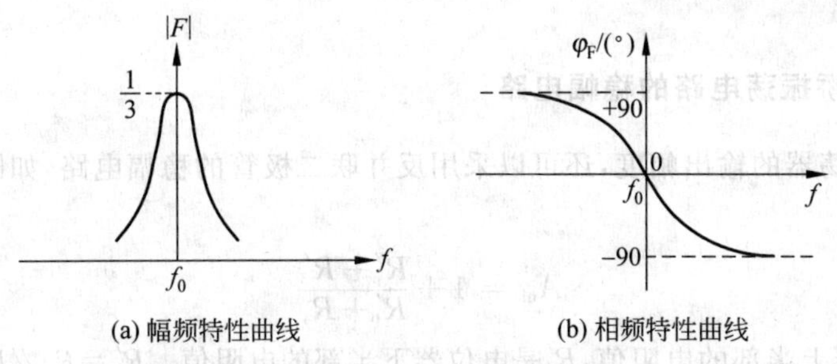

(a) 幅频特性曲线　　(b) 相频特性曲线

图 9-3　RC 串并联网络的频率响应特性曲线

characteristic)曲线，当频率很低时，C_1 的容抗很大，Z_1 很大，通过串联臂的反馈信号将很小；当频率很高时，串联臂的容抗可忽略，但并联臂 C_2 的容抗很小，反馈信号也很小。所以只有处于中间某个频率的信号，反馈信号是最大的，这个频率就是 f_0。

再从物理概念上分析相频特性(phase frequency characteristic)曲线，当频率很低时，并联臂 C_2 的容抗很大，与 R_2 并联可忽略其影响，而串联臂 C_1 的作用是主要的，此时 RC 串并联网络在低频时近似一阶 RC 高通环节，相角最多超前 90°。当频率很高时，RC 串并联网络近似一阶 RC 低通环节，相角最多滞后 90°，如图 9-3(b)所示。

3. 振荡的建立

由以上分析可得，当 $R_1=R_2=R, C_1=C_2=C$ 时

$$|\dot{F}|=\frac{\dot{U}_f}{\dot{U}_o}=\frac{1}{3} \tag{9-9}$$

$$\varphi_F=0° \tag{9-10}$$

$$f_0=\frac{1}{2\pi RC} \tag{9-11}$$

所谓振荡的建立，就是要使电路自激，从而产生持续的振荡。电源上电时相当于输入阶跃电压，其中也包括 $f_0=\dfrac{1}{2\pi RC}$这样一个频率成分。这种信号，经过放大电路、正反馈的选频网络，输出幅度愈来愈大，最后受电路中非线性元件的限制，振荡幅度自动地稳定下来。开始时，为满足起振的幅度条件$|\dot{A}_f\dot{F}|>1$，所以要求 $A_f\geqslant 3$。加入 R_3，R_4 组成的负反馈支路，是为了使其放大倍数 $A_f=1+\dfrac{R_3}{R_4}$稳定且易于调节。若 R_4 是具有正温度系数的热敏电阻，起振前其阻值较小，使 $A_f>3$。当起振后，流过 R_4 的电流加大，R_4 的温度升高，阻值加大，负反馈增强，以抑制输出幅度的进一步增大。达到稳定平衡状态时，$A_f=3$，$|\dot{F}|=\dfrac{1}{3}$，$|\dot{A}\dot{F}|=1$。不难看出，若热敏电阻是负温度系数，则应放置在 R_3 的位置才能达到稳幅的

目的。

4. *RC* 文氏桥振荡电路的稳幅电路

为了稳定振荡器的输出幅度,还可以采用反并联二极管的稳幅电路,如图 9-4 所示。电路的电压增益为

$$A_{uf} = 1 + \frac{R''_p + R'_3}{R'_p + R_4}$$

式中,R''_p是电位器上半部的电阻值,R'_p是电位器下半部的电阻值。$R'_3 = R_3 /\!/ R_D$,R_D 是并联二极管的正向电阻值。当U_o大时,二极管支路的交流电流较大,例如工作在二极管特性曲线的D点和C点,等效的电阻R_D较小,A_{uf}也较小,于是U_o下降;反之,当U_o小时,二极管支路的交流电流较小,例如工作在特性曲线的B点和A点,则R_D较大,A_{uf}较大,于是U_o增加。

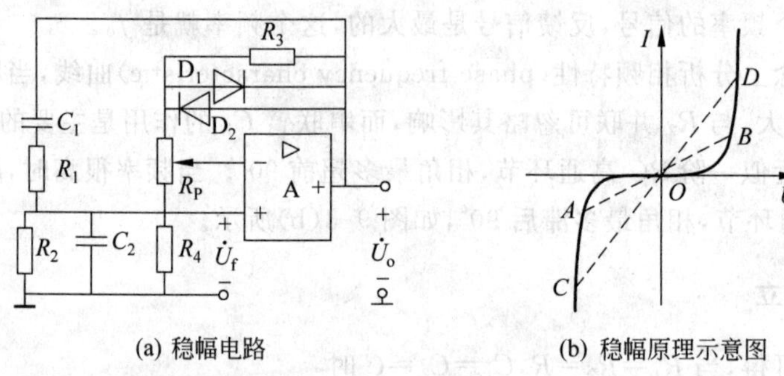

(a) 稳幅电路　　(b) 稳幅原理示意图

图 9-4　反并联二极管的稳幅电路

Example 9.1　Fig. 9-4 shows the circuit of a Wien-bridge oscillator based on an operational amplifier. If $C_1 = C_2 = 100\text{nF}$, determine the output frequencies produced by this arrangement:

(a) when $R_1 = R_2 = 1\text{k}\Omega$;

(b) when $R_1 = R_2 = 6\text{k}\Omega$.

Solution

(a) when $R = R_1 = R_2$ and $C = C_1 = C_2$

$$f_0 = \frac{1}{2\pi RC} = \frac{1}{6.28 \times 100 \times 10^{-9} \times 1 \times 10^3} = 1.59(\text{kHz})$$

(b) when $R_1 = R_2 = 6\text{k}\Omega$

$$f_0 = \frac{1}{2\pi RC} = \frac{1}{6.28 \times 100 \times 10^{-9} \times 6 \times 10^3} = 265(\text{Hz})$$

Example 9.2　Design the R and C elements of a Wien-bridge oscillator as in Fig. 9-2 for operation at $f_0 = 10\text{kHz}$.

Solution

We can select $R=10\text{k}\Omega$ and calculate the required value of C using equation (9-11):

$$C=\frac{1}{2\pi Rf_0}=\frac{1}{6.28\times(10\times10^3)\times(10\times10^3)}=1.592\times10^{-9}(\text{F})=1592(\text{pF})$$

*9.1.3 LC 正弦波振荡电路

LC 正弦波振荡电路的构成与 RC 正弦波振荡电路相似，振荡电路中包括有放大电路、正反馈网络、选频网络和稳幅电路。只是这里的选频网络是由 LC 并联谐振电路构成，正反馈网络因不同类型的 LC 正弦波振荡电路而有所不同。常见的 LC 正弦振荡电路有变压器反馈式、电感三点式和电容三点式等几种。由于它们的共同特点是用 LC 谐振电路作为选频网络，而且一般采用 LC 并联谐振电路，因此先简述 LC 并联谐振电路的一些基本特性。

1. LC 并联谐振电路的频率特性

LC 并联谐振电路如图 9-5(a)所示，其中 LC 并联谐振电路的损耗用电阻 R 来代表，主要为电感中的电阻的损耗，$\dot{I}$ 是输入电流，$\dot{I}_L$ 是流经电感支路的电流。下面分析它的谐振频率、谐振时的输入阻抗以及谐振时回路电流与总输入电流之间的关系。

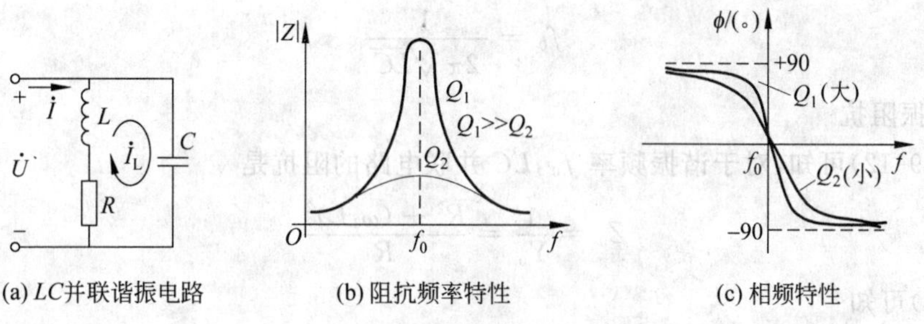

(a) LC并联谐振电路 (b) 阻抗频率特性 (c) 相频特性

图 9-5 并联谐振电路及其谐振曲线

1）谐振频率

从图 9-5(a)输入端向右看进去的复数导纳是

$$Y=\text{j}\omega C+\frac{1}{R+\text{j}\omega L}=\frac{\text{j}\omega C(R+\text{j}\omega L)+1}{R+\text{j}\omega L}=\frac{(\text{j}\omega CR-\omega^2LC+1)(R-\text{j}\omega L)}{(R+\text{j}\omega L)(R-\text{j}\omega L)}$$

$$=\frac{R+\text{j}\omega CR^2+\text{j}\omega^3L^2C-\text{j}\omega L}{R^2+(\omega L)^2}$$

即

$$Y=\frac{R}{R^2+(\omega L)^2}+\text{j}\left[\omega C-\frac{\omega L}{R^2+(\omega L)^2}\right]\tag{9-12}$$

当并联回路导纳的虚部等于零时，发生并联谐振。令并联谐振的角频率为 ω_0，则可得

$$\omega_0 C = \frac{\omega_0 L}{R^2 + (\omega_0 L)^2} \tag{9-13}$$

将上式两边同乘以 $\omega_0 L$，再把等式右边的分子和分母同除以 $(\omega_0 L)^2$，则可得

$$\omega_0^2 LC = \frac{1}{1 + \left(\frac{R}{\omega_0 L}\right)^2}$$

即

$$\omega_0 = \frac{1}{\sqrt{1 + \left(\frac{R}{\omega_0 L}\right)^2}} \times \frac{1}{\sqrt{LC}} = \frac{1}{\sqrt{1 + \frac{1}{Q^2}}} \times \frac{1}{\sqrt{LC}} \tag{9-14}$$

其中

$$Q = \frac{\omega_0 L}{R} \tag{9-15}$$

Q 值称为品质因数(quality factor)，它是 LC 并联回路的重要指标。通常 $Q \gg 1$，因此式(9-14)可近似化简为

$$\omega_0 \approx \frac{1}{\sqrt{LC}}$$

则谐振频率

$$f_0 = \frac{1}{2\pi\sqrt{LC}} \tag{9-16}$$

2) 谐振阻抗

由式(9-12)可知，对于谐振频率 f_0，LC 并联电路的阻抗是

$$Z_0 = \frac{1}{Y_0} = \frac{R^2 + (\omega_0 L)^2}{R} \tag{9-17}$$

由式(9-13)可知

$$R^2 + (\omega_0 L)^2 = \frac{L}{C}$$

所以

$$Z_0 = \frac{L}{RC} \tag{9-18}$$

可见，谐振时 LC 并联电路的阻抗呈纯阻性。电感中的 R 越小，Q 值越大，谐振时的阻抗值也越大，如图 9-5(b)所示。图 9-5(c)表明，Q 值越大，LC 并联电路阻抗的相角随频率变化的程度越急剧，选频效果就越好。

3) 输入电流和回路电流的关系

LC 并联回路谐振时的输入电流是

$$\dot{I}=\frac{\dot{U}}{Z_0}=\frac{R}{R^2+(\omega_0 L)^2}\dot{U} \tag{9-19}$$

而谐振时电容电流的模是

$$|\dot{I}_C|=\omega_0 C|\dot{U}|$$

将式(9-13)代入上式,可得

$$|\dot{I}_C|=\frac{\omega_0 L}{R^2+(\omega_0 L)^2}|\dot{U}|=\frac{\omega_0 L}{R}\frac{R}{R^2+(\omega_0 L)^2}|\dot{U}| \tag{9-20}$$

将式(9-15)和式(9-19)代入式(9-20),可得

$$|\dot{I}_C|=Q|\dot{I}| \tag{9-21}$$

通常 $Q\gg1$,所以$|\dot{I}_C|\approx|\dot{I}_L|\gg|\dot{I}|$。可见谐振时,$LC$ 并联电路的回路电流比输入电流大 Q 倍,这个结论对于分析 LC 正弦波振荡电路是十分有用的。

2. 变压器反馈 *LC* 振荡电路(colpitts oscillator with transformer coupling at the output)

变压器反馈 LC 振荡电路如图 9-6 所示。LC 并联谐振电路作为晶体管的负载,反馈线圈 L_2 与电感线圈 L_1 相耦合,将反馈信号送入晶体管的输入回路。交换反馈线圈的两个接线端,可使反馈的极性发生变化。调整反馈线圈的匝数可以改变反馈系数的大小,以使振荡电路的幅度条件得以满足。有关同名端的极性请参阅图 9-7。

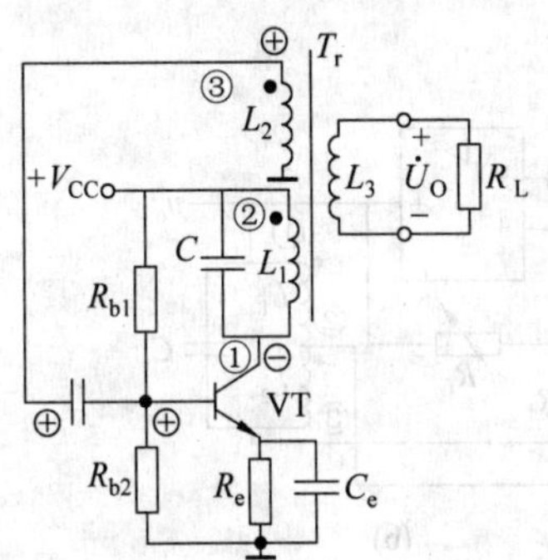

图 9-6 变压器反馈 LC 振荡电路

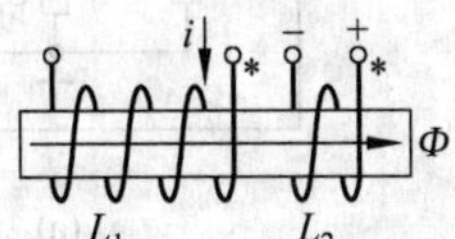

图 9-7 同名端的极性

为了分析相位条件,采用瞬时极性法,通常认为,LC 并联电路谐振时呈现纯阻性,而电容 C_b 和 C_e 足够大,对谐振频率来说可视为短路。设图 9-6 中晶体管基极的瞬时极性为⊕,集电极瞬时极性则为⊖,因此反馈线圈 L_2 同名端的瞬时极性为⊕,电路构成正反馈。

由于变压器反馈 LC 振荡电路的振荡频率与并联 LC 谐振电路相同,为

$$f_0=\frac{1}{2\pi\sqrt{LC}} \tag{9-22}$$

所以只要将变压器的原边绕组 N_1 和副边绕组 N_2 按图中所标的同名端连结,即可满足正弦

波振荡的相位平衡条件。另外,只要变压器的变比设计得当,L_2 的圈数足够多,就可满足振荡的幅值条件。

LC 正弦波振荡电路中,当振荡幅度增大到一定程度时,晶体管集电极电流波形会出现明显的失真,但由于集电极的负载是 LC 并联谐振回路,具有良好的选频作用,因此输出电压的波形失真不大。

3. 三点式 *LC* 振荡电路

1) 电感三点式 LC 振荡电路(three-point inductance oscillation circuit or Hartley oscillator)

图 9-8 为两种电感三点式 LC 振荡电路。电感线圈 L_1 和 L_2 是同一个线圈,②点是中间抽头。为判断该电路反馈的极性,电路中有关各点的瞬时极性如图(a)所示。图中晶体管是共发射极接法,设基极瞬时极性对地为⊕,集电极对地为⊖,所以 L_2 上的极性为下⊕上⊖,即反馈信号瞬时极性为⊕,所以是正反馈,满足振荡的相位条件。对图(b)也满足正反馈的相位平衡条件。如果幅度条件不满足,可以适当改变线圈的抽头的位置,增加 L_2 的匝数。图 9-8 电路的振荡频率,即(L_1+L_2)和 C 组成的并联谐振电路的谐振频率为

$$f_0=\frac{1}{2\pi\sqrt{(L_1+L_2+2M)C}} \tag{9-23}$$

其中,M 为 L_1 和 L_2 之间的互感。

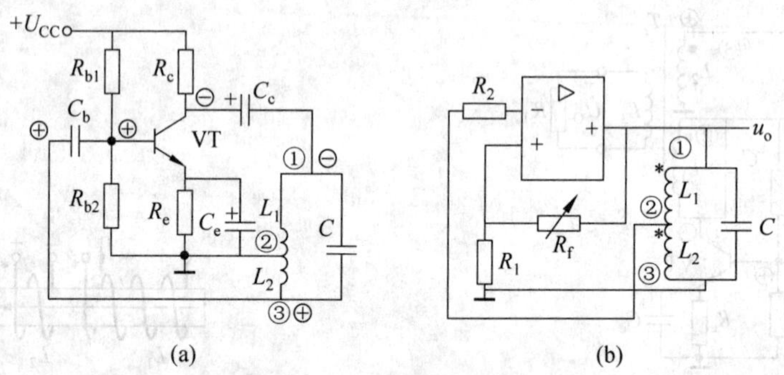

图 9-8 电感三点式 LC 振荡电路

在谐振条件下,LC 并联电路的回路电流远远大于输入电流,因此在判断并联网络的瞬时极性时可不考虑外电路电流的影响。三点式电路中通常有一点交流接地,由于谐振电流比外界电流大很多,忽略接地点的电流可推导出如下规则。

三点式电路(包括电感三点式和电容三点式电路)中,三点必有一点交流接地,其余两点中一点是电路的输出点,另一点是反馈点,如果输出点和反馈点的对地阻抗性质相同则输出点和反馈点的电位极性相反;如果输出点和反馈点的对地阻抗性质相反则输出点和反馈点的电位极性相同。

2）电容三点式 LC 振荡电路(three-point capacitor oscillation circuit or Colpitts oscillator)

与电感三点式 LC 振荡电路类似的有电容三点式 LC 振荡电路，见图 9-9，其分析方法与电感三点式 LC 振荡电路相同。

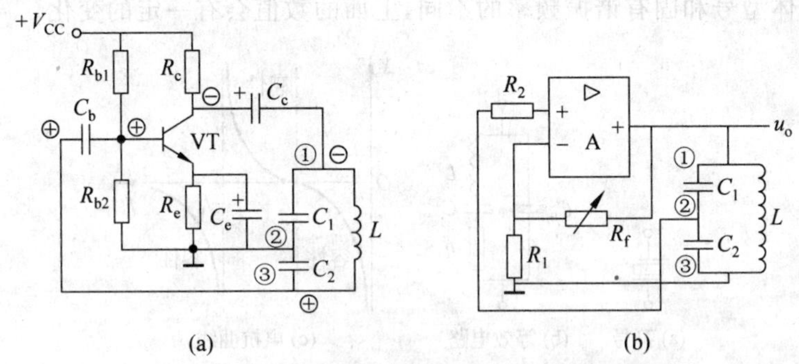

图 9-9　电容三点式 LC 振荡电路

关于 LC 振荡电路相位平衡条件的判断规则，对运算放大器构成的三点式振荡电路也适用。如对于图 9-9(b)和图 9-8(b)，接地点连接的两个电抗性质相反，另两个接点电位极性相同。图中这两个接点一个是运放的同相输入端，另一个是输出端，正好需要这两个接点的电位极性相同，才符合正反馈。

电容三点式振荡电路的振荡频率为

$$f_0=\frac{1}{2\pi\sqrt{L\left(\frac{C_1C_2}{C_1+C_2}\right)}} \tag{9-24}$$

Example 9.3　For the Colpitts oscillator as in Fig. 9-9(a) and the following circuit values, calculate the oscillation frequency: $L=100\mu\text{H}$, $C_1=0.005\mu\text{F}$, $C_2=0.01\mu\text{F}$.

Solution

From equation (9-24) the oscillation frequency is:

$$f_0=\frac{1}{2\pi\sqrt{L\left(\frac{C_1C_2}{C_1+C_2}\right)}}$$

$$=\frac{1}{2\times 3.14\sqrt{100\times 10^{-6}\left(\frac{0.005\times 0.001}{0.005+0.001}\times 10^{-6}\right)}}=275.8(\text{kHz})$$

*9.1.4　石英晶体正弦波振荡电路

分析石英晶体(quartz crystal)振荡电路要对石英晶体的频率特性有所了解，图 9-10 是石英晶体的等效电路和阻抗频率特性曲线。它有一个串联谐振频率 f_s,一个并联谐振频率 f_p,二者十分接近。图中的 C_0 在 10pF 左右,等效电容 C 在 10^{-3}~10^{-4} pF 左右,等效电感 L 在 10H 左右,等效电阻在 100Ω 左右。石英晶体的品质因数特别高,有的甚至达到数百万。因石英晶体型号和固有谐振频率的不同,上面的数值会有一定的变化。

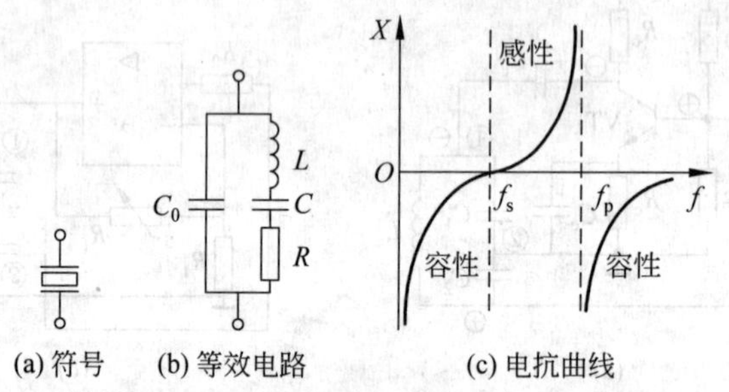

图 9-10 石英晶体的等效电路和电抗频率特性曲线

图 9-11(a)的电路与电感三点式振荡电路相似,只是串联在反馈通路中的耦合电容换成了石英晶体。为使反馈信号能无损耗、无相差地传递到发射极,石英晶体应处于串联谐振点,此时晶体的阻抗接近为零。调节电容器 C,使 LC 并联电路的谐振频率 f_0 接近石英晶体的固有谐振频率 f_s,电路即可产生稳定的振荡。

对于图 9-11(b)所示的电路,若要满足正反馈的条件,石英晶体必须呈电感性才行,为此,产生振荡的频率应介于 f_s 和 f_p 之间。由于石英晶体的 Q 值很高,可达到几千以上,所示电路的振荡频率稳定性要比普通 LC 振荡电路高很多。石英晶体振荡电路的频率不易调节,往往只用于频率固定的场合。半可调电容器 C_s 只能对石英晶体的谐振频率作微小的调节。

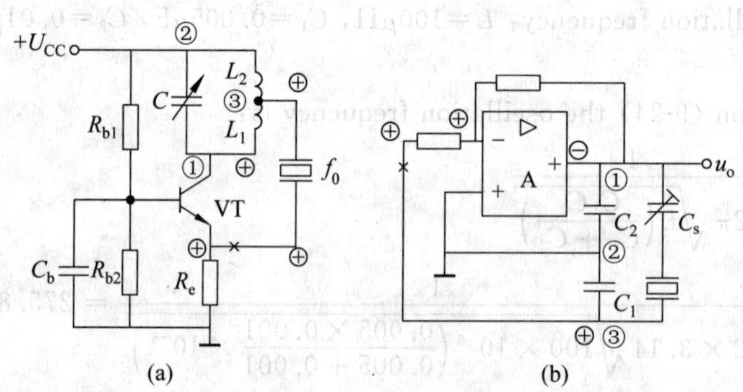

图 9-11 石英晶体振荡电路

石英晶体振荡电路具有振荡频率十分稳定的特点,利用石英晶体构成的 LC 振荡电路,广泛应用于无线电话、载波通信、广播电视、卫星通信、原子钟、数字仪表和许多民用产品之中。

利用瞬时极性法分析图 9-12(a)、(b)所示两电路，为满足自激振荡的相位平衡条件，各点的瞬时极性已标在图中。图 9-12(a)中的石英晶体在电路中应具有电阻特性，所以应处于串联谐振状态；图 9-12(b)中的石英晶体在电路中应呈现电感性，即构成电容三点式 LC 振荡电路。

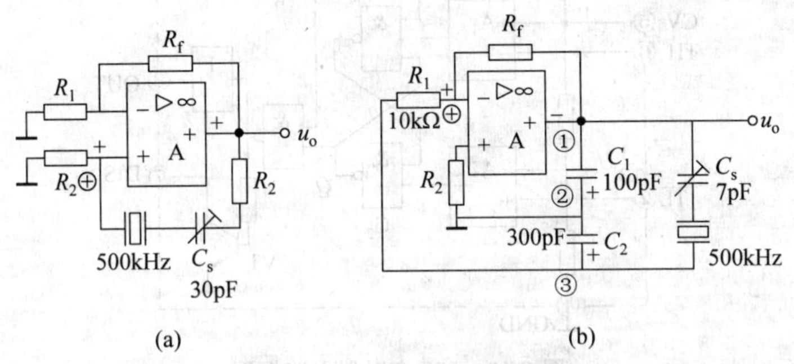

图 9-12 三点式振荡电路

图 9-12(b)所示电路中，C_2 上的电压为反馈电压，C_1 上的电压是输出电压，且电容分压和电容量成反比分配，所以，电压反馈系数

$$\dot{F}=\frac{\dot{U}_f}{\dot{U}_o}=\frac{I/j\omega C_2}{I/j\omega C_1}=\frac{C_1}{C_2}=\frac{100\text{pF}}{300\text{pF}}=\frac{1}{3}$$

为保证起振，即满足振荡的幅度条件，必须使 $|AF|\geqslant 1$，所以应保证 $A\geqslant 3$。由图 9-12(b)可知 $A=-R_f/R_1$，所以要求 $R_f\geqslant 3R_1=30\text{k}\Omega$。图 9-12(b)中的 C_s 用于对石英晶体的固有谐振频率进行微调。

9.2 555 定时器及其功能

555 定时器(555 timer)是一种应用极广的中规模模拟/数字混合集成电路。该电路使用灵活、方便，只需外接少量的元件就可以构成单稳触发器、多谐振荡器和施密特触发器，因而广泛应用于信号的产生、波形的变换等方面。

目前市场上的 555 定时器有 TTL(如 5G555)和 CMOS(CB7555)两种类型，它们的内部结构及工作原理基本相同。555 定时器工作的电源电压很宽，并可承受较大的负载电流。TTL 555 定时器电源电压范围为 4.5～16V，最大负载电流可达 200mA；CMOS 555 定时器电源电压范围为 2～18V，最大负载电流为 4mA。

9.2.1 555 定时器电路的组成

555 定时器的电路框图如图 9-13 所示。555 定时器由两个比较器 A_1 和 A_2、一个基本

RS 触发器、一个放电晶体管 VT 和由三个 5kΩ 的电阻组成的分压器组成。

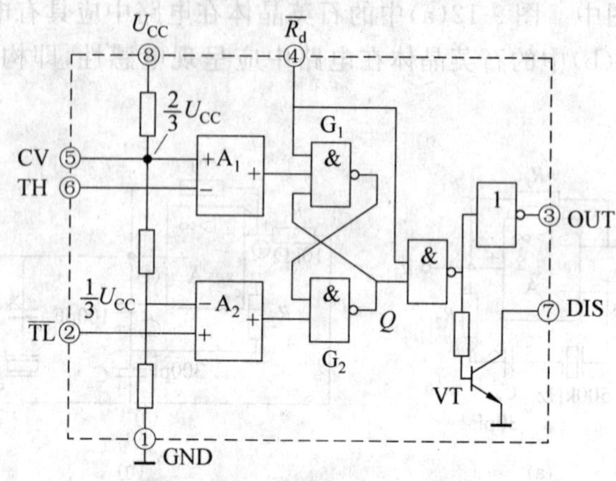

图 9-13　555 定时器电路框图

各外引脚的功能是：

1 脚(GND)为接“地”端。

2 脚($\overline{TL}$)为低电平触发端。当 2 端的输入电压高于$(1/3)U_{CC}$时，A_2 的输出为 1；当输入电压低于$(1/3)U_{CC}$时，A_2 的输出为 0，使基本 RS 触发器置 1。

3 脚(OUT)为输出端，输出电流可达 200mA，由此可直接驱动发光二极管、继电器、扬声器、指示灯等。输出高电平电压低于电源电压 1～3V。

4 脚($\overline{R}_d$)为复位端或清零端，由此输入负脉冲(或使其电位低于 0.7V)而使触发器直接复位(置 0)。

5 脚(CV)为电压控制端，在此端可外加一电压以改变比较器的参考电压。不用时，经 0.01μF 的电容接“地”，以防止干扰的引入。

6 脚(TH)为高电平触发端。当输入电压低于$(2/3)U_{CC}$时，A_1 的输出为 1；当输入电压高于$(2/3)U_{CC}$时，A_1 的输出为 0，使触发器置 0。

7 脚(DIS)为放电端，当触发器的 Q 端为 0 时，放电晶体管 VT 导通，外接电容元件通过晶体管 VT 放电。

8 脚(U_{CC})为电源端，可在 5～18V 范围内使用。

9.2.2 555 定时器的功能

555 定时器的功能表见表 9-1。

(1) $\overline{R}_d$ 加入低电平，不管其他输入状态如何，触发器输出 $Q=0, \overline{Q}=1$，放电管 VT 导通。在不置“0”时应使 $\overline{R}_d$ 保持高电平。

表 9-1 555 定时器的功能表

$\overline{R}_d$	$\overline{TL}$	TH	OUT	DIS
L	×	×	L	L 导通
H	$<(1/3)U_{CC}$	$<(2/3)U_{CC}(\times)$	H	H 截止
H	$<(1/3)U_{CC}$	$>(2/3)U_{CC}(\times)$	H	H 截止
H	$>(1/3)U_{CC}$	$<(2/3)U_{CC}$	保持不变	保持不变
H	$>(1/3)U_{CC}$	$>(2/3)U_{CC}$	L	L 导通

(2) 当低触发端$\overline{TL}$的电平小于$\frac{1}{3}U_{CC}$，高触发端 TH 的电平小于$\frac{2}{3}U_{CC}$时，比较器 A_1 输出高电平，比较器 A_2 输出低电平，触发器置“1”，输出端为高电平，放电管截止，因 7 脚接有上拉电阻，故 7 脚为高电平。如果低触发端$\overline{TL}$的电平小于$\frac{1}{3}U_{CC}$，而 TH 的电平大于$\frac{2}{3}U_{CC}$时，基本 RS 触发器的 Q 端和 $\overline{Q}$ 端都输出高电平，555 定时器的输出状态与 TH 的电平小于$\frac{2}{3}U_{CC}$时相同，因此当$\overline{TL}$的电平小于$\frac{1}{3}U_{CC}$时，可以不考虑 TH 的电平。

(3) 当低触发端$\overline{TL}$的电平大于$\frac{1}{3}U_{CC}$，高触发端 TH 加入的电平小于$\frac{2}{3}U_{CC}$时，比较器 A_1 输出高电平，A_2 输出高电平，触发器状态不变，仍维持前一行的状态。

(4) 当低触发端$\overline{TL}$的电平大于$\frac{1}{3}U_{CC}$，高触发端 TH 加入的电平大于$\frac{2}{3}U_{CC}$时，比较器 A_1 输出低电平，比较器 A_2 输出高电平，触发器置“0”，输出端 OUT 为“0”。

由电路框图和功能表可以得出如下结论：

(1) 555 定时器有两个阈值，分别是$\frac{1}{3}U_{CC}$和$\frac{2}{3}U_{CC}$。

(2) 输出端 3 脚和放电端 7 脚的状态一致，如在 7 脚外接有上拉电阻时，输出低电平对应放电管饱和导通，7 脚为低电平；输出高电平对应放电管截止，7 脚为高电平。

(3) 输出端状态的改变有滞回现象，对应输入信号的回差电压为$\frac{1}{3}U_{CC}$。

(4) 如果将触发输入(2 脚)视为逻辑电平，则输出端的状态与触发输入反相。

9.2.3 由 555 定时器构成的施密特触发器

1. 电路组成和工作原理

555 定时器构成施密特触发器(Schmitt trigger)的电路图如图 9-14(a)所示。

1) 当 $0<u_I<2U_{CC}/3$ 时

电路输入为 0 时，比较器 A_1 输出为 1、比较器 A_2 输出为 0，基本 RS 触发器处于 1 状态，输出为高电平，输入电压上升，在未达到 $2U_{CC}/3$ 时，电路不会改变状态。

2）当 u_I 上升到大于 $2U_{CC}/3$ 和下降到大于 $U_{CC}/3$ 时

比较器 A_1 输出为 0、比较器 A_2 输出为 1，基本 RS 触发器翻转为 0 状态，u_{o1} 输出为低电平。当输入电压 u_I 上升时电路状态保持不变，达到 U_{CC} 后输入电压 u_I 开始下降，到 $u_I=2U_{CC}/3$ 时电路状态保持，直到 u_I 下降到 $U_{CC}/3$，因此对波形在比较点 $2U_{CC}/3$ 附近有干扰的信号有很强的抑制作用。

3）当 u_I 下降到小于 $U_{CC}/3$ 时

比较器 A_1 输出为 1、比较器 A_2 输出为 0，基本 RS 触发器翻转为 1 状态，u_{o1} 输出为高电平。输入电压 u_I 即使继续下降，输出电压也保持不变，直到输入电压 u_I 再次上升到 $2U_{CC}/3$ 时电路才会再次变化，因此对波形在比较点 $U_{CC}/3$ 附近有干扰的信号有很强的抑制作用。

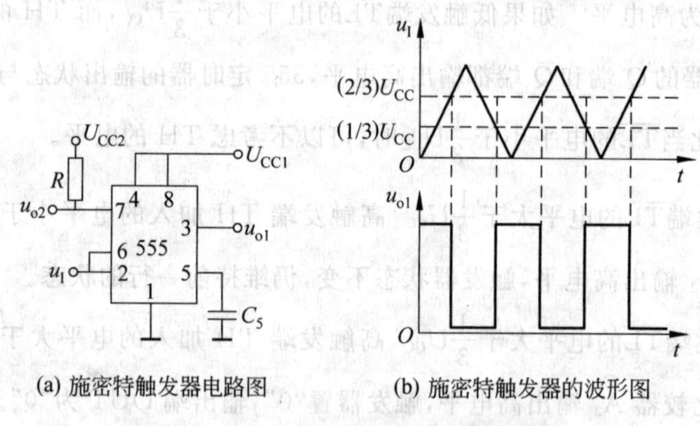

(a) 施密特触发器电路图　　(b) 施密特触发器的波形图

图 9-14　施密特触发器电路图和波形图

由于施密特触发器采用外加信号，所以放电端 7 脚就空闲了出来。利用 7 脚加上拉电阻，就可以获得一个与输出端 3 脚一样的输出波形。如果上拉电阻 R 接的电源电压 U_{CC2} 不等于 U_{CC1}，7 脚输出的高电平与 3 脚输出的高电平在数值上会有所不同。

2. 施密特触发器的电压滞回特性(hysteresis characteristic)和主要参数

1）滞回特性

施密特触发器的电路符号和电压传输特性曲线如图 9-15 所示。

当输入电压由 0V 上升到 $2U_{CC}/3$ 时，输出由高电平跳变到低电平，即 u_o 由 U_{OH} 跳变为 U_{OL}，但是当输入电压 u_I 由 U_{CC} 下降到 $2U_{CC}/3$ 时，电路输出却不改变。直到输入电压 u_I 下降到 $U_{CC}/3$ 时，输出电压才会发生变化，输出由低电平跳变到高电平，即 u_o 由 U_{OL} 跳变为 U_{OH}。

2）主要参数

上限阈值电压 U_{T+} 和下限阈值电压 U_{T-}：输入电压 u_I 上升到某一值时使输出电压发

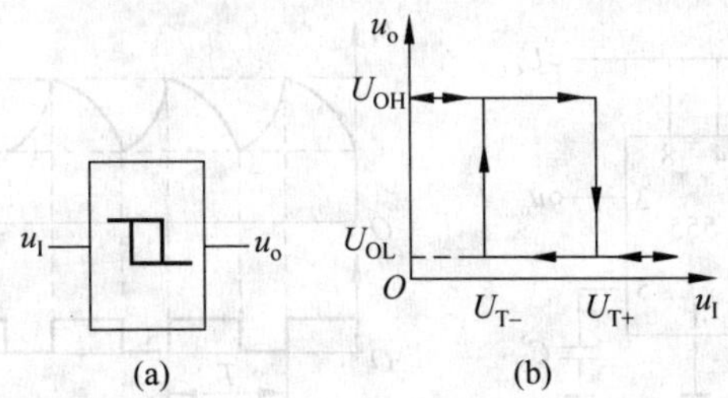

图 9-15 施密特触发器的电路符号和电压传输特性曲线

生翻转，这一值称为上限阈值电压 U_{T+}；输入电压 u_I 下降到某一值时，使输出电压发生翻转，这一值称为下限阈值电压 U_{T-}。$\Delta U_T = U_{T+} - U_{T-}$ 称为回差(backlash)电压。由前面讲的电路 $U_{T+} = 2U_{CC}/3$、$U_{T-} = U_{CC}/3$，得 $\Delta U_T = U_{T+} - U_{T-} = U_{CC}/3$。

9.3 多谐振荡器

9.3.1 用555定时器构成的多谐振荡器

多谐振荡器(astable multivibrator)是一种产生方波(即矩形波)的电路。由于方波包含有丰富谐波，故名多谐振荡器，而且它没有稳定状态，所以又称为无稳态触发器(astable Flip-Flop)。

555定时器构成的多谐振荡器如图9-16(a)所示，其示波器波形如图9-16(b)所示。与单稳态触发器比较，它是利用电容器的充放电来代替外加触发信号，所以，电容器上的电压信号应该在两个阈值之间按指数规律转换。

接通电源后，电容 C 被充电，u_C 上升。充电回路由 R_A、R_B 和 C 组成，此时相当于输入是低电平，输出是高电平，放电管截止；当电容器充电达到 $\frac{2}{3}U_{CC}$ 时，即输入达到高电平时，电路的状态发生翻转，输出为低电平，放电管饱和导通，电容器开始放电，放电回路由 R_B，C 和放电管组成；当电容器放电达到 $\frac{1}{3}U_{CC}$ 时，输出变为高电平，放电管截止，电容又充电，如此往复。

根据 $u_C(t)$ 的波形图可以确定振荡周期

$$T = T_1 + T_2$$

求 T_1，对应电容充电过程，$\tau_1 = (R_A + R_B)C$，初始值为 $u_C(0) = \frac{1}{3}U_{CC}$，无穷大值 $u_C(\infty) = U_{CC}$，当 $t = T_1$ 时，$u_C(T_1) = \frac{2}{3}U_{CC}$，代入过渡过程公式，可得 $T_1 = \ln 2(R_A + R_B)C \approx$

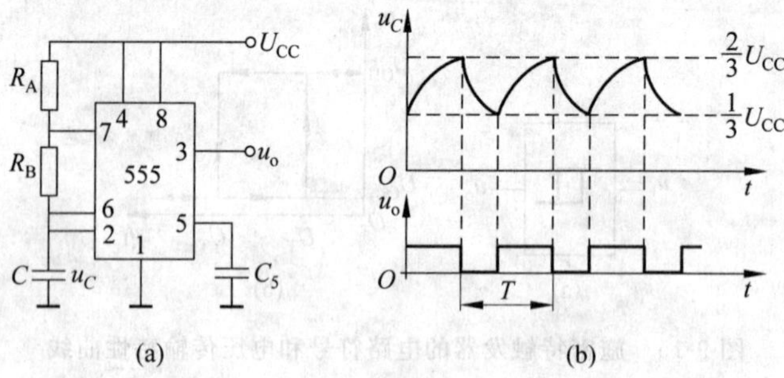

图 9-16　多谐振荡器电路图和波形图

$0.7(R_A+R_B)C$。

求 T_2,对应电容放电过程,$\tau_2=R_BC$,初始值为 $u_C(0)=\frac{2}{3}U_{CC}$,无穷大值 $u_C(\infty)=0V$,当 $t=T_2$ 时,$u_C(T_2)=\frac{1}{3}U_{CC}$,代入过渡过程公式,可得 $T_2=\ln 2R_BC\approx 0.7R_BC$。

振荡周期

$$T=T_1+T_2\approx 0.7(R_A+2R_B)C \tag{9-25}$$

振荡频率

$$f=\frac{1}{T}\approx\frac{1}{0.7(R_A+2R_B)C}=\frac{1.44}{(R_A+2R_B)C} \tag{9-26}$$

脉冲宽度与周期之比,称占空比(duty cycle)D,

$$D=\frac{T_1}{T}=\frac{T_1}{T_1+T_2}\times 100\%=\frac{R_A+R_B}{R_A+2R_B}\times 100\% \tag{9-27}$$

对于图 9-16 所示的多谐振荡器,因 $T_1>T_2$,它的占空比大于 50%,要想使占空比可调,应该调节充、放电通路。图 9-17 是一种占空比可调的多谐振荡器方案,该电路因加入了二极管,使电容器的充电和放电回路不同,可以调节电位器使充、放电时间常数相同。如果调节电位器使 $R_A=R_B$,可以获得 50%的占空比。

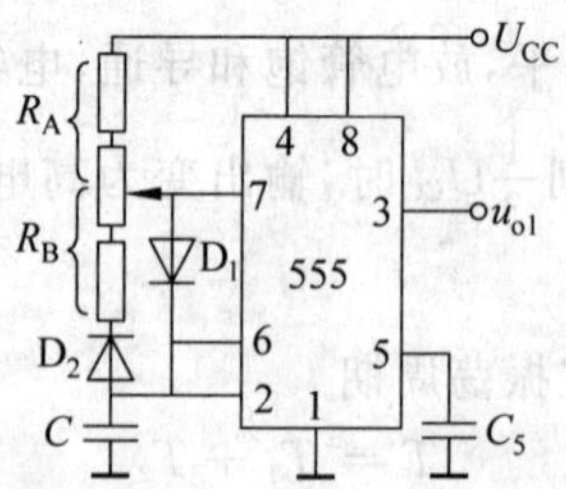

图 9-17　占空比可调的多谐振荡器

在实际使用时,R_A,R_B 的数值不能太小,否则灌入放电管的电流过大易造成损坏,一般

R_A 或 R_B 最小取 1kΩ，R_A+R_B 最大取 3.3MΩ，C 最小取 500pF。

Example 9.4 A 555 timer configured to run in the astable mode is shown in Fig. 9-18. Determine the frequency of the output and the duty cycle.

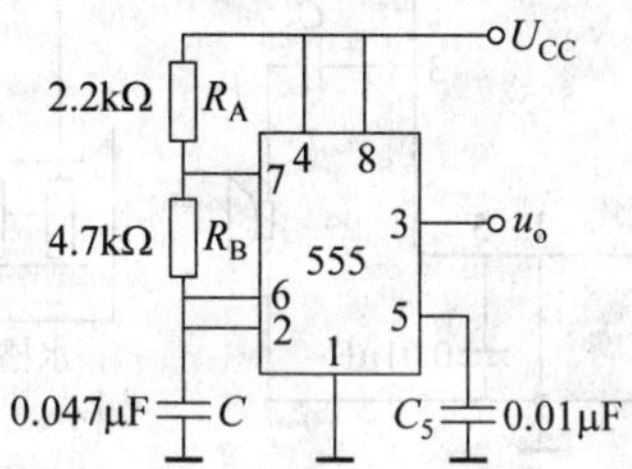

Fig. 9-18 The 555 timer connected as an astable multivibrator

Solution

From equation (9-26) the frequency of the output is

$$f=\frac{1.44}{(R_A+2R_B)C}=\frac{1.44}{(2.2\times10^3+2\times4.7\times10^3)\times0.047\times10^{-6}}=2.64(\text{kHz})$$

From equation (9-27) the duty cycle is

$$D=\frac{R_A+R_B}{R_A+2R_B}\times100\%=\frac{2.2+4.7}{2.2+4.7\times2}\times100\%=59.5\%$$

9.3.2 多谐振荡器的应用

1. 简易电子琴电路

图 9-19 所示为简易电子琴电路。由集成定时器组成的多谐振荡器的工作原理可知，按下不同的琴键(S1～S8)，便接入了不同的电阻(R_1～R_8)，也就改变了输出方波的频率，只要 R_1～R_8 的电阻值选择得合适，喇叭便可发出 1，2，3，4，5，6，7，$\dot{1}$ 八种音调。

2. 水位监控报警系统

图 9-20 是由 555 多谐振荡器组成的水位监测报警电路。水位在正常情况下，电容 C 被水位传感器极板很小的水电阻短接，C 不充电，电容两端电压为零。555 多谐振荡器不振荡，扬声器不发音；当水位下降到探测器以下时，水电阻断开，电容 C 正常充放电，多谐振荡器开始工作，发出报警信号。

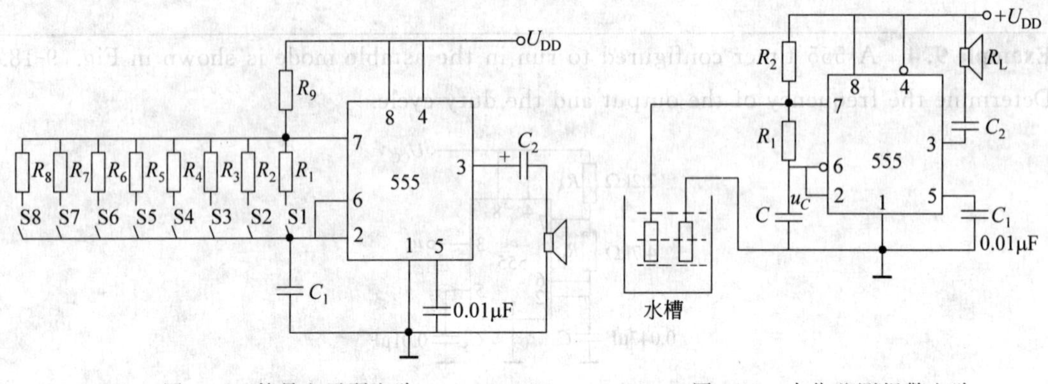

图 9-19　简易电子琴电路　　　　图 9-20　水位监测报警电路

9.4 单稳态触发器

9.4.1 用 555 定时电路构成的单稳态触发器

555 定时器构成单稳态触发器(monostable or one-Shot Flip-Flop)如图 9-21(a)所示，电路波形图如图 9-21(b)所示。该电路的触发信号在 2 脚输入。

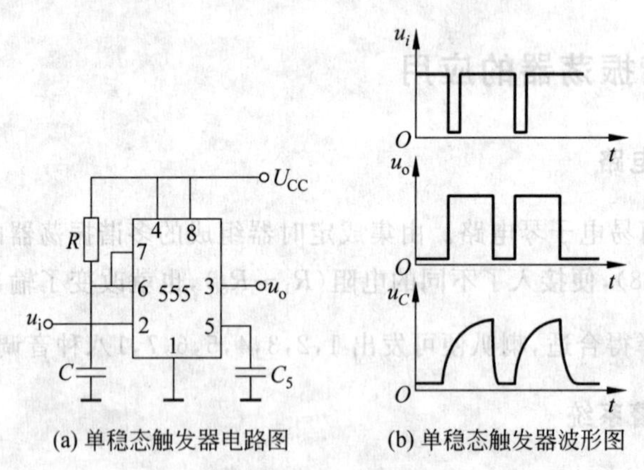

(a) 单稳态触发器电路图　　(b) 单稳态触发器波形图

图 9-21　单稳态触发器的电路图和波形图

这里有两点需要注意，一是触发输入信号的逻辑电平，在无触发时是高电平，低电平必须小于$\frac{1}{3}U_{CC}$，否则触发无效；二是触发信号的低电平宽度要窄，其低电平的宽度应小于单稳触发器的暂稳态(unstable state)时间，否则当暂稳态时间结束时，触发信号依然存在，无法实现单稳态功能。

1）稳定状态

当外界无信号输入，即 $u_i=1$ 时，$u_i>U_{CC}/3$，555 内部比较器 A_2 的输出等于 1，若现态 $Q=0,Q=1$，则 VT 导通，A_1 的输出为 1，触发器保持不变，输出 $u_o=0$；若现态 $Q=1,Q=0$，则 VT 截止，电源 U_{CC} 经 R 对电容 C 充电，达到 $2U_{CC}/3$ 时，比较器 A_1 翻转为 0，使基本 RS 触发器的输出 $Q=0,Q=1$，输出为 $u_o=0$。即电路不管原来的状态是什么，在外界无信号输入即 $u_i=1$ 时，都会使基本 RS 触发器的输出 $Q=0,\bar{Q}=1$。

2）暂态

当外界有信号输入，即 $u_i=0$ 时，比较器 A_2 输出为 0，控制基本 RS 触发器输出 $Q=1$，$\bar{Q}=0$，输出 u_o 为 1，进入暂态，此时 VT 截止，电源 U_{CC} 经 R 对电容 C 充电，当 U_C 上升到 $2U_{CC}/3$ 时，比较器 A_1 翻转为 0，使基本 RS 触发器的输出 $Q=0,\bar{Q}=1$，输出为 $u_o=0$，VT 导通充电结束，电路恢复稳定状态。

根据图 9-21(b)，可以用电容器 C 的充电曲线确定暂态时间，初始值为 $u_C(0)=0\text{V}$，无穷大值 $u_C(\infty)=U_{CC}$，$\tau=RC$，设暂态的时间为 t_w，当 $t=t_w$ 时，$u_C(t_w)=\frac{2}{3}U_{CC}$。代入过渡过程公式

$$u_C(t)=u_C(\infty)+[u_C(0)-u_C(\infty)]e^{-\frac{t}{\tau}}$$

得到

$$t_w=RC\ln 3\approx 1.1RC \tag{9-28}$$

这里要注意 R 的取值不能太小，若 R 太小，当放电管导通时，经 R 灌入放电管的电流太大，会损坏放电管。

Example 9.5 Calculate the output pulse width for a 555 monostable circuit with $R=2.2\text{k}\Omega$ and $C=0.01\mu\text{F}$.

Solution

From equation (9-28) the pulse width is

$$\begin{aligned}t_w&=RC\ln 3\approx 1.1RC=1.1\times 2.2\times 10^3\times 0.01\times 10^{-6}\\&=2.42\times 10^{-5}(\text{s})=24.2(\mu\text{s})\end{aligned}$$

9.4.2 单稳态触发器的应用

1. 脉冲展宽

当输入脉冲宽度较窄时可以通过单稳态触发器来展宽脉宽，实际电路如图 9-22 所示。只要阻容值合理，就可以得到宽度合适的脉冲。

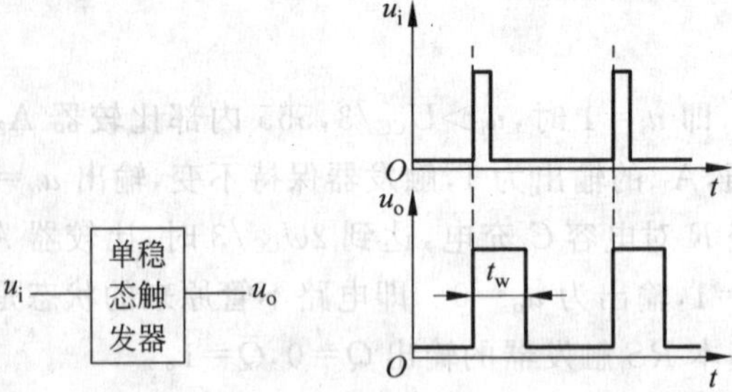

图 9-22 单稳态触发器展宽脉冲波形

脉冲信号在传输过程中可能会使时钟沿变得相对缓慢或者在波形上叠加干扰信号。为了使其符合数字电路要求,我们可以通过单稳态电路来进行整形。

2. 定时控制

由于单稳态可以输出合适宽度的脉冲,因此可以利用它来做定时电路,在需要的时间内选通输出信号,不需要时结束输出,控制信号的输出时间达到定时输出的目的,如图 9-23 所示。

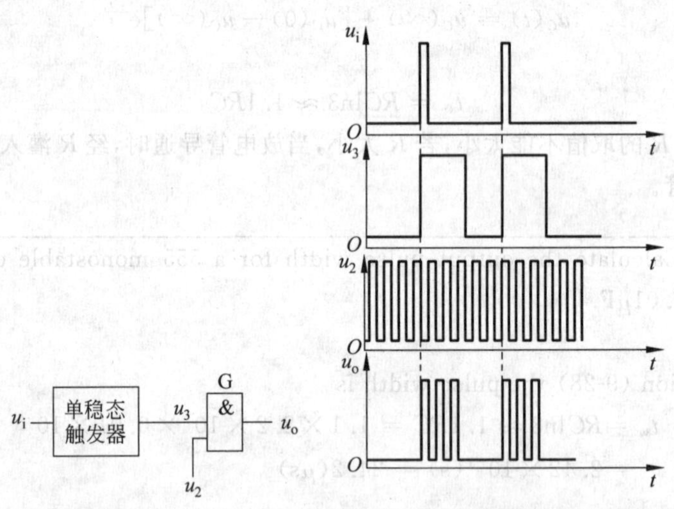

图 9-23 单稳态触发器构成定时器各点输出波形

图 9-24 是一个洗相曝光定时电路,它是在集成定时器组成的单稳态触发器的输出端接继电器 KA 的线圈,并用继电器的动合和动断触点控制曝光用的红灯和白灯。控制信号由按钮 SB 发出。图中二极管 D_1 起隔离作用,D_2 防止继电器线圈断电时产生过高的电动势损坏集成定时器。试说明该电路的工作原理。

由集成定时器组成的单稳态触发器的工作原理可知,不按按钮 SB,2 端为高电平,输出

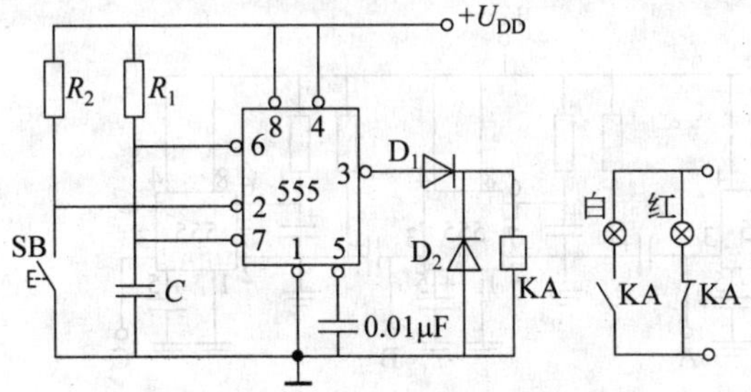

图 9-24 洗相曝光定时电路

$u_o=0$，继电器 KA 线圈不通电，动合触点断开，白灯灭，动断触点闭合，红灯亮。按下按钮 SB 后立即放开，2 端输入负脉冲，3 端输出矩形脉冲，KA 线圈通电，它的动断触点断开，红灯灭，它的动合触点闭合，白灯亮，开始曝光。当单稳态触发器的暂态时间结束后，KA 线圈又断电，白灯灭，红灯亮，曝光结束。调节 R，C 即可改变曝光的时间。

9.5 Practical Perspective

Pulse sequencer using 555 timer

One requirement in certain digital circuits is for the generation of a series of pulses. The pulse widths may or may not be the same, but they must occur one after the other, and therefore cannot come from the same source.

Sometimes pulses are required to overlap, there must be a set delay following the end of one pulse before another pulse begins, or one pulse must begin a set time after another begins. The possible variations in timing requirements are almost endless, and many different approaches have been used to provide pulses with the necessary timing relationships. One inexpensive method that is perfectly satisfactory in many applications is to use interconnected 555 timers to generate the necessary timing intervals.

In the circuit shown in Fig. 9-25, three 555 timers are all configured in monostable mode. Each one, from left to right, triggers the next at the end of its timing interval. The resulting pulse timing is shown in the timing diagram in Fig. 9-26.

The sequence starts with the falling edge of the incoming trigger pulse. That edge triggers timer A, causing output A to go high. At this point, the incoming trigger pulse can either stay low or go high; it is no longer important.

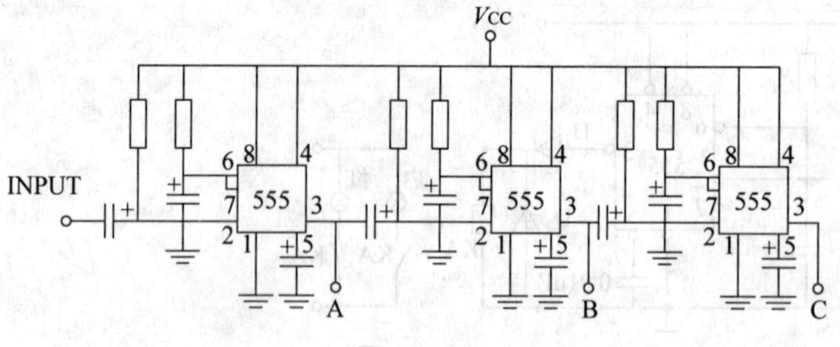

Fig. 9-25

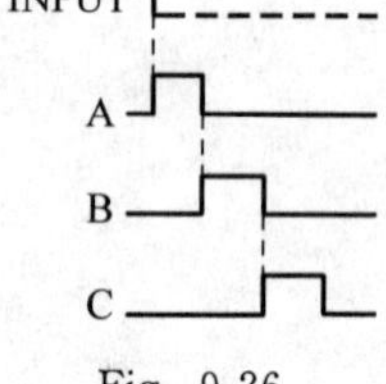

Fig. 9-26

Output A will remain high for the duration of its timing interval, and then fall back to its low state. At this time, it triggers timer B. Output B therefore goes high as output A falls. The same thing happens again at the end of the B timing interval; output B falls and triggers timer C. At the end of the C timing interval, the sequence is over and all timers are quiescent, awaiting the arrival of the next triggering signal.

Summary

1. Positive feedback is used to produce oscillators, which are an extremely important class of circuits. Oscillators can produce nearly sinusoidal signals, square waves, triangle waves, and other waveforms.
2. Practical oscillators use loop gains greater than unity to guarantee that the oscillations will start. The oscillations then grow until some nonlinearity in the loop limits their amplitude or changes the loop gain.
3. Sinusoidal oscillators use the *RC* networks or the frequency selectivity of *LC* circuits to determine the frequency of oscillation of a positive feedback loop. *LC* oscillators tend to have lower distortion, due to the frequency selectivity inherent in the resonant circuit.
4. The crystal (usually quartz) has a greater stability in holding constant frequency. Crystal oscillators are used whenever great stability is required, in communication transmitters and receivers.
5. Monostable multivibrators (one-shots) have one stable state. When the one-shot is triggered, the output goes to its unstable state for a time determined by an *RC* circuit.
6. Astable multivibrators have no stable states and are used as oscillators to generate timing waveforms in digital systems.

7. 555 timer is one of the most popular and versatile sequential logic devices which can be used in monostable and astable multivibrators.

Problems

9.1 A Wien-bridge oscillator is based on the circuit shown in Fig. 9-4 but R_1 and R_2 are replaced by a dual-gang potentiometer. If $C_1=C_2=22\text{nF}$, determine the values of R_1 and R_2 required to produce an output at exactly 400Hz.

9.2 Explain, briefly, how the Wien-bridge oscillator shown in Fig. P9-1 operates. What factors affect the choice of values for R_3 and R_4?

9.3 For the Colpitts oscillator as in Fig. 9-9(b) and the following circuit values, calculate the oscillation frequency: $L=40\mu\text{H}$, $C_1=750\text{pF}$, $C_2=2500\text{pF}$.

9.4 For the Hartley oscillator, as in Fig. 9-8(b) and the following circuit values, calculate the oscillation frequency: $C=250\text{pF}$, $L_1=1.5\text{mH}$, $L_2=1.5\text{mH}$, $M=0.5\text{mH}$.

9.5 Design a 555 monostable circuit to produce a pulse that is 2.5ms wide when it is triggered.

9.6 Design a 555 oscillator circuit to produce an output frequency of 25kHz with a 67% duty cycle.

9.7 Design a 555 oscillator circuit to produce an output frequency of 100kHz with a 30% duty cycle.

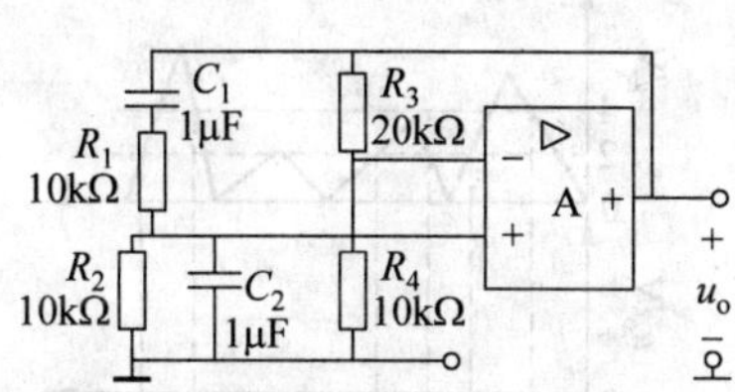

Fig. P9-1 Wien bridge oscillator

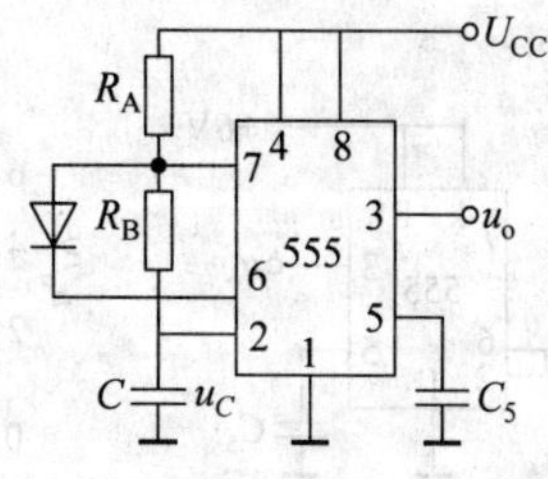

Fig. P9-2

9.8 (a) An astable multivibrator using the 555 timer is shown in Fig. P9-2. Explain its operation and sketch the relevant waveforms.

(b) Find the expression for the time period of the output waveform.

(c) Is it possible to get square waveform with 50% duty cycle? If yes, find out the condition under which it is possible.

(d) If $R_B = 20\text{k}\Omega$, find R_A for a 50% duty cycle.

9.9 For a certain astable multivibrator, $T_1 = 15$ ms and $T_2 = 20$ ms(in Eq. (9-27)), what is the duty cycle of the output?

9.10 Explain the operational differences between an astable multivibrator and a monostable multivibrator using the 555 timer.

9.11 Find the name of the circuit of the Fig. P9-3. Calculate the unstable state time t_w of the circuit. Find the reasonable input trigger signal according to t_w and draw the output waveforms with the two input signals.

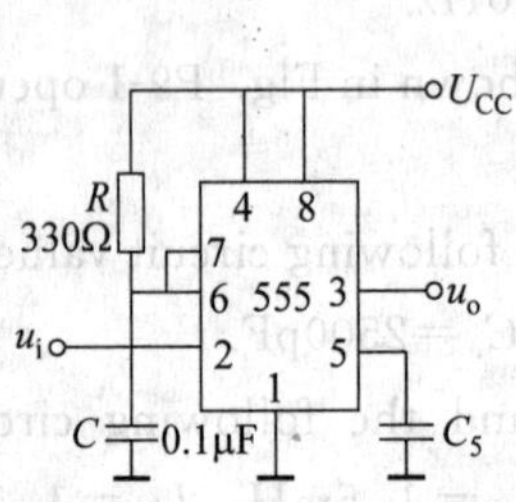

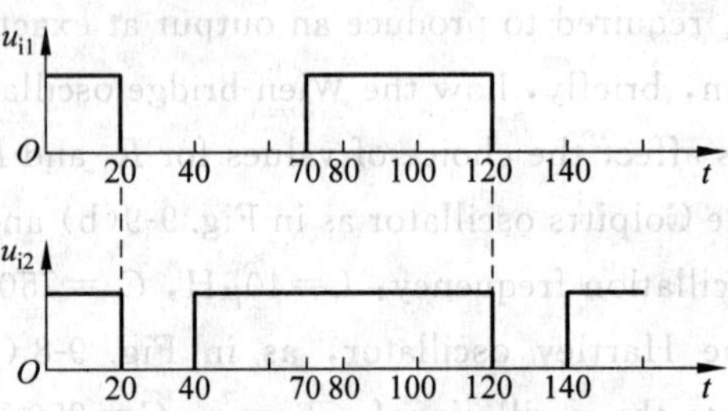

Fig. P9-3

9.12 Consider the Schmitt trigger using the 555 timer shown in Fig. P9-4.

(1) Sketch the transmission characteristic of the voltage of the circuit in the Fig. 9-15(b).

(2) Sketch the output waveform of u_o under the input ui shown in Fig. 9-15(c).

(3) How can the circuit identify the second peak of u_i.

(4) Which pin of the 555 timer can get the same signal as the u_o?

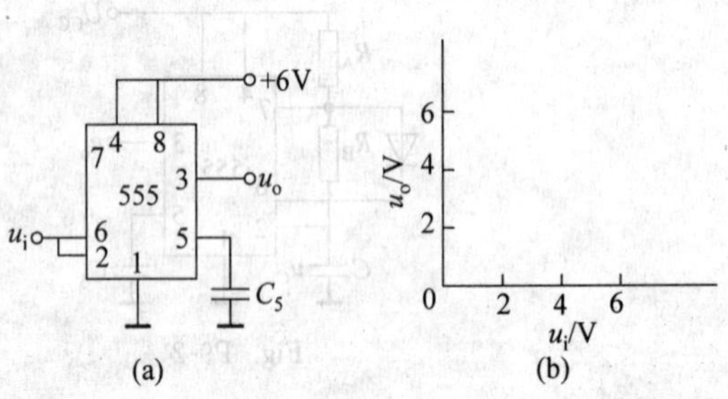

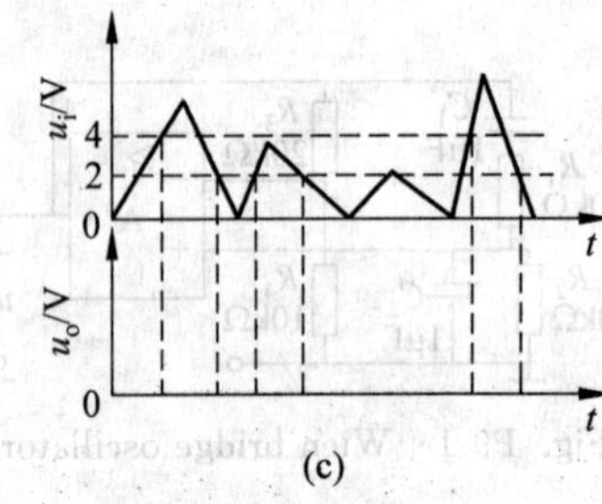

Fig. P9-4

9.13 Explain the working principle of the circuit in Fig. P9-5, and calculate the oscillation frequency and operation time of u_{o2}.

9.14 Consider the monostable Flip-Flop circuit using 555 timer shown in Fig. P9-6(a),

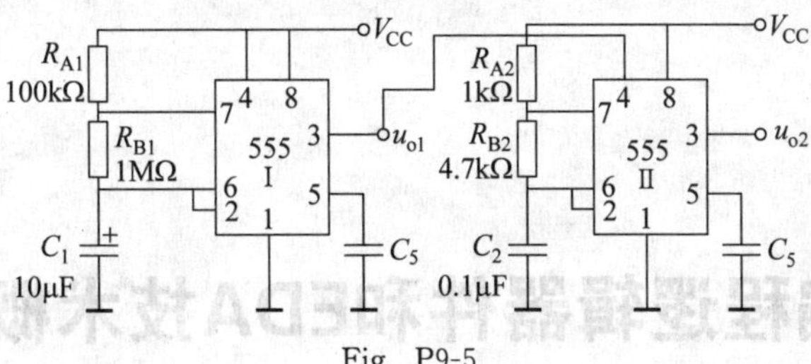

Fig. P9-5

the input port adding a differential circuit R_i、C_i for narrow spring impulse. Answer:

(1) How to choose the parameters of the differential circuit.

(2) Explain the function of the diode.

(3) Whether the circuits of the Fig. P9-6(a) and Fig. P9-6(b) can get the needed trigger impulse or not. Why?

9.15 Consider the monostable Flip-Flop circuit using the 555 timer shown in Fig. P9-6(a). The input port adds a differential circuit R_i、C_i for narrow spring impulse. Answer:

(1) How are the parameters of the differential circuit chosen.

(2) Explain the function of the diode.

(3) Can the circuits of Fig. P9-6(a) and Fig. P9-6(b) get the necessary trigger impulse. Why or why not?

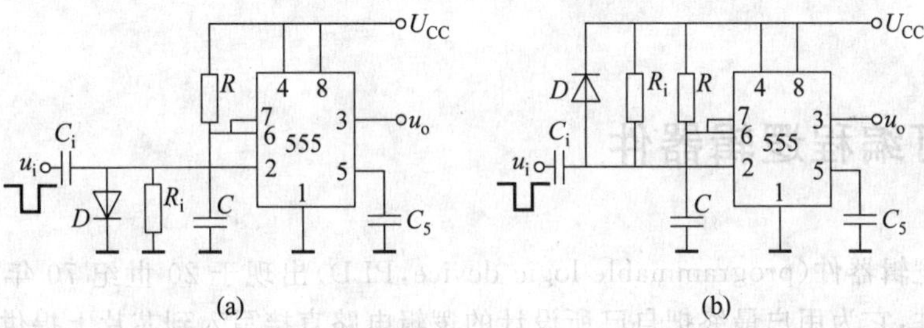

Fig. P9-6

第10章

可编程逻辑器件和EDA技术概述

引言

EDA(electronic design automation)技术就是以计算机和 EDA 开发环境为设计工具，以硬件描述语言为设计语言，以可编程器件为实验载体，以电子系统设计为应用方向的电子产品自动化设计过程。由于能以可编程逻辑器件为载体，使得通过软件开发工具完成硬件电路设计成为现实，同时由于 EDA 软件工具的飞速发展，亦使得通过硬件描述语言最终得到芯片版图成为现实。本章介绍了可编程逻辑器件和常用的 EDA 工具软件 Quartus Ⅱ和 ISE。

10.1 可编程逻辑器件

可编程逻辑器件(programmable logic device，PLD)出现于 20 世纪 70 年代，是一种半定制逻辑器件，它为用户最终把自己所设计的逻辑电路直接写入到芯片上提供了物质基础。

使用这类器件可及时方便地研制出各种所需的逻辑电路，并可重复擦写多次，因而它的应用越来越受到重视。

可编程逻辑器件大致经历了 PROM→PLA→PAL→GAL→EPLD→CPLD→FPGA 的发展过程，在结构、工艺、集成度、功能、速度和灵活性方面都有很大的改进和提高。

可编程逻辑器件大致的演变过程如下：

(1) 20 世纪 70 年代面世的熔丝编程的可编程只读存储器(programmable read-only memory，PROM)和可编程逻辑阵列(programmable logic array，PLA)器件是最早的可编程逻辑器件。

(2) 70 年代末，AMD 公司开始推出可编程阵列逻辑(programmable array logic，PAL)器件。

(3) 80 年代初，Lattice 公司发明了比 PAL 使用更灵活的电可擦写的通用阵列逻辑(generic array logic，GAL)器件。

(4) 80 年代中期，Xilinx 公司提出现场可编程的概念，同时生产了世界上第一片现场可编程门阵列(field programmable gate array，FPGA)器件。同一时期，Altera 公司推出 EPLD(erasable programmable logic device)或者称为复杂可编程逻辑器件(complex programmable logic devices，CPLD)，较 GAL 器件有更高的集成度，可以用紫外线或电擦除。

(5) 80 年代末，Lattice 公司又提出了在系统可编程技术(in system programmable，ISP)，并且推出了一系列具备在系统可编程能力的复杂可编程逻辑器件。

进入 90 年代，可编程逻辑集成电路技术进入飞速发展时期，器件和软件几乎每两三年更新一次。

本章从各种 PLD 器件中选取具有代表性的 Lattice 公司的 GAL 和 CPLD 以及 Altera 公司的 FPGA 加以简要的介绍，为读者进一步掌握可编程器件及其编程语言打下基础。

10.1.1 通用阵列逻辑(GAL)

通用阵列逻辑是 20 世纪 80 年代中期发展起来的新型逻辑芯片。它在结构上继承了“与或”结构，即与阵列可编程或阵列固定。但它在工艺上吸收了 E^2PROM(electrically erasable programmable read-only memory)的浮栅技术，并与 CMOS 静态 ROM 相结合，开拓了能长期保存数据的 E^2CMOS 技术，功耗较低。此外，GAL 器件还提供了电子标签、宏单元结构字等，从而使 GAL 器件具有可擦除、可重新编程、可重新组合结构的特点，数秒内即可完成芯片的擦除和编程过程，可反复改写。

常见的 GAL 产品有 LATTICE、Altera 等公司生产的 GAL16V8、GAL20V8、GAL22V10 等。下面以 GAL16V8 为例，说明 GAL 器件的内部结构和基本原理。

1. GAL 的电路结构

GAL16V8 的逻辑电路图如图 10-1 所示。该器件中有 8 个输入缓冲器，8 个输出缓冲器，8 个输出反馈/输入缓冲器，1 个时钟输入缓冲器；8 个输出逻辑宏单元(output logic macro cell，OLMC)(或阵列包含在 OLMC 中)；与阵列中有 8×8 个与门，总共可实现 64 个乘积项，每个与门有 32 个输入端(对应于图中 32 条列线)构成一个 32×64 的与逻辑阵列。

图 10-1 中两边的 1～9 和 11～19 为引脚编号。

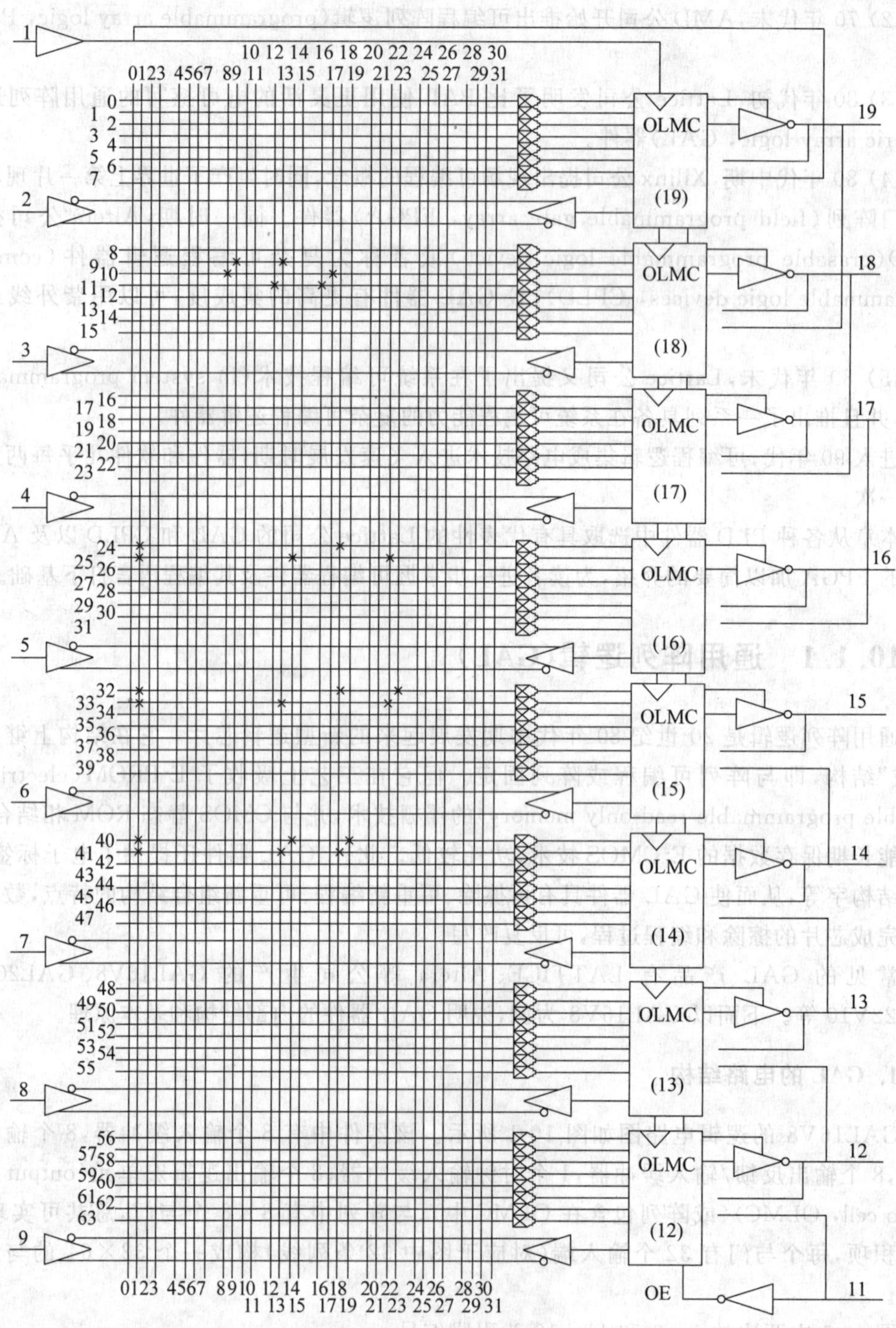

图 10-1 GAL16V8 逻辑图

在 GAL16V8 中,有 8 个引脚(2~9)只能用作输入,还有其他 8 个引脚可配置成输入模式,因此它最多有 16 个引脚作为输入端,而输出端最多有 8 个。时钟输入只能是 1 脚,使能控制输入只能是 11 脚。

阵列的每一个交点是一个编程单元。编程单元的结构与 E2PROM 存储器单元相似。

组成或逻辑阵列的 8 个或门分别包含于 8 个 OLMC 中,它们和与逻辑阵列的连接是固定的。

通过不同的设置,8 个输出逻辑宏单元均可编程为专用输入模式、专用组合输出模式、反馈输出组合模式、时序电路中的组合输出模式和寄存器输出模式。

2. GAL 器件的特点

(1) 采用电擦除工艺和高速编程方法,使编程改写变得方便、快速。

(2) 采用输出逻辑宏单元 OLMC,使得 GAL 器件对复杂逻辑门设计具有极大的灵活性。

(3) 采用 E^2CMOS 工艺,保证 GAL 的高速和低功耗。存取速度为 12~40ns,电流为 90mA 或 45mA,编程数据可保存 20 年以上。

(4) 可预置可加电复位全部寄存器,具有 100%的功能可测试性。

(5) 具有用户电子标签(user electronic signature, UES),方便了文档管理,提高了生产效率。

(6) 具有加密单元(security cell, SC),可防止抄袭电路设计。

由于以上特点,采用 GAL 器件给系统设计提供了很大的灵活性,提高了系统的可靠性。

3. GAL 的编程

对 GAL 器件进行编程,硬件环境需要有一台计算机,另外还要配置一套 GAL 编程器,目前最普通的编程器均可对 GAL 器件进行编程。利用 GAL 器件进行逻辑设计时,一般要经过以下几步。

(1) 首先按逻辑要求选择器件类型,主要考虑输入/输出管脚数量。

(2) 选择一种合适的编程软件编制相应的源文件。

(3) 上机调试源文件后,经过相应的编译程序生成熔丝图文件(XX.JED)。

(4) 将编程器和计算机连接,利用编程下载文件对 GAL 编程。GAL 被编程后,还可利用检验程序对所写内容进行检验,准确无误后对 GAL 加密。Lattice 公司 GAL 器件的编程可采用 ispDesignExpert 设计套件。

10.1.2 复杂可编程逻辑器件(CPLD)的构造原理及应用

目前生产 CPLD 的厂家有很多,各种型号的 CPLD 在结构上也都有各自的特点和长处,但概括起来,CPLD 都是由三大部分组成的,即可编程逻辑块、输入/输出块和可编程互连资源。

CPLD 的这种结构是在 GAL 的基础上扩展、改进而成的。CPLD 的规模比 GAL 大得多,功能也强得多,其主体部分的可编程逻辑块仍为与或阵列结构。扩展的方法并不是简单地增大与阵列的规模,因为这样会导致芯片的利用率下降和电路的传输延时增加。CPLD 采用了分区结构,即将整个芯片划分成多个逻辑块和输入/输出块,每个逻辑块都有各自的与阵列、逻辑宏单元、输入和输出等,相当于一个独立的简单可编程器件(simple programmable logic device, SPLD),再通过一定方式的全局性互连资源将这些简单 PLD 和输入/输出块连接起来,构成更大规模的 PLD。简单地讲,CPLD 就是将多个简单 PLD 集成到一块芯片上,并通过可编程连线实现它们之间的连接。

就编程工艺而言,多数的 CPLD 采用 E^2PROM 编程工艺,也有采用 Flash Memory 编程工艺的。

下面以 Altera 公司生产的 MAX7000 系列为例,介绍 CPLD 的电路结构及其工作原理。MAX7000 在 Altera 公司生产的 CPLD 中是速度最快的一个系列,包括 MAX7000E、MAX7000S、MAX7000A 三种器件,集成度为 600~5000 个可用门、32~256 个宏单元和 36~155 个可用 I/O 引脚。它采用 CMOS 制造工艺和 E2PROM 编程工艺,并可以进行在系统编程。

图 10-2 所示为 MAX7000A 的电路结构,主要由逻辑阵列块(logic array block,LAB)、I/O 控制块和可编程互连阵列(programmable interconnect array,PIA)三个部分构成。另外,MAX7000A 结构中还包括四个专用输入,既可以作为通用逻辑输入,也可以作为高速的全局控制信号(一个时钟信号、一个清零信号和两个输出使能信号)。

1. 逻辑阵列块

MAX7000A 的主体是通过可编程互连阵列(PIA)连接在一起的、高性能的、灵活的逻辑阵列块(LAB)。每个 LAB 由 16 个宏单元组成,输入到每个 LAB 的有如下信号。

(1) 来自于 PIA 的 36 个通用逻辑输入;

(2) 全局控制信号(时钟信号、清零信号);

(3) 从 I/O 引脚到寄存器的直接输入通道,用于实现 MAX7000A 的最短建立时间。LAB 的输出信号可以同时反馈到 PIA 和 I/O 控制块。

2. 宏单元(macro cell)

MAX7000A 的宏单元如图 10-3 所示,包括与阵列、乘积项选择阵列以及由一个或门、一个异或门、一个触发器和四个多路选择器构成的 OLMC。不难看出,每一个宏单元就相当于一片 GAL。

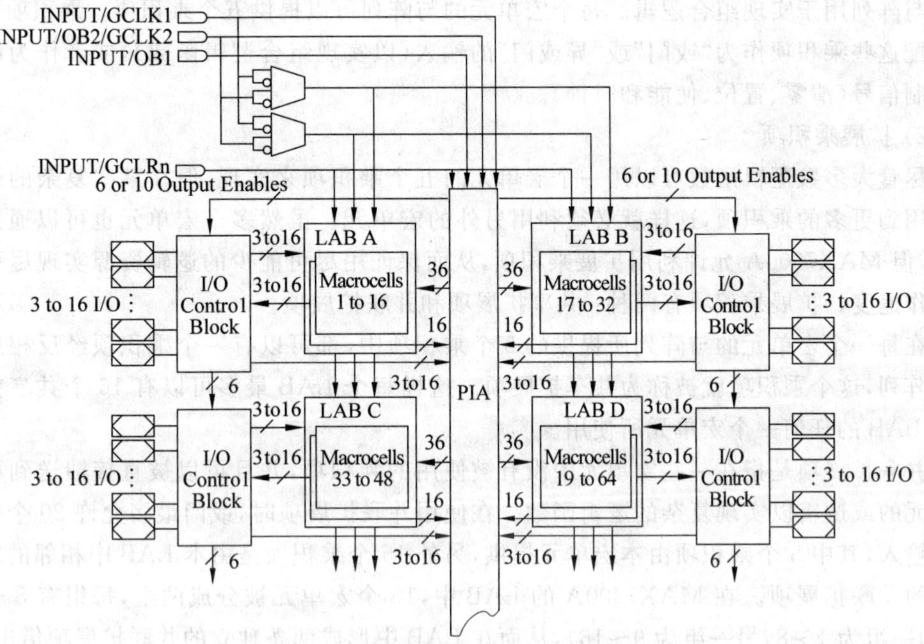

图 10-2　MAX7000A 的电路结构图

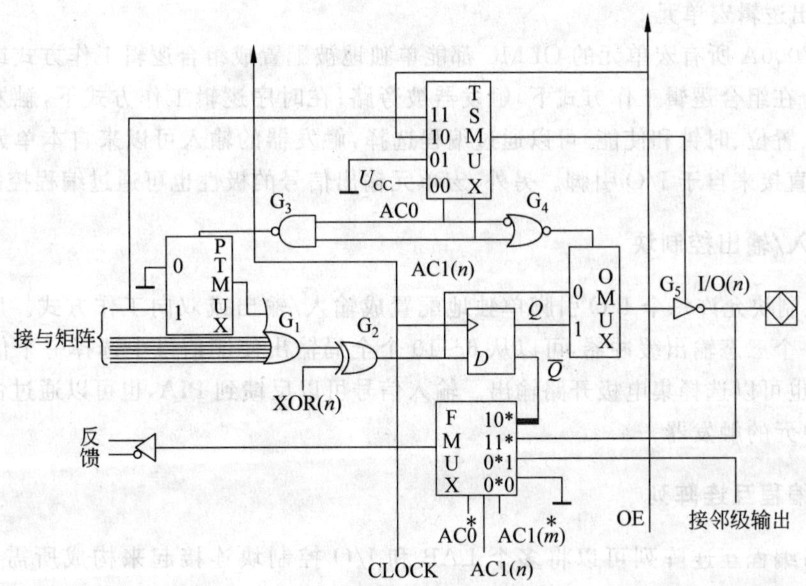

图 10-3　MAX7000A 的宏单元

1) 与阵列、乘积项选择矩阵

与阵列用于实现组合逻辑。每个宏单元的与阵列可以提供五个乘积项。乘积项选择矩阵分配这些乘积项作为“或门”或“异或门”的输入(以实现组合逻辑函数),或者作为触发器的控制信号(清零、置位、使能和时钟)。

2) 扩展乘积项

尽管大多数逻辑函数可以用一个宏单元的五个乘积项来实现,但在某些复杂的函数中需要用到更多的乘积项,这样就必须利用另外的宏单元。虽然多个宏单元也可以通过 PIA 连接,但 MAX7000A 允许利用扩展乘积项,从而保证用尽可能少的逻辑资源实现尽可能快的工作速度。扩展乘积项有两种:共享扩展项和并联扩展项。

在每一个宏单元的与阵列所提供的 5 个乘积项中,都可以有一个乘积项经反相后反馈回与阵列,这个乘积项就被称为共享扩展项。这样每个 LAB 最多可以有 16 个共享扩展项被本 LAB 的任何一个宏单元所使用。

并联扩展项是指在一些宏单元中没有被使用的乘积项,并且可以被直接馈送到相邻的宏单元的或逻辑以实现复杂的逻辑函数。在使用并联扩展项时,或门最多允许 20 个乘积项直接输入,其中 5 个乘积项由本宏单元提供,另外 15 个乘积项是由本 LAB 中相邻的宏单元提供的并联扩展项。在 MAX7000A 的 LAB 中,16 个宏单元被分成两组,每组有 8 个宏单元(即一组为 1~8,另一组为 9~16),从而在 LAB 中形成两条独立的并联扩展项借出/借入链。一个宏单元可以从与之相邻的较小编号的宏单元中借入并联扩展项,而第 1,9 个宏单元只能借出并联扩展项,第 8,16 个宏单元只能借入并联扩展项。

3) 输出逻辑宏单元

MAX7000A 所有宏单元的 OLMC 都能单独地被配置成组合逻辑工作方式或时序逻辑工作方式。在组合逻辑工作方式下,触发器被旁路;在时序逻辑工作方式下,触发器的控制信号(清零、置位、时钟和使能)可以通过编程选择,触发器的输入可以来自本单元的组合输出,也可以直接来自于 I/O 引脚。另外,宏单元输出信号的极性也可通过编程控制。

3. 输入/输出控制块

I/O 控制块允许每个 I/O 引脚单独地配置成输入/输出或双向工作方式。所有的 I/O 引脚都有一个三态输出缓冲器,可以从 6~10 个全局输出使能信号中选择一个信号作为其控制信号,也可以选择集电极开路输出。输入信号可以反馈到 PIA,也可以通过快速通道直接送到宏单元的触发器。

4. 可编程互连阵列

通过可编程互连阵列可以将多个 LAB 和 I/O 控制块连接起来构成所需要的逻辑。MAX7000A 中的 PIA 是一组可编程的全局总线,可以将馈入任何信号源送到整个芯片的各个地方。每个可编程单元控制一个 2 输入的与门,以从 PIA 选择馈入 LAB 的信号。

多数 CPLD 中的互连资源都有类似于 MAX7000A 的 PIA 的这种结构。这种连接线最大的特点是能够提供具有固定延时的通路，也就是说信号在芯片中的传输延时是固定的、可以预测的。

10.1.3 现场可编程门阵列(FPGA)的构造原理及应用

现场可编程门阵列(FPGA)器件是 Xilinx 公司 1985 年首家推出的。它是一种新型的高密度 PLD，采用 CMOS-SRAM 工艺制作。FPGA 的结构与 CPLD 不同，其内部由许多独立的可编程逻辑模块(configurable logic block，CLB)组成，逻辑模块之间可以灵活地相互连接。FPGA 的结构一般分为三部分：可编程逻辑模块、I/O 模块和内部互连资源(interconnect resource，IR)。CLB 的功能很强，不仅能够实现逻辑函数，还可以配置成 RAM 等复杂的形式。配置数据存放在片内的静态存储器(static random access memory，SRAM)或者熔丝图上，基于 SRAM 的 FPGA 器件工作前需要从芯片外部加载配置数据。配置数据可以存储在片外的 EPROM 或者计算机上，设计人员可以控制加载过程，在现场修改器件的逻辑功能，即所谓现场可编程。FPGA 出现后受到电子设计工程师的普遍欢迎，发展十分迅速。Altera、Xilinx 和 Actel 等公司都提供了高性能的 FPGA 芯片。

1. FPGA 的基本结构

CPLD 电路中采用了与或逻辑阵列加上输出逻辑单元的结构形式，而 FPGA 的电路结构形式则完全不同，它由若干独立的可编程逻辑模块组成。用户可以通过编程将这些模块连接成所需要的数字系统。因为这些模块的排列形式和门阵列中单元的排列形式相似，所以沿用了门阵列这个名称。FPGA 属于高密度 PLD，其集成度可达 3 万门/片以上。

图 10-4 是 FPGA 基本结构形式示意图。它由三种可编程单元和一个用于存放编程数据的静态存储器组成，这三种可编程的单元是可编程逻辑模块、I/O 模块和内部互连资源。它们的工作状态全都由编程数据存储器中的数据设定。

FPGA 中除了个别的几个引脚以外，大部分引脚都与可编程 IOB 相连，均可根据需要设置成输入端和输出端。

每个 CLB 中都包含组合逻辑电路和存储电路(触发器)两部分，可以设置成规模不大的组合逻辑电路或时序逻辑电路。

CLB 的组合逻辑部分使用 32×1(或 16×2)显示查找表(look-up table，LUT)存储器来实现布尔函数。LUT 的输入是从逻辑输入和内部触发器输入中选择的。该组合逻辑单元的延时是固定的，与实现的逻辑函数的复杂程度无关。也就是说，该组合函数发生器对逻辑的复杂程度没有限制，只与输入变量的数目有关。图 10-5 是一个 2 输入 LUT 的结构图。

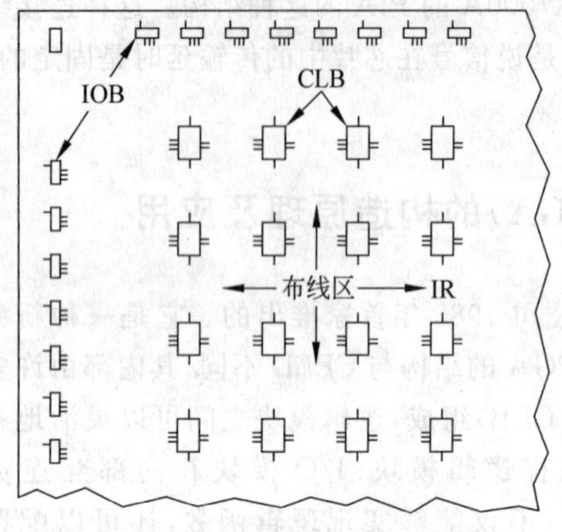

图 10-4　FPGA 的基本结构框图

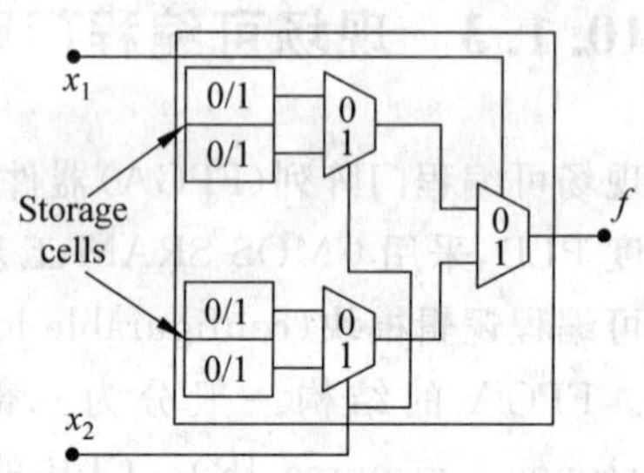

图 10-5　一个 2 输入 LUT 的结构图

为了能将这些 CLB 灵活地连接成各种应用电路，在 CLB 之间的布线区内配备了丰富的连线资源。这些互连资源包括不同类型的金属线、可编程的开关矩阵和可编程的连接点。

静态存储器的存储单元有很强的抗干扰能力和很高的可靠性。但停电以后存储器中的数据不能保存，因而每次接通电源以后必须重新给存储器装载编程数据。装载的过程是在 FPGA 内部的一个时序电路的控制下自动进行的。这些数据通常都需要存放在一片 E^2PROM 当中。

FPGA 的这种 CLB 阵列结构形式克服了早期可编程器件中那种固定的与或逻辑阵列结构的局限性，在组成一些复杂的、特殊的数字系统时显得更加灵活。同时，由于加大了可编程 I/O 端数目，也使得各引脚信号的安排更加方便和合理。

FPGA 本身也存在着一些明显的缺点。首先，它的信号传输延迟时间不是确定的，在构成复杂的数字系统时一般总要将若干个 CLB 组合起来才能实现。由于每个信号的传输途径各异，所以传输延迟时间也就不可能相等。这不仅会给设计工作带来麻烦，而且也限制了器件的工作速度。其次，由于 FPGA 中的编程数据存储器是一个静态随机存储器结构，所以断电后数据随之丢失。因此，每次开始工作时都要重新装载编程数据，并需要配备保存编程数据的 E^2PROM。这些都给使用带来一些不便。此外，FPGA 的编程数据一般是存放在 E^2PROM 中的，而且要读出并送到 FPGA 的 SRAM 中，因而不便于保密。

2. FPGA 的编程

XILINX 公司是 FPGA 技术的发明者，ALTERA 公司是世界上最大的可编程器件生产厂商。ALTERA 公司的主要产品有 MAX3000/7000、FLEX10K、APEX20K、ACEX1K、STRATIX 等系列。ALTERA 器件也是目前国内使用最多的可编程器件。下面以 ALTERA 公司的 FLEX10K 器件及 Quartus Ⅱ 软件为例介绍一下 FPGA 器件的编程。

1）设计的输入

设计的输入是将特定应用所需的逻辑功能输入到 FPGA 开发系统中，以使用 FPGA 来实现它。设计输入的方法有许多种，如流行的原理图编辑器，基于文本描述的布尔方程、真值表、状态机（state machine）输入及高级硬件描述语言（hardware description language，HDL）输入等。

Quartus Ⅱ是 ALTERA 公司通用 PLD 器件的编程软件。使用 Quartus Ⅱ软件，设计者无需精通器件内部的复杂结构，只需运用自己熟悉的输入工具进行设计，通过 Quartus Ⅱ把这些设计转换成最终结构所需的格式。下面简单介绍一下 Quartus Ⅱ软件支持的高级语言超高速集成电路硬件描述语言（very-high speed integrated hardware description language，VHDL）的语言结构。

一个简单的 VHDL 语言一般由库使用语句、实体说明语句、构造体及若干进程组成，下面给出一个实例，并简单加以介绍。

下面以 FPGA 实现一个同步 16 进制计数器为例介绍设计过程，十六进制计数器的功能表见表 10-1。

表 10-1 16 进制计数器的功能表

输入端			输出端			
clr	en	clk	qd	qc	qb	qa
1	×	×	0	0	0	0
0	0	×	不变	不变	不变	不变
0	1	上升沿	计数值加 1			

应用 VHDL 语言编写的程序清单如下：

```
LIBRARY IEEE;                                    IEEE 库
USE IEEE.STD_LOGIC_1164.ALL;                     使用 IEEE 中的 STD 库
    USE IEEE.STD_LOGIC_UNSIGNED.ALL;             使用 IEEE 中的 UNSIGNED 库
    ENTITY COUNT16 IS                            计数器 COUNT16 是一个实体
    PORT(CLK,CLR,EN:IN STD_LOGIC;                输入 CLK,CLR,EN 是逻辑变量
        QA,QB,QC,QD: OUT STD_LOGIC);             输出 QA,QB,QC,QD 是逻辑变量
    END;                                         描述 COUNT16 结束
ARCHITECTURE RTL OF COUNT16 IS                 构造一个 16 进制计数器,构造体名为 RTL
SIGNAL COUNT_4:STD_LOGIC_VECTOR(3 DOWNTO 0);     四位计数器位数从 3 到 0
    BEGIN
        QA<=COUNT_4(0);                          计数器中的 QA 是 0 位
        QB<=COUNT_4(1);                          计数器中的 QB 是 1 位
        QC<=COUNT_4(2);                          计数器中的 QC 是 2 位
        QD<=COUNT_4(3);                          计数器中的 QD 是 3 位
```

```
PROCESS(CLK,CLR)                              进程
  BEGIN
    IF(CLR='1') THEN                          如果 CLR='1'
  COUNT_4<="0000";                            计数器清零
ELSIF(CLK='1' AND CLK'EVENT) THEN             CLK=1,且时钟有个事件,即上升沿动作
  IF(EN='1') THEN                             如果使能端 EN=1
    IF(COUNT_4="1111") THEN                   且 4 位计数器的状态是 1011
      COUNT_4<="0000";                        那么计数器返回初态 0000
        ELSE
          COUNT_4<=COUNT_4+1;                 否则计数器加 1
      END IF;
    END IF;
  END IF;
END PROCESS;
END RTL;
```

图 10-6 为所设计的上述 16 进制计数器用 Quartus Ⅱ 的仿真波形。

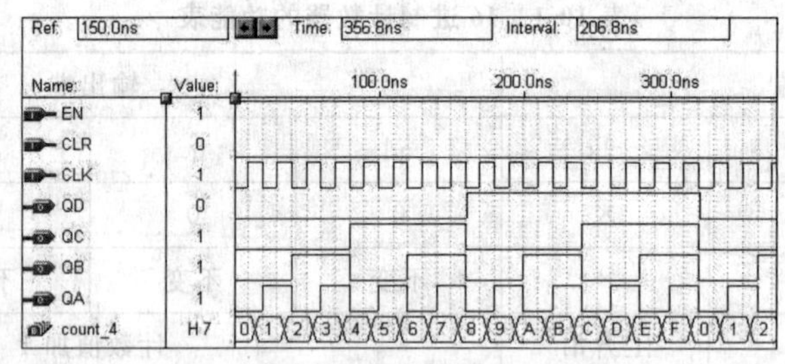

图 10-6　16 进制计数器的仿真波形

下面对库使用语句、实体说明语句、构造体及进程进行说明。

(1) 库使用语句

库是经编译后的数据集合,它存放包集合定义、实体定义、构造体定义和配置定义,库的功能类似于 UNIX 和 MS-DOS 操作系统中的目录,库中存放设计的数据。在 VHDL 语言中,库的说明总是放在设计单元的最前面。

IEEE 库是一种库,逻辑电路设计 IEEE 库中有一个 STD_LOGIC_1164 的包集合。

库语句的关键词是 LIBRARY,其指明所使用的库名(对于 VHDL 的编译器和综合器来说,程序文字是不区分大小写的,本书中程序一般使用大写)。USE 语句指明库中的包集合。一旦说明了库和包集合,在整个实体内都可以调用,但其作用范围仅限于所说明的实体。

(2) 实体(ENTITY)说明

实体说明的功能是对这个实体与外部电路进行接口描述,它规定了输入和输出接口信

号或引脚。

实体说明语句的格式如下：

```
ENTITY  实体名 IS
[GENERIC(参数名;数据类型);]
[PORT(端口表);]
END 实体名;
```

实体说明单元必须以语句“ENTITY 实体名 IS”开始，以语句“END 实体名;”结束，其中的实体名由设计者自己命名。

参数传递说明语句(GENERIC)提供了一种静态信息通道，被传递的参数值可以由实体外部提供。(语句结构中的方括号“[ ]”内的内容为可选内容。)

由 PORT 引导的端口说明语句是对实体与外部电路的接口通道的说明。

实体端口说明语句的格式如下：

```
PORT(端口:端口模式  数据类型;端口:端口模式  数据类型;……);
```

例如：

```
PORT(CLK, CLR, EN :in STD_LOGIC; QA, QB, QC, QD: OUT STD_LOGIC);
```

这表示端口 CLK，CLR 和 EN 为输入，数据类型为 STD_LOGIC，该端口只能取“0”或“1”。QA，QB，QC 和 QD 为输出，数据数据类型为 STD_LOGIC。

(3) 构造体(ARCHITECTURE)

构造体用于描述实体的内部结构以及实体端口间的逻辑关系。

构造体语句的格式如下：

```
ARCHITECTURE  构造体名  OF 实体名  IS
[定义语句]
BEGIN
[并行处理]
END 构造体名
```

定义语句位于 ARCHITECTURE 和 BEGIN 之间，用于对构造体内所使用的信号(SIGNAL)、常数(CONSTANT)、数据类型(TYPE)和函数(FUNCTION)等进行定义。定义语句应有信号名和数据类型的说明。因它是内部连接用的信号，故没有也不需有方向说明。

并行处理语句处于语句 BEGIN 和 END 之间，这些语句具体地描述了构造体的行为及其连接关系。

(4) 构造体的子结构

在规模较大的电路设计中，全部电路都用唯一的一个模块来描述是非常不方便的。为此,一个构造体可以用几个子构造,即相对比较独立的几个模块来构成。如进程(PROCESS)语句结构描述。

进程语句的格式如下:

```
[进程名]: PROCESS(信号 1,信号 2,)
    BEGIN
    [顺序语句]
    END PROCESS
```

进程名为可选项,进程名通常用进程的功能来命名。进程中的顺序语句位于 BEGIN 和 END PROCESS 之间,语句是顺序执行的。

2) 编程数据的装载

当电路设计者利用 Quartus Ⅱ软件工具将设计输入,并且经过编译(compile)、优化(optimization)、仿真(simulation)以后,就应考虑器件的系统配置与下载方法了。

在对器件下载程序前,首先应对管脚进行分配。图 10-7 为 FLEX10K10LC84 的管脚图。该器件共有 84 个管脚。其中 I/O 管脚有 53 个。专用编程管脚 15 个,分别为 MSEL0(31)、MSEL1(32)、nSTATUS(55)、nCONFIG(34)、DCLK(13)、CONF_DONE(76)、INIT_DONE(69)、nCE(14)、nCEO(75)、DATA0(12)、TDI(15)、TDO(74)、TCK(77)、TMS(57)、TRST(56);这些管脚在对芯片下载程序时使用,不能作为 I/O 管脚。时钟输入 2 个:GCLK1(1)、GCLK2(43)。电源管脚 6 个:VCCINT(4)、VCCINT(20)、VCCINT(33)、VCCINT(40)、VCCINT(45)、VCCINT(63),电源电压 5V。地管脚 5 个:GNDINT(26)、GNDINT(41)、GNDINT(46)、GNDINT(68)、GNDINT(82)。专用输入管脚 4 个:IN1(2),IN2(42),IN3(44),IN4(84)。

FPGA 器件配置分为两大类:被动配置方式和主动配置方式。

被动配置由计算机或控制器控制配置过程。程序通过下载电缆下载到 FLEX10K 器件中的方式称为被动配置过程。这种配置方式在 FLEX10K 器件正常工作时,它的配置数据储存在其内部的 SRAM 内,但由于 SRAM 的易失性,所以每次加电期间,配置数据都必须重新构造。

主动配置由 CPLD 器件引导配置操作过程,它控制着外部存储器和初始化过程。具体步骤是:首先,将经过 Quartus Ⅱ软件工具编译过的程序使用专用编程器写入 ALTERA 公司提供的专用存储器 EPC1 器件内;然后,将 EPC1 器件与 FLEX10K 相连接,如图 10-8 所示。工作时 FLEX10K 控制着 EPC1 器件向 FLEX10K 器件输入串行位流的配置数据。

在图 10-8 中,nCONFIG 引脚为 U_{CC}。在加电过程中,FLEX10K 检测到 nCONFIG 由低到高的跳变时,就开始准备配置。FELX10K 将 CONF_DONE 拉低,驱动 EPC1 的 nCS 为低,而 nSTATUS 引脚释放并由上拉电阻拉至高电平以使能 EPC1。因此,EPC1 就用其内部振荡器的时钟将数据串行地从 EPC1(DATA)输送到 FLEX10K(DATA0)。

以上所作的介绍,只是想通过 FLEX10K 的例子使读者对 FPGA 的数据装载过程有些

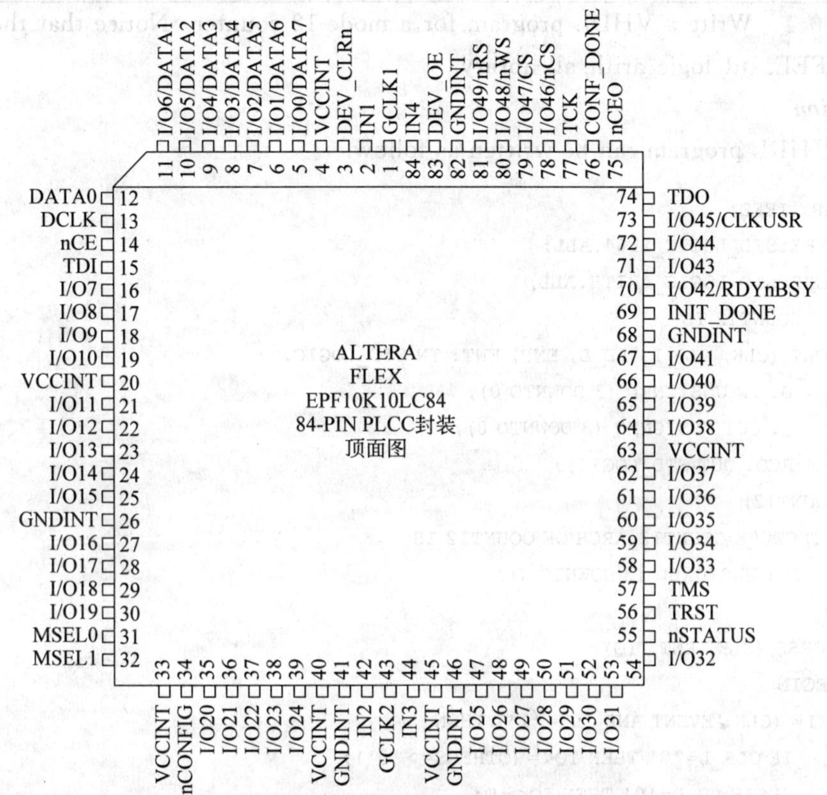

图 10-7 FLEX10K10PLC84 的管脚图

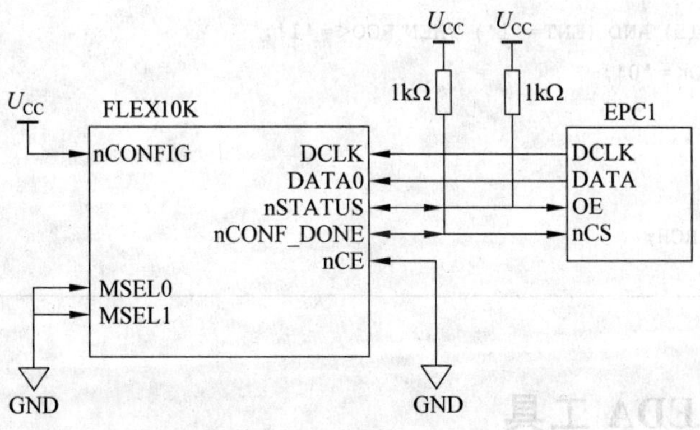

图 10-8 主动串行配置方式

初步了解。在选定某种型号 FPGA 器件设计时，还应仔细阅读所用器件的技术资料。

Example 10.1 Write a VHDL program for a mode-12 counter. Notice that the program uses the IEEE. std_logic_arith. all library.

Solution

The VHDL program can be written as follow.

```
LIBRARY IEEE;
USE IEEE.STD_LOGIC_1164.ALL;
USE IEEE.STD_LOGIC_ARITH.ALL;
ENTITY COUNT12 IS
    PORT (CLK, CLR_L, LD_L, ENP, ENT: IN STD_LOGIC;
        D: IN UNSIGNED (3 DOWNTO 0);
        Q: OUT UNSIGNED (3 DOWNTO 0);
        RCO: OUT STD_LOGIC);
END COUNT12;
ARCHITECTURE COUNT12_ARCH OF COUNT12 IS
SIGNAL IQ: UNSIGNED (3 DOWNTO 0);
BEGIN
  PROCESS (CLK, ENT, IQ)
    BEGIN
      IF (CLK 'EVENT AND CLK='1') THEN
        IF CLR_L='0' THEN IQ<=(OTHERS=>'0');
        ELSIF LD_L='0' THEN IQ<=D;
        ELSIF (ENT AND ENP)='1' THEN IQ<=IQ+1;
        END IF;
      END IF;
      IF (IQ=15) AND (ENT='1') THEN RCO<='1';
      ELSE RCO<='0';
      END IF;
    Q<=IQ;
  END PROCESS;
END COUNT12_ARCH;
```

10.2 常用 EDA 工具

EDA 技术的不断发展,使得设计者可以利用可编程逻辑器件供应商提供的软件平台,在实验里定做出有自主知识产权的集成电路芯片,而不需要再到半导体加工企业进行流片工艺，从而大大提高了设计的灵活性，缩短了产品开发周期。21世纪的电子工程师，如果不会 EDA 技术，就像 20 世纪 80 年代的电子工程师不会利用 Protel 制板一样，空有设计妙想，却无法迅速地付诸实施。

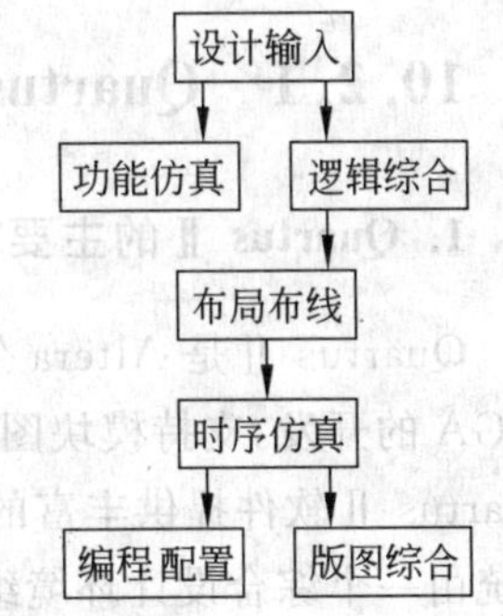

图 10-9 EDA 电路设计流程

使用 EDA 进行电路设计分为设计输入（design entry）、功能仿真、综合（synthesis）、布局布线（placement & routing）、时序仿真（后仿真）、编程配置（programming and configuration）/版图综合（layout synthesis）等六个步骤，设计流程如图 10-9 所示。

(1) 设计输入。有两种输入方法，分别是硬件描述语言和原理图输入。HDL 的可移植性好，但不如原理图效率高和直观。通常在较复杂的设计开发中，HDL 和原理图输入两者结合使用。对于 HDL 输入可以采用文本编辑器或 HDL 编辑环境，对于原理图输入可以采用 Protel 或 EDA 工具的原理图输入环境。

(2) 功能仿真。将设计输入调进 EDA 工具进行仿真，检查逻辑功能的正确性。由于没有涉及具体器件的硬件特性，也称为前仿真。

(3) 逻辑综合。将输入的源文件在 EDA 工具中进行综合。所谓综合就是生成最简单布尔表达式和信号连接关系，生成.edf(edif)的 EDA 工业标准文件。

(4) 布局布线。将.edf 文件调进 EDA 工具进行布线，在 CPLD/FPGA 开发时指的是将设计好的逻辑安放到器件内。

(5) 时序仿真。利用布局布线中获得的器件延迟、连线延时等精确参数，在 EDA 工具进行仿真，也称为后仿真，是一种接近真实器件运行的仿真。

(6) 编程下载/版图综合。仿真无误后，将文件下载到芯片中；或者利用 EDA 工具将.edf 文件自动转换成版图，完成布图设计。

目前比较流行的 EDA 工具软件，大体上可以分为三类。

(1) 由半导体公司提供的集成的 PLD/FPGA 开发环境。这类工具软件基本上都可以完成所有的设计输入（原理图或 HDL）、仿真、综合、布线、下载等工作，如 Quartus Ⅱ、ISE、Foundation、WebFILTER、WebPACK ISE、ispDesign EXPERT 等。

(2) 专业逻辑综合软件。这类软件可把设计输入翻译成最基本的与或非门的连接关系（网表），输出.edf 文件，导出给 PLD/FPGA 厂家的软件进行试配和布线。为了优化结果，在进行较复杂的设计时，基本上都使用这些专业的逻辑综合软件，如 Synplicity 公司的 Synplify、FPGAexpress、LeonadoSpectrum 等，而不使用厂家提供的集成 PLD/FPGA 开发工具。

(3) 专业仿真软件。对于复杂的设计一般使用专业的仿真软件对设计进行校验仿真，包括布线前的功能仿真和布线以后的包含延时的时序仿真。常用的专业仿真软件有 Modelsim、Active HDL、Cadence 公司的 NC-Verilog/NCVHDL/NC-SIM、Synopsys 公司出品的 VCS 等。

这里只介绍两种集成的 PLD/FPGA 开发环境：Quartus Ⅱ和 ISE。

10.2.1 Quartus Ⅱ软件介绍

1. Quartus Ⅱ的主要功能简介

Quartus Ⅱ是 Altera 公司的新一代可编程器件开发软件，特别适合于大规模 CPLD 和 FPGA 的开发，支持模块图表、原理图、文本及原理图和文本的混合输入等多种输入方法。Quartus Ⅱ软件提供丰富的图形用户界面，并配有带示例的在线帮助。完整的 Quartus Ⅱ系统由一个综合设计环境组成，涵盖了从“设计输入”到“器件编程”的每一步骤。用户可以轻而易举地综合不同类型的设计文件到一个结构化的工程当中，自由选择认为适合的设计输入方式。

对于顶层的设计，可以使用 Quartus Ⅱ的模块编辑器生成系统的模块框图；然后另外使用框图、原理图或者硬件描述语言生成底层的设计组件。这种独立结构的设计输入方式使得设计工作更加方便灵活。Quartus Ⅱ的高级用户界面允许多个文件同时工作，在编辑多个文件的同时，编译或者仿真其他的工程，并在它们之间互传递信息。用户可以浏览整个设计文件的层次结构，在各个层次之间灵活地移动。当打开一个设计文件时，Quartus Ⅱ会自动打开相应的编辑环境。

Quartus Ⅱ编译器是系统软件的核心，为用户工程的芯片级实现提供强大的设计处理功能。自动的错误定位和丰富的错误警告信息使得设计修改更加容易。

在设计的每一步，Quartus Ⅱ软件能够让用户集中精力于设计本身，而不是软件的应用。Quartus Ⅱ出众的集成工作环境能够大大提高用户的工作效率。

2. Quartus Ⅱ的设计流程

Quartus Ⅱ的设计流程如图 10-10 所示。

(1) 设计输入。用户可以使用 Quartus Ⅱ提供的 Block Editor、Text Editor、MegaWizard Plug-In Manager，以及 EDA 设计输入工具为自己的工程创建设计文件：选择 Block Editor 完成原理图设计；选择 Text Editor 输入基于 VHDL 或者 Verilog HDL 等语言的设计文件；选择 MegaWizard Plug-In Manager 设计用户自定义的宏功能模块。Quartus Ⅱ还能够识别由其他 EDA 工具设计综合而成的网表文件，如 EDIF Input Files(.edf)、Verilog Quartus Mapping Files(.vqm)等。

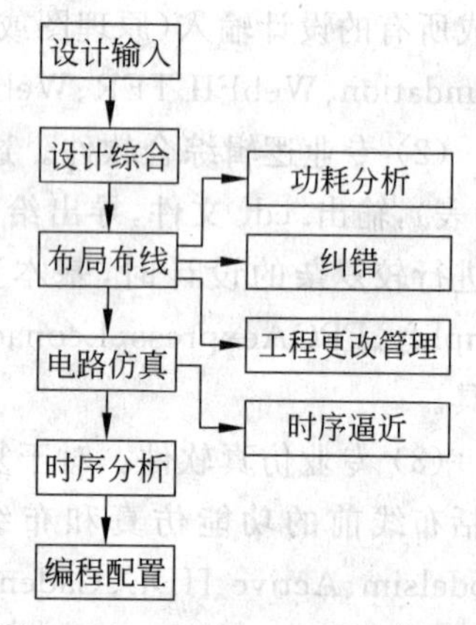

图 10-10 Quartus Ⅱ设计流程图

(2) 设计综合。Quartus Ⅱ软件使用 Quartus Ⅱ Integrated Synthesis 分析综合输入设计文件，将高级的

设计描述翻译和优化到门级网表。当然用户也可以根据个人喜好，选择其他 EDA 工具来完成这一工作，生成可供 Quartus 使用的网表文件。Quartus Ⅱ 在完整编译时能够自动完成分析综合，也可以单独启动 Start Analysis & Synthesis 菜单。用 Analysis & Elaboration 可以检查设计的语法错误。

(3) 布局布线。在 Quartus Ⅱ 软件中，布局布线是由 Quartus Ⅱ Fitter 来完成的。Quartus Ⅱ Fitter 使用分析综合得到的网表数据库，将设计所需的逻辑和时序与可用的硬件资源相互匹配，为每一个逻辑功能分配最佳的逻辑单元位置，进行布线和时序分析，并选择合适的内部连接路径和引脚分配。如果在设计中已经对资源进行了分配，Quartus Ⅱ Fitter 将这些资源分配与器件上的资源进行匹配，尽量使设计满足设置的约束条件，并且对剩余的逻辑进行优化。如果没有对设计设定任何限制，Quartus Ⅱ Fitter 自动对设计进行优化。如果找不到合适的匹配，Quartus Ⅱ Fitter 将会终止编译并给出错误信息。Quartus Ⅱ 中的完全编译包含了布局布线；也可以单独执行 Start Fitter 操作，前提是分析综合必须成功。

(4) 电路仿真。Quartus Ⅱ Simulator 负责对电路的逻辑功能和内部时序进行检测和调试。该工具使得用户在形成实际硬件电路之前可以对设计的正确性进行验证，因而可以大大缩短工程的开发周期。仿真可以分为功能仿真和时序仿真两种。在开始仿真之前，必须产生相应的仿真网表。

(5) 时序分析(timing analysis)。Quartus Ⅱ 的时序分析提供了一套对设计性能进行分析、调试和验证的方法。时序分析对设计的所有路径的延时进行分析，并与时序要求进行对比，以保证电路在时序上的正确性。Quartus Ⅱ 提供两个独立的时序分析工具：软件默认的是经典的 Timing Analyzer 时序分析仪；另一个是 Quartus Ⅱ 新增加的 TimeQuest 时序分析仪。

(6) 编程配置。编程器允许用户使用编译生成的文件对 Altera 器件进行编程和配置。编程配置文件可由集成在 Quartus Ⅱ 软件中的编译器模块产生，也可以使用独立版本的编程器来对器件进行编程和配置。

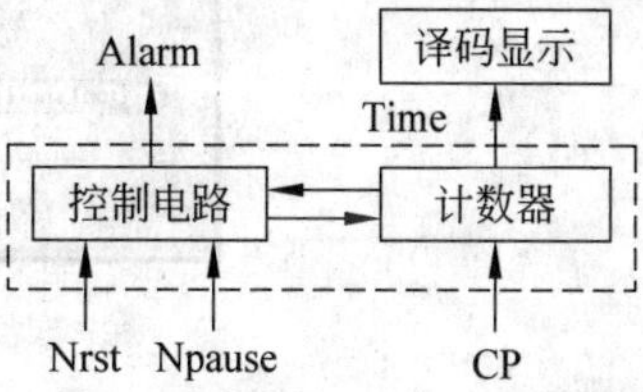

3. Quartus Ⅱ 应用实例

下面以实现一个如图 10-11 所示的篮球竞赛 24 秒定时器设计与实现为例，介绍 Quartus Ⅱ 软件和 DE2 的使用。

图 10-11 24 秒定时器总体框图

1) 建立工程

运行 Quartus Ⅱ，初始界面如图 10-12 所示。

选择 File→New Project Wizard，出现图 10-13 所示对话框，该对话框显示用向导新建工程所需的步骤。

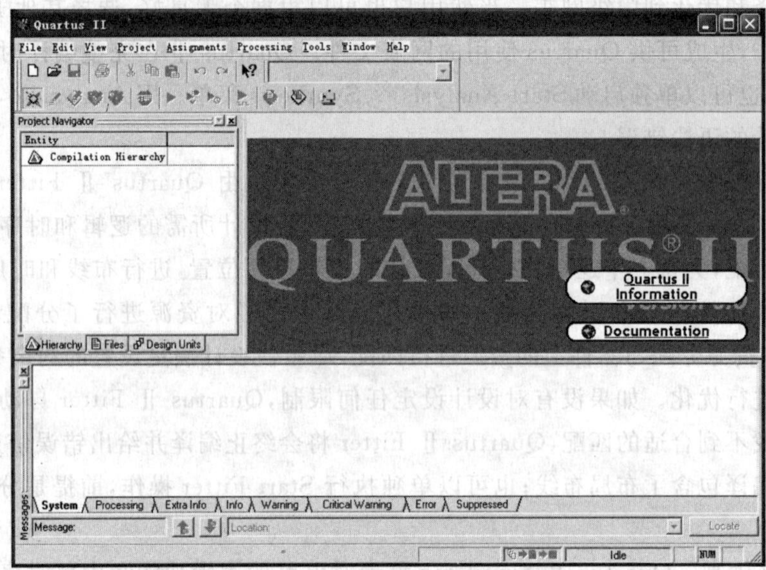

图 10-12 “Quartus Ⅱ”启动界面

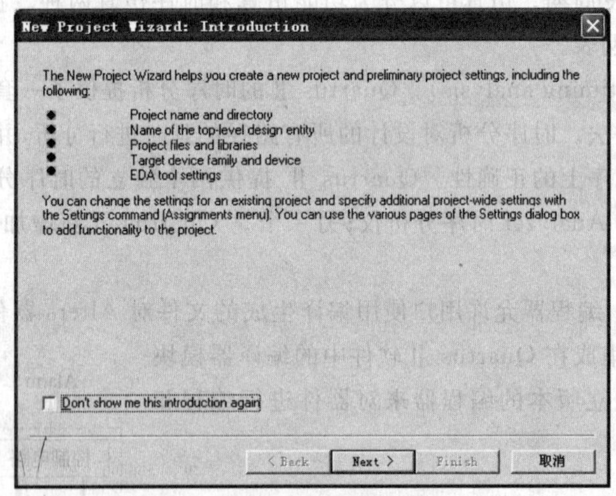

图 10-13 用向导新建工程

单击 Next 按钮，出现如下对话框，如图 10-14 所示。

输入工程的路径为 d:\altera\quartus60(当然也可以选择其他目录)。工程名和工程的顶层实体名应该相同。单击 Next，如果指定的路径并不存在，会出现图 10-15 所示的消息框。

接下来出现图 10-16 所示的对话框，可以将已经存在的设计文件添加到当前工程中来。

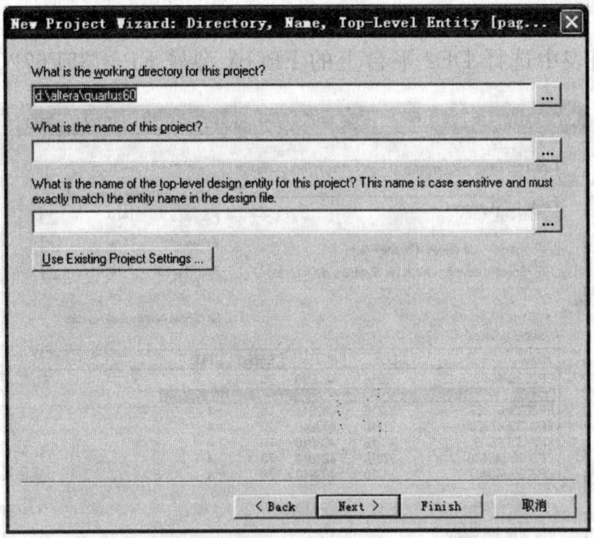

New Project Wizard: Directory, Name, Top-Level Entity [pag...
What is the working directory for this project?
d:\altera\quartus60
What is the name of this project?
What is the name of the top-level design entity for this project? This name is case sensitive and must exactly match the entity name in the design file.
Use Existing Project Settings ...
< Back
Next >
Finish
取消

图 10-14　输入新工程的路径和工程名、顶层实体名

Quartus II
Directory "d:/DE2/example" does not exist. Do you want to create it?
是(Y)
否(N)

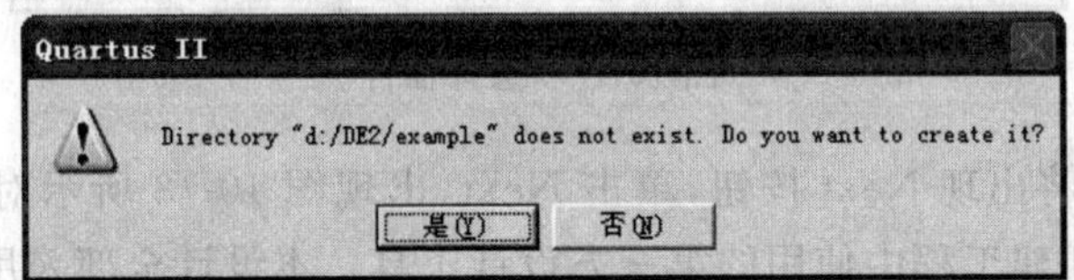

图 10-15　为工程新建目录

New Project Wizard: Add Files [page 2 of 5]
Select the design files you want to include in the project. Click Add All to add all design files in the project directory to the project. Note: you can always add design files to the project later.
File name:
Add...
File name
Type
Add All
Remove
Properties
Up
Down
Specify

图 10-16　为工程添加设计文件

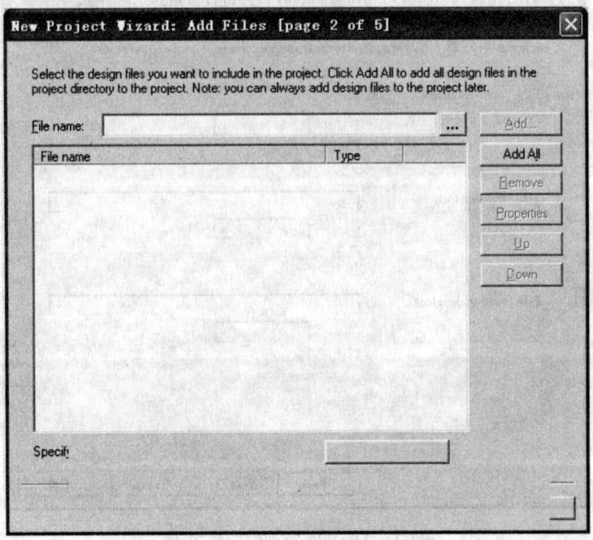

添加了文件后，将出现 Next 按钮，单击 Next 按钮，出现图 10-17 所示对话框。在 Available devices 列表中选择 DE2 平台上的 FPGA 型号 EP2C35F672C6。

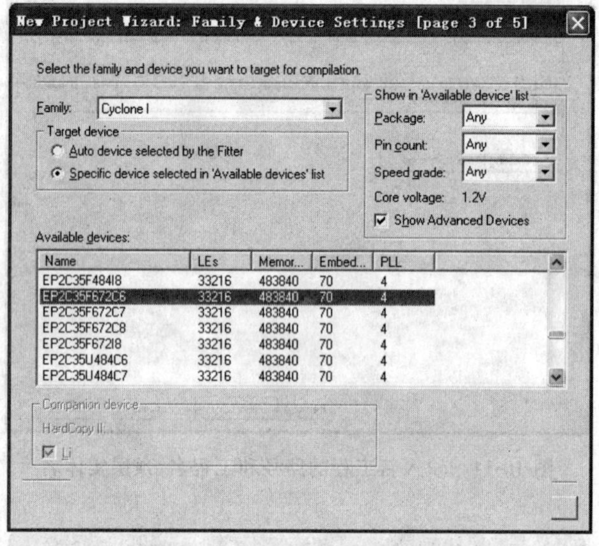

图 10-17　选择器件

添加了文件后，将出现 Next 按钮，单击 Next，出现图 10-18 所示对话框。该对话框提示用户选择将要在新建工程中使用的第三方设计工具。本设计全部采用 Quartus Ⅱ 提供的设计输入、综合、仿真和时序分析工具，故直接单击 Next，出现图 10-19。

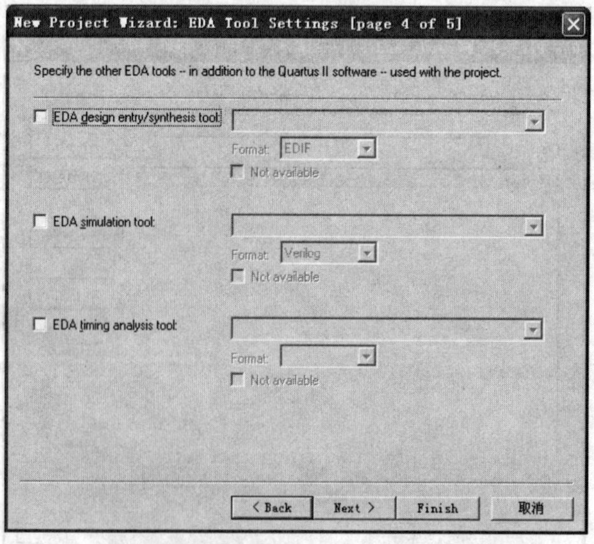

图 10-18　选择第三方工具

图 10-19 为汇总对话框，单击 Finish 按钮完成新工程的建立。

2）设计输入

在当前工程下，选择 File→New 菜单，打开图 10-20 所示对话框。

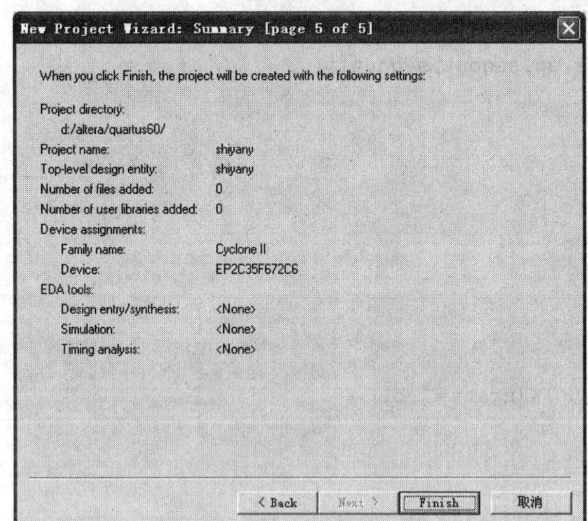

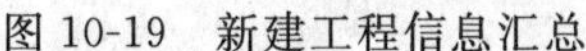

图 10-19 新建工程信息汇总

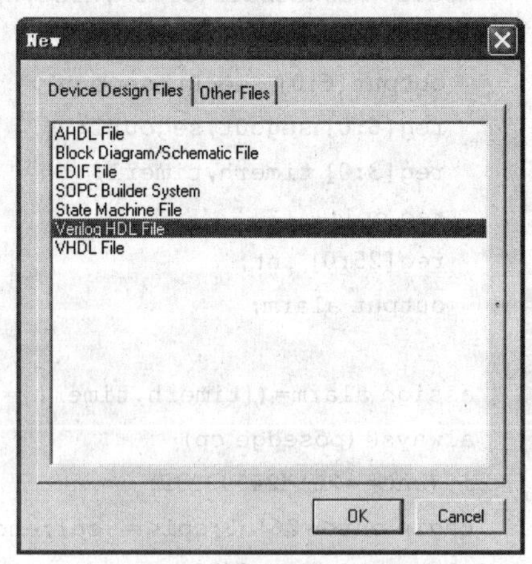

图 10-20 新建文件对话框

选择 Verilog HDL File，单击 OK，打开 Text Editor。选择 File→Save as 菜单，进入图 10-21 所示对话框。

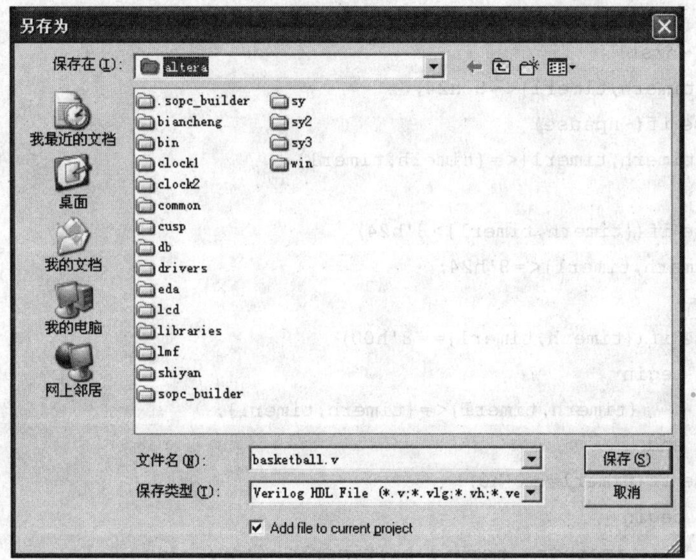

图 10-21 “另存为”对话框

输入文件名为 basketball，选择保存类型为 Verilog HDL File，选中 Add file to current project，把名为 basketball.v 的文件添加到当前工程中。

然后在 Text Editor 中，向 basketball.v 中写入如下代码。

```
--编辑输入设计文件(basketball.v)
module basketball(alarm,nrst,npause,cp,segout,segout1);
  input nrst,npause,cp;
  output[6:0] segout,segout1;
  reg[6:0] segout,segout1;
  reg[3:0] timerh,timerl;
  reg cp1;
  reg[25:0] cnt;
  output alarm;

assign alarm=({timerh,timerl}==8'h00)&(nrst==1'b1);
always@(posedge cp)
if(cnt==26'd24999999)
begin cnt<=26'd0;cp1<=~cp1;end
else cnt<=cnt+1'b1;

always@(posedge cp1 or negedge nrst or  negedge npause)

begin

        if(~nrst)
          {timerh,timerl}<=8'h24;
        else if(~npause)
          {timerh,timerl}<={timerh,timerl};

        else if({timerh,timerl}>8'h24)
        {timerh,timerl}<=8'h24;

        else if({timerh,timerl}==8'h00)
           begin
               {timerh,timerl}<={timerh,timerl};
           end
        else if(timerl==4'h0)
           begin
               timerh<=timerh-1'b1;timerl<=4'h9;
           end
        else
```

```
            begin
                timerh<=timerh; timerl<=timerl-1'b1;
            end
    end
always@(timerl)
case(timerl)
    4'h0:segout=7'b1000000;
    4'h1:segout=7'b1111001;
    4'h2:segout=7'b0100100;
    4'h3:segout=7'b0110000;
    4'h4:segout=7'b0011001;
    4'h5:segout=7'b0010010;
    4'h6:segout=7'b0000010;
    4'h7:segout=7'b1111000;
    4'h8:segout=7'b0000000;
    4'h9:segout=7'b0010000;
  endcase
always@(timerh)
case(timerh)
    4'h0:segout1=7'b1000000;
    4'h1:segout1=7'b1111001;
    4'h2:segout1=7'b0100100;
    4'h3:segout1=7'b0110000;

  endcase
endmodule
                    if(A+B+C0>15)
    C1=1;
  else
    C1=0;
end
endmodul
```

然后对输入文件进行编译。使用 Processing→start compilation 菜单，或单击工具按钮 ▶，完成对设计的分析、综合与实现。如果编译成功，弹出编译成功消息框，单击"确定"按钮后，Quartus Ⅱ界面如图 10-22 所示。如果编译过程中有错误出现，编译自动终止，并在 Message 窗口中显示错误信息。编译结束后，系统还会自动打开一个 Compilation Report 窗口，显示了编译后的设计对目标芯片的资源占用情况。

3）分配引脚

选择 Assignments→Pins 菜单，为设计的输入和输出分配引脚。按照表格对 FPGA 引脚进行分配，结果如图 10-23 所示。

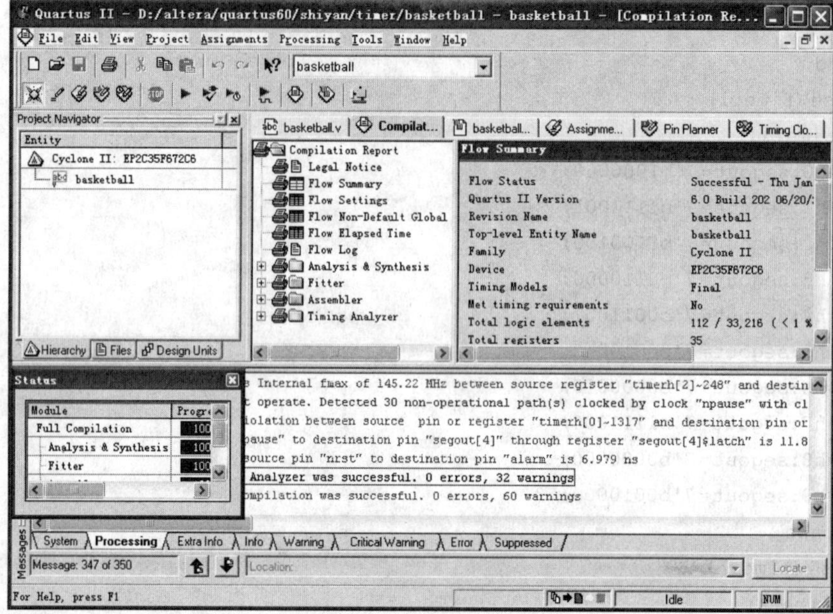

图 10-22　编译结果

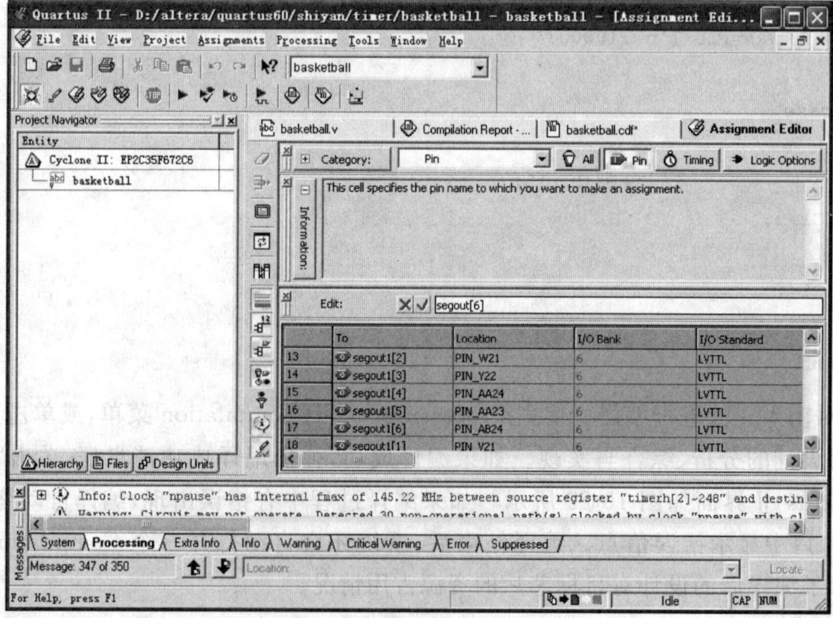

图 10-23　引脚分配结果

4）电路仿真

为了检验设计的正确性，接下来对程序实现的功能进行仿真。

首先建立矢量波形文件。选择 File→New 菜单，在 Other Files 选项卡中选择 Vector Waveform File，如图 10-24 所示。

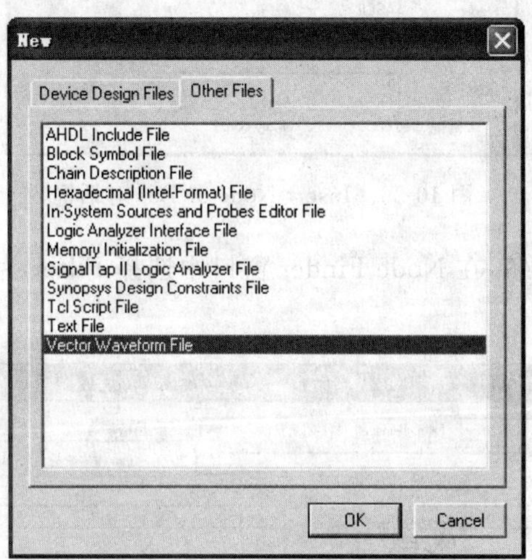

图 10-24　新建矢量波形文件

单击 OK 按钮，进入矢量波形编辑器窗口，如图 10-25 所示。

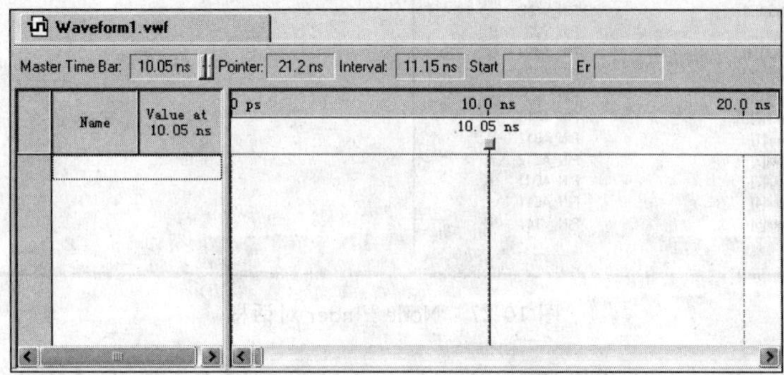

图 10-25　矢量波形编辑器窗口

使用 File→Save As 菜单将文件保存为 basketball. vwf。用 Edit→End Time 菜单设定仿真终止时间，这里设为 200ns。用 View→Fit in Window 菜单在窗口中显示整个仿真的时间范围。

接下来，需要将输入/输出节点加入到波形中来。选择 Edit→Insert→Insert Node or Bus 菜单，打开图 10-26 所示对话框。

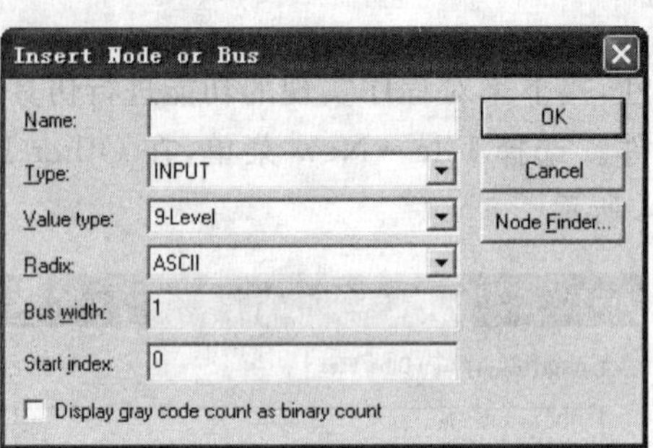

图 10-26 Insert Node or Bus 对话框

单击 Node Finder 按钮,在 Node Finder 窗口中选择 Filter 为 Pins:all,单击 List,结果见图 10-27。

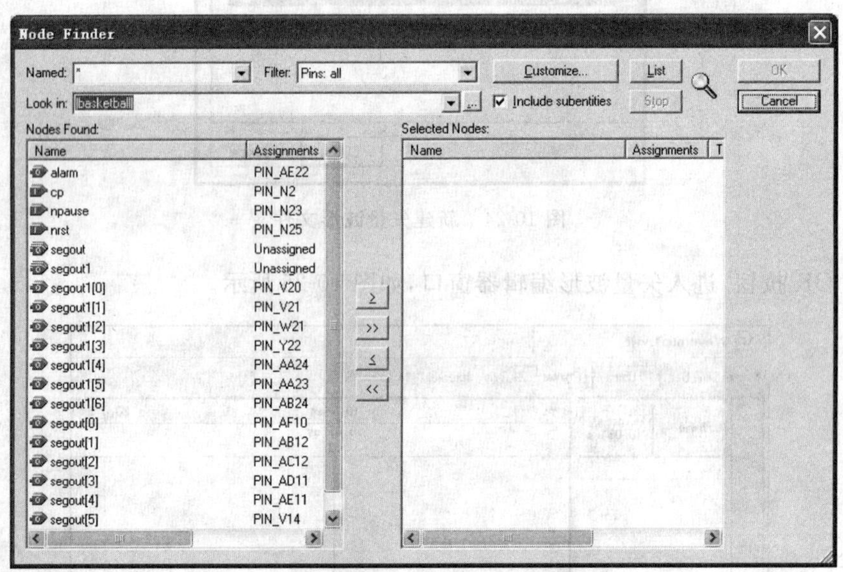

图 10-27 Node Finder 对话框

单击>>按钮,将所有的节点添加到 Selected Nodes 框中。单击 OK,返回波形编辑窗口,用选择工具和波形编辑工具来编辑输入波形。编辑后的结果如图 10-28 所示,图中显示了 cp 周期为 20ns 的时钟信号。

下面进行功能仿真。选择 Assignments→Settings 菜单,打开 Settings 窗口,如图 10-29 所示。

单击 Simulator Settings,选择 Simulation mode 为 Functional,单击 OK 按钮,完成设置。用 Processing→Generate Functional Simulation Netlist 菜单产生功能仿真所需的网表,最后用 Processing→Start Simulation 菜单或按钮启动功能仿真。

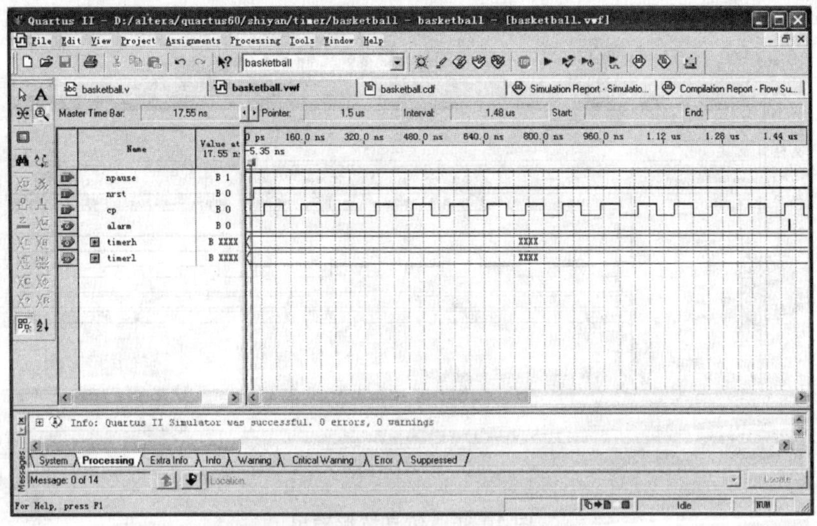

图 10-28　添加了节点的波形编辑窗口

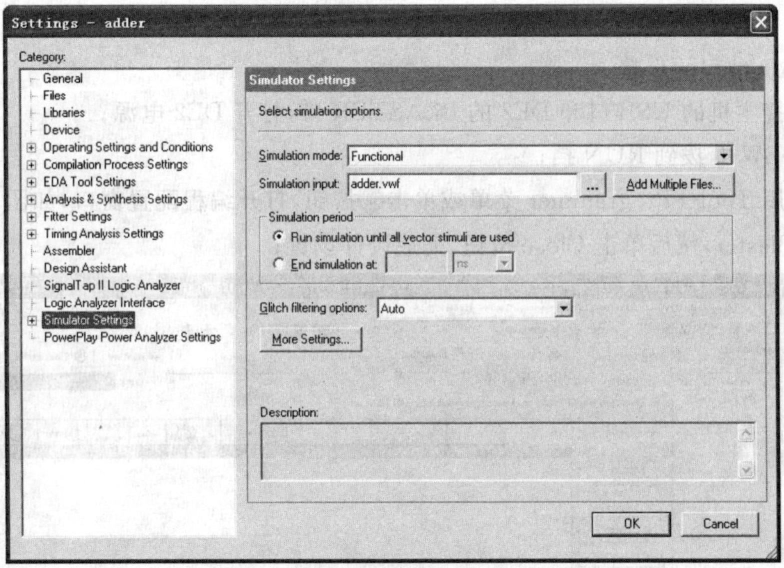

图 10-29　仿真设置窗口

仿真结束后，得到的仿真波形如图 10-30 所示。

5）编程配置

Quartus Ⅱ提供两种编程配置方式：一种是 JTAG 模式，通过 USB Blaster 直接配置 FPGA，但 FPGA 中的内容会掉电丢失；另一种是 AS 模式，通过 USB Blaster 对 DE2 上的串行配置芯片 EPCS16 编程，由 EPCS16 来完成对 FPGA 的配置。两种模式通过 DE2 上的

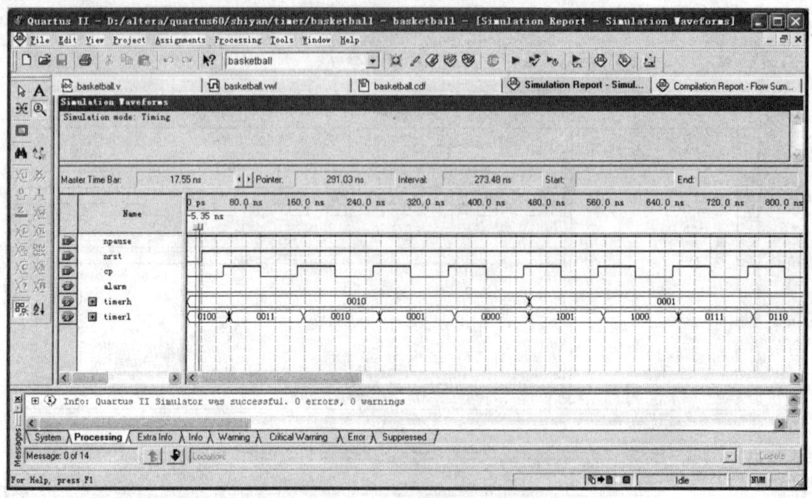

图 10-30 仿真波形输出

SW19 来选择：当 SW19 处于 RUN 位置时，为 JTAG 模式；当 SW19 处于 PROG 位置时，为 AS 模式。

用 JTAG 编程的步骤：

(1) 连接主机的 USB 口和 DE2 的 BLASTER 口，打开 DE2 电源；

(2) 将 SW19 拨到 RUN 挡；

(3) 使用 Tool→Programmer 菜单或单击按钮，打开编程配置窗口，如图 10-31 所示，双击 USB Blaster，然后单击 Close 按钮，完成硬件设置；

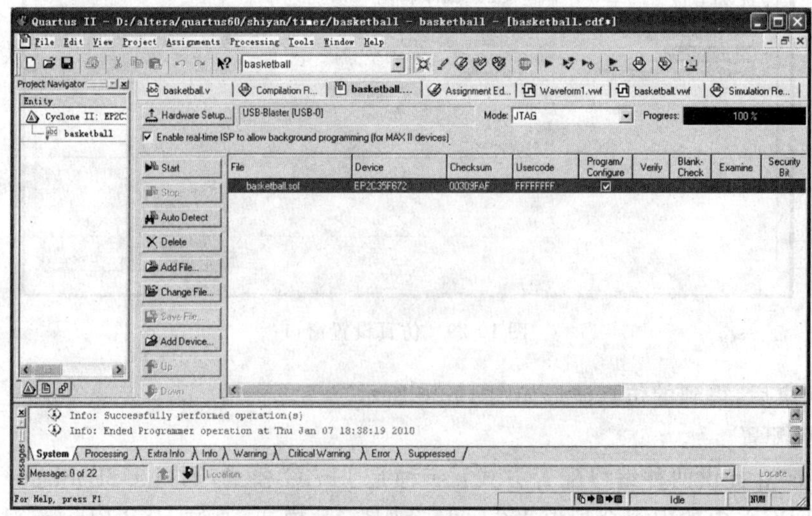

图 10-31 编程窗口

(4) 如果显示 No Hardware,则单击 Hardware Setup,打开硬件设置对话框,如图 10-32 所示;

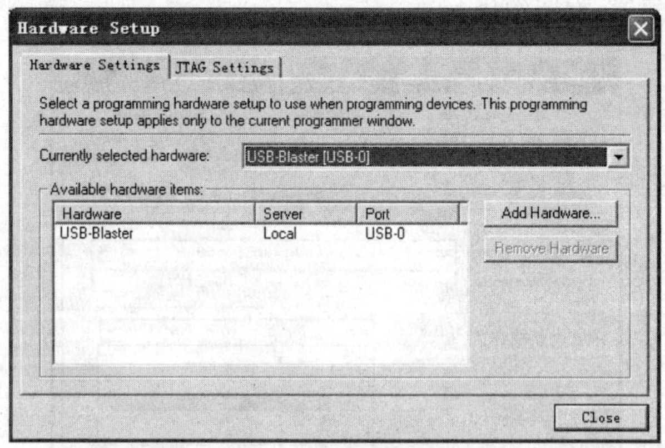

图 10-32 硬件设置对话框

(5) 如果文件列表中没有文件,单击 Add File 按钮,添加 basketball. sof 文件,确认 Device 项为 DP2C35F672,并选中 Program/Configure 选项;

(6) 单击 Start 按钮,开始编程,编程结束后,DE2 上的发光二极管 GOOD 变亮。

用 AS 模式编程的步骤:

(1) 选择 Settings→Device 菜单打开器件配置对话框,如图 10-33 所示;

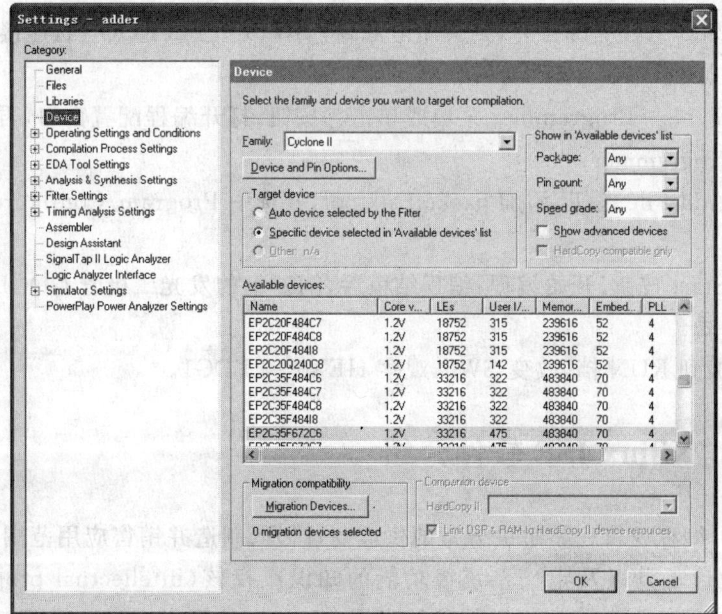

图 10-33 器件配置对话框

(2) 单击 Device and Pin Options 按钮，选择 Configuration 选项卡，在 Use configuration device 框中选择 EPCS16，如图 10-34 所示，而后单击“确定”按钮，回到上一级界面，单击 OK 结束配置，重新编译；

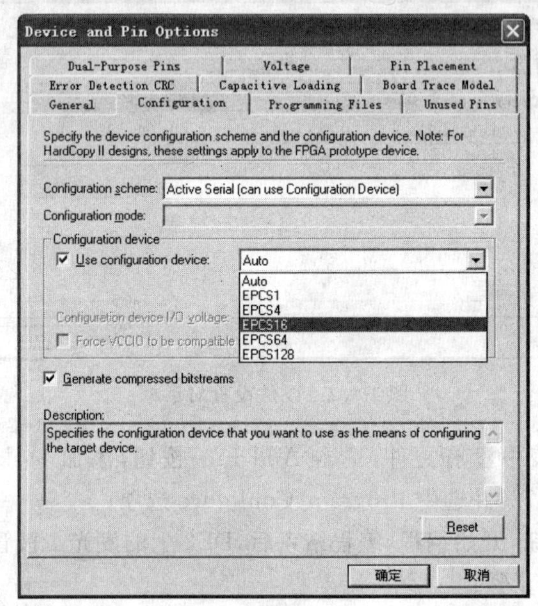

图 10-34 选择配置器件

(3) 如果 DE2 平台电源打开，则关闭电源，将 SW19 拨到 PROG 挡，连接好 USB 线，然后打开 DE2 电源；

(4) 选择 Tools→Programmer 菜单或单击按钮，打开编程配置窗口，再选择 Mode 为 Active Serial Programmer；

(5) 单击 Add File 按钮，添加 basketball. pof，并选中 Program/Configure 选项，结果如图 10-35 所示；

(6) 单击 Start 按钮，开始编程，编程结束后，DE2 上的发光二极管 GOOD 变亮。

6) 电路测试

将 SW19 拨到 RUN 挡，改变 SW0，观察 HEX0～LEDG1。

10.2.2 Xilinx ISE 软件介绍

Xilinx 是可编程逻辑完整解决方案的供应商，研发、制造并销售应用范围广泛的高级集成电路、软件设计工具以及定义系统级功能的知识产权核(intellectual property core，IP core)，长期以来一直推动着 FPGA 技术的发展。Xilinx 的开发工具也在不断地升级，由早

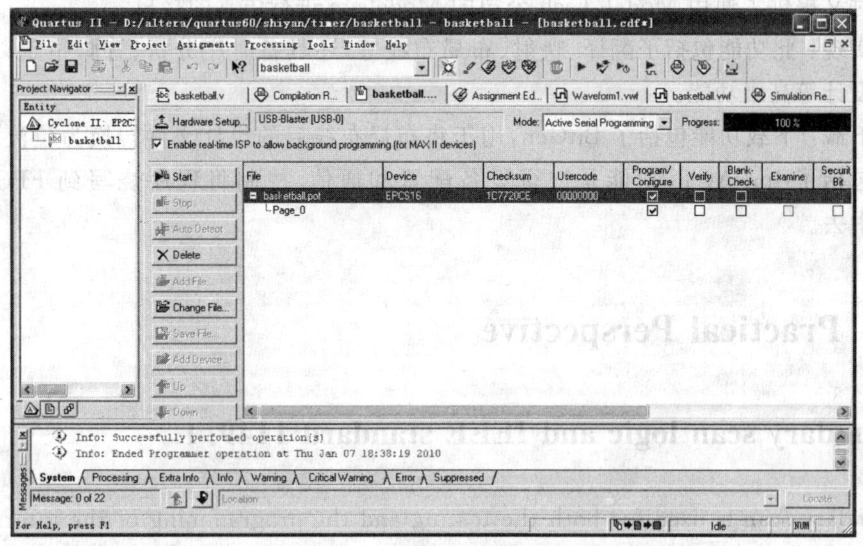

图 10-35　AS模式下的编程配置窗口

期的 Foundation 系列逐步发展到目前的集成软件开发环境（integrated software environment，ISE）10.1 系列，集成了 FPGA 开发需要的所有功能，其主要特点有：

- 包含了 Xilinx 新型 Smart Compile 技术，可以将实现时间缩减 2.5 倍，能在最短的时间内提供最高的性能，提供了一个功能强大的设计环境；
- 全面支持 Virtex-5 系列器件（业界首款 65nm FPGA）；
- 集成式的时序收敛环境有助于快速、轻松地识别 FPGA 设计的瓶颈；
- 可以节省一个或多个速度等级的成本，并可在逻辑设计中实现最低的总成本。

ISE 具有界面友好、操作简单的特点，再加上 Xilinx 的 FPGA 芯片占有很大的市场，使其成为非常通用的 FPGA 工具软件。ISE 作为高效的 EDA 设计工具集合，与第三方软件扬长补短，使软件功能越来越强大，为用户提供了更加丰富的 Xilinx 平台。

ISE 的主要功能包括设计输入、综合、仿真、实现和下载，涵盖了 FPGA 开发的全过程，从功能上讲，其工作流程无需借助任何第三方 EDA 软件。

- 设计输入：ISE 提供的设计输入工具包括用于 HDL 代码输入和查看报告的 ISE 文本编辑器，用于原理图编辑的工具工程采集系统（the engineering capture system，ESC），用于生成 IP core 的 core generator，用于状态机设计的 state CAD 以及用于约束文件编辑的 constraint editor 等。
- 综合：ISE 的综合工具不但包含了 Xilinx 自身提供的综合工具 XST，同时还可以内嵌 Mentor Graphics 公司的 LeonardoSpectrum 和 Synplicity 公司的 Synplify，实现无缝链接。
- 仿真：ISE 本身自带了一个具有图形化波形编辑功能的仿真工具 HDL Bencher，同时又提供了使用 Model Tech 公司的 Modelsim 进行仿真的接口。

- 实现：此功能包括了翻译、映射、布局布线等，还具备时序分析、管脚指定以及增量设计等高级功能。
- 下载：下载功能包括了 BitGen，用于将布局布线后的设计文件转换为位流文件，还包括了 ImPACT，功能是进行设备配置和通信，控制将程序烧写到 FPGA 芯片中去。

10.3 Practical Perspective

Boundary scan logic and IEEE standard 1149.1

Boundary scan is used for both the testing and the programming of the internal logic of a logic device. The JTAG standard for boundary scan logic is specified by IEEE Std. 1149.1 (IEEE Standard Test Access Port and Boundary-Scan Architecture). Most programmable logic devices are JTAG compliant. The basic architecture of a JTAG IEEE Std. 1149.1 device is introduced and discussed in terms of the details of its boundary scan register and control logic structure.

IEEE Std. 1149.1 Registers

All programmable logic devices that are compliant with IEEE Std. 1149.1 are shown in Fig. 10-36. These are the boundary scan register, the bypass register, the instruction register, and the TAP (test access port) logic. A fifth register, the identification register, is optional and not shown in the figure.

Boundary scan (BS) Register: The interconnected BSCs (boundary scan cells) form the boundary scan register. The serial input to the register is the TDI (test data in), and the serial output is TDO (test data out).

Data from the internal logic and the input and output pins of the device can also be shifted parallel into the BS register, which is used to test connections between PLDs and the internal logic that has been programmed into the device.

Bypass (BP) Register: This required data register (typically only one flip-flop) optimizes the shifting process by shortening the path between the TDI and the TDO in case the BS register or other data register is not used.

Instruction Register: This required register stores instructions for the execution of

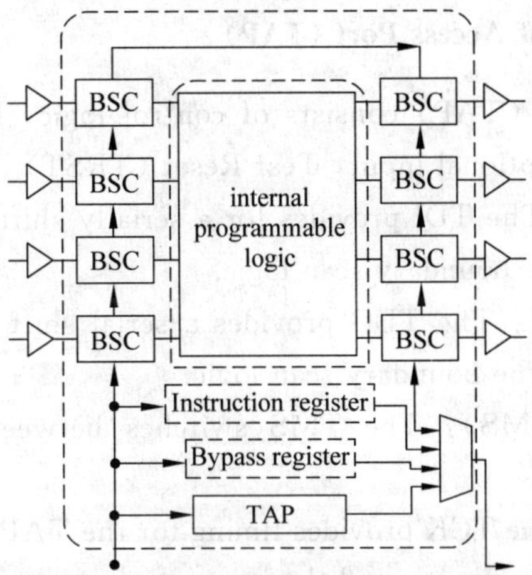

Fig. 10-36 A greatly simplified diagram of a JTAG (IEEE Std. 1149.1) compliant programmable logic device (CPLD or FPGA)

various boundary scan operations.

Identification (ID) Register: An identification register is an optional data register that is not required by IEEE Std. 1149.1, however, it is used in some boundary scan architectures to store a code that identifies the particular programmable device.

IEEE Std. 1149.1 Boundary Scan Instructions

Several standard instructions are used to control the boundary scan logic. In addition to these, other optional instructions are available.

BYPASS: This instruction switches the BP register into the TDI/TDO path.

EXTEST: This instruction switches the BS register into the TDI/TDO path and allows external pin tests and interconnection tests between the output of one programmable logic device and the input of another.

INTEST: This instruction switches the BS register into the TDI/TDO path and allows testing of the internal programmed logic.

SAMPLE/ PRELOAD: This instruction is used to sample data at the device input pins and apply the data to the internal logic. Also, it is used to apply data (preload) from the internal logic to the device output pins.

IDCODE: This instruction switches the optional identification register into the TDI/TDO path so the ID code can be shifted out to the TDO.

IEEE Std. 1149.1 Test Access Port (TAP)

The Test Access Port (TAP) consists of control logic, four mandatory inputs and outputs, and one defined optional input, Test Reset (TRST).

Test Data In (TDI): The TDI provides for a serially shift test and programs data as well as instructions into the boundary scan logic.

Test Data Out (TDO): The TDO provides a serial shift test and programs data as well as instructions out of the boundary scan logic.

Test Mode Select (TMS): The TMS switches between the states of the TAP controller.

Test Clock (TCK): The TCK provides timing for the TAP controller which generates control signals for the data registers and the instruction register.

The Boundary Scan Cell (BSC)

The boundary scan register is made up of boundary scan cells. A block diagram of a basic BSC is shown in Fig. 10-36. As indicated, data can be serially shifted in and out of the BSC. Data can be shifted into the BSC from the internal programmable logic, from a device input pin, or from the previous BSC. Additionally, data can be shifted out of the BSC to the internal programmable logic, to a device output pin, or to the next BSC.

Boundary-scan eliminates the problems listed above by providing several benefits some of which are listed below.

- Easy to implement Design For Testability (DFT) Rules.
- Testability report prior to PCB layout enhances DFT.
- Detection of possible packaging problems prior to PCB layout.
- No or little requirement for test fixtures and test points.
- Quick diagnostics for detecting possible interconnection problems without any functional test code.
- Program code in flash devices, embedded design configuration data into CPLDs and FPGAs, and JTAG emulation and source-level debugging.

Summary

1. In a GAL, a macrocell generally consists of one OR gate and some associated output logic. The PALI6V8 is a common type of programmable array logic device.

2. A CPLD is a complex programmable logic device that consists basically of logic array block (LAB) with programmable interconnections. The MAX 7000 is an Altera family of CPLDs. In the MAX 7000 CPLD family, density ranges from 2 LABs to 16 LABs, depending on the particular device in the series, and each LAB has sixteen macrocells.
3. An FPGA (field-programmable gate array) differs in architecture, does not use PAL IPLA type arrays, and has much greater densities than typical CPLDs. Most FPGAs use either anti fuse or SRAM-based process technology. Each configurable logic block (CLB) in an FPGA is made up of multiple smaller logic modules and a local programmable interconnect that is used to connect logic modules within the CLB. FPGAs are based on LUT architecture. LUT (look-up table) is a type of memory that is programmable and used to generate SOP combinational logic functions.
4. The design software is the key of Electronic Design Automation (EDA). The Quartus Ⅱ and the Xilinx ISE are popular among the design software and are presented in this chapter.

Problems

10.1 Does the term LAB stand for logic AND block or logic array block?

10.2 Is the MAX 7000 a family of CPLDs or family of FPGA?

10.3 What does the typical macrocell consist of?

10.4 Hard core designs are generally developed by and are the property of the FPGA manufacturer. What are these designs called?

10.5 What must the user specify in a functional simulation?

10.6 What does EDIF stand for?

10.7 Write a VHDL program for a mode-12 counter.

10.8 How many inputs and outputs there are according to the JTAG standard.

10.9 What does BSDL stand for?

10.10 Determine the output of the macrocell logic in Fig. P10-1 if $ABED+ABCD$ is applied to the parallel expander input.

10.11 A 2-input look up table(LUT) of an FPGA's logic block is shown in Fig. P10-2. Determine its truth table.

10.12 A 2-input look up table (LUT) of an FPGA's logic block is shown in Fig. P10-3.

Determine the bits to be stored in the storage cells to realize the logic function: $f = x_1 x_2 + \bar{x}_1 \bar{x}_2$.

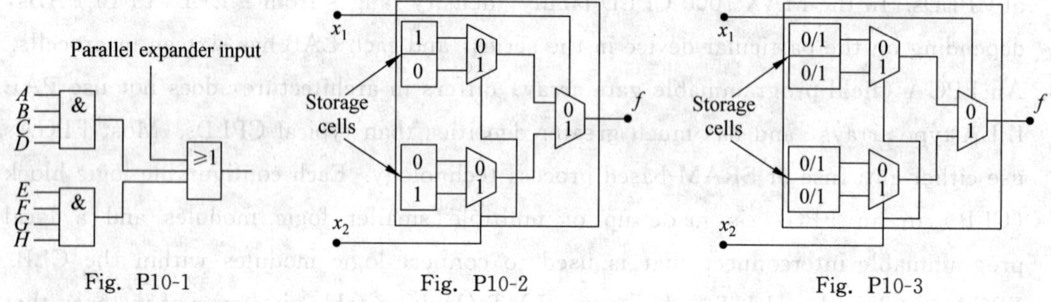

Fig. P10-1   Fig. P10-2   Fig. P10-3

参考文献

[1] 蔡惟铮，王立欣. 基础电子技术[M]. 北京：高等教育出版社，2004.

[2] 孙梅，刘长国，邱淑贤. 电工学(非电类)[M]. 北京：清华大学出版社，2006.

[3] 徐安静，等. 模拟电子技术(电工学Ⅱ)[M]. 北京：清华大学出版社，2008.

[4] 毕淑娥. 电工与电子技术基础[M]. 3 版. 哈尔滨：哈尔滨工业大学出版社，2008.

[5] 蔡惟铮，王宇野. 模拟电子技术常见题型解析及模拟题[M]. 北京：国防工业出版社，2006.

[6] 蔡惟铮，杨春玲. 集成电子技术[M]. 北京：高等教育出版社，2004.

[7] 杨春玲，朱敏. EDA 技术与实验[M]. 哈尔滨：哈尔滨工业大学出版社，2009.

[8] 王淑娟，蔡惟铮. 数字电子技术基础学习指导与考研指南[M]. 北京：高等教育出版社，2008.

[9] 徐安静，等. 数字电子技术(电工学Ⅲ). [M] 北京：清华大学出版社，2008.

[10] 秦曾煌. 电工学：电子技术[M]. 6 版. 北京：高等教育出版社，2008.

[11] 梅开乡，郭颖. 数字电子技术[M]. 北京：北京大学出版社，2008.

[12] 杜宇人，蒋中，刘国林. 电工学(下册)：电子技术[M]. 北京：科学出版社，2011.

[13] 李元，张兴旺. 数字电子技术[M]. 北京：中国林业出版社，2006.

[14] 霍洛维兹，希尔. 电子学(影印版)[M]. 2 版. 北京：清华大学出版社，2003.

[15] Pedroni. Digital Electronics and Design with VHDL[M]. Boston：Elsevier Morgan Kaufmann Publishers，2008.

[16] Brian H. Digital Logic Design (4th Edition). Oxford：Newnes Publisher，2002.

[17] SAHA A，MANNA N. Digital Principles and Logic Design[M]. Hingham：Infinity Science Press，2007.

[18] Zvonko B. Fundamentals of Digital Logic with Verilog Design. 2nd Ed. Boston：McGraw-Hill Higher Education，2008.

[19] 韦克利(John F. Wakerly). 数字设计：原理与实践(第 4 版影印版). 北京：高等教育出版社，2007.

[20] Karris S T. Digital Circuit Design with an Introduction to CPLDs and FPGAs[M]. Fremont：Orchard Publications，2005.